胡 征 编著

解密人工智能

原理、技术
及应用

U0229098

化学工业出版社

·北京·

内 容 简 介

本书使用浅显生动的语言，通过贴近生活和时代的案例，详细讲解了人工智能的相关概念、技术、应用，主要内容包括：人工智能的概念、人工智能的技术框架、人工智能技术基础（机器学习、神经网络、深度学习等）、人工智能关键技术（大数据、云计算、人工智能芯片等），并从教育、农业、工业、金融、医疗、生活、文娱、军事等方向阐述了人工智能在各行各业中的具体应用，最后对人工智能的未来发展进行了分析。

本书内容全面、语言生动、通俗易懂，可作为人工智能初学者的启蒙读本，也可以作为人工智能技术普及读物。

图书在版编目（CIP）数据

解密人工智能：原理、技术及应用 / 胡征编著. —
北京：化学工业出版社，2022.10
ISBN 978-7-122-41795-4

Ⅰ. ①解… Ⅱ. ①胡… Ⅲ. ①人工智能－普及读物
Ⅳ. ①TP18-49

中国版本图书馆 CIP 数据核字（2022）第 121723 号

责任编辑：曾 越　　　　　　　　　　　文字编辑：赵 越
责任校对：王 静　　　　　　　　　　　装帧设计：水长流文化

出版发行：化学工业出版社（北京市东城区青年湖南街 13 号　邮政编码 100011）
印　　装：北京盛通数码印刷有限公司
880mm×1230mm　1/32　印张 12¼　字数 492 千字　2023 年 5 月北京第 1 版第 1 次印刷

购书咨询：010-64518888　　　　　　　售后服务：010-64518899
网　　址：http://www.cip.com.cn
凡购买本书，如有缺损质量问题，本社销售中心负责调换。

定　　价：79.80 元　　　　　　　　　　版权所有　违者必究

创新科技的来临，总是如春雨一般，润物细无声。属于人工智能的时代大幕，正在徐徐升起。人工智能作为当今最火热、最具应用前景的技术之一，正大规模走出实验室，步入各行各业，方便了生活、降低了成本、提高了效率，正逐渐融入人们的日常生活。掌握科技，才能赢得未来，世界各国纷纷将人工智能上升到国家战略的高度，中国更是连续三年将人工智能写入政府工作报告中。在当今的时代背景下，无论是专业人士还是非专业人士，学习一些人工智能领域的相关知识都是非常有必要的。

本书采用图文并茂的形式，以一种简单、轻松、有趣的方式介绍人工智能概念、技术及应用。全书分3篇，共25章：概念篇（第一章和第二章）介绍人工智能基本概念及发展历程；技术篇（第三章至第十章）讲解人工智能的核心技术，包括机器学习、人工神经网络、深度学习、大数据、云计算、人工智能芯片等；应用篇（第十一章至第二十五章）结合大量实际案例，详细介绍了人工智能在教育、农业、工业、自动驾驶、饮食、金融、医疗、商业、智能家居、安防、城市、电网、文娱、军事等领域的应用，解析技术原理，同时展望了人工智能的未来发展。本书内容全面、语言生动、通俗易懂，可作为人工智能初学者的启蒙读本，也可以作为人工智能技术普及读物。

本书在编写过程中得到了家人的支持、帮助和关爱，在此表示感谢。由于人工智能技术发展日新月异，加上时间紧、任务重，本书难免有不妥或疏漏之处，请各位读者不吝赐教，使之日臻完善。

若对本书有任何建议和意见，欢迎来信交流讨论，我的电子邮箱：huzhengsunny@163.com。

前言

编著者

目录

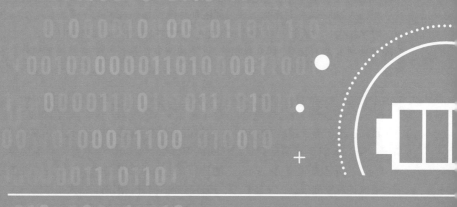

概念篇

第一章 走进人工智能

相信大家对"人工智能"这一词语都耳熟能详，在《AI》《终结者》《黑客帝国》等电影大片中看过，在AlphaGo战胜人类围棋世界冠军新闻中听过，在目前的大型商场购物时亲身体验过……那么，人工智能究竟是什么？有哪些类型？又有哪些特征？

一、人工智能概述：为机器赋予人的智能

正如读书不等于理解书中知识，收集信息不等于获得知识，记忆信息不等于学习知识一样，电脑存储信息拥有记忆功能但无法学会知识，也就不具备智能。只能"copy"，并不知道自己"copy"的是什么，而电影《钢铁侠》中的智能管家贾维斯，既能计算存储信息，又能学习、理解与评估信息，因而具备人工智能。

✿ 1. 智能的概念

要理解人工智能的概念，首先必须理解智能。智能具有两个特征：一个是具有感知能力，人可以通过听觉、视觉、触觉、嗅觉等感觉器官感知外部世界，人工智能的感知主要研究机器视觉和机器听觉；另一个是具有思维能力，人们在工作、学习、生活中每逢问题，总要"想一想"，这种"想"，就是思维。人工智能的思维是用计算机来模拟人的某些思维过程和智能行为（如学习、推理、思考、规划等），如图1.1所示。

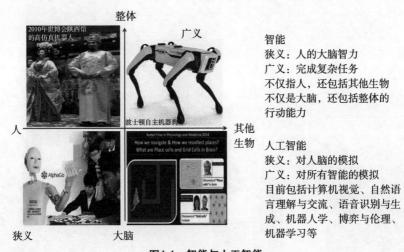

图1.1 智能与人工智能

✿ 2. 人工智能的概念

人工智能（artificial intelligence，AI），作为一门由计算机、脑科学、心理学、认

知学、语言学、哲学交叉融合的前沿学科，其定义一直存在不同的观点，见表1.1。

表1.1　人工智能的定义

来源	释义
大英百科全书	人工智能是数字计算机或者数字计算机控制的机器人在执行智能生物体才有的一些任务上的能力
斯图尔特·罗素所著的《人工智能———一种现代方法》	人工智能定义分为四类：像人一样思考的系统、像人一样行动的系统、理性思考的系统、理性行动的系统
史蒂芬·卢奇《人工智能（第2版）》	人工智能是一门科学，这门科学让机器做人类需要智能才能完成的事
中国电子技术标准化研究院发布的《人工智能标准化白皮书（2018版）》	人工智能是利用数字计算机或者数字计算机控制的机器模拟、延伸和扩展人的智能，感知环境、获取知识并使用知识获得最佳结果的理论、方法、技术及应用系统

人工智能概念的外延如图1.2所示。

图1.2　人工智能概念的外延

总体而言，人工智能是一种具备类似于人类的感知系统和认知、决策、执行能力的计算机程序或系统，如图1.3所示。

研究目的：探寻智能本质，构造像人一样思考，拥有与人类智慧同样本质特性的机器。

研究内容：能够模拟、延伸和扩展人类智能的理论、方法、技术及应用系统。

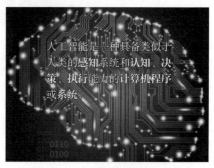

图1.3　人工智能概念的内涵

⚙ 3. 人工智能的表现形式

会看：人脸识别、文字识别、车牌识别等。

会听：语音识别、语音控制、机器翻译等。

会说：语音合成、人机对话、智能客服等。

会行动：自动驾驶汽车、无人机、机器人等。

会思考：人机对弈、内容推荐、医疗诊断等。

会学习：机器学习、知识表示等。

人工智能的表现形式见图1.4。

能存会算　　　　　能听会说，能看会认　　　　能理解会思考
算力、大数据、物联网　　语音/视觉识别、人机对话　　机器学习、知识表示

图1.4　人工智能的表现形式

二、人工智能的分类

按照人工智能是否真正拥有推理、思考和解决问题等人类智能所有的特性，可以将人工智能分为弱人工智能、强人工智能和超级人工智能，如图1.5所示。

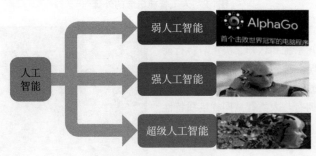

图1.5　人工智能的分类

⚙ 1. 弱人工智能

我们目前能实现的，一般被称为"弱人工智能"（narrow AI）。弱人工智能是只具备人类的部分智能，不能真正实现推理和解决问题，无自主意识，但在某些领域中表现出众，甚至能比人更好地执行特定任务的机器。例如，有的人工智能机器分别在语音识别、图像处理、机器翻译等特定领域中表现出接近甚至超越人类的水平，但除此之外并不能像人类智能那样拥有认识世界和改造世界的才智和本领，因此都还属于弱人工智能。

你知道吗？

击败世界围棋冠军李世石和柯洁的AlphaGo，属于哪种人工智能呢？

AlphaGo是弱人工智能。虽然你可能觉得它很强大，但AlphaGo其实只能在特定领域、既定规则中，表现出强大的智能。AlphaGo只会下棋，如要问TA如何更好地在硬盘上存储数据，TA就不知道该如何回答了。

⚙ 2. 强人工智能

如果连战胜了人类世界围棋冠军的AlphaGo都只能算弱人工智能，那么，强人工智能是什么？

强人工智能（general AI）也称为通用人工智能、类人智能，即不受领域、规则限制，只要是人能干的事情，它都能干。强人工智能是有着跟人类一样的感知、理性，像人类一样思考，并具有自我意识的机器。强人工智能分为类人（机器具有类似人的推理和思维能力）与非类人（机器产生了和人完全不一样的知觉和意识，使用和人完全不一样的推理、思维方式）两大类。强人工智能目前我们还做不到，还只存在于科幻电影和小说中。

⚙ 3. 超级人工智能

强人工智能，才是真正的人工智能。那么超级人工智能（super AI）呢？就是远远超越人类的智能。

被比尔·盖茨称赞为"预测人工智能最准的未来学家"的雷·库兹韦尔提出了著名的"奇点理论"（singularity）。什么是奇点理论？简单来说，他认为，科技的发展是符合幂律分布的。前期发展缓慢，后面越来越快，直到爆发。

人工智能花了几十年时间，终于达到了幼儿智力水平。然后，可怕的事情出现了，在到达这个节点1小时后，电脑立刻推导出了爱因斯坦的相对论；而在这之后1.5小时，这个强人工智能变成了超级人工智能，智能瞬间达到了普通人类的17万倍。这就是"奇点"。

三、人工智能的特征

⚙ 1. 服务、计算、数据

由人类设计，为人类服务，本质为计算，基础为数据。人工智能是由人设计，采用人类制造硬件和编写的软件，按照人类设定的程序来为人类服务的机器。其本质体现为计算，通过数据采集、数据存储、数据分析和数据挖掘，来模拟人类期望的智能行为，为人类提供延伸人类能力的服务。人工智能在任何情况下都不应该做出伤害人类的行为，如图1.6所示。

由人类设计，为人类服务

图1.6　人工智能特征（一）

⚙ 2. 感知、交互、互补

能感知环境，能产生反应，能与人交互，能与人互补。人工智能应能根据自身的传感器等设备感知外部环境，提取环境中有效的特征信息加以处理和分析，建立起数字模型来表示所处的环境信息。对语音指令、文字输入、表情动作能产生相应的反应。用语音、灯光、动作等方式与人类产生互动。发挥机器的优势，帮助人类做人类做不到、做不好及对人类有危险的事情，如图1.7所示。

感知环境，与人交互，与人互补

图1.7　人工智能特征（二）

⚙ 3. 适应、学习、演化

有适应特性，有学习能力，有演化迭代，有连接扩展。人工智能要随着环境的变化而自适应地调整自身参数，通过不断地重复反馈过程，将每一次迭代得到的结果作为下一次迭代的初始值，不断学习、更新、优化模型，以适应不断变化的现实环境，可连接丰富多样的外部设备、网络、软件进行扩展，从而使人工智能的应用领域越来越广泛，如图1.8所示。

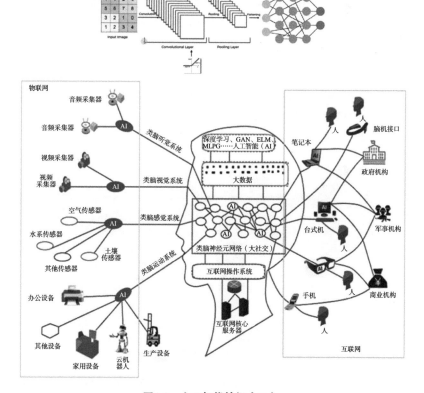

图1.8 人工智能特征（三）

第二章　人工智能的前世今生

可能大众的感觉是，人工智能是最近几年才爆发的，为我们带来便利的生活和创新的技术。然而果真如此吗？想要客观认识人工智能，我们必须要把时间倒回一些，先了解它的过去，一段人类上下求索人工智能的过去。

从20世纪50年代人工智能的萌芽时期，到现今人工智能的爆发，从图灵到AlphaGo，人工智能走过了怎样的七十年？人工智能进化史上有哪些心潮澎湃的传奇？

一、人工智能的诞生：1950～1956年

1950年：图灵测试。在讲解图灵测试之前，请允许我先介绍人工智能领域最重要的人物之一——艾伦·图灵（Alan Turing）。1912～1954年，图灵的三大贡献对人类的进程产生了划时代的影响：第一大贡献是发明了图灵机，奠定计算机科学的基础；第二大贡献是破译了德军Enigma密码机，对改变第二次世界大战战局产生重要影响；第三大贡献是提出了图灵测试。图灵对人工智能发展所做出的重要贡献，为图灵赢得了"人工智能之父"的桂冠。

图灵在一篇划时代的论文中为后来的人工智能科学提供了开创性的构思，提出了一种用于判定机器是否具有智能的试验方法，即图灵测试：将提问者C和回答者A和B隔离开，提问者向回答者提多个问题，如果有30%的提问者认为回答者是人而不是机器，那么称这台机器具有智能。如图2.1所示。

回答者（人A）　　　回答者（机器B）

是人，还是机器和我对话？

提问者（人C）

图2.1　图灵测试

1952年：机器学习。计算机科学家亚瑟·塞缪尔（Arthur Samuel）编写出了一个纯粹通过自己跟自己玩来学习跳棋的程序，成为了机器学习领域的创始人。

1956年：人工智能诞生。1956年8月，在美国达特茅斯学院中，来自数学、心理学、工程学、经济学和政治学不同领域的一批科学家开会研讨"如何用机器模拟人的智能"。与会者计算机科学家约翰·麦卡锡（John McCarthy）、人工智能与认知学专家马文·明斯基（Marvin Lee Minsky）、信息论的创立者克劳德·香农（Claude Shannon）、计算机科学家艾伦·纽厄尔（Allen Newell）和诺贝尔经济学奖得主赫伯特·西蒙（Herbert Simon）决定为该会议命名一个名字，有两个备选：一个为人工智能；另一个为控制论。麦卡锡说服与会者决定用"人工智能"，标志着人工智能作为一门新型学科正式诞生。

我们都知道诺贝尔奖旨在表彰对人类做出重大贡献的人士，由于诺贝尔的时代还没有计算机，所以也就没有诺贝尔计算机科学奖。在计算机科学领域，图灵奖就是最高奖项。图2.2是达特茅斯会议部分参会人合影（1956年摄）。

图2.2　"达特茅斯七侠"在会议期间的合影

二、人工智能的黄金年代：1957～1974年

人工智能在这一时期发展迅速，许多学者和科研机构纷纷投入到人工智能的研究中。人工智能获得了各个机构的大力资助，创新层出不穷。这段时间直到1969年才结束，这个时期可以看作人工智能的第一次高潮。

1957年：感知机发明。康奈尔大学心理学教授弗兰克·罗森布拉特（Frank Rosenblatt）受生物神经元启发，研制成功了可以模拟人类感知能力的机器。这台机器可以像真实的生物神经元一样，做到感知和判断，从数据中学习，被命名为"感知机"。感知机后来发展为一种学习算法，是一切人工神经网络学习的起点。神经元模型如图2.3所示。

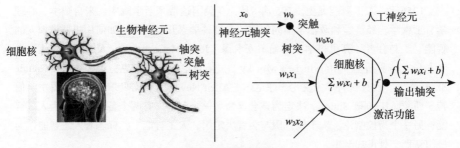

图2.3　神经元模型

1958年：第一个广泛流行的人工智能编程语言LISP发明。计算机科学家约翰·麦卡锡（John McCarthy）开发了著名的LISP语言（list processing language），成为人工智能界第一个最受欢迎且最受青睐的人工智能编程语言。

1959年：第一台工业机器人诞生。乔治·德沃尔（George Devol）和约瑟夫·英格伯格（Joseph Engelberger）开发出的工业机器人Unimate，成为第一台在新泽西州通用汽车装配线上工作的机器人。

1961年：第一次在程序中使用了人类在解决问题时常用的启发式方法。计算机科学家詹姆斯·斯拉格（James Slagle）开发了符号自动积分程序SAINT，输入一个函数的表达式，该程序就能自动输出这个函数的积分表达式。

1966年：世界上第一个聊天机器人ELIZA发布。美国麻省理工学院教授约瑟夫·魏泽堡（Joseph Weizenbaum）编写了用英语交谈的聊天机器人程序ELIZA，其智能表现为能通过脚本理解简单的自然语言，并能产生类似人类的互动。

1966年：全球首款移动智能机器人诞生。斯坦福研究所（现在称之为SRI国际）研究员Charles Rosen和他的团队开发的机器人Shakey是第一个通用移动机器人，成了后来机器人和无人驾驶的通用框架。Shakey可感知周围环境，根据明晰的事实来推断隐藏含义，创建路线规划，在执行计划过程中修复错误，而且能够通过英语进行沟通。

1968年：能理解人类语言的机器诞生。麻省理工学院计算机科学家特里·维诺格拉德（Terry Winograd）设计一个名为"SHRDLU"的虚拟世界，在这个虚拟世界里，计算机可以解析英语句子，还能帮助用户移动锥形、球形等简单形状的障碍物。但这个虚拟世界无法扩展，对于复杂的词汇和语法显得力不从心，更不要说现实世界的人类语言了。

1970年：第一个仿人机器人诞生。日本早稻田大学教授加藤一郎建造了仿人机器人WABOT-1，WABOT-1双脚可以行走，双手可以搬运物体，耳朵可以听，嘴巴可以交谈。

三、第一次人工智能低谷：1974~1980年

人工智能需要强大的计算能力和大数据，由于当时计算机的运算速度和内存容量不足，加上没有可满足机器视觉和语言学习的大数据，这些问题的解决需要近乎无限长的时间。同时在人工智能上的巨额投入几乎未收到任何回报和成果，于是对人工智能行业的资助开始大幅缩减，AI进入"寒冬"。

1975年：框架。计算机科学家马文·明斯基（Marvin Lee Minsky）首创框架理论（framing theory）。即用一个框架囊括所有相关的常识性假设。例如，当我们使用"猫"这一词语时，大脑会立即闪现出关于猫的一些相关特征，如圆头、尖耳、长尾、全身长满绒毛、善跳跃、喜吃鱼、会捕鼠等等。框架理论认为，人类对世间万物的认识都是以类似框架的结构存储在记忆中的，当遇到一个新事物时就从记忆中寻找一个匹配的框架，并根据新事物的具体特征对比细节加以修正、增补，从而认识这个新事物。

1977年：脚本。人工智能专家尚克（Schank）和心理学家埃布尔森（Abelson）提出了脚本这一概念并将其应用到人类的知识结构上。所谓脚本是指某个众所周知的场景（situation）中的系列活动在大脑中的内部记忆结构。以餐馆就餐为例，依次会进行以下活动：入座→看菜单→点菜→品尝→结账，这一系列活动是关于餐馆就餐的关键特征，不同的餐馆可能在就餐细节上有所不同，但关键活动是类似的。一个脚本就是一个行动指南，当将包含了事件发生顺序及预期的脚本存储在记忆中后，人们一旦遇到一个相似的场景就能被激活，引导人们在这一场景中做什么、如何做，并预期其中的角色及下一步的活动。

1979年：斯坦福推车。该推车是一个带有摄像头的四轮机器人，通过对自己前进路线的分析，能够在满是椅子的房间里绕开所有障碍物前行。

1980年：表演型人形机器人。早稻田大学的加藤一郎建成了WABOT-2。WABOT-2不仅能与人交流，还能阅读乐谱并在电子琴上演奏音乐。

四、人工智能的繁荣期：1980~1987年

没有一个冬天不会过去，没有一个春天不会到来。经历了一段时期的阴霾笼罩，人工智能的探索永不止步。

20世纪80年代，专家系统。一个模拟人类专家思维方式进行决策的人工智能程序在实际应用中产生了巨大的经济效益，至此AI开始变得实用起来。帕梅拉·麦考达克（Pamela McCorduck）的书中提出："智能可能需要建立在对分门别类的大量知识的多种处理方法之上。"实现智能行为的主要手段在于知识，但在多数实际情况下是特定领域的知识，专家系统把各领域专家们的知识和经验打包做成知识库，采用人工智能中的知识表示和知识推理技术来模拟人类专家的决策过程，以便解决通常需要领域

专家才能解决的复杂问题。简单地说，专家系统＝推理机（执行推理，专家系统由此找到解决方案）＋知识库（包含解决问题相关的领域知识）。

1981年：重获资助。日本为第五代计算机项目（开发可以交谈、翻译语言、解释图片和表达人性化推理的计算机）拨款8.5亿美元。随后，英国、美国纷纷响应，开始向人工智能领域的研究提供大量资金。

1982年：Hopfield网络。物理学家约翰·霍普菲尔德（John Hopfield）模拟生物神经元的记忆机制，发明了一种单层互相全连接的反馈型神经网络，被称为Hopfield网络。它的权值不是通过训练出来的，而是按照一定规则计算出来的，不断更新的不是权值，而是网络中各神经元的状态，网络演变到稳定时各神经元的状态便是问题的解。Hopfield网络具有联想记忆功能，能储存若干个预先设置的稳定状态，若将稳态视为一个记忆样本，那么由初态到稳态的过程便是寻找记忆样本的过程。初态可认为是给定样本的部分信息，网络改变的过程可认为是从部分信息找到全部信息，从而实现联想记忆的功能。

1986年：反向传播算法。David Rumelhart推广反向传播算法（back propagation neural networks，BP算法），反向传播算法是一种"从错误中学习"的神经网络训练方法。神经网络中所有的输入和节点的权重都是随机分配的，网络对输出结果与已知的期望输出做比较，得出误差（即损失），这一误差被传回上一层，相应的调整上一层每个节点的参数权重，不断重复这一过程直到实际输出与期望输出的误差低于预定门槛，人工神经网络就有了"举一反三"的能力，即实现泛化（generalization）。

1986年：分布式并行处理。Rumelhart和心理学家James McClelland主编的两卷论文集"分布式并行处理"发表。一般认为，集中在同一个机柜内或同一个地点的紧密耦合多处理机系统或大规模并行处理系统是并行处理系统，而用局域网或广域网连接的计算机系统是分布式处理系统。

1986年：梅赛德斯-奔驰公司与慕尼黑国防军大学教授Ernst Dickmanns合作开展普罗米修斯计划——自动驾驶汽车及相关技术研发项目使车辆"张开双眼看世界"。原型车由梅赛德斯面包车加装摄像头和传感器改装而来，实现对方向盘、刹车和油门的控制，1987年，在一条没有障碍物的未完工的高速公路上以90 km/h的速度实现了无人自动行驶测试。1994年，Ernst Dickmanns再接再厉，对两辆奔驰500轿车进行改装，在车载计算机的控制下，两辆轿车在法国的1号高速公路一路狂奔到130 km/h，并进行了变线、避让等操作。

五、第二次人工智能低谷：1987～1993年

1984年：AI Winter。在1984年的人工智能促进协会（AAAI）上，经历过1974年经费削减的Roger Schank（AI 理论家）和Marvin Minsky（认知科学家）警告人工智能冬季来临，他们注意到了专家系统的实用性仅仅局限于某些特定情景，预计不久后

人们将转向失望。事实被他们不幸言中，美国国防部高级研究计划局（DARPA）的新任领导认为AI并非"下一个浪潮"，拨款将倾向于那些看起来更容易出成果的项目。

1988年：贝叶斯网络。美国国家科学院院士朱迪亚·珀尔（Judea Pearl）发明了贝叶斯网络，是模拟人类推理过程中因果关系的不确定性处理模型，适用于表达和分析不确定和概率性的事件，可以从不完全、不精确或不确定的知识或信息中做出推理。学者们注意到专家系统难以从不确定的知识中做出正确的推断，计算机无法复制人类专家的推理过程，因为专家本身无法在系统提供的语言中阐明他们的思维过程。专家系统的原理是模拟专家，而不是模拟世界。

20世纪80年代后期：莫拉维克悖论（人工智能中最重要的发现之一）。人工智能和机器人科学家发现了与常识相左的现象：让计算机在智力测试或者下棋中展现出一个成年人的水平相对容易，但是要让计算机有如一岁小孩般的感知和行动能力却是相当困难甚至是不可能的。这便是在人工智能和机器人领域著名的莫拉维克悖论（Moravec悖论）。莫拉维克悖论指出：和传统假设不同，对计算机而言，实现逻辑推理等人类高级智慧只需要相对很少的计算能力，而实现感知、运动等低等级智慧却需要巨大的计算资源。一些研究者根据莫拉维克悖论提出了一种全新的人工智能方案：为了获得真正的智能，机器必须具有躯体，它需要感知、移动、生存，与这个世界交互。由美国国防部高级研究计划局（DARPA）组织的机器人挑战赛被称作"当前人工智能中含金量最高的比赛"。虽然参赛队伍都是来自全球的顶尖研究机构，但是它的任务却是诸如驾驶、进门、打开阀门、上下楼梯等对人类来说非常简单的任务，即便如此有些队伍仍然无法完成比赛，机器人在比赛中摔倒更是家常便饭。

六、人工智能真正的春天：1993年至今

日月光华，年岁更迭，转眼AI在经历了数年冰封的时光后，冬尽春始，AI之光蓄势待发，照亮未来。

1995年：聊天机器人ALICE。美国人工智能专家理查德·华莱士（Richard S. Wallace）受Weizenbaum的ELIZA灵感启发，研发出可以和人自动对话的机器人艾丽丝（ALICE）。华莱士发现组成人们日常谈话主体的句子不过几千个，如果尽可能多地将谈话的回答"喂给"ALICE学习训练，那么ALICE将最终覆盖所有的日常话语，甚至包括一些不常用的话语。ALICE与ELIZA的区别在于增加了自然语言样本数据收集，华莱士不断为ALICE扩充知识量，ALICE于2000年和2001年先后两次通过图灵测试，并因此获得了2000年和2001年的人工智能最高荣誉奖洛伯纳奖。

1997年：长短期记忆（LSTM）。计算机科学家森普·霍克赖特（Sepp Hochreiter）和施米特胡贝（Jürgen Schmidhuber）开发了长短期记忆（LSTM），这是一种用于手写和语音识别的递归神经网络（RNN）架构。人类并不是从空白状态开

始他们的思考。就像你读这本书时，你是建立在你之前自己已经拥有的文字的理解上。并不是每次学习结束之后就全部丢弃掉你学到的东西，然后再从空白状态开始。即我们的思想拥有持久性。LSTM就具备了这一特性。递归神经网络是带有循环的神经网络，一个递归神经网络可以看作是一个网络的多次拷贝，每次把信息传递给他的继任者，信息可保留一段时间。

1997年：超级计算机"深蓝"（Deep Blue）。由IBM公司开发的超级电脑Deep Blue在国际象棋人机大战中击败了人类顶尖棋手、特级大师加里·卡斯帕罗夫，成为第一个赢得国际象棋比赛并与卫冕世界冠军相匹敌的计算机系统。

1998年：第一款儿童玩具机器人菲比（Furby）。Dave Hampton和Caleb Chung发明了能与人互动的智能玩具Furby，内置的处理器让Furby能识别主人的声音，随着交流的加深逐渐学会说一些英文单词。Furby体内的传感器可以感知外界的声音、光线、触摸和其他Furby的动作，进而通过电动机和齿轮系统让眼睛、耳朵和嘴等部位做出不同的反应，会眨眼、跳舞、咯咯笑、玩游戏。

1999年：AIBO机器狗。索尼（SONY）推出了机器人宠物狗AIBO。对于命名，索尼可谓煞费苦心：日文中"同伴"的发音是AIBO；AIBO中开头的A、I两个字母又是artificial intelligence（人工智能）的缩写；又与eye-robot（有眼睛的机器人）英文发音一样。凭借着体内极小的一块晶片，AIBO通过与环境、所有者和其他AIBO的互动来"学习"，能够理解和响应100多个语音命令，像真狗一样做出如摆尾、打滚等各种有趣的动作，并能懂得分辨对它的称呼和责备。

2000年：模仿人头部的机器人Kismet。麻省理工学院的Cynthia Breazeal博士制作了Kismet，一种能够识别和模拟情绪的自主机器人，通过眼睛、嘴唇、眼睑和眉毛反映的面部表情表达生气、开心、沮丧、惊喜等情感。

2000年：仿人行走机器人ASIMO。日本本田研制的仿人机器人阿西莫（ASIMO，Advanced Step Innovative Mobility，高级步行创新移动机器人）具备行走与各种人类肢体动作功能，还能依据人类的声音、手势等指令，来从事相应动作。

2002年：扫地机器人Roomba。iRobot发布了全球首款家用自动化扫地机器人，可避开障碍物钻到家具下面吸尘。

2005年：机器狗。美国波士顿动力公司推出的"机器狗"跑得快，耐力久，避障、导航、舞蹈样样精通，还能运载14kg的负荷，以及在雨中、多尘、-20~45℃的环境中工作。

2007年：ImageNet图片数据库。计算机教授李飞飞（Feifei Li）及其同事创建了ImageNet，旨在为全球的研究人员提供一个通过互联网免费获得的、可供图像视觉训练的图片库。ImageNet由拥有多个节点的网络层次结构组成，每个节点就是一个具有相同意义的词条组，每个词条组平均提供1000幅图像，每张图片都做了手动注释，有的还提供了边界框。ImageNet是一项持续的研究工作，自2010年以来，ImageNet项目每年举办一次大规模视觉识别挑战赛（ILSVRC），被广泛认为是深度学习革命的开始。

2008年：iPhone语音识别搜索应用程序。用户对着iPhone手机说出自己要查询的问题，声音被识别出来转化为一个数字文件发送到谷歌服务器中，相应的搜索结果返回给用户，开启了后来数字化语音助手（Siri、Alexa、Cortana）的浪潮。

2008年：NAO机器人。58cm高的双足人形机器人NAO拥有着讨人喜欢的外形，能听、会看、可与人互动交流，拥有与人类一样自然的肢体语言。在2010年上海世博会上，20个NAO集体表演了同步的舞蹈动作。NAO提供一个独立、完全可编程、功能强大且易用的操作应用环境。

2009年：谷歌秘密研发无人驾驶汽车。谷歌无人驾驶汽车通过摄像机、雷达传感器和激光测距仪来"看到"其他车辆，并使用详细的地图来进行导航。

2010年：Kinect for Xbox 360。微软研发出了第一款使用3D摄像头和红外探测跟踪人体运动的游戏设备Kinect for Xbox 360。

2011年：认知计算系统Watson（沃森）。IBM公司开发的Watson能理解自然语言，具有信息分析、机器学习等能力。在美国智力问答电视游戏中，战胜了两位人类冠军。

2011年：Siri。Apple发布了基于iOS操作系统的虚拟语音助手Siri（Speech Interpretation & Recognition Interface）程序软件。Siri支持自然语言的语音输入，能够不断学习新的声音和语调，提供对话式的应答。

2012年：谷歌大脑自学成才识别猫咪。谷歌的研究人员Jeff Dean和Andrew Ng从网络视频上随机选取1000万张没有标签的图片展示给由1.6万个脑处理器组建的人工神经网络，在没有人类提供指导和没有提供任何关于这些图片信息的情况下，该人工神经网络通过非监督深度学习成功自主学习辨别出猫的面孔。而标准的图像识别技术是依靠数以千万计带标签的图片，让神经网络进行学习。

2012年：Spaun诞生。加拿大滑铁卢大学的神经学研究人员构建了一个基于超级计算机的包括250万个模拟"神经元"的虚拟大脑Spaun。Spaun通过虚拟"眼睛"对看到的事物做出响应，指挥机械臂进行书写等动作，Spaun可执行多项简单的认知任务并通过了最基本的智商测试。

2013年：永无止境的图像学习者（NEIL）。NEIL（never ending image learner）是卡内基梅隆大学开发的一种可以比较和分析图像关系的语义机器学习系统，可以7×24全天候地自动从互联网的图片中提取学习可视知识。NEIL分别用语义类别（从属部件、分科/类似）及关联功能，给出其可视范畴的标签，建立机器与人类可沟通的可视结构化知识库。

2013年：深度学习被广泛运用。Facebook成立了人工智能实验室，Google收购语音和图像识别公司DNNResearch，百度创立了深度学习研究院等。

2014年：聊天机器人Eugene Goostman首次"通过"了图灵测试。

2014年：智能音箱Echo和个人虚拟语音助手Alexa。Echo是亚马逊开发的可以用声音控制的智能音箱设备，通过与之配套的名为Alexa的软件程序，使得我们可以直接向机器发出语音指令，而不用通过点击、输入、搜索这些操作来执行各种任务（听歌、播报天气、新闻、网购、打车、订外卖等），并控制各种系统（家电）。Alexa除了可以在Echo上使用，也可以支持第三方产品。

2016年：谷歌AlphaGo战胜围棋世界冠军李世石。

2016年：历史上首个获得公民身份的机器人索菲亚（Sophia）。索菲亚是中国香港的汉森机器人技术公司开发的人形机器人，与以前的类人机器人的区别在于她看起来就像人类女性，她全身由橡胶皮肤覆盖，面部能够表现超过62种表情，其"大脑"中的计算机算法能够识别人类，并能与人进行眼神交流。索菲亚被沙特阿拉伯授予公民身份，成为历史上首个获得公民身份的机器人。

2016年：Google发布了Google Home。Google Home是一款智能家居设备，可以通过语音控制如灯、开关插座、空调、冰箱、音箱、扫地机等智能家庭设备，还可以充当"个人助理"，通过语音来播放音乐、预约提醒、读取网络新闻和天气预报等。

2017年：AI系统发明了自己的语言进行沟通。Facebook人工智能研究实验室用英语培训了2个聊天机器人，随着聊天机器人的学习，他们偏离了人类语言竟自行发展出自己的语言来相互交流，研究者担心"失控"，关闭了智能聊天机器人项目。

2017年：HomePod。苹果公司在原来个人虚拟助理Siri的基础上推出了内置Siri的智能音箱HomePod。

2018年：阿里巴巴和微软的AI在阅读理解测试中超越了人类最高分。在斯坦福大学的阅读理解测试上，阿里巴巴和微软研制的AI软件击败了人类。该测试由斯坦福大学的人工智能专家设计，要求AI给出超过10万个问题的确切答案，而这些问题所构成的试卷被认为是当前世界检测机器阅读水平的最权威标准之一。这是机器首次在此类测试中战胜真人。阿里巴巴的AI得分为82.440分，相比原先人类的最高分82.304分稍胜一筹，第二天，微软的AI也拿到了82.650的高分。

2018年：自然语言模型BERT。谷歌开发了第一个深度双向、无监督的语言表示，仅使用纯文本语料库进行预训练，然后可以使用迁移学习对各种自然语言任务进行微调。

2018年：虚拟语音助手Bixby。三星推出了集人工智能、深度学习、UI设计三者相结合的研究成果Bixby。Bixby可以理解和执行用户的语音命令，与其他设备实现互动（如家电产品），调用配合第三方应用程序（如天气和通讯录等）；可以通过相机识别对象、翻译、搜索等。

2019年：三位深度学习之父共摘2019年图灵奖。Geoffrey Hinton、Yann LeCun和Yoshua Bengio三位科学家发明了深度学习的基本概念，人工智能领域中的计算机视觉、语音识别、自然语言处理和机器人应用取得的爆炸性进展都离不开深度学习，深度学习已经成为人工智能领域最重要的技术之一，帮助深度神经网络获得实际应用。

2019年：无创脑机接口。美国卡内基梅隆大学教授贺斌团队开发出了一种可与大脑无创连接的脑机接口，即不需要在头上开洞植入电极和芯片，而是直接从人的头皮上获取神经信号，戴顶"电极帽"就能让人用意念指挥外物。

2019年：人工智能在德州扑克比赛中战胜多人。Facebook人工智能实验室和卡内基梅隆大学的研究人员联合开发出人工智能（AI）程序"合众为一"（Pluribus）。Pluribus在德州扑克比赛中击败了6名全球顶尖选手。研究人员认为，这是人工智能发展史上的一座里程碑，未来有望应用于生物医学、安全等领域。

2019年：谷歌实现"量子优势"。谷歌的量子计算机用3分20秒完成的计算，若交给全球排名第一的超级计算机Summit，大概需要1万年。

2019年：人形机器人费德尔（FEDOR）上太空。俄罗斯开发人形机器人费德尔（FEDOR）作为人类的通用替身，费德尔是一个高180cm、重160kg的银色拟人关节型机器人，它甚至有自己的Instagram与Twitter账号。俄罗斯FEDOR机器人的最新版本之一Skybot F-850，成为第一台坐在飞船指挥官位置上的机器人飞向太空。在国际空间站，费德尔将协助人类宇航员工作，这意味着仿真机器人在航天领域的实际应用又进了一步。

2020年：全球首款活体机器人Xenobots诞生了。Xenobots这个名字，是由"Xenopus laevis"（拉丁文的爪蟾）和"robots"组合而成的。Xenobots不含任何金属、塑料或元器件，其完全由有机细胞构成。如同名字所提示的，Xenobots所使用的细胞都取自于非洲爪蟾的早期胚胎。这种活体机器人仅0.04in（1in＝25.4mm）宽，即1mm左右，能够在人体内自由穿行。

Xenobots有两个极具吸引力的地方。其一，可编程。技术人员先在超级计算机上建模，通过模拟实验将细胞进行排列组合。之后再按照确定好的模型，组合表皮细胞和心脏细胞生成Xenobots。其二，可自我修复。Xenobots在被切割后能够快速自我愈合，然后继续按照程序工作。其平均寿命在7～10天，在此之后，其会像普通的细胞一样，自动降解得干干净净。

2020年：华为全场景AI计算框架MindSpore正式开源。能否大大降低AI应用开发的门槛，能否实现AI无处不在，能否在任何场景下确保用户隐私得到尊重和保护，这些都与AI计算框架息息相关。业内目前最为主流的两大AI计算框架分别是谷歌的TensorFlow和Facebook的PyTorch。要想吸引更多优质开发者加入自己的生态，开源是一条必经之路。

2020年：马斯克宣布脑机接口将植入人脑。据马斯克介绍，设备的直径约为1in，类似于智能手表的表面，通过移除一小块头骨植入。移除一块头骨后，一个小型机器人将线状电极连接到大脑特定区域，原则上可以修复任何大脑问题，包括提升视力、恢复肢体功能、治疗老年痴呆症等。

2020年：波士顿动力机器狗正式发售。波士顿动力的明星产品机器狗Spot是当前世界上机动性能最先进的机器人，几乎可以去到任何人类能够去到的地方。机器狗能够用于建筑工地的三维地图构建以及海上石油勘探机故障发现等，此外一些功能应用还包括帮助病人以及警用拆弹任务等。

2020年：中国量子计算原型机"九章"问世。中国科学技术大学宣布潘建伟等人成功构建76个光子的量子计算原型机"九章"。这一突破使我国成为全球第二个实现"量子优越性"的国家。

实验显示，当求解5000万个样本的高斯玻色取样时，"九章"需200s，而目前世界最快的超级计算机"富岳"需6亿年。等效来看，"九章"的计算速度比"悬铃木"（谷歌量子计算原型）快100亿倍，并弥补了"悬铃木"依赖样本数量的技术漏洞。

回顾过去，AI创新照亮前行的路；展望未来，AI探索永不止步。自20世纪50年代起，人工智能的发展经历了三个明显时期：推理期，这一时期的核心特点在于将逻辑推理能力赋予计算机系统；知识期，这一时期的核心特点在于总结人类知识教授给计算机系统；机器学习期，这一时期的核心特点在于计算机从数据中学习算法，人类相继在语音识别、计算机视觉领域取得重大进展，围绕语音、图像等人工智能技术的企业大量涌现，从量变实现质变。人工智能发展历程如图2.4所示。

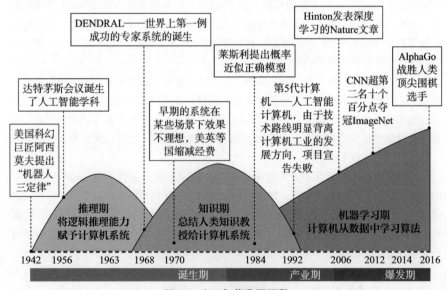

图2.4　人工智能发展历程

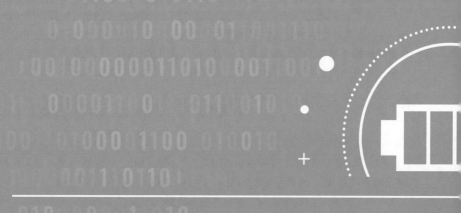

技术篇

第三章　人工智能技术框架

　　"人工智能之父"马文·明斯基（Marvin Lee Minsky）创立了框架理论（framing theory）。该理论的核心是以框架形式表示知识，框架是一个系统草图，描述直接构成系统的抽象组件（在实现阶段，这些抽象组件被细化为实际的组件）及其关系。因此，框架可以说是技术的中枢，是通俗理解人工智能的一把钥匙。

一、人工智能框架理论

❂ 1. 框架理论的工作原理

　　框架是一种结构化的知识表示方法，是当前流行的一些专家系统开发工具和人工智能语言的基础。框架理论的另外两个特殊贡献是：一，它最早提出了"缺省"（default）的概念，成为常识知识表示的重要研究对象；二，从框架发展出"脚本"表示方法，可以描述事件及时间顺序。

　　框架理论的工作原理是：人脑已存储有大量的典型情景，当人面临新的情景时，就从记忆中选择（粗匹配）一个称作框架的基本知识结构，这个框架是以前记忆的一个知识空框，而其具体内容依新的情景而改变，对这空框的细节加工修改和补充，形成对新情景的认识又记忆于人脑中，以丰富人的知识。

❂ 2. 框架理论的核心

　　框架理论的核心是以框架这种形式来表示知识。在框架系统中每个框架都有自己的名字，称为框架名，表示一个特定的概念、对象或事件。框架通常由描述事物各个方面的若干槽（slot）组成，其中可填入具体值，以描述具体事物特征。每一个槽也可以根据实际情况拥有若干个侧面（spect），对槽作附加说明，如槽的取值范围、求值方法等。这样，框架就可以包含各种各样的信息，例如描述事物的信息，如何使用框架的信息，对下一步发生什么的期望，期望如果没有发生该怎么办，等等。利用多个有一定关联的框架组成框架系统，就可以完整而确切地把知识表示出来。

　　示例：一个关于电脑的框架。

```
name：电脑
super-class：办公工具
sub-class：笔记本电脑，台式机，平板电脑
显示屏个数：
value-class：整数
default：1
value：未知
```

电脑尺寸：
value-class：浮点数
unit：米
value：未知

其中，super-class和sub-class分别表示该对象的父类和子类，"显示屏个数"和"电脑尺寸"是两个槽，反映电脑的结构属性，分别由若干侧面组成，例中有value，表示属性的值，value-class（或type）表示属性值的类型，default表示默认的属性值，等等。

二、人工智能的编程与开发

工欲善其事，必先利其器。人工智能的编程与开发主要是使用Python语言和TensorFlow作为工具。

⚙ 1. Python语言

随着人工智能和机器学习的发展，Python大火，成了人工智能（机器学习）的首选编程语言。人工智能要进行大量的科学计算，Python能比较轻松地应对人工智能领域的应用需求（包括机器学习、自然语言处理等）。Python作为一门解释型的语言，天生具有跨平台的特征，只要为平台（Windows、MacOS、Linux等）提供了相应的Python解释器，Python就可以在该平台上运行。

要想学习人工智能而不懂Python，那就相当于想学英语而不认识单词。Python拥有众多模块，能完成人工智能开发的所有环节。Python人工智能的学习路线如下：

步骤1：收集数据。要训练模型，就要进行数据分析、数据建模，首先就要有数据，而且是需要大量的数据。数据的来源可以有多种渠道，最通常的渠道就是网络，也就是通过爬虫获取。网络爬虫又被称为网页蜘蛛、网络机器人，是一种按照一定的规则自动地抓取万维网信息的程序或者脚本。我们要学会用Python爬取数据，常见的Python爬虫库包括requests、scrapy、selenium、beautifulSoup，这些库都是写网络爬虫需要使用到的库，掌握这些库的使用，就能完成收集数据任务。

步骤2：数据处理和分析。有了数据就可以进行数据处理和分析了。常见的Python数据处理库有numpy、scipy、pandas、matplotlib，这些库可以进行矩阵计算、科学计算、数据处理、绘图展现等操作，有了这些库，就可以开始把数据处理成需要的格式。

步骤3：训练模型。把数据处理成符合训练使用的格式后，就需要利用这些数据训练生成模型。常见的Python建模库有nltk、keras、sklearn，这些库主要用于自然语言处理、深度学习和机器学习。最终，人工智能的预测模型经过数据训练被构建出来。

　　Python提供了机器学习所需要的一切工具库，能让我们专注在数据处理和分析上，通过对Python库的引用，简捷的三步即可完成机器学习项目。在工作情景中，我们需要做的事是把大量的精力集中在数

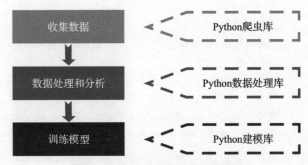

图3.1　Python人工智能学习路线图

据上，如数据的分析和理解，而不是花费过多的精力去写代码。Python人工智能的学习路线如图3.1所示。

2. TensorFlow

　　TensorFlow是一个基于数据流编程的符号数学系统，被广泛应用于各类机器学习算法的编程实现。TensorFlow在数据流编程下运行，数据流图被用于表示计算指令间的依赖关系，随后依据图创建会话并运行图的各个部分。

　　TensorFlow里面的Tensor称为"张量"，张量（Tensor）是什么，又为什么会流动（Flow）？

　　张量是现代机器学习的基础，可以将它理解成一个装数据的容器，将所有的输入数据，如文本、时间序列、图像、视频等数据转变成一个统一的格式，将数据放入"容器"（张量）中，通过TensorFlow处理。

　　有几类常见的数据类型是以张量形式存储的：时间序列用三维张量存储，图像用四维张量存储，视频用五维张量存储，一条贯穿于所有维度张量的就是"样本数量"。样本数量就是数据集里的数据个数，可以是图片的张数，视频的段数，文件的份数。张量有一维、二维、三维、五维等多种形式。

　　一维张量：就是一个向量，可以看成是一个单列或者单行的数字。

　　二维张量：如我们将通讯录存储在一个二维张量中。

姓名	性别	部门	职务	电话

　　通讯录有5个特征，我们可以把100人的数据放进二维张量中，就是（100，5）。

　　三维张量：如我们将脑电波用三维张量存储，脑电波由三个参数来描述：时间，频率，波段。如果我们有多个病人的脑电波扫描图，那就形成了一个四维张量：样本量，时间，频率，波段。

　　四维张量：一张图片有三个参数：宽，高，色深。一张图片是三维张量，在机器学习工作中，我们经常要处理不止一张图片或一篇文档——我们要处理一个数据集合。我们可能有50000张750×750像素、色深为3的玫瑰花图片，那么这个图片集则是四维张量（50000，750，750，3），第四维是样本大小。

　　五维张量：TensorFlow将视频数据编码为（sample_size，frames，width，height，color_depth），例如我们存储一段6min（360s），720P（1280×720像素），每秒30帧（总共10800帧），颜色深度为3的视频，张量存储为（10800，1280，720，3），这是一个四维张量，当我们有多段视频要存储时，张量中的第5个维度将被使用，如果有20段视频，则用张量存储为（20，10800，1280，720，3），就是一个五维张量。这个五维张量中值的数量为20×10800×1280×720×3，可以看到张量的体积大得不可思议，在现实世界中，必须清洗和缩减那些数据，让后续工作更简捷更高效，否则模型可能永远都训练不完。

　　2016年，谷歌对外开源了自己的深度学习框架TensorFlow。开源后，TensorFlow大受欢迎，已占据人工智能框架的半壁江山。谷歌还为TensorFlow设计了专用芯片TPU。TensorFlow框架运行在芯片之上，就像一套积木，各个组件就是一个个模型或算法的一部分，用户可以使用这些积木去搭建自己的深度学习系统，降低了深度学习的门槛。

⚙ 3. Python与TensorFlow之间的关系

　　Python与TensorFlow之间的关系，可以简单类比成Javascript和HTML的关系。Javascript是互联网上最流行的脚本语言，而HTML是一个框架，用于描述网页上呈现的内容。当用户打开一个网页时，Javascript的作用是使他看到HTML对象。和HTML类似，TensorFlow也是一个用于表示抽象计算的框架。当我们用Python操作TensorFlow时，代码做的第一件事是组装计算图，第二件事是和计算图进行交互。

💡 知识链接

　　Python就是脚本语言。那么什么是脚本？脚本（script）是使用一种特定的描述性语言，依据一定的格式编写的可执行文件。可以简单理解为：脚本就是剧本；脚本是普通的文本文件，是批处理文件；脚本导演了一个序列事件的发生；脚本让一个例行任务效率大幅提升。如大家打开Windows系统中常见的扩展名为.bat的批处理文件，会出现一个黑色窗口，若干白字迸发而出，这就是批处理文件，也就是脚本文件。

三、人工智能的四大要素

人工智能发展的峥嵘岁月里，一直有四大要素支撑着整个领域，连接各个技术节点，人工智能的繁荣，离不开数据，少不了算法，缺不得算力，隔不断场景，这四者缺一不可。

人工智能的四要素如图3.2所示。

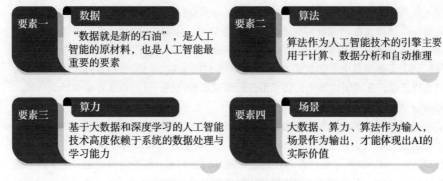

要素一　数据
"数据就是新的石油"，是人工智能的原材料，也是人工智能最重要的要素

要素二　算法
算法作为人工智能技术的引擎主要用于计算、数据分析和自动推理

要素三　算力
基于大数据和深度学习的人工智能技术高度依赖于系统的数据处理与学习能力

要素四　场景
大数据、算力、算法作为输入，场景作为输出，才能体现出AI的实际价值

图3.2　人工智能发展的四要素

⚙ 1. 数据

"数据就是新的石油"，是人工智能的原材料，也是人工智能最重要的要素。人工智能的发展基于数据，如果没有大量数据来支持人工智能，人工智能就无法实现。以人类社会为例，人类做出一个决策，一般都是基于历史经验和当前信息。我们常听说"经验丰富"的资深人士比"初出茅庐"的小白在职场上更有优势，就在于阅历越广泛，积累的经验就越丰富，洞悉的规律也越多，也就比小白们更能准确地判断未来。人工智能的发展亦是如此，也需要学习大量的知识和经验，而这些知识和经验就是数据，历史数据用来形成机器经验，实时数据用来做实时决策。

移动互联网和物联网的普及为训练人工智能提供了原材料，移动设备和物联网的传感器每天都在产生着大量的图片、文本、视频等数据，如此海量的数据给机器学习提供了充足的训练素材、学习样本和实时依据，"喂给"目前主流的机器学习算法——深度学习模型进行训练，达到"优化"期望预测，做出准确决策的目的。

⚙ 2. 算法

算法作为人工智能技术的引擎主要用于计算、数据分析和自动推理。算法可以看作是一个按照一定规则运行的自动化过程，输出一个结果。如生物进化可以看作是一个遗传进化算法。算法首先表达的是人类的逻辑，表现形式可以是一个数学公式、某种符号语言，还可以是做菜的步骤等等。算法是分层次的，最上层是程序代码，属于符号世界，最下层是硬件，属于物理世界。算法的本质是将程序转化为晶体管的开开闭闭，也就是符号世界的物理实现。

我们可以把各种各样的算法输入到计算机去，让计算机帮我们完成各种任务。大到把爱因斯坦方程输入到计算机里，帮我们探索宇宙的奥秘，小到让计算机管理我们的财务。而人工智能的革命是建立在算法革命之上的，并超越之。人工智能算法与一般程序算法区别在于：AI算法可以看作是让计算机自己来写算法的算法，是写程序的程序，即算法拥有了学习能力。AI算法用于大幅度提高训练过程，目前主流的人工智能算法要数深度学习，深度学习的神经网络使机器能模仿人类的视听和思考活动，使得人工智能的相关技术取得了巨大进步。

⚙ 3. 算力

数据、算法和算力是人工智能发展的三个重要因素。其中，数据是"生产资料"，算法是"生产力"，算力是"劳动力"。基于大数据和深度学习的人工智能技术高度依赖于系统的数据处理与学习能力。因此，AI系统的计算能力成为继数据、算法之后，另一制约人工智能发展的主要瓶颈。自2012年以来，人工智能对计算的需求呈指数式上升，并且每隔3～5个月计算量就会翻一番。神经网络属于算力密集型和数据密集型的算法，需要消耗大量的算力和数据，要想进一步发展人工智能，就需要更强的算力作为支撑。

传统计算机的运算以控制和文本处理为主，中央处理器（central processing unit，CPU）就可以胜任。而人工智能计算主要是以三维矩阵或更高维运算为主，CPU处理这些计算任务显得太低效，成本太高，速度太慢，因而出现了专门计算以向量为主的图形的图形处理器（graphics processing unit，GPU）。虽然CPU和GPU都可做图形计算，但GPU做图形计算的速度比CPU快10倍左右。深度学习就非常适合用GPU来进行加速，神经网络的性能因此得以显著提高。

⚙ 4. 场景

大数据、算力、算法作为输入，在现实的场景中有输出，才能体现出人工智能的实际价值。打个比方：我们将做菜作为场景，那么食材就相当于大数据，天然气好比算力，算法就等同于做菜的步骤和方法，现实场景就是美味佳肴。人工智能将人从重体力、重复、重危的劳动中解放出来，越来越多的重复、简单、危险的工作由人工智能系统来代替。

从2010年开始，人工智能进入爆发期，其最主要的推手就是机器学习、大数据、云计算、物联网技术等大发展，使得人工智能系统的数据量、运算能力及机器学习算法的能力得以提高，促使人工智能广泛应用。那么什么是机器学习，目前主流的机器学习算法及其工作原理是什么？耳熟能详的大数据、云计算、物联网这些技术具体情况什么样？我们将在后续章节为大家揭晓答案。

第四章　机器学习：使机器具备学习能力

　　一直以来，制造出具有智能的机器一直是人类美好的理想。目前人工智能领域运用最多、范围最广的是机器学习技术，甚至在非专业人士眼中人工智能就是机器学习。

一、机器学习概述

　　人工智能是如何实现的？这种智能从何而来？这主要归功于一种实现人工智能的方法——机器学习。

　　1959年，Arthur Samuel提出了机器学习，机器学习将传统的制造智能演化为通过学习能力来获取智能，推动人工智能进入了第一次繁荣期。

✿ 1. 机器学习的定义

　　机器学习（machine learning）的定义见表4.1。

表4.1　机器学习的不同定义

序号	定义
1	人工智能先驱Arthur Samuel在1959年所述，机器学习是"让计算机有能力在不需要明确编程的情况下自己学习的研究领域"
2	机器学习之父汤姆·米切尔（Tom Mitchel）如此定义机器学习：每个机器学习都可以被精准地定义为任务T、训练过程E、模型表现P。而学习过程则可以被拆解为为了实现任务T，我们通过训练E，逐步提高表现P的一个过程。举个例子，让一个模型识别一张图片是猫还是狗（任务T）。为了提高模型的准确度（模型表现P），我们不断给模型提供图片让其学习猫与狗的区别（训练过程E）。在这个学习过程中，我们所得到的最终模型就是机器学习的产物，而训练过程就是学习过程
3	通过算法，让机器可以从外界输入的大量数据中学习到规律，从而进行识别判断，旨在让计算机具备自动学习的能力，能够解决分类、聚类、回归、关联分析等任务。目前主流是从大规模数据中自动学习和总结规律，从而能够对新的数据进行预测，也被称为统计机器学习
4	机器学习就是使用算法分析数据，从中学习并自动归纳总结成模型，也就是机器具有"自我学习"的能力，最后使用模型做出推断或预测。与传统的编程语言开发软件不同，使用大量的数据送给机器学习，这个过程叫作"训练"。机器学习是实现人工智能的核心技术
5	传统机器学习就是：用一大堆数据，同时通过各种算法，去训练出来一个模型，然后用这个训练好的模型去完成任务（比如预测任务等）

序号	定义
6	机器学习就是通过大量已知数据（可能被标注，也可能无标注）去训练算法模型，总结出某种数据之间的映射关系（即规律），最终可以对未知数据实现智能处理（分类、识别、预测等）

⚙ 2. 机器学习的核心

机器学习与以前的人工智能算法（包括决策树学习、推导逻辑规划、聚类、分类、回归、强化学习和贝叶斯网络等）最本质的区别在于"自我学习"能力。人工智能的核心实际上就是机器学习的能力，就是一种机器智能。这和人类的学习过程有些类似，如图4.1。

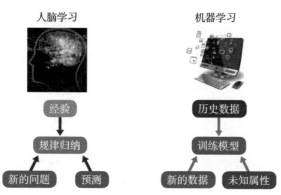

人脑学习　　　　机器学习

经验　　　　历史数据

规律归纳　　　　训练模型

新的问题　　预测　　　新的数据　　未知属性

图4.1　人脑学习与机器学习

能够学习被认为是智能生物的一大标志。机器学习从数据集中学习和推断，从而完成复杂的任务，例如对以前从未见过的物体进行分类。在生物神经网络中，学习源自大脑中无数神经元之间的连接。大脑接触到新的刺激后，这些神经元之间的连接改变了配置。这些更改包括出现新的连接、加强现有连接和删除那些没有使用的连接。例如，重复给定任务的次数越多，与这个任务相关的神经连接就越强，最终我们会认为这个任务被学会了，如图4.2所示。

机器学习的核心任务	
机器学习学什么？	学习一个参数得到优化的模型
学习的对象是什么？	数据（文本、语音、视频和图像等）
怎么学？	定义一个评价标准，据此根据算法不断迭代训练进行学习

图4.2　机器学习的核心任务

机器学习使得大规模数据处理成为可能，且尤其擅长图像识别。如人类可以轻易识别物体，但如何让机器识别物体却是个棘手问题。刚开始科学家们想，计算机不是记性好吗？那就从背答案开始吧。后来发现，光背答案也不行，出题老师一变换叙述，机器就不及格了，于是科学家们就尝试从全盘记忆转为特征记忆。先搜索图片中物体的特征，再进行判断评估，看其特征是否一致。这便是机器学习技术的运作原理。

❀ 3. 机器学习的主要应用

机器学习最主要的应用见图4.3。

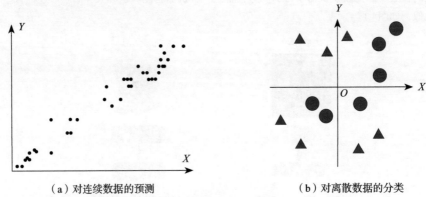

（a）对连续数据的预测　　　　　　　　　（b）对离散数据的分类

图4.3　机器学习的主要应用

❀ 4. 机器学习的特性

为何机器学习如此风靡呢？

这就要归功于机器学习的三个特性：性能更好，时间更短，"试错"更快。

机器学习技术加持下，机器的工作性能远超人类，如富士康引进的机器人生产线。机器还能大幅缩短作业时间，很多中后台岗位，如票据审核很快会被机器全面取代。机器的性能好了，速度快了，就能更快地帮助人类"试错"，如通过今日头条的分发机制，新媒体从业者可以更快速地观察到文章的传播程度，标题是否受欢迎，关键词是对了还是错了。

二、机器学习的分类

机器学习分为监督学习、无监督学习、半监督学习和强化学习。

❀ 1. 监督学习

监督学习是把训练数据集送入模型训练之前，人工打上标签（学名叫特征提取），通过模型计算，实现回归与分类。如果算法的输出结果与预期结果不符，它将重新调整自己，不断地迭代修正，直到算法达到可接受的性能水平时，学习过程才会停止。最典型的监督学习算法包括回归（线性回归、神经网络、深度学习）和分类（决策树、贝叶斯、随机森林）。监督学习要求训练样本的分类标签已知，分类标签精确度越高，样本越具有代表性，学习模型的准确度越高。监督学习在自然语言处理、信息检索、文本挖掘、手写体辨识、垃圾邮件侦测等领域获得了广泛应用。我们在学生时代做题练习的过程正是监督学习的情景再现，见图4.4。

学生做题学习	机器监督学习
学生的解题方法	机器的预测模型
习题集	训练样本
习题答案	样本标记
做题	训练
做题目标：出错最少	训练算法：样本误差最小
学习得出解题方法	训练得到预测模型
求解新题目	未知样本预测
举一反三能力	模型泛化能力

图4.4 监督学习类比

如果把模型比作学生的解题方法论，样本就是学生所做的题目，样本的标记就是参考答案。训练过程中，模型的每一次预测都会受到标记（习题参考答案）的"指导"，自然会较快地学到训练样本中"正确"的规律（有效的解题方法论）。遇到未知样本（新的题目）时，就能比较好地进行预测（解题）。

监督学习举例：监督学习的一个典型应用是分类任务。所谓分类，就是利用模型，把样本正确地归为几种已知的类别。如收集一堆苹果和梨子的照片，给图片打上苹果和梨子的标签，告诉机器哪一张是苹果，哪一张是梨子，因为这个过程是有人参与的，故称之为监督学习，然后进行模型训练。训练好之后，模型就通过大量有标记的样本学到了苹果和梨子的特征以及区分它们的办法，之后遇到新的苹果和梨子图片，也就可以自己做出判断了。

监督学习可以让模型高效地获得训练样本中隐含的规律，但对样本做标记的成本实在太高。尽管很多标记工作本身并不复杂，但在样本量庞大（如1000万张图片）的时候依靠人工标记仍然十分艰巨。互联网上的数据绝大部分也是没有标记的。如果能将这些海量的没有标记的数据很好地利用起来，对于模型的训练来说将是一笔巨大的宝藏。将未经标记的样本用于模型训练，一般通过无监督学习与半监督学习来实现。

✿ 2. 无监督学习

无监督学习就是无须通过人为的预处理，训练机器使用既未分类也未标记的数据的方法，并允许算法在没有指导的情况下对这些信息进行操作，以发现隐藏在未标记数据中的规律。无监督学习与监督学习相比，训练集是一些完全未经标注的样本，让机器自己去发掘其中的内在规律。常见的无监督学习算法是聚类，即"物以类聚，人以群分"。我们只需要把相似度高的东西放在一起，对于新来的样本，计算相似度后，按照相似程度进行归类就好。如用聚类将男生和女生的图片区分开，把头发长度、下巴大小、眼睛位置等特征为相似的对象分到同一个组。由于无监督学习不需要训练样本和人工标注数据，计算量小、算法速度快，主要用于经济预测、异常检测、数据挖掘、图像处理、模式识别等领域。

无监督学习举例：给计算机大量未标记的苹果和梨子的图片，通过某种聚类算法，让计算机直接学习发现苹果和梨子图片的内在特征规律，自动将苹果和梨子分类。需要说明的是，无监督学习到的是苹果和梨子图片的特征规律，但是计算机并不知道苹果是苹果，梨子是梨子，机器聚类的结果有可能是按照物种区分，也有可能是按照别的一些标准（如大小、颜色）。至于是不是我们想要的，很大程度上取决于聚类算法。

✿ 3. 半监督学习

监督学习最大的问题是训练数据标注成本比较高，而无监督学习应用范围有限。半监督学习介于监督学习与无监督学习之间，它主要考虑如何利用少量的标注样本和大量的未标注样本进行训练和分类的问题。这就如同学生在看了参考答案得到指导后做少量的习题练习，对此类题目的规律有了一定认知后，在不事先翻看参考答案的情况下，自己闭卷练习，以获得不错的训练效果。半监督学习既可以用于分类任务，也可以用于聚类任务。对于分类任务，在判断样本类别时，不仅可以像监督学习那样利用有标记样本的类别信息，大量的无标记样本也可以通过揭示样本的分布情况来为分类提供参考。对于聚类任务，少量的有标记样本则可以作为聚类的约束条件或初始条件。半监督学习是当前机器学习的研究重点。

✿ 4. 强化学习

与做题学习不同，人们对生活经验的学习往往通过另外一种方式：趋利避害，尽力让外界的反馈变得最优。我们小时候都很淘气，总是被家长批评，后来我们发现，如果稍稍乖一点，就会收到家长好的反馈，逐渐我们就越来越懂事了。也就是说，我们具有能根据外界反馈调整自身行为的本能，这个思想用到机器学习领域中就是强化学习。

强化学习记录了机器执行任务过程中外界环境的各种状态，并为这些状态设定了相应的奖赏值（正或负）。学习系统根据观察到的周围环境的反馈来做出判断，以使奖励信号（强化信号）函数值最大。强化学习的目标是使机器选择的行为能够获得环境最大的奖赏，使得外部环境对学习系统在某种意义下的评价最佳。强化学习非常适用于需要机器根据外界环境进行自主决策的场景，如机器人控制、自动驾驶、棋牌竞技等领域。

例如世界最大的专业生产工厂自动化设备和机器人的综合制造商——日本FANUC株式会社所制造的工业机器人在拿起一个零件时，会将整个过程录制成视频，记录下它行动的每次操作，是成功还是失败，反复学习，以便下次可以更快更准地采取行动。机器学习的分类见表4.2。

表4.2　机器学习的分类

学习类型	类型特点	典型应用	类比
监督学习	通过有标记样本进行学习	分类任务	做有参考答案的习题
无监督学习	通过无标记样本进行学习	聚类任务	做没有参考答案的习题
半监督学习	通过无标记样本和少量有标记样本进行学习	分类或聚类任务	做过少量有参考答案的习题后，再做大量没有参考答案的习题
强化学习	通过设定环境状态、奖励值以及改变环境状态的行动等进行学习	根据环境进行决策的任务	根据外界环境的变化与反馈调整自身行为的本能

三、机器学习发展史

机器学习发展历史可以分为符号学习、统计学习、神经网络。

⚙ 1. 第一阶段：符号学习

早期的机器学习，采用的技术是符号学习。符号学习的概念很好理解，就是用一些特定的符号来表示现实的事物或者观念。例如现实中的苹果，用英文"apple"表示，用汉字"苹果"来表示；如笑这个表情，汉字用"笑"表示，英文用"smile"来表示。这些符号所代表的意义是约定俗成的，我们每个人都是通过学习将符号和现实事物建立联系，而符号不只包括字符还可以是图片、图表等。

符号学习的基本原理是由人制定规则，然后由机器去执行这些规则，进行推理和预测，称为专家系统。举个例子，病情诊断专家系统，把人类的所有病情和医生的诊疗经验全部总结整理出来，做成数据库，让机器依照病人的症状来诊断病情，但问题是一来病人的症状多到根本无法穷尽，二来不同病情会有相似的症状，三来医生的经验能转为计算机的规则和逻辑的部分也是有限的，最终导致根本无法准确判断病情。所以符号学习自身存在知识获取难、知识领域窄、推理能力弱、实用性差等问题。因此专家系统在20世纪80年代热了一阵就进入了萧瑟期。

到了20世纪90年代，统计机器学习异军突起，迅速压倒并取代了符号学习。

✿ 2. 第二阶段：统计学习

符号学习是人给机器制定规则，机器帮人决策。而统计学习是对数据进行分析，提取特征，选择合适的数学模型，输入样本数据，运用合适的学习算法对模型进行训练，最后运用训练好的模型对数据进行分析预测。统计学习是机器学习规则，根据学习的规则产生结果，和符号学习有着本质的区别。

举例说明：房价预测。现实中的房价由多个因素决定，如区域、环线、学区、面积、商圈、交通、楼层等等。为简单起见，只看面积和房价的二维关系。我们选用线性回归模型实现。那么，什么是线性回归？首先看看什么是线性？什么是非线性？什么是回归？

线性：两个变量之间的关系是一次函数关系，图像是直线的，称为线性。

非线性：两个变量之间的关系不是一次函数关系，图像不是直线，称为非线性。

回归：对大量的观测数据进行分析，找到数据与数据之间的规律，建立数学方程模型，从而得出结果，就可以达到通过已知的数据得到未知结果的目的。

小故事："回归"的由来

"回归"是由英国著名生物学家高尔顿（Galton）在研究父母与子代身高的关系时提出的。高尔顿搜集了近千对父母及其子女的身高数据，这些数据统计后呈散点图状态，总的趋势是子女的身高随父母的身高而增加。深入分析后，发现当父母高于平均身高时，其子女的身高比他们更高的概率要小于比他们更矮的概率；当父母矮于平均身高时，其子女的身高比他们更矮的概率要小于比他们更高的概率。高尔顿认为自然界有一种约束力，使得人类的身高分布不会向高矮两个极端分化，而是趋于回到中心，所以称为回归。

所谓模型可简单理解为假设数据为X，结果是Y，那中间的模型就是一个由数据X生成结果Y的数学方程，见图4.5。

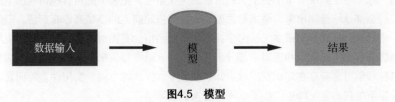

图4.5　模型

在机器学习中数据模型分为两类：一类是判别模型，寻找不同类别之间的最优分类面，最典型的应用就是分类，常用于处理分类问题（如鉴定垃圾邮件）、图像识别等等；另一类是生成模型，从统计的角度表示数据的分布情况，可以描述数据的生成过程，最典型的应用如聊天机器人、AI谱曲等。

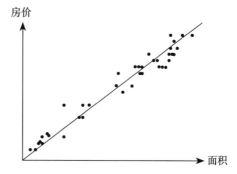

图4.6　通过面积预测房价（线性回归的一般模型）

那么，通过线性回归模型预测房价的案例见图4.6，最能代表这组数据趋势的直线是：从整体上看这些点和直线的距离最近。这些点可能是正相关性，但并不代表因果关系，也就是说，随着房屋面积的增大，房价也在增长，是成正相关性的，但是并不是因为房屋面积增长导致房价增长，房价增长可能还有其他原因，如位置、交通、生活配套，等等。

通过大量的数据可以预测到真实值，线性回归可用于预测分析，如家庭用电量预测、消费支出预估、电影票房预计等。

但是统计学习很难准确识别人的声音、人脸等，于是乎神经网络犹如一匹黑马横空出世。

3. 第三阶段：神经网络

沃尔特·皮茨认为人脑是由神经元放电控制的，无数的神经元相互连接组成人脑神经元网络，其中进行着大量的"或""与""非"二进制逻辑运算。神经网络可简单地理解为将统计学习中的数学模型换成模拟人的大脑结构（神经元）。最先进的神经网络在某些领域已经打遍天下无敌手，如Google团队研发的AlphaGo。

四、机器学习算法

机器学习可以帮助我们处理一些对于人类来说复杂困难的事情，其方法是把其中的一些工作交给算法完成。机器学习本质是"训练"算法，向机器"喂入"大量的数据，算法能进行自我调整和改进，而不是运用复杂的规则和决策树，再敲下几百万行代码来完成指定的任务。大多数机器学习的目标都是针对特定用例开发一个预测引擎，即解决特定问题的算法。如图片识别，输入一种图片，就可以知道图片的内容；语音识别，输入一段语音，会输出一个文本；自动翻译，输入一段英文，会输出一段中文；语音输出，输入一段文本，会输出一段音频。一个算法会接收有关某个领域的信息（比如某人过去喜欢看的电视剧），然后给出输入的权重来做出有用的预测（该人将来喜欢另一部不同电视剧的可能性）。所谓赋予"计算机学习的能力"，意思是把优化（对现有数据的变量赋予权重以做出对未来的精确预测）的任务交给算法，为我们卸下优化的负担，并且还可以更进一步，把指定首先要考虑的特征这项任务也交给程序来完成。

机器学习的算法超过15种，每一种都采用不同的算法结构来优化基于所接收数据的预测，如："随机森林"，可创建众多决策树来优化预测；"贝叶斯网络"，可利用概率法来分析变量和变量之间的关系；"支持向量机"，可解决高维度空间的分类问题；每一种算法都有各自的优点和缺点，算法还可组合起来使用（即"集成"法）。算法的选用一般是根据解决特定问题的数据集的因素而决定的，开发者一般会先试验哪种算法最有效。在机器学习算法领域不存在"一招鲜吃遍天"，也就是没有一种算法能适用于所有的问题。必须要根据实际的场景和不同的问题来选择不同的算法。可以将机器学习的问题分为三大类：回归、分类、聚类。其中，回归问题的使用场景包括网约车出行流量、股市走势或电影票房等的预测；分类问题的使用场景包括金融征信、邮件过滤、验证码识别等；聚类问题的使用场景包括用户画像、电商物品聚类、社交网络分析等。

❖ 1. "随机森林"算法

利用多棵决策树对样本进行训练并预测的一种分类器集成方法——决策树举例见图4.7。

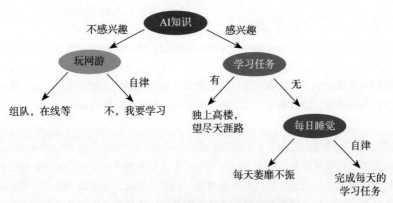

图4.7 "是否学习AI"决策树举例

决策树是模仿树的结构来分解决策步骤的，以图4.7为例，我们要对"是否学习AI"这个问题进行决策时，会伴随着一系列的子决策。先看是否"感兴趣"，如感兴趣，再看是否有"学习任务"；如不感兴趣，是否去"玩网游"，通过一次次子决策后得到最终决策：是否学习AI。

　　一般情况下，一棵决策树包含一个根节点、若干个内部节点和若干个叶节点，"AI知识"为根节点，"玩网游""学习任务""每日睡觉"为内部节点，最下面一层为叶子节点。

⚙ 2. 贝叶斯网络算法

　　贝叶斯网络是一张"图"（graph），由"节点"和"边"组成的一种"图"状数据结构，其特点是单向、不循环。贝叶斯网络的节点代表发生某事件，边代表如果父节点的事件已经发生，那么发生子节点事件的概率（根节点没有概率）。父子节点必须是直接相关的。

　　贝叶斯理论是整个机器学习的基础框架，即一种基于概率推理的数学模型。概率是一件事发生的频率，而贝叶斯理论从另外一个角度来解释概率。贝叶斯理论认为，概率是我们个人对一件事情的主观认识，表明我们对某个事物发生的相信程度。

　　我们人类的大脑本质就是一个贝叶斯推断机，每个人看待一个具体问题都是先从自己的主观来判断，再找寻证据证明。换句话说，贝叶斯网络就是处理来自外部的信息与我们大脑内信念的交互关系。

　　贝叶斯网络从形式上就是一个有向无环图，由代表变量的节点及连接这些节点的有向边构成，节点间的有向边代表了节点间的相互关系（由父节点指向其子节点）。当贝叶斯网络在结构上固定为标准化输入的节点层级，应用概率模型的参数时，便成了人工神经网络，如图4.8所示。

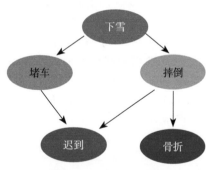

图4.8　贝叶斯网络举例
（类似于人工神经网络）

　　对概率的不同解释形成了频率流派和贝叶斯流派。贝叶斯分析是一个由证据的积累来推测一个事物发生概率的过程，即当我们预测一个事物时，首先根据我们已有的经验和知识推断一个先验概率，然后在新证据不断积累的情况下调整这个概率，通过积累证据来得到一个事件发生的概率。

　　举个例子来说明：选择一次外出旅游的目的地，先得出主观的值，如是去自然景观还是人文景观？然后再考察其他因素。由于游客之前没去过，没有亲身体验，只能通过先验概率来判断。在这个例子里，该游客向往碧海蓝天，根据这位游客之前的常识，得出选择海边自然景观的先验概率为50%，当然带有一定的主观色彩，因为还有很多的未知因素，称之为条件概率，如当地气候是否宜人？是否交通便利？于是在主观判断后继续了解，经过一番查询后，越来越多的因素被考虑进来，不停地再修正，最终经过考察，本次旅游的目的地海南三亚，交通便利、气温适宜，风景秀丽，有着众多海滩和娱乐项目可以体验，作为自己目的地的后验概率为100%。

由上可见，人类刚开始认识事物时只有少得可怜的先验知识，但随着不断观察，逐步获得更多的数据，使得人们对事物的认识越来越透彻，贝叶斯过程就是证据对信念发生作用的过程。所以，贝叶斯理论既符合人们的思考方式，也符合人们认识自然的规律。由于每出现一个数据都要修正一次最终结果，故计算量巨大。在高速计算机出现后，贝叶斯理论才得以大规模使用，与经典统计学分庭抗礼，最终占据统计学领域的半壁江山。贝叶斯网络成了自动化的计算机算法后，就是机器学习。

贝叶斯公式可以理解为：后验概率（新证据出现后发生的概率）＝先验概率（发生的概率）×条件函数（新证据出现带来的调整）。贝叶斯理论中最简单的一种是朴素贝叶斯分类，朴素贝叶斯中"朴素"的意思为各个证据之间均互相独立。作为机器学习统计学基础的贝叶斯理论，与我们的生活息息相关，其应用如在医学检测中判断假阳性率和假阴性率，在电子邮件中识别是否为垃圾邮件等。

再比如这样一个场景：两人下军棋，红方分别被吃了"军长""旅长""工兵"3个子。每个子的损失对棋局的影响肯定是不一样的。假设被吃"军长"导致60%的概率输棋，被吃"旅长"导致30%的概率输棋，被吃"工兵"导致5%的概率输棋，那么用贝叶斯网络表示就如图4.9所示。

把这些因素都加起来，60%＋30%＋5%＝95%，不是等于100%，那5%是什么？红方一时糊涂，被绿方翻盘。即贝叶斯网络有个特性：某件事（红方吃掉绿方的"军长"）发生的概率可以不为100%。通过以上例子可以得知，贝叶斯网络表示的是某些事情的因果依赖关系以及每件事情发生的概率。

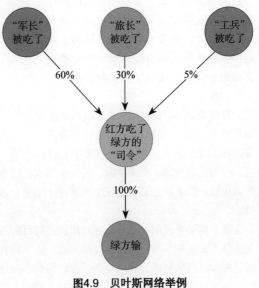

图4.9　贝叶斯网络举例

⚙ 3. 支持向量机算法

支持向量机英文全称为support vector machine，简称SVM，在深度学习兴起之前，SVM是机器学习最为经典，也是最受欢迎的分类方法之一。

从英雄救美的故事说起，匪徒绑架了一位英雄的爱人，匪徒要英雄解答一个智力问题后才会放了英雄的爱人。

匪徒在桌子上随机放了几个圆球和几个三角形（图4.10），说："你将圆球和三角形分开，工具是一根棍子，要求尽量在放更多的圆球和三角形之后，棍子与圆球和三角形之间保持最大间距。"

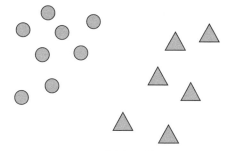

图4.10　分类问题（一）

英雄尝试了三种方法：a方法、b方法和c方法（图4.11）。

SVM就是试图把棍子放在最佳位置，好让棍子的两边有尽可能大的间隙。从图4.11可以看出，只有b方法符合条件。从中可以分析出：

① SVM是一条直线（线性函数）；

② 能将圆球和三角形分开，具有分类功能，是一种二值分类；

③ 位于圆球和三角形样本的正中间，不偏向任何一方（注重公平原则，才能保证双方利益最大化）。

以上三点正是SVM分类器的精髓思想所在：之所以叫支持向量机，是因为支持向量会对解决问题起关键性作用。支持向量是指距离超平面最近的几个训练样本点（如图4.11中紧挨着a线和c线中间带点

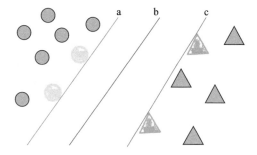

图4.11　分类方法（一）

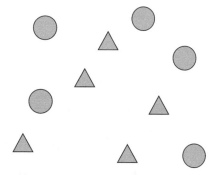

图4.12　分类问题（二）

状颜色的2个圆球和2个三角形），超平面就是b线，通过超平面实现对样本数据一分为二，其最优解是支持向量距超平面为最大间距时。

于是匪徒给英雄一个新的挑战，见图4.12。

现在，英雄没法凭一根棍子分开圆球和三角形了。SVM是一种线性分类器，要求分类的对象是线性可分的。那么什么是线性可分与线性不可分？

　　如图4.13（a）所示，我们将几个圆球和几个三角形分别放在两边，通过一条直线就能将圆球和三角形这两类物体分开，这种情况称为线性可分。但是如果向图4.13（b）放置圆球和三角形，就无法通过一条直线将它们分开，也不存在这样一条直线，这种情况就叫线性不可分。在机器学习中，学习分类的对象就会转化为一系列的样本特征数据（比如圆球和三角形的相关特征形状、大小和颜色等）。

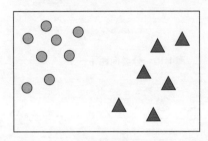

（a）线性可分　　　　　　　　　　　（b）线性不可分

图4.13　线性可分与线性不可分

　　英雄面对匪徒的刁难，怒发冲冠，使足全身力气一拍桌子，圆球和三角形飞到空中，然后，英雄手疾眼快，拿起一张纸，插到半空中的圆球和三角形的中间。从匪徒的角度上看，圆球和三角形像是被一条曲线分开了，见图4.14。

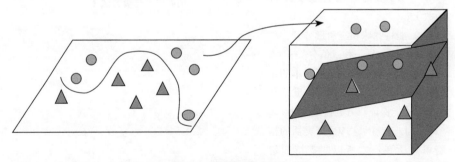

图4.14　分类方法（二）

　　英雄救美的例子中，圆球和三角形被称为数据（data），把棍子叫作线性分类器（classifier），最大间距叫作最优解（optimization），拍桌子叫作核函数（kernelling），核函数的作用就是把低维映射到高维中，那张纸叫作超平面（hyperplane）。

　　最后，我们再来看看一元线性模型是什么？在监督学习中，如果预测的变量是离散的，则称其为分类（如支持向量机、决策树等），如果预测的变量是连续的，则称其为回归。回归分析中，如果只包括一个自变量和一个因变量，且二者的关系可用一条直线近似表示，这种回归分析称为一元线性回归分析。如果回归分析中包括两个或两个以上自变量，且因变量和自变量之间是线性关系，则称为多元线性回归分析。对于二维空间线性是一条直线，对于三维空间线性是一个平面，对于多维空间线性是一个超平面。

知识拓展

机器学习实践

Kaggle（数据科学竞赛网站）成立于2010年，由安东尼·高德布卢姆（Anthony Goldbloom）创立，主要为开发商和数据科学家提供举办机器学习竞赛、托管数据库、编写和分享代码的平台。

Kaggle主页网站主要版块简介：

① 竞赛（competitions）：Kaggle上的竞赛有多种，例如奖金极高、竞争激烈的"Featured"，相对平民化的"Research"等等。但整体的项目模式是一样的，就是通过出题方给予的训练集建立模型，再利用测试集算出结果用来评比。

② 数据（datasets）：每一个竞赛题目都有一个数据入口，描述数据相关的信息。

③ 代码（kernels）：这是Kaggle最精彩的功能，从这里可以查看到其他参赛者自愿公开的模型代码，是学习和交流的最佳场所，取名为kernels，意指Kaggle是一个"云计算"平台，支持线上调试和运行代码。

想要参与Kaggle，参赛者最好具有统计、计算机或数学相关背景，对机器学习和深度学习有基本的了解，Kaggle任务虽然不限制编程语言，但绝大多数队伍会选用Python。

第五章　人工神经网络：机器模拟人脑智能

　　自从提出"人工智能"这一概念起，人们想尽了各种办法来实现它，包括使用线性回归、支持向量机、随机森林等算法，试图直接将人类学习和思维过程转化为算法，让机器拥有"智能"。但是人类的学习和思维是从感觉到直觉再到创造力等一系列难以转化为程序的过程。比如你认识一个人，记住了相貌；比如你灵感闪现，创造了一幅绘画，传统的机器学习算法如线性回归、支持向量机，又或随机森林根本就无法模拟。

　　那我们如何才能真正模拟人类的智能？受人类大脑神经网络的灵感启示，人工神经网络通过模仿人类大脑神经元的信息活动机制来设计算法，试图模拟人类大脑内部的运作。要想了解神经网络是如何实现这种模拟的，就必须先对人类的大脑神经元有一个大概的了解。

一、人脑神经元

✿ 1. 人脑神经网络

　　在我们的大脑中，含有大约1000亿个被称为神经元的细胞，每个神经元都从不同的方向上互相连接成神经网络，使人类产生各种各样的意识和思想。人脑中的神经网络可以用图5.1做简要的说明。

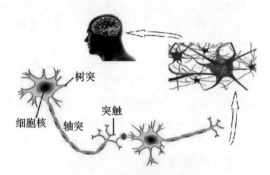

图5.1　典型人脑神经网络

✿ 2. 神经元的基本结构

　　脑神经细胞有个专门的术语，称为神经元，是大脑神经网络的基础功能单元。神经元的基本结构包括树突、轴突、突触、细胞体等。

　　从细胞体向外延伸出来像树枝状的部分称为树突，是神经元的输入端，主要用来接收其他神经元的传入信息；信息集中到细胞核中进行加工处理；轴突作为神经元的输出通道，进行信息的传送；轴突的末端有许多向外延伸的树枝状部分，称为神经末梢，它是神经元的输出端，一个神经元的神经末梢与其他多个神经元的树突的接触处即为突触；如果信号超过突触阈值，突触就会跟其他神经元的树突产生连接，从而给其他神经元传递信息。如果信号没有达到阈值，神经细胞就不会兴奋起来，不会传递信号。

神经元的每个树突不停地探测外界，将收集的色彩、声音、文字、图片等连续的信号转化成离散信号，进行模数转化，如图5.2所示。

若输入为一段音频，你需要去模拟出一个类似于函数的东西，它的输出便是音频的内容

$f($ ~~~~~ $) =$ "你好"

若输入为一张图片，你希望模拟一个复杂的函数，使得它的输出为：这张图是什么

$f($ 🐱 $) =$ "猫"

若输入为一个围棋盘面，你希望模拟一个复杂的函数，让它告诉你下一步该走哪里

$f($ ▦ $) =$ "5-5"

图5.2　神经元工作示例

二、人工神经元与人工神经网络

⚙ 1. 人工神经元模型

人脑的这种精妙运行机制启发了人工智能研究者。1943年，心理学家麦·克洛克（McCulloch）和数学家皮茨（Pitts）参考人脑神经元的结构，抽象出了神经元的数学模型——McCulloch-Pitts模型（简称MP模型），建立成人工神经元模型，如图5.3所示。

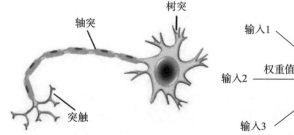
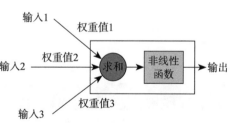

人类大脑神经元细胞的树突接收来自外部的多个强度不同的刺激，并在神经元细胞体内进行处理，然后将其转化为一个输出结果。

可以将神经元看作是一个计算与存储单元。计算是神经元对输入进行计算，存储是神经元会暂存计算结果，并传递到下一层。

图5.3　人工神经元模型

人工神经元模型是一个包含输入、输出与计算功能的数学模型。输入可以类比为神经元的树突，而输出可以类比为神经元的突触，计算则可以类比为细胞核。

⚙ 2. 权重

图5.3中所示的神经元模型含有3个输入、1个输出以及2个计算功能（求和和非线

性函数）。模型上的有向箭头称为"连接"，"连接"是神经元模型中最重要的设计（见图5.4），每一条箭头上都有一个"权重"（weight），其值称为权值。

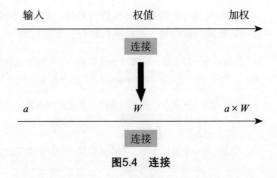

图5.4 连接

用a表示输入信号，用W表示权值，经连接（表示值的加权传递），输出的信号 = a × W。a × W是经过加权后的信号。

由于人的一个神经反应是多个条件综合而成的结果，也就是多个输入造成一个输出。以小时候吃苹果为例，你看到一个苹果，圆圆的、红红的、大大的，有人给你吃，这么多信息输入，肯定不是每一条都是造成你吃苹果的反应。

大脑中产生吃苹果行为反应的公式 = 圆圆的 × 20% + 红红的 × 20% + 大大的 × 10% + 有人给你吃 × 40% = 90%，很好吃。

人工神经元模型的输入值一般是待加工数据（称之为样本）的特征值，如图片既是每个像素点的值，也可以是其他数据的特征值。

以现实生活中购买手机为例，输入就是手机的特征值，如性能、品牌、颜色、拍照功能等，男生和女生购买手机决策的关注点是不一样的，男生一般在意手机的性能、品牌等，而女生则关注颜色、拍照功能等。并且每个男生对于手机的性能参数值的重视程度是不一样的，同样，每个女生对手机的颜色、拍照功能的重视程度也是不一样的，也就是每个特征有着不同的重要程度，人工神经网络称之为"权重"，如图5.5所示。

个人的侧重点不一样，所对应的权重也就不一样

男生购买手机的决策		女生购买手机的决策	
关注点	重要程度（权重）采用10分制评分	关注点	重要程度（权重）采用10分制评分
CPU	10	颜色	10
内存	9	拍照功能	10
品牌	8	内存	8
电池	7	品牌	8

图5.5 购买手机决策中的权重举例

解释完权重，现在让我们将图5.3人工神经元模型中的所有变量用符号表示，并且写出输出的计算公式，就得到了图5.6。

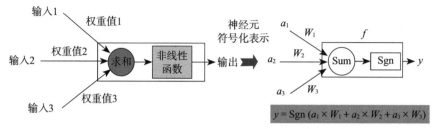

$$y = \mathrm{Sgn}\,(a_1 \times W_1 + a_2 \times W_2 + a_3 \times W_3)$$

图5.6　人工神经元模型符号化

从图5.6可以看出，y是在输入a和权值W的线性加权和的基础上叠加了一个非线性函数Sgn的值，在人工神经元模型中，函数Sgn称为激活函数。Sgn函数是数学上的符号函数或计算机语言中的返回函数，Sgn是Sign的缩写，当输入大于0时，Sgn函数输出1，否则输出0。将图5.6的人工神经元模型用公式表示，得出：

$$y = \mathrm{Sgn} \quad (a_1 \times W_1 + a_2 \times W_2 + a_3 \times W_3)$$

输出　激活　　　　　　　求和
　　　函数　　　　　　　函数

用函数f整合Sum函数和Sgn函数，进一步整理后，得出：$y = f(W \times x)$。

在考虑了偏置后，神经元计算模型的数学表达式变为：$y = f(W \times x + b)$。其中：y代表输出，W代表权重，x是输入，b代表偏置，f是计算各权重与输入的乘积加偏置的函数。

换句话说，$y = f(W \times x + b)$就是神经元的一个基本数学表达式。把每个特征值乘以不同的权重值，加上偏置项后的和，再用一个非线性的函数来激活。

⚙ 3. 神经网络引入"偏置项"的原因

每一个神经细胞都可以看成是一个具有偏好的探测器，不停地感知外界输入信号并对其进行分类，为何要分类？因为，正确的分类是认知的基础，也是决策的基础。我们认识外部世界，实际上都是离散的分类问题，比如色彩、形状、大小等，如我们前面讲的小时候吃苹果的例子。

现在我们来用人工神经元解决最简单的分

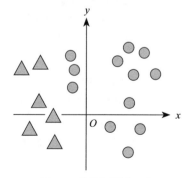

图5.7　分类问题（一）

类问题，将图5.7中的三角形和圆形进行分类。

要把图5.7中的⬤和△分开，一条直线就能做到，输入一个数字，代入人工神经元计算模型 $y = f(W \times x + b)$ 中，将计算出的值加起来，用Sgn函数来激活，得到如图5.8所示的结果。

但是，如果人工神经元模型 $y = f(W \times x + b)$ 中不加 b 这个偏置值，则直线只能限制于穿过原点而无法实现分类，如图5.9所示。只有加上偏置 b 后，才能保证分类器能在空间的任何位置画决策面（只能画直线，不能弯曲），达到图5.8所示的效果。

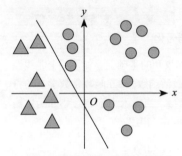 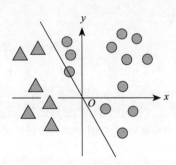

图5.8　线性函数解决分类问题　　　　图5.9　线性函数不加偏置值无法解决分类问题

✿ 4. 神经网络引入"激活函数"的原因

激活函数可看作是一个点火规则，与大脑的工作原理类似，当一个神经元的输入超过了阈值后，就会点火，从其轴突（输出连接）激发电信号。在人工神经网络中，当输入超过一定值时才会产生输出，也就是"点火"的思想。在人工神经元模型中使用Sgn函数的启发来自于生物神经元对于激励的线性响应，以及当低于某个阈值后就不再响应的模拟。

以女生购买手机的决策为例，理解神经元模型的"智能"体现：将女生购买手机的决策称为样本，样本有四个属性，其中三个属性（颜色、拍照功能、内存）已知，作为输入值，一个属性未知（购买哪一款手机），作为输出值。神经元模型就是通过三个已知属性预测未知属性。

✿ 5. 人工神经网络

为完成更复杂的计算，可以将人工神经元计算模型进行扩展：一来从一个神经元引出多个代表输出的有向箭头，其值都是一样的；二来将输入 a 与输出 y 写到连接线的左上方，便于后面画复杂的网络。如图5.10所示。

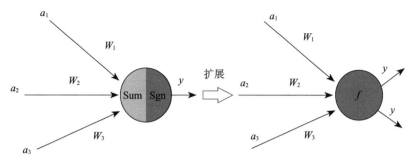

图5.10 人工神经元计算模型扩展

一个神经元可以看作一个计算与存储单元。计算是神经元对其输入进行计算的功能。存储是神经元会暂存计算结果，并传递到下一层。

当神经元相互连接到一起时，就形成了神经网络，一个神经元的输出就会变成另一个神经元的输入。神经元构成的网络是一种最简单的神经网络，当前层的神经元接收前一层神经元的输出给下一层，数据正向流动，输出仅由当前的输入和网络权重值决定，各层间没有反馈。

在生物系统中，每一个神经元都扮演着一个收集 + 传话者的角色。树突不停地探知外界的情况并调整自己，然后把各种各样的信号转化成电位，如果电位大于阈值，就开始向其他神经元传递信号，组成神经网络。

单个人工神经元数学模型让每一个输入到神经元的信号加权求和，相加后的结果如果超过设定的阈值，就输出"1"，没有就输出"0"。这样若干个最简单的单个神经元输入输出相连接，就构成了复杂的人工神经网络，具有更强大的功能。

三、单层神经网络（感知器）

⚙ 1. 感知器概述

1958年，计算机专家弗兰克·罗森布拉特（Frank Rosenblat）制造了首个可以学习的人工神经网络硬件机器，将其命名为感知器。由于当时计算技术落后，感知器传输函数是用线拉动变阻器改变电阻的机械方法实现的，其输入输出都采用二进制的形式。后来的科学家们以前辈的思想作为基础，感知器被进化成一种算法。

在原来人工神经元模型"输入"的位置上添加一个神经元节点成为"输入单元"，其余不变，就有了图5.11。从图5.11可见，感知器有两个层次，分别是输入层和输出层，输入层里的"输入单元"只负责传输数据，不做计算。输出层里的"输出单元"需要对前一层的输入进行计算。

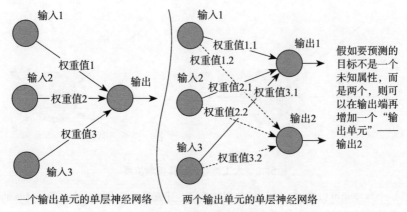

一个输出单元的单层神经网络　　两个输出单元的单层神经网络

图5.11　单层神经网络

感知器是最基本的神经网络模型，与人脑中的神经元类似，感知器有多个输入，这些输入项代表感知器经训练用于识别和分类对象的各种特征，每个特征根据定义对象形状中所占的重要性，分配特定的权重。我们人类在长久的发展中学习到，对于儿童来说，暴露在现实世界中的机会越多，他们就能够学得越好，即使这种学习有时候是痛苦的。例如经常滑雪的人要比第一次滑雪的人滑得快。事实上，当学习是痛苦的时候，痛苦本身就是一个很大的反馈机制。类似地，要训练或微调任何类型的神经网络，将神经网络暴露于特定领域的各种刺激中是非常重要的，并且这可以确保网络模型不会对某一种刺激产生过拟合。

⚙ 2. 感知器技术原理

人工神经元模型中的权重值都是预先设定好的，无学习能力。而感知器与神经元模型不同，采用了一种反馈循环的学习机制，感知器中的权值是通过训练得到的——通过计算样本输出结果与正确结果之间的误差来进行权重调整。还是以小时候吃苹果为例，你吃了一个还没有成熟的小青苹果，大脑里也会生成一个公式：圆圆的×20%＋不是红红的×（－20%）＋不是大大的×（－10%）＋没人给你吃×（－40%）＝－50%，不好吃。

下次你再看到小青苹果，大脑里会出现负反馈，知道不好吃，就不会吃了。这就是学习。

在生物领域，每个生物神经元都可以看成是一个最小的认知单元，用以感知外界信号并对它做一个判断，我们可以将生物神经元看成一个具有偏好的探测器。Rosenblat设计感知器模型的最初目的就是想让它像真实的生物神经元一样，做出感知和判断，并且从数据中学习。

以识别一个苹果的品质为例，设y为品质变量，x为特征变量输入，W为权重（偏置忽略为0），则

$$x = \begin{bmatrix} 6 \\ 8 \\ 5 \end{bmatrix} \longrightarrow \begin{matrix} 形状 \\ 颜色 \\ 大小 \end{matrix}$$

$$W = \begin{bmatrix} 0.4, & 0.8, & 0.5 \end{bmatrix} \longrightarrow \begin{matrix} 形状权重 \\ 颜色权重 \\ 大小权重 \end{matrix}$$

x矩阵中的"6、8、5"分别代表一个特征值。W矩阵里的"0.4、0.8、0.5"分别代表每个特征值的权重大小。y_1代表苹果的品质＝（$6×0.4+8×0.8+5×0.5$）＝11.3，将这个值与真实品质y_0相减即得出误差。图5.12说明了识别红苹果的权重变化。

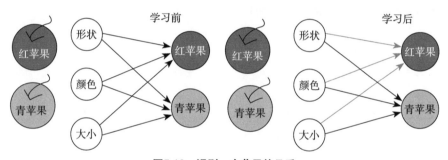

图5.12　识别一个苹果的品质

人工神经元模型与传统的计算机程序和传统的机器学习算法的根本区别在于可塑性，用AI的术语来说就是具有学习能力。以机器学习的视角看，感知器实现的是一个可以学习的分类器，具有自己调整权重的能力，可以说神经网络的主要工作就是将权重（也称为参数）的值调整到最佳，以使整个网络的预测效果最好，让它做你想让它做的事。如让一个感知器帮你决定是否去看一场电影，它可以根据电影的类型、地区、天气来做判断，一开始它不了解你，但是可以先给你做一个决策，如果你返回的是肯定意见，它就不做改变，如果你不满意，它就变一变。每次按照你给它的反馈意见来调整，如果你注重类型，它就加大类型的权重，总之通过不断地学习，最终找到你的偏好，这就是感知器训练方法的一个例子。

再以买房子为例，输入就是房子的特征：学区、商圈、环线、交通、面积、楼层等。然后把每个特征乘以权重（就是你认为适合自己房子的重要程度），如图5.13所示。假设判断适合自己总价80万元房子的输出要等于1才符合你买房预算的标准，结果你挑选的房子经过感知器计算输出的是0.5，说明你挑选的这套房子有些方面达不到标准，因为输入的数据特征是不能改的，只能调整对应房子特征的权重比例达到输出1以使自己能买到总价80万元的房子。反馈循环的学习机制就是不断地调整不同输入数据特征的权重，使得输入的数据经过权重的计算输出跟我们预期相符合的数据。

感知器的输出由 $y=f(W \times x + b)$ 和激活函数计算出来，如图5.14所示。可以看出感知器本质是一个线性分类器，是神经网络中最简单的分类识别模型，模型学习的是不同特征的权重，它通过求考虑了权重的各输入之和与阈值大小的关系，对事物进行分

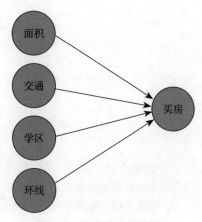

图5.13　买房的神经元模型

类。感知器只能做简单的线性可分任务，对于非线性复杂问题完全束手无策。

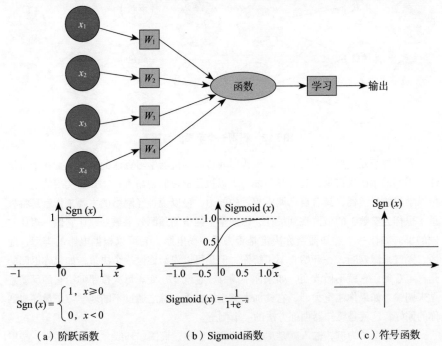

（a）阶跃函数　　　（b）Sigmoid函数　　　（c）符号函数

图5.14　感知器是最简单的神经网络模型

四、两层神经网络（多层感知器）

1. 两层神经网络概述

既然单个神经元的感知器对非线性问题无能为力，那么是不是可以将两个神经元组成两层神经网络呢？于是在输入层和输出层之间增加了一层，称为隐藏层（简称隐层），隐藏层和输出层都承担计算任务，输出层的结果是通过中间层和权重值矩阵计算得出的，如图5.15所示。

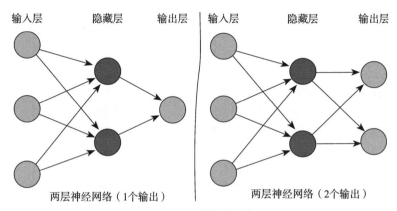

图5.15   两层神经网络

从图5.15中可以看到，多层感知器的层与层之间是全连接的（全连接是指上一层的任何一个神经元与下一层的所有神经元都有连接）。多层感知器最底层是输入层，中间是隐藏层（简称隐层），最后是输出层。

2. 神经网络训练之反向传播算法

从两层神经网络开始，使用机器学习技术对神经网络进行训练，神经网络的训练分两步：前向传播算法，反向传播算法（backpropagation，BP）。

前向传播算法比较简单，即我们将大量的数据（1000～10000个样本左右）"喂入"输入层后，从每个神经元流入到中间层对应的神经元中，经过中间层将数据特征值乘以对应权重加在一起后，到达输出层再一次进行加权求和后输出。

反向传播算法是：从输入层输入样本属性，神经网络逐层计算输出结果，输出层发现输出值和预测值误差较大，就通知最后一层神经元进行参数值调整，最后一层神经元除调整自己的参数值外，还调整与其连接的倒数第二层神经元参数值，层层回退调整输出值，与样本进行比对，如果输出误差还是较大，就继续回退调整，直至输出满意结果为止。两层神经网络与单层神经网络相比，可以很好地完成非线性分类工作，见图5.16。

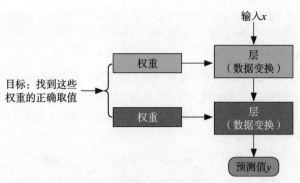

图5.16　两层神经网络调参

　　权重也被称为该层的参数（parameter）。学习可以看作是为神经网络的所有层找到一组权重值，使得该网络每个样本的输出值和预测值达到满意的误差。

　　前向传播算法用于计算模型最终的输出结果；反向传播算法用于减小模型输出结果与实际结果之间的误差，通过调整参数权重来优化模型。两层神经网络就是通过前向传播与后向传播算法的循环迭代来训练模型，进而进行预测或者分类。

　　用一个生活中的例子来进一步解释。小时候的你看见了一个梨子，你从以前的经验判断得出公式：吃梨子公式＝圆圆的×10%（不是太圆，调整权重）＋黄黄的×20%（不是红色的，但是不是青色的，可以试着吃吃，调整权重）＋大大的×10%＝40%，四成好吃。

　　你试着咬了一口，发现多汁爽口，很好吃，这时你得到正反馈，并在大脑中修改你的判断公式，黄黄的是加分项，不是太圆这个特征也能加一点分。于是新的吃梨子公式＝不是太圆×20%＋黄黄的×30%＋大大的×10%＋多汁爽口×40%＝100%，很好吃。这就是调整权重。

✿ 3. 用非线性函数Sigmoid解决分类问题

　　现在要分类图5.17中的●和▲，读者朋友们还能用一条直线进行分类吗？显然不能！那怎么办呢？

　　只能画一条线性模型 $W \times x + b$ 做一些线性的变化，如旋转、平移、放大缩小，以此来区分二维情况下的数据。因此，线性模型无法完成分类工作。对于图5.17这样的样本分布，必须采用非线性模型来解决。非线性，顾名思义就是加上非线性激活函数后，会把数据扭曲变形，从一种性质变到另一个性质，从一个空间变换到另一个空间。发生空间变

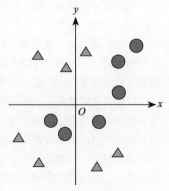

图5.17　分类问题（二）

换，在更高维度的空间上用超平面进行分类。引入非线性激活函数以使神经网络模型由线性变为非线性。对于二分类的问题，采用Sigmoid平滑函数作为激活函数。

通过把数据扭曲、变形，将二维平面变换成三维空间后［图5.18（a）］就可以用超平面分割。分割线在二维平面上看起来是曲线［图5.18（b）］，是因为数据被扭曲、变形了，实际上是在三维空间用一个超平面完成的分割。

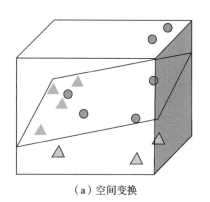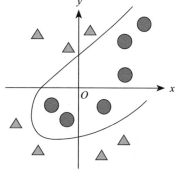

（a）空间变换　　　　　　　　　（b）二维平面上分割

图5.18　非线性函数解决分类问题

事实上，两层神经网络的本质就是通过参数与激活函数来拟合特征与目标之间的真实函数关系。所谓拟合就是把平面上一系列的点，用一条光滑的曲线连接起来，因为这条曲线有无数种可能。与只能做线性分类任务的单层神经网络不同，两层神经网络可以无限逼近任意连续函数，即面对复杂的非线性分类任务，要使用两层神经网络完成。

五、反向传播算法实现的关键技术

反向传播算法的实现，有两项关键技术：损失函数和梯度下降。

1. 损失函数和梯度下降

神经网络给所有参数赋一个随机值，训练数据中的样本。样本的预测目标和真实目标的值称为损失（loss）。不断调参优化的目标就是使所有训练数据的损失尽可能地小。具体实现方法是将损失写为关于参数的函数，这个函数称为损失函数（loss function）。然后求解：如何优化参数，能够让损失函数的值最小。此时这个问题就被转化为一个优化问题。而梯度下降法正是为了解决这类问题。例如随机输入一个数字，经过神经网络计算输出的结果为7，而预期的答案是10，这个偏差，叫作损失，通俗地说就是描述到底错到什么程度，计算这些损失的方法称为损失函数，如图5.19所示。

我们将求解损失函数最小值的过程看作"站在山坡某处去寻找山坡的最低点"。刚开始时我们并不知道最低点的确切位置，"梯度下降"的策略是每次向"下坡路"的方向走一小步，经过长时间走"下坡路"，最后的停留位置也大概率在最低点附近。反向传播算法的作用就是从后向前"反向"地反复求取各层参数的梯度，从而用梯度下降去更新模型参数。通俗点讲就是让算法知道自己和标记样本之间的误差，为了改正自己的错误，做出调整，从而接近正确值。

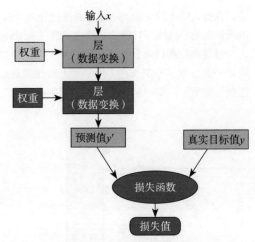

图5.19　反向传播算法之损失函数

我们现在来评判一个橘子的"好坏程度"。设"好坏程度"为y，x为一个三维矩阵向量，分别代表大小、颜色、形状。代入公式$y=f(W×x+b)$，得：

$$y = W_1 × 大小 + W_2 × 颜色 + W_3 × 形状 + b \qquad （先假设b为0）$$

我们的任务就是分别找到合适的W_1、W_2、W_3的值来准确描述橘子的"好坏程度"与"大小、颜色、形状"的关系。那么如何确定呢？

通过"损失函数"Loss来定义。Loss的含义就是把样本中所有x都代入"假设公式"$W×x+b$中（这时候W与b的值几乎是不准确的），然后得到值与真实的y值做比较的差值，就是损失函数Loss。Loss越小，说明这时的W与b的值越接近真实的"线性关系"。所以机器学习的最终目的，就是求解出使Loss越小（当然无限接近于0最好）的对应的W与b的值，求出来之后，也就是机器学习模型"训练结束"！之后用验证集去验证是否会过拟合，来检验模型的泛化能力。

✿ 2. 损失函数的实现形式：交叉熵和均方误差

说到损失函数的具体公式，首先得说监督学习。就好比作为新手的你将车停入车库，你倒入车库时，发现左边空间太小了，你把车往右边靠，倒进车库后，发现还没有将车完全驶入车位，你又多倒了一点，车尾的空间还是距离太大，于是你继续往里倒，好不容易将车倒入车位了，又发现整个车身看起来是斜的，你又重新调整。损失函数就好比是你一遍遍地修正车身的位置。

监督学习解决两类问题：一类是分类问题，一类是回归问题。分类问题如桌上的水果，是苹果，还是梨子，又或是香蕉，是能列举出来的，是有答案的。当训练分类问题的数据集时，一般使用交叉熵作为损失函数。交叉熵指两个概率分布之间的差异。在监督学习中，如果预测值和实际值交叉熵小，说明差异不大，不用调整。反之，就需要调整，就像新手倒车入库那样，调完了再重新算一下。举个例子，你努力学习AI知识，经过几年努力，收入颇丰，你决定买辆车，你通过了解，从车辆的价格到外观，从配置到性能，从油耗到颜色，从质量到品牌，将关键的输入值通过损失函数进行一番计算，最后得出5个车型的交叉熵为：[2，10，0，100，1000]，很明显，第三个和自己喜欢的车型最接近。那么，本次预测得出答案，第三个车型就是最符合你购买条件的车，损失函数就是这样发挥作用的。

不同于是苹果还是香蕉的分类问题，回归问题是明年房价涨多少。可能涨1000元/平方米，可能涨2000元/平方米，也可能涨3000元/平方米，还可能跌……分类问题的损失函数交叉熵是和预测值更接近，到回归问题，明年的涨幅更接近1000元/平方米还是2000元/平方米，是跌1200元/平方米，还是跌2100元/平方米，或者跌1500元/平方米。没准！那么，交叉熵就不适用回归问题了。回归问题有自己常用的损失函数，那就是均方误差。均方误差是所有预测值减去真实值的平方的平均数。为何要用平方？如误差为$0.2^2 = 0.04$，当误差小的时候可以忽略；但是误差大的时候，会被放大$200^2 = 40000$。这就是平方的效果！

⚙ 3. 反向传播算法的特点："从错误中学习"和"泛化"

"从错误中学习"是反向传播算法的特点，所用到的数据集事先都已标记为已知（被称为一个tensor）。在初始状态，一个前馈神经网络所有的输入和节点的权重都是随机分配的，神经网络对训练数据集给定的输入进行计算（即经过一系列随机的数据变换）后，将相应的输出结果与已知的期望输出做比较，得出损失值，这一损失值被回传至上一层，分摊给上一层中所有的节点，使每一个节点都能调整其收到的每一个输入的权重，从而更新计算结果。不断重复（迭代）这一过程，权重逐渐微调到正确的值，损失值也随之降低，直到得到的权重值可以使损失函数最小，使得实际输出与期望输出的误差尽可能小。至此，人工神经网络就训练好了，有了"举一反三"的能力，即实现泛化（generalization）。对于这个方法的理解，最好的办法是使用一套由TensorFlow提供的可视化工具，如图5.20所示。

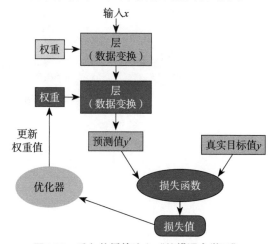

图5.20 反向传播算法之"从错误中学习"

举个例子，家住海南的阿姨给你带了一个芒果，你虽然从来没有见过这个东西，但看见青青的外皮，你立马能判断出这东西可能会有点酸，不过既然有人给你吃，应该不错。为何你从没有见过的东西，你也能判断？这是因为通过不断地吃各种水果，你总结了很多经验，都存储在你的大脑中，你吃得越多，不断地"从错误中学习"，判断得也就越准确。

在训练样本能足够覆盖未来样本的场景中，优化后的权重可以很好地用来预测新的测试样本。采用单层感知器（线性回归）即可取得好的效果，但是在真实场景中，很多任务难以得到足够的标记样本，从两层神经网络开始，采用机器学习来训练，而不采用优化，就是因为它不仅要求样本在训练集上计算出一个较小的误差，在测试集上也要有好的表现，因为模型最终是要部署到没有见过训练样本的真实场景中。通过"泛化"来提升模型在测试集上的预测效果，相关方法叫作正则化（regularization）。反向传播算法的步骤如图5.21所示。

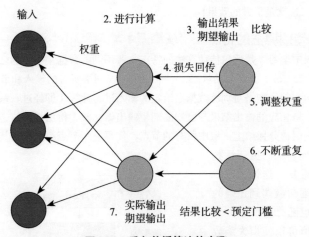

图5.21　反向传播算法的步骤

第六章　深度学习：人工智能应用实现的基础

深度学习具备更深入的表示特征、更强的函数模拟能力，成为很多现代人工智能应用实现的基础。目前效果最好的语音识别系统和图像识别系统以及大名鼎鼎的AlphaGo都是靠深度学习技术来实现的。

在多层神经网络中，每一层神经元学习到的是前一层神经元值更抽象的表示。随着网络层数的不断增加，逐层特征学习使得每一层对于前一层的抽象表示更为深入。神经网络的本质就是模拟特征与目标之间的函数关系，层次的增加意味着网络中有更多的参数，使得模拟的函数可以更加复杂，去拟合真正的关系。

一、深度学习的由来

❂ 1. 通过分层来解决复杂问题

人类大脑中近千亿个神经元相互连接，构成了一个很复杂的三维立体结构，这么复杂的连接在算法上无法实现，在芯片上做不出来。三维太复杂，神经元无法实现多对多的互相连接，只能简化成二维，就跟解决所有复杂问题一样，我们通过分层来解决问题，只允许每一层的神经元连接下一层的神经元组成多层神经网络。每一层并不需要做太多的事情，但是当多个简单的层叠加在一起就可以描述出很清晰的事。

❂ 2. 分层的案例：人类的视觉原理

诺贝尔医学奖获得者David Hubel和Torsten Wiesel研究发现，我们人类的视觉原理是分级的：大脑接收信号（瞳孔摄入物体的像素）—大脑皮层负责视觉的细胞做初步处理（发现边缘和方向）—大脑初步处理（识别物体的边缘和方向）—大脑解读眼前的物体（判定眼前物体的形状）—识别眼前的物体（进一步抽象判定该物体是什么）。人类这种层次结构的感知系统使大脑需要一次性处理的数据量大大减少，输入信息经过一层一层提取分解，最终形成认知。如图6.1所示，从视网膜出发，经过低级的V1区边缘特征提取，到V2区识别基本形状或目标的局部，再到高层的目标识别（例如识别人脸），以及到更高层的前额叶

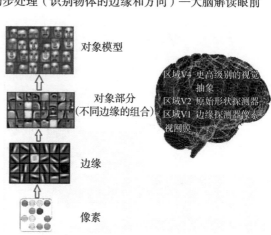

对象模型

区域V4 更高级别的视觉抽象
区域V2 原始形状探测器
区域V1 边缘探测器像素
视网膜

对象部分
（不同边缘的组合）

边缘

像素

图6.1　人脑进行人脸识别的过程

皮层进行分类判断等，人们意识到高层特征是低层特征的组合，从低层到高层越来越抽象，越来越能表达语义或者意图。

对于不同的物体，人类视觉也是通过逐层分级来进行认知的：在最底层特征是各种边缘，越往上，越能提取出此类物体的一些特征（轮子、眼睛、躯干等），到最上层，不同的高级特征最终组合成相应的图像，从而能够让人类准确区分不同的物体。

那么，我们能不能模拟人类大脑视觉皮层分级处理信息的机制，构建多层的神经网络来完成复杂的任务？

答案是一定的，深度学习的灵感就来源于此。

二、深度学习的概念

⚙ 1. 深度神经网络

深度学习（deep learning）是机器学习的一种，由含多个隐藏层的多层感知器组成，是一个多层次的学习，逐层学习并把学习的知识传递给下一层，通过这种方式，就可以实现对输入信息进行分级表达。

大脑结构越简单，智商就越低，如单细胞生物，智商就很低。人工神经网络也是一样的，网络越复杂其性能就越强大，具有类似人脑的深度神经网络（deep neural networks，DNN），能更好地模拟人脑的深度结构，认知过程逐层进行，逐步抽象。这里的深度是指层数多，层数越多，构造的神经网络就越复杂。

⚙ 2. 多层神经网络

多层神经网络按照两层神经网络的设计思想延续而来，在两层神经网络的基础上增加一层可以得到，如图6.2所示。

图6.2　多层神经网络（一）

依照这样的方式继续添加下去，就可以得到更多层的神经网络，如图6.3所示。

图6.3　多层神经网络（二）

我们可以简单理解为多层神经网络随着层数的增加，对特征的提取和抽象能力也增强。其中，第一层是输入层，最后一层为输出层，中间层为隐藏层，圆圈代表神经元，每个神经元代表一个特征。

输入层：负责直接接收输入的数据，通常情况下不对数据做处理，也不计入神经网络的层数。

隐藏层：可以是一层，也可是N层，隐藏层的每个神经元都会对数据进行处理。

输出层：用来输出整个网络处理的值。

以职业生涯规划为例，职业生涯规划是人生的发动机和加速器，每个人在选择时的关注点都不一样，自己可能注重实现自我价值；父亲可能注重平稳安逸；母亲目前注重经济状况；妻子注重地理因素；还有岳父、岳母、大姑、二姑、大姨、二姨、同学、朋友外加各种媒体的专家等等，就自己关心的方向提供意见，最后根据自己的情况综合考虑得出职业生涯规划决策。

首先把每个人的意见表示成神经元模型，如图6.4所示。

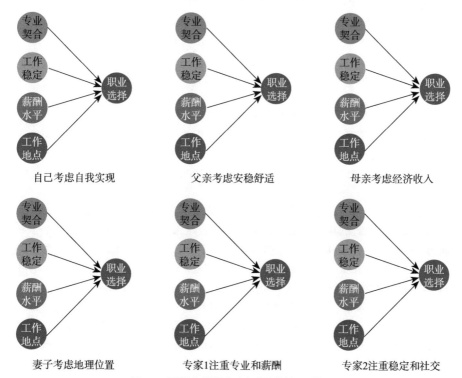

图6.4 不同人的职业生涯规划神经元模型

　　然后，把各个神经元连接汇总起来组成多层神经网络模型，得到图6.5，多层神经网络模型将每个人的意见综合起来并考虑它们的互相影响，判断以后形成最终决策。

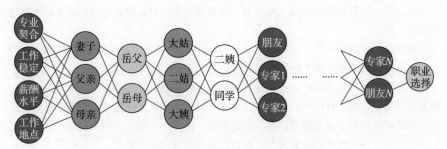

图6.5　职业生涯规划的多层神经网络模型

✿ 3. 深度学习相关概念的解释

　　训练集（训练样本）：我们在训练算法模型时给模型的数据。

　　测试集：用训练样本训练好以后，我们还要用训练样本之外的数据，去检验这个算法模型的实际效果。

　　误差：如何检验效果呢？在机器学习和深度学习中，就是通过"误差"的大小去判断。

　　欠拟合：模型不能在训练集上获得足够低的误差。

　　过拟合：训练误差与测试误差（在验证集的误差）差距过大，那么这个模型就不是好模型，因为只能用在训练样本上，而对其以外的数据都没有好的效果。

　　泛化性：训练好的模型在其他数据上的使用情况，如果效果也很好，那就是泛化性好。

　　以学习为例，可以将我们学习过程的思维方式和方法总结为神经网络；上课听讲称为训练集；平常测验叫作验证集；期末考试看作测试集；对不同科目所投入的学习精力，称作权重（weight）；对不同科目的态度叫作偏置（bias）；学习效率称为损失函数（loss function）；个人的学习方法，可以看作学习规则（learing rules）；学习过程中请教老师和同学获得启发，叫作激活函数（activation functions）；平常上课感觉良好，考试不及格，可看作是过拟合（overfitting）；想办法改善这个问题，这叫正则化（regularization）；周末学习功课，这叫L1；每天都学习功课，叫作L2；平常上课心不在焉，考试也没过线，这叫欠拟合（underfitting）；希望自己取得好成绩，这叫优化。

✿ 4. 人工智能、机器学习和深度学习的关系

　　人工智能是机器学习的父集，深度学习是机器学习的子集，是后者超过15种方法

中的一种。神经网络包括浅层网络和深层网络，深度学习是深层网络。它们的关系如图6.6所示。

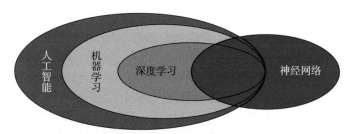

图6.6　人工智能、机器学习、深度学习和神经网络

三、深度学习的工作原理

⚙ 1. 深度学习的方法

　　深度学习是模拟人脑神经学习过程的技术，随着不断学习，系统将变得越来越智能并能更快速地提供更准确的结果。儿童最初是在成年人的教导下学习正确地辨别和分类各种形状，最终才能在无任何指导的情况下辨别形状。即人类认知世界和识别事物，不仅仅是通过观察和处理详细样本来完成，更重要的是练习和反馈。记得我们小时候学习认"猫"，我们看到白猫，父母说这是猫，看到黑猫，被告知也是猫，我们的脑子里会不停地学习猫的"特征"。当我们看到一只花猫，不用别人告诉我们，我们就知道这是猫。我们不可能看过世界上所有的猫，我们是通过不断训练和反馈来学习认识"猫"的。

　　深度学习采用类似的办法。深度学习或神经学习系统需要在对象识别和分类方面接受训练，才能在识别对象时变得更智能、更高效。比如我们想要训练一个深度神经网络来识别猫。首先准备数据集，数据集分为两部分，训练集和测试集。训练集就是我们给神经网络的输入值，根据它们学习多种物体的关键特征，想一想我们看到快速飞驰而过的车时，靠什么识别它？是声音？还是颜色？靠的是"轮廓"。轮廓就是识别一个物体的关键特征，你学习到这一关键特征后，哪怕一些模模糊糊、一闪而过的图片，你也能识别出来。如图6.7所示。

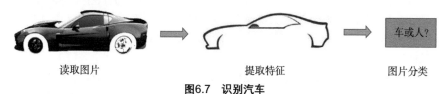

读取图片　　　　　　　　　　提取特征　　　　　　　　图片分类

图6.7　识别汽车

图6.7所示的神经模型识别飞驰而过的汽车，第一层将汽车图像分解为各个部分，寻找线条和角度等基本图案。第二层将这些线条组合起来，寻找更高级别的图案，如车轮、风挡玻璃和车镜。下一层识别车辆类型，最后几层识别特定汽车品牌的型号。

⚙ 2. 深度学习的工作过程："自动"提取特征和优化权重

深度学习网络模型就是逐步提取猫的轮廓边缘，最后组合成猫的整体轮廓和一些关键细节，再与测试集中的随机数据相比较以衡量准确性。神经网络经过训练后，便可进行部署并用于识别和分类对象或图案，这个过程称为推理。例如我们准备10万张训练样本，2000张测试样本，把网络构建好后，经过如图6.8所示的过程训练成功后，我们将任意一张新的图片给模型"看"，它都能判断出图片是否是"猫"。

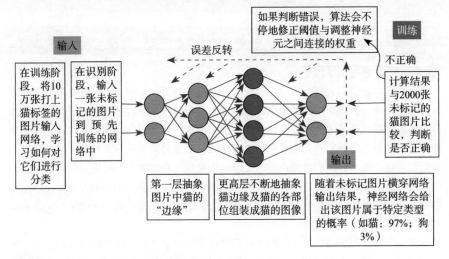

图6.8　深度神经网络工作过程——"自动"提取特征和优化权重

深度学习通过建立、模拟人脑的分层结构，对外部输入的声音、图像、文本等数据进行从低级到高级的特征提取，从而能够解释外部数据。与传统学习结构相比，深度学习更加强调模型结构的深度，通常含有多层的隐藏节点，而且在深度学习中，特征学习至关重要，通过特征的逐层变换完成最后的预测和识别。

深度学习增加了神经网络的层数，使得网络有了更强大的特征挖掘能力，这一点是其他算法很难做到的。

随机森林、贝叶斯网络、支持向量机等传统机器学习在处理语音识别和图像识别任务方面非常困难。以往在机器学习用于现实任务时，描述样本的特征通常需由人类专家来设计，靠人工提取特征是一种非常费力的工作，不能保证选取的质量，且还有很多事物根本就无法指定需优化的特征，如我们要用人工智能程序识别飞机图片，而飞机的形状、大小、颜色都不一样，方位、位置、状态各有差异，背景、光线、视角等大量其他因素都会对识别飞机产生影响。也就是说我们无法为算法处理定义一个飞机的特征，能让它在任何情况下都能被正确识别。而写一个飞机的特征数据集涉及的因素太多了，多到几乎无法穷举，即使我们写出了这样的规则，那也不是可扩充的解决方案，因为我们得为每一种我们希望识别的对象都编写一套程序。

那么，如何解决人工定义特征的麻烦呢？

✿ 3. 深度学习的原理

深度学习避免了程序员必须人工定义特征（用以对数据进行分析）和优化（调整赋予特征权重以提供精确预测）的繁重任务，这两件事情都由算法包办了，使机器学习达到"全自动数据分析"能力——自动地提取特征和自动地优化权重。

一层的神经网络可以对特征做一次变换，这种特征的变换，以数学的视角来看，一个是用不同的权重组合来对上层的特征进行重组，另一个是通过某种激活函数把这个总和变换一下。如将在位置上交叉排列的圆球和三角形分离开，就要靠坐标变换实现。在多层神经网络中，特征每经过一层就变换一次，特征经过多次简单的数据变换和空间转换（比一次性处理一个复杂的函数花费的代价要低得多），直到获得好的特征为止，这个过程称为特征学习（表征学习）。通过多次变换，一次次重组特征，得到越来越复杂的新的特征。特征学习是学习一个特征的技术的集合：将原始数据转换成能够被机器学习来有效开发的一种形式。它避免了手动提取特征的麻烦，允许算法学习使用特征的同时，也学习如何提取特征：学习如何学习。这就是深度神经网络的实质。

以相亲节目中男嘉宾选择心仪女生为例来理解特征学习。男嘉宾对女嘉宾的样貌、身材、谈吐、家庭条件、工作、生活习惯等要素，通过层层特征的抽象，对关键的输入值进行计算，逐层抽象得出"五官端正度""身材匀称度"等各个特征，最后得出自己的心动人选。图6.9中的小圆圈其实是一个个神经元，每个神经元负责某一个特征，神经元之间相互联系，然后把所有的特征组合为更高级的复杂特征。神经元越多，神经网络越复杂，就和人的神经元一样，大脑不断学习，树突不断在增加。

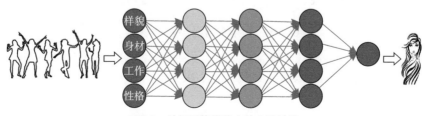

图6.9　神经网络模仿人的大脑结构

四、多层神经网络的设计

多层神经网络的精髓就在于，我们可以自行设计多层神经网络的节点数、层数、网络的拓扑结构以及神经元的参数，以对一个输入数据进行不同数学维度上的处理，从而达到不同的训练目的。设计和改进神经网络的步骤包括针对特定应用场景进行网络架构设计，准备合适的数据集，根据训练情况调整网络模型以及多种方法的结合等。一般情况下，网络拓扑结构可以直接复制较成功的网络。

🔘 1. 多层神经网络中节点数的设计

在设计一个神经网络时，输入层的节点数需要与特征的维度匹配，输出层的节点数要与目标的维度匹配。而隐藏层的节点数，可由设计者"自由"把握。那么如何确定隐藏层节点数？节点数量的设置，会给整个模型的效果带来影响。目前还没有统一的设置方法。一般是根据经验，先预先设定几个可选值，这几个可选值通俗地说可以是不同的想法或不同的专家意见，有多少个不同的想法和多少个专家意见，就设置多少个中间节点，即每个中间节点代表一个想法或一个专家意见。通过切换这几个值来看整个模型的预测效果，再选择效果最好的值作为最终选择。这种方法又叫作网格搜索（grid search）。

🔘 2. 多层神经网络层次的设计

在图6.10所示的多层神经网络中，$W^{(1)}$ 中有6个参数，$W^{(2)}$ 中有6个参数，$W^{(3)}$ 中有2个参数，故整个神经网络的参数有14个（这里不考虑偏置节点，下同）。

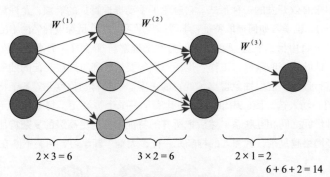

图6.10　多层神经网络（较少参数）

现在将中间层的节点做一个调整，将第二个中间层改为4个单元，其他不变。经过调整以后，整个网络的参数变成了22个，见图6.11。

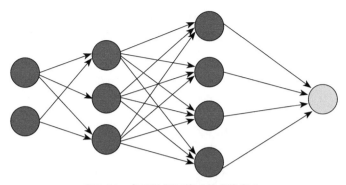

图6.11 多层神经网络（较多参数）

虽然层数保持不变，但是第二个神经网络的参数数量比第一个神经网络多了8个，从而有着更强的表示（representation）能力。表示能力是多层神经网络的一个重要衡量指标，下面会做介绍。

在参数数量一样的情况下，也可以通过增加层次来设计一个"更深"的网络。如图6.12所示，参数数量是22，但有4个中间层，是原来层数的两倍，也就是说相同的参数数量，可以用更深的层次来表示。

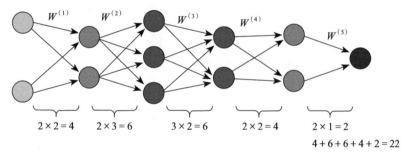

图6.12 多层神经网络（较多参数＋较多层次）

相较于两层神经网络，多层神经网络的层数增加了很多，更多的层次有什么作用？更多层的好处在于可以使特征表示得更抽象，函数模拟能力更为复杂。

⚙ 3. 神经网络的本质

（1）抽象表示特征　层数越深，提取出来的特征越具有抽象性，越能代表事物的本质特征。在神经网络中，每一层神经元学习到的是前一层神经元值更抽象的表示。我们要让某个神经网络模型学会认识花，输入"花"的图片训练集，第一个隐藏层学习到的是具体的"花"的"边缘"特征，第二个隐藏层学习到的是由"花"的"边缘"组成的"形状"特征，第三个隐藏层学习到的是由"花"的"形状"组成的"图案"特征，最后的隐藏层学习到的是由"花"的"图案"组成的"目标"特征。

通过抽取更抽象的特征来对"花"进行区分，从而获得更好的区分与分类能力，经训练后，认识"花"的神经网络模型无论"看见"什么花都可以"认出"。如图6.13所示。

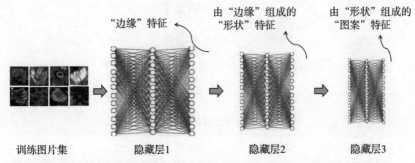

从具体的事物"花"抽出、概括出它们共同的方面、本质属性与关系等，而将个别的、非本质的方面、属性与关系舍弃

图6.13　多层神经网络（特征学习）

（2）更复杂的函数模拟能力　神经网络的层次越来越深，参数也越来越多，而神经网络的本质就是模拟特征与目标之间的真实关系函数，更多的参数意味着其模拟的函数可以更加复杂，可以有更多的容量（capcity）去拟合真正的关系。

通过研究发现，在参数数量一样的情况下，深层网络往往比浅层网络具备更好的识别效率。这点也在ImageNet大赛中得到了多次证实。从2012年起，每年获得ImageNet冠军的深度神经网络的层数逐年增加，目前拿到最好成绩的团队使用了深达152层的网络。

深度神经网络的"深"主要体现在网络层次多，通常一个神经网络层数不会低于10。但实践证明，并不是层数越多就越好，我们设计网络模型的任务就是要靠多次尝试，找到一个适用的网络模型。

五、深度神经网络的激活函数ReLU

🌸 1. 激活函数ReLU概述

神经网络神奇的地方在于总可以找到某种激活函数把空间"一刀切"。在单层神经网络中，使用Sgn函数作为激活函数；两层神经网络，采用的激活函数是Sigmoid函数。而到了多层神经网络，经研究发现，运用ReLU函数进行训练，预测性能好，收敛效果好，可避免梯度消失的问题。所以在目前的深度学习中，使用最广泛的激活函数是ReLU函数。ReLU函数表达式非常简单，就是$y = \max(x, 0)$，而ReLU函数仅需要设置阈值。如果$x < 0$，$f(x) = 0$；如果$x > 0$，$f(x) = x$。这种函数的设计启发来自于生物神经元对于激励的线性响应，以及当低于某个阈值后就不再响应的模拟。

2. 梯度消失和梯度爆炸

梯度消失就是梯度很小，如同消失了一样，使得神经网络中的权重无法更新，导致网络节点的特征值与其最优值相去甚远，训练永远不会收敛（逼近某一个值）到良好的解决方案，导致无法算出结果。

梯度爆炸与梯度消失正好相反，梯度呈指数级增长，得到一个非常大的权重更新，这时权重处于"爆炸"状态，即它们的值增长太快。

在多层神经网络中，训练的主题仍然是优化和泛化。在深度学习中，泛化技术变得比以往更加重要。这主要是因为神经网络的层数增加了，参数也增加了，表示能力大幅度增强，很容易出现过拟合现象，过拟合也称为过学习，它的直观表现是算法在训练集上表现好，但在测试集上表现不好，泛化性能差。因此正则化技术就显得十分重要。如图6.14所示。

训练集上的表现	测试集上的表现	结论
不好	不好	欠拟合
好	不好	过拟合
好	好	适度拟合

图6.14 拟合现象

AlphaGo通过不断地与自己下棋，不停地下，反复改进，训练自己的神经网络，最终打败了人类冠军。目前，以图像识别为例，神经网络经过深度学习训练后，在一些场景中的表现甚至做得比人还要好：从识别猫，到辨别血液中的癌症成分，再到分辨核磁共振成像中的肿瘤。

六、深度学习实践平台

1. ImageNet项目

李飞飞ImageNet项目是一个用于视觉对象识别软件研究的数据集。从2004年开始举办视觉识别挑战赛。ImageNet中含有近千万张人手工注释的图片，换句话说就是预先通过人工将神经网络识别图片打上标签，标签说明了图片中的内容，如"猫"，或某个品种的猫（"波斯猫"）。网络的预测输出与手动标记数据越接近，就说明其越准确。ImageNet有多达2.2万个类别。其中，至少有100万张图片提供了边框（bounding box），2017年此比赛宣布停止，因为最好的网络识别率已经达到了97%的精度，在某种程度上已经超过了人眼。所以没必要再举办下去了。

✿ 2. 微软Custom Vision.AI

微软推出了完全自动化的平台Microsoft Custom Vision Services（微软定制视觉服务），如图6.15所示。用Microsoft账号登录后就可以自己建立一个新的项目，创建自己需要的图片分类器。

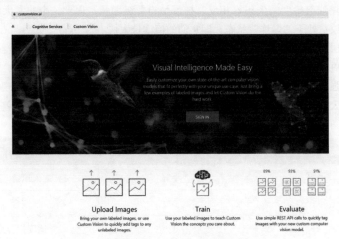

图6.15　Custom Vision.AI机器学习平台

✿ 3. Microsoft Azure机器学习工作室（Machine Learning Studio）

Microsoft Azure提供了一个可视化工具，如图6.16所示，可以帮助开发人员、数据科学家和非数据科学家设计机器学习管道和解决方案，以解决各种各样的任务。该平台提供基于浏览器的可视化拖拽式机器学习环境，无须编码。

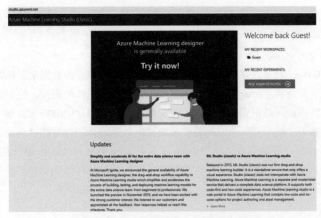

图6.16　Microsoft Azure机器学习平台

✿ 4. 谷歌Cloud AutoML

谷歌发布的Cloud AutoML是一个面向非专业人士的机器学习开发工具，系统基于监督学习创建，开发者只需要通过鼠标拖拽的方式上传一组图片、导入标签，随后谷歌系统就会自动生成一个定制化的机器学习模型，几乎不需要任何人为的干预。换句话说，即便你不懂机器学习的专业知识，也可以借此来从事一些人工智能领域的工作！

✿ 5. OneClick.AI

OneClick.AI作为一站式自动化人工智能平台，不需要任何技术背景，用户可以在OneClick.AI平台上快速实现人工智能算法建模、训练、实施及部署的全过程。最受欢迎应用是销售预测、库存和供应链管理。

✿ 6. Amazon SageMaker

Amazon SageMaker可以帮助机器学习开发者和数据科学家快速构建、训练和部署模型。Amazon SageMaker完全消除了机器学习过程中各个步骤的繁重工作，让开发高质量模型变得更加轻松，如图6.17所示。

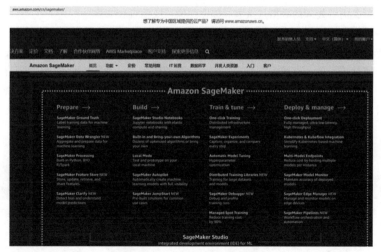

图6.17　Amazon SageMaker

第七章　深度学习的典型算法

卷积神经网络（convolutional neural network，CNN）主要运用于图像处理和图像识别等领域。

循环神经网络（recurrent neural network，RNN）应用于语音识别和文本生成。

生成对抗网络（generative adversarial networks，GAN）应用于生成图片、照片处理。

深度强化学习（deep reinforcement learning，DRL）最大的应用场景就是游戏了。

卷积神经网络、循环/递归神经网络、生成对抗网络和深度强化学习都基于一套共同的基础架构，所以学习相关技术，只需要掌握这些架构的共同部分即可。

一、卷积神经网络CNN：让人工智能更"智能"

1. 卷积神经网络概述

从人脸识别到自动驾驶，再到医疗影像诊断，卷积神经网络都发挥着巨大的作用。"它"是如何做到的？

在卷积神经网络诞生以前，人工智能对于图像处理领域可谓举步维艰，有两个方面的因素：需要处理的数据量太大和提取图像特征困难。

我们都很容易辨别出图7.1中的图片是一只猫，对于计算机而言，"看到"的却是一个个像素，每个像素都是0～255之间的像素值，0表示黑色，255表示白色，数字越小，越接近黑色。在黑白图片中，每个像素值仅表示一种颜色的强度，即只有一个通道。而在彩色图片中，需要RGB（红，绿，蓝）三个不同的通道表示彩色信息。而至于计算机能不能判定图片是不是一只猫，这就是人工智能算法的研究任务。

图像由像素组成

205	211	125	…	135	157	251
214	125	134	…	126	189	232
101	148	169	…	214	199	195
140	223	186	…	231	177	177
…	…	…	…	…	…	…
150	189	217	…	215	225	162
130	172	225	…	129	203	183
125	213	216	…	137	209	218
245	224	127	…	214	236	162

计算机"眼中"的猫

图7.1　计算机"眼中"的图像

2. 卷积神经网络的实现

受到人类视觉神经系统的启发，卷积神经网络通过参数降维和保留图像特征来实现。

参数降维：假设我们处理一张2000×2000像素的彩色图片，就需要处理2000×2000×3 = 12000000个参数，如此巨大的数据运算量处理起来是非常消耗资源的，况且这还只是一张普通大小的图片。卷积神经网络所做的第一个工作就是将复杂问题简化，把大量参数降维成少量参数。关键的是，降维并不会影响图片的识别度，即将2000×2000像素的彩色图片缩小成100×100像素的彩色图片，并不会影响你识别图片是一只猫还是一只狗，计算机也一样。

保留图像特征：猫在图片中的不同位置在计算机中用不同的数据表示，但从视觉上看，图像的内容并没有发生改变，猫还是"猫"，只是位置发生了移动。当计算机处理视频中移动的物体时，传统方法得出的参数会有很大的差异，这是不符合图像处理的要求的。而卷积神经网络使用类似人类视觉的方式保留图像特征，当图片中物体的位置发生移动、旋转时，都能识别出来。

3. 卷积神经网络的组成

一个典型的卷积神经网络由卷积层、池化层和全连接层三部分组成。其中，卷积层负责提取图像中的局部特征，如物体边缘等；池化层负责缩小卷积层传来的特征尺寸（参数降维）；经过全连接层后，网络模型会负责将这些特征组合在一起学习直至能代表这个图片的特征，如图7.2。

卷积层 （convolutional layer）	池化层 （pooling layer）	全连接层 （fully-connected layer）
提取图像特征	降维、防止过拟合	输出结果

图7.2　典型的卷积神经网络组成结构

4. 卷积

首先来看看什么是卷积（convolution）操作（不用苦恼卷积这个术语，懂得它是如何工作的就行），如100×100像素的黑白图，并不需要10000个节点深度网络来处理，我们可以创建一个3×3的扫描窗口[也称为"过滤器"（filter）或"卷积核"]去卷积，里面放着不同的权重参数，在待识别的图片上从左上角开始滑动一直到右下角，每次滑动1个格子，称为步长。卷积核中的每个数值跟图上重叠的值相乘、再相加，如图7.3所示。100×100像素的黑白图，用3×3的卷积之后得到的是一个3×3的图。卷积的用处就是提取图片的特征，通过增加不同的卷积核来提取不同的特征，然后经过多层的网络后模型会去学习组合这些特征。

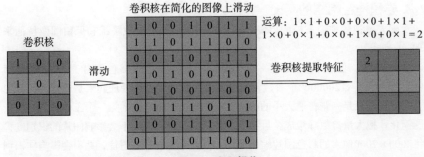

图7.3　卷积操作

　　结果"2"，就是经过卷积核提取到的特征。使用一个卷积核来滑过图像中的每个小格子，直至填满卷积核。卷积操作与人类视觉的特征提取类似，通过卷积核的过滤提取出图片中局部的特征，并能保留像素间的空间关系。

　　经过"模糊卷积核"提取特征后，得到的是一张看起来有点模糊的图片，如图7.4所示。

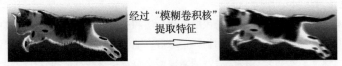

图7.4　经过"模糊卷积核"提取特征

　　虽然图片看起来比较模糊，但是图片的主要特征被卷积核提取出来，并不影响我们判断图7.4中右边的图片是一只猫。在具体应用中，往往有多个卷积核，可以认为，每个卷积核代表不同的图像模式，通过采用不同的卷积核来提取出不同的图片特征。我们再换几个卷积核形象地加以说明，如图7.5所示。

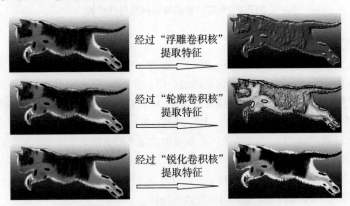

图7.5　不同的卷积核提取图片特征

　　就像PhotoShop中的滤镜效果，图片被不同的卷积核过滤成某种特征图，如浮雕图，这些低级的特征图将再次被过滤，得到一个新的特征图，随着层层过滤，特征图越来越抽象，直到最后一层，输出对某个物体的认知。这跟人类视觉系统学习的过程类似。

　　图7.6就是经过四种卷积核提取后，得到的四种不同"特征图片"。"卷积"输出的结果，包含"宽、高、深"三个维度。

　　在卷积神经网络中，经过"卷积"层的处理后，图片都含有深度，这个"深度"，等于卷积核的个数，如图7.6深度为4。

　　经过一个卷积核的图片也包含"宽、高、深"三个维度，只不过，它的深度是1，如图7.7所示。

　　每一个卷积核中的数值，都是算法自己学习来的，不需要我们费心去设置。我们只要把卷积核的个数设置好就可以了。

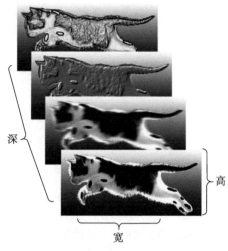

图7.6　图片包含"宽、高、深"三个维度

图7.7　经过一个卷积核的图片也包含
"宽、高、深"三个维度

⚙ 5. 池化

　　介绍完卷积，就不得不说一下池化（pooling），池化分为平均池化和最大池化。池化一般在卷积层后面进行，同样还是为了降维，因为即使经过卷积，由于卷积核比较小而导致图像仍然较大，为进一步降低数据维度，就要进行池化，保留关键信息，减少特征和参数，压缩输入的特征图。池化也是用一个"核"套在图上滑动，平均池化就是把窗口里的值求平均，最大池化顾名思义就是取最大的那个。平均池化可以保留图片的背景特征，最大池化可以突出图片的轮廓特征。打个比方，平均池化可以看作是白天的地球俯瞰图，辽阔的地球表面被缩小，看到的是像素点取平均的结果，如图7.8所示，故平均池化对较形象的特征（如背景信息）保留更好。而最大池化可以看成是夜晚的地球俯瞰图，夜晚的亮光区让人们只注意到最大的部分，产生亮光区域被放大的视觉错觉如图7.9所示，故而最大池化对较抽象的特征（如纹理）提取更好。

图7.8　地球俯瞰图（白天）　　　　　图7.9　地球俯瞰图（夜晚）

　　池化层相比卷积层可以更有效地降低数据维度，不仅大大减少了运算量，还可有效避免过拟合，具体方式是通过下采样进行。所谓下采样，也称降采样，即缩小原图像，反之为上采样，也称图像插值，即放大原图像。举例来说，原始图片是20×20的，我们对其进行下采样，采样窗口为10×10，最终将其下采样成为一个2×2大小的特征图。

图7.10　识别手写数字

　　经过卷积层和池化层降维过的数据输入到全连接层，数据量大为减少，计算效率得以大量提高，全连接层才能"跑得动"，从而能输出最终想要的结果。

✿ 6. 全连接

　　全连接层（fully-connected layer）的每一个节点都与上一层的所有节点相连，用来把前边提取到的特征综合起来。我们用一个例子来加强理解。

　　全连接层示例：识别手写的1~9数字，如图7.10所示。

　　首先准备数据集，识别如图7.10所示的手写数字，训练样本有5万张，测试样本1000张。

　　输入图片为30×30的单通道灰度图，我们搭建一个全连接网络，见图7.11。

　　输入30×30=900个特征，隐藏层设置2048个神经元，每个特征都要和每个神

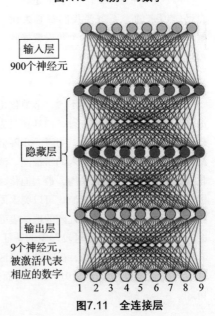

输入层
900个神经元

隐藏层

输出层
9个神经元，
被激活代表
相应的数字

1 2 3 4 5 6 7 8 9

图7.11　全连接层

经元连接的权重相乘，那么参数为$900 \times 2048 = 1843200$个，如果要设置更深的层次则参数会更多。经过计算，最后输出$1 \sim 9$数字分类的概率。

⚙ 7. 经典卷积神经网络模型

一个经典的卷积神经网络模型如图7.12所示。

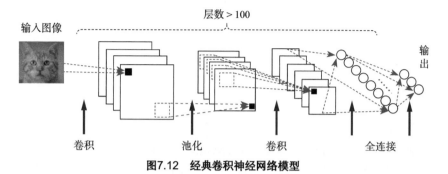

图7.12 经典卷积神经网络模型

二、循环神经网络RNN：自然语言处理的最佳实践

⚙ 1. 循环神经网络的概念

循环神经网络是一类用于处理序列数据的神经网络。首先要明确什么是序列数据。以时间序列数据为例，时间序列数据是指在不同时间点上收集到的数据，这类数据反映了某一事物、现象等随时间的变化状态或程度。当然也不仅仅局限于时间，如文字序列，但序列数据有一个特点——后面的数据跟前面的数据有关系。

与传统的神经网络区别在于传统神经网络的每一步都是相对独立的过程，而循环神经网络的每一步操作都会依赖前面的计算结果，循环神经网络会将上一步的输出结果作为下一步的输入数据，由此实现利用数据中隐藏的顺序信息。

⚙ 2. 循环神经网络的由来

循环神经网络的最佳实践是自然语言处理领域，被用作为语言模型建模。语言模型是什么？

让我们和计算机玩一个游戏，写出一个句子前面的一些词，然后，让计算机帮我们写出后面空缺的词。如：

机器学习这门课我考了98分，老师表扬了_____。

我们都知道，上面这句话空缺的词最有可能是"我"，而不太可能是"深度学习"，甚至是"唱歌"。

语言模型就是给定一句话前面的词，然后预测后面接下来的一个词最有可能是什么。

语言模型有很多实际的用途，如在语音转文本（STT）的应用中，声学模型输出的结果，往往是若干个可能的候选词，这时候就需要语言模型来从这些候选词中选择一个最有可能的词。在图像到文本的识别中（OCR）也同样适用。

在循环神经网络之前，语言模型通过 N-Gram 模型来实现，N-Gram 是一种基于统计语言模型的算法。它的基本思想是将文本里面的内容按照字节进行大小为N的滑动窗口操作，形成了长度是N的字节片段序列。N可以是一个自然数，如2或者3。其含义是：假设一个词出现的概率只与前面N个词相关。我们以2-Gram为例。首先，对前面的一句话进行切词：

我	承担	的	AI项目	延迟	交付	了	一个	月，	客户	批评	了	_____	。

如果采用2-Gram建模，那么在计算机做预测时，就只会知道前面的"了"这个词，然后在语料库中搜索"了"后面最可能的一个词。不管最后计算机选的是不是"我"这个词，我们都清楚这个模型其实并不可靠，因为"了"前面那么多的词语实际上都没有被用到，于是把模型换成3-Gram，就会搜索"批评了"后面最可能的词，感觉上比2-Gram可靠了不少，但还是远远不够，因为这句话最关键的词语是"我"，远在13个词之前！

那么继续提高N-Gram模型中N的值，如4-Gram、5-Gram……遗憾的是，这个方法是没有可行性的，因为无论处理多长的句子，N设为多少都不合适，另外，模型的大小和N的关系是呈指数级的，4-Gram模型就会占用海量的存储空间。

于是，循环神经网络大展拳脚的时候到了，其理论上可以往前"看"（往后"看"）任意多个词。

循环神经网络的种类繁多，我们先从最简单的基本循环神经网络开始了解。

❖ 3. 基本循环神经网络

图7.13是一个简单的循环神经网络，由输入层、一个隐藏层和输出层组成。

如果把上面带W的箭头圆圈去掉，就变成了最普通的全连接神经网络。x是一个向量，它表示输入层的值（这里面没有画出表示神经元节点的圆圈）；s是一个向量，它表示隐藏层的值（这里的隐藏层只画了一个节点，你可以想象该层包含多个节点，节点数与向量s的维度相同）；U是输入层到隐藏层的权重矩阵；o也是一个向量，它表示输出层的值；V是隐藏层到输

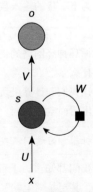

图7.13　基本循环神经网络

出层的权重矩阵。那么*W*是什么？循环神经网络隐藏层的*s*值不仅仅取决于当前的输入，还取决于上一次隐藏层的*s*值。权重矩阵*W*就是隐藏层上一次的值作为这一次的输入权重。

将图7.13展开，循环神经网络就是图7.14所示的样子。

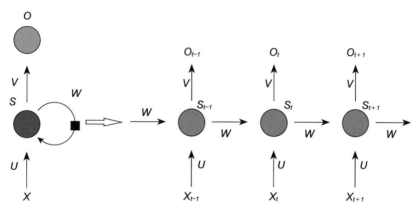

图7.14 展开的循环神经网络

如果图7.14还不能够说明细节，我们来看一下细致到向量级的连接图，如图7.15。

⚙ 4. 双向循环神经网络

对于语言模型而言，很多时候单看前面的词是不够的，如下面这句话：

> 科技发展日新月异，我准备_____一门新的人工智能课程。

如果我们只看横线前面的词："科技发展日新月异"，那么我是打算看一看？学一学？还是因循守旧？这些都是无法确定的。但如果我们看到了横线后面的词是"一门新的人工智能课程"，那么，在空白的横线上填"学习"的概率就大得多了。

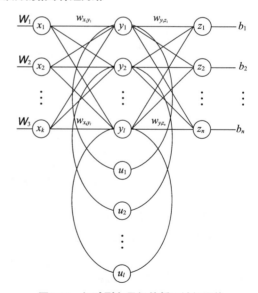

图7.15 细致到向量级的循环神经网络

因此，基本循环神经网络是无法对这句话进行建模的，需要双向循环神经网络，如图7.16所示。

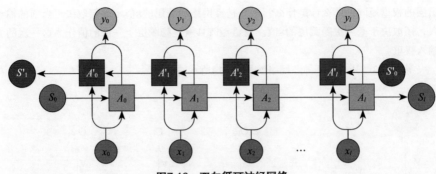

图7.16　双向循环神经网络

⚙ 5. 深度循环神经网络

　　前面我们介绍的循环神经网络只有一个隐藏层，我们也可以堆叠两个以上的隐藏层，这样就得到了深度循环神经网络，如图7.17所示。

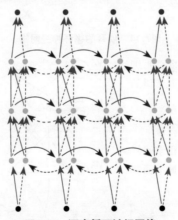

图7.17　深度循环神经网络

⚙ 6. 循环神经网络常见用途

　　循环神经网络常被用于文本生成、机器翻译、看图说话、语音识别等。

三、递归神经网络RNN：循环神经网络的扩展

⚙ 1. 递归神经网络的概念

　　递归神经网络（recursive neural network，RNN）是具有树状阶层结构且网络节点按其连接顺序对输入信息进行递归的人工神经网络。递归神经网络于1990年提出，被视为循环神经网络的推广。当递归神经网络的每个父节点都仅与一个子节点连接时，

其结构等价于全连接的循环神经网络。

⚙ 2. 递归的概念

要充分地理解递归神经网络，首先就要了解什么是递归？

我们从小就听过一个例子：从前有座山，山里有座庙，庙里有个和尚，和尚在讲故事，从前有座山，山里有座庙，庙里有个和尚，和尚在讲故事，从前有座山……

例子又一则：比如我们不知道递归是什么，想弄明白，于是我们打开百度，输入"递归"关键字，点击搜索，就在网络上查询到了递归的基本定义，在学习的过程中了解到递归和栈相关。于是你又搜索什么是栈，接下来你依次学习了内存、操作系统。你通过操作系统了解了内存，通过内存了解了栈，通过栈了解了什么是递归，如此下来，你就了解了递归的含义。

以上学习"递归"这个知识的过程其实就是递归的过程，整个过程中，搜索引擎充当递归函数。你去依次查找递归/栈/内存/操作系统的过程为前行阶段，当都学习完之后，返回去了解递归含义的过程为退回阶段。

⚙ 3. 典型的递归案例：斐波纳契数列

递归应用的例子有很多，著名的斐波纳契数列就是典型的递归案例。

斐波纳契数列（Fibonacci Sequence），又称黄金分割数列，指的是这样一个数列：0、1、1、2、3、5、8、13、21、34……这个数列从第3项开始，每一项都等于前两项之和。

斐波纳契数列在自然科学上有许多应用。例如，树木的生长，由于新生的枝条往往需要一段"休息"时间供自身生长，而后才能萌发新枝。所以，一株树苗在一段间隔，例如一年以后长出一条新枝；第二年新枝"休息"，老枝依旧萌发；此后，老枝与"休息"过一年的枝同时萌发，当年生的新枝则次年"休息"。这样，一株树木各个年份的枝丫数，便构成斐波纳契数列。

另外，观察延龄草、野玫瑰、南美血根草、大波斯菊、金凤花、耧斗菜、百合花、蝴蝶花的花瓣，可以发现它们的花瓣数目具有斐波纳契数列规律：3、5、8、13、21……

这些植物懂得斐波纳契数列吗？应该并非如此，它们只是按照自然界的规律才进化成这样。这似乎是植物排列种子的"优化方式"，它能使所有种子具有差不多的大小却又疏密得当，不至于在圆心处挤了太多的种子而在圆周处却又稀稀拉拉。叶子的生长方式也是如此，对于许多植物来说，每片叶子从中轴附近生长出来，为了在生长的过程中一直都能最佳地利用空间（要考虑到叶子是一片一片逐渐地生长出来，而不是一下子同时出现的），每片叶子和前一片叶子之间的角度应该是222.5°，这个角度称为"黄金角度"，因为它和整个圆周360°之比是黄金分割数0.618033989…的倒数，而这种生长方式就决定了斐波纳契螺旋的产生。向日葵的种子排列形成的斐波纳契螺旋有时能达到89条，甚至144条。1992年，两位法国科学家通过对花瓣形成过程的计算机仿真实验，证实了在系统保持最低能量的状态下，花朵会以斐波纳契数列长出花瓣。

❖ 4. 递归神经网络的由来

因为神经网络的输入层单元个数是固定的，因此必须用循环或者递归的方式来处理长度可变的输入。循环神经网络实现了前者，通过将长度不定的输入分割为等长度的小块，然后再依次输入到网络中，从而实现了神经网络对变长输入的处理。一个典型的例子是，当我们处理一句话的时候，我们可以把一句话看作是词组成的序列，然后，每次向循环神经网络输入一个词，如此循环直至整句话输入完毕，循环神经网络将产生对应的输出。如此，我们就能处理任意长度的句子了。

然而，有时候仅仅把句子看作是词的序列还不够，如"两个科技学院的学生"这句话，可以看出这句话有歧义，图7.18显示了这句话两个不同的语法解析树。

不同的语法解析对应了不同的意思：一个是"两个科技学院的/学生"，即学生可能有许多，但他们来自

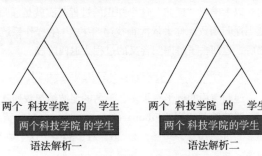

图7.18　两个不同的语法解析树

于两所科技学院；另一个是"两个/科技学院的学生"，也就是只有两个学生，他们是科技学院的。为了能够让模型区分出两个不同的意思，我们构建的模型必须能够按照树结构去处理信息，而不是序列，这就是递归神经网络的作用。

尽管递归神经网络具有更为强大的表示能力，但是在实际应用中并不太流行。其中一个主要原因在于递归神经网络的输入是树/图结构，而这种结构需要花费很多人工去标注。想象一下，如果我们用循环神经网络处理句子，那么我们可以直接把句子作为输入。然而，如果我们用递归神经网络处理句子，就必须把每个句子标注为语法解析树的形式，这无疑要花费非常多的精力。很多时候，相对于递归神经网络能够带来的性能提升，这个投入是不太划算的。

四、生成对抗网络GAN：自动生成图片

❖ 1. 生成对抗网络的概念

生成对抗网络（generative adversarial networks，GAN）是深度学习中最有趣、最受欢迎的应用之一，如图7.19所示。

GAN的功能，是输入一堆数据，然后通过学习使得模型能够生成和输入数据分布大致相同的数据。具体地，GAN分为两个部分，分别是生成器（generator，G）和判别器（discriminator，D）。生成器的作用就是生成数据，通过学习尽可能使生成的数据和原数据分布相同；判别器则是用于判断输入数据是原有数据集内部的，还是使用生成器生成的。

图7.19　将"花"的照片转换为名画《Rain Princess》风格的图片

⚙ 2. 生成对抗网络的原理

GAN的基本原理其实非常简单，以生成图片为例进行说明。GAN中有两个这样的博弈者，一个人名字是生成器G（generator），另一个人名字是判别器D（discriminator）。正如它们的名字那样，其功能分别是：

G是一个生成图片的网络，它接收一个随机的噪声z，通过这个噪声生成图片，记做$G(z)$。

D是一个判别网络，判别一张图片是不是"真实的"。它的输入参数是x，x代表一张图片，输出$D(x)$代表x为真实图片的概率，如果为1，就代表100%是真实的图片，而输出为0，就代表不可能是真实的图片。

顾名思义，生成对抗网络是生成模型的一种，其训练处于一种对抗博弈状态中。在训练过程中，生成网络G的目标就是尽量生成真实的图片去欺骗判别网络D。而D的目标就是尽量把G生成的图片和真实的图片分别开来。这样，G和D构成了一个动态的"博弈过程"。

由以上分析可以发现，生成网络与判别网络的目的正好是相反的，一个说我能判别得好，一个说你判别不好。所以叫作对抗，叫作博弈。那么最后的结果到底是谁赢呢？这就要取决于设计者，也就是我们希望谁赢了。作为设计者的我们，我们的目的是要得到以假乱真的样本，那么我们自然就希望生成样本赢，也就是希望生成样本很真。即最后博弈的结果是在最理想的状态下，G可以生成足以"以假乱真"的图片$G(z)$。对于D来说，它难以判定G生成的图片究竟是不是真实的，因此$D(G(z))=0.5$。

这样我们的目的就达成了：我们得到了一个生成式的模型G，它可以用来生成图片。

GAN的鼻祖Ian Goodfellow将这种关系比作两个玩家（G和D）的竞技过程。生成器不断地愚弄判别器，而判别器试图反抗生成器的愚弄。由于模型训练通过交替优化，两种模型最终都能达到"无法区分真品和赝品"的程度。GAN论文中验证了该游戏存在一个纳什均衡（每个博弈者的平衡策略都是为了达到自己期望收益的最大值）的解，即G产生的数据和输入数据分布相同。

　　在本问题里面，论文中认为GAN在理想情况下只能学习生成和原有作品集内部一样的作品，不具有新颖性，进而不能产生艺术品。论文中称GAN的结果为emulation（模仿）。

　　GAN最常见的应用是图像风格转换、条件生成Text2Image、Image2Text等。

五、深度强化学习DRL：电子游戏场景

⚙ 1. 深度强化学习的概念

　　深度强化学习（deep reinforcement learning，DRL）将深度学习的感知能力和强化学习的决策能力相结合，可以直接根据输入的图像进行控制，是一种更接近人类思维方式的人工智能方法。

　　对于大脑的工作原理，我们知之甚少，但是我们知道大脑能通过反复尝试来学习知识。我们做出合适选择时会得到奖励，做出不恰当选择时会受到惩罚，这也是我们来适应环境的方式。如今，我们可以利用强大的计算能力，在软件中对这个具体过程进行建模，这就是强化学习。

⚙ 2. 深度强化学习的原理

　　我们可以用电子游戏来理解强化学习（reinforcement learning，RL），这是一种最简单的心智模型。恰好，电子游戏也是强化学习算法中应用最广泛的一个领域。在经典电子游戏中，有以下几类对象：

　　① 代理（agent，即智能体），可自由移动，对应玩家；

　　② 动作，由代理做出，包括向上移动和出售物品等；

　　③ 奖励，由代理获得，包括金币和杀死其他玩家等；

　　④ 环境，指代理所处的地图或房间等；

　　⑤ 状态，指代理的当前状态，如位于地图中某个特定方块或房间中某个角落；

　　⑥ 目标，指代理目标为获得尽可能多的奖励。

　　上面这些对象是强化学习的具体组成部分。在强化学习中，设置好环境后，我们能通过各个状态来指导代理，当代理做出正确动作时会得到奖励。

　　在图7.20所示的迷宫中，有一只老鼠。想象下你是那只老鼠，为了在迷宫中尽可能多地收集奖励（水滴和奶酪），你会怎么做？在每个状态下，即迷宫中的位置，你要计算出为获得附近奖励需要采取什么动作。当右边有3个奖励，左边有1个奖励时，你会选择往右走。

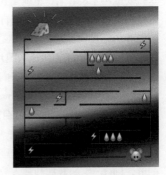

图7.20　迷宫

这就是强化学习的工作原理。在每个状态下，代理会对所有可能的动作（上下左右）进行计算和评估，并选择能获得最多奖励的动作。进行若干步后，迷宫中的小鼠会熟悉这个迷宫。但是，该如何确定哪个动作会得到最佳结果呢？

3. 深度强化学习的决策过程

强化学习中的决策（decision making），即如何让代理在强化学习环境中做出正确动作，策略学习和Q-Learning算法是强化学习中指导代理的两种主要方法。

方法一：策略学习。策略学习（policy learning），可理解为一组很详细的指示，它能告诉代理在每一步该做的动作。这个策略可比喻为：当你靠近敌人时，若敌人比你强，就往后退。

方法二：Q-Learning算法。另一个指导代理的方式是给定框架后让代理根据当前环境独自做出动作，而不是明确地告诉它在每个状态下该执行的动作。与策略学习不同，Q-Learning算法有两个输入，分别是状态和动作，并为每个状态动作返回对应值。当你面临选择时，这个算法会计算出该代理采取不同动作（上下左右）时对应的期望值。

Q-Learning的创新点在于，它不仅估计了当前状态下采取行动的短时价值，还能得到采取指定行动后可能带来的潜在未来价值。这与企业融资中的贴现现金流分析相似，它在确定一个行动的当前价值时也会考虑到所有潜在未来价值。由于未来奖励会少于当前奖励，因此Q-Learning算法还会使用折扣因子来模拟这个过程。

4. 深度强化学习的学习过程

DRL是一种端对端（end-to-end）的感知与控制系统，具有很强的通用性。其学习过程可以描述为：在每个时刻代理与环境交互得到一个高维度的观察，并利用DL方法来感知观察，以得到具体的状态特征表示；基于预期回报来评价各动作的价值函数，并通过某种策略将当前状态映射为相应的动作；环境对此动作做出反应，并得到下一个观察，通过不断循环以上过程，最终可以得到实现目标的最优策略。DRL的学习过程如图7.21所示。

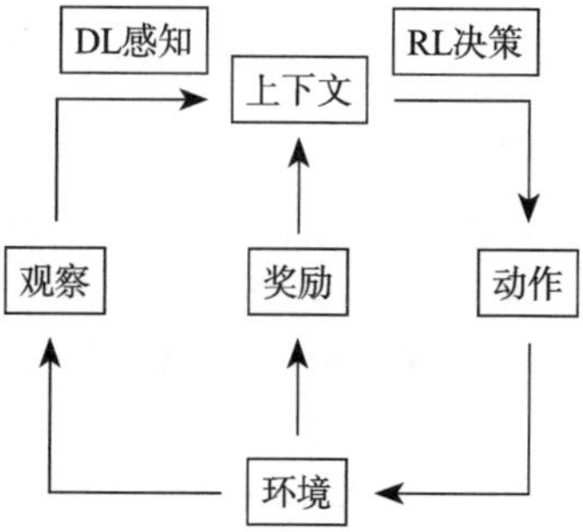

图7.21 DRL的学习过程

深度学习的基础是大数据，实现的路径是云计算。只要有充足的数据、足够快的算力，得出的"结果"（宏观上呈现机器的某种智能化功能）就会更加准确。在接下来的章节中，就为大家介绍大数据和云计算的相关知识。

第八章　大数据：人工智能学习库

我们对于数据的认识不应仅仅停留在统计、改进或作为决策支持的依据上，而应该看到其导致了机器智能的产生。机器学习与大数据的结合产生了巨大的价值，基于机器学习技术的发展，数据能够"预测"。在人工智能领域，有一句名言：成功的机器学习应用不是拥有最好的算法，而是拥有最多的数据！

实时、大量、多源的数据越多，越有利于从不同的角度对现实进行刻画，以得到最逼近真实的描述。只要拥有了足够多的数据，人工智能才能不断学习和优化，最终拥有预见未来的能力。大数据时代促使机器学习的优势可以得到最佳的发挥：即机器学习模型的数据越多，机器学习预测的效率就越好。

一、数据的相关知识

⚙ 1. 数据浪潮

在学习大数据的概念之前，让我们看看什么是数据。

数据是指对客观事件进行记录并可以鉴别的符号。计算机存储和处理的对象十分广泛，表示这些对象的数据也随之变得越来越复杂。数据可以是连续的值，如声音、图像，称为模拟数据；也可以是离散的，如符号、文字，称为数字数据。

随着互联网的普及，"第一波"的数据增长潮由连上互联网的桌面PC产生（文档和交易性数据）；之后，随时在线、碎片化的移动互联网又催生了"第二波"数据浪潮，智能手机产生的非结构化数据（音频、视频、照片等）越来越多；如今，我们正进入"第三波"数据浪潮，物联网传感器感知的数据呈指数级增长。

⚙ 2. 数据的类型

数据分为三种类型，一种是结构化数据，一种称为非结构化数据，还有一种叫半结构化数据。其中，结构化数据和半结构化数据约占10%，存储在数据库中；其余90%都是非结构化的数据，与人类生活息息相关。

（1）结构化数据

结构化数据是指有固定格式和有限长度的数据。例如表格就是结构化的数据，如表8.1所示。

表8.1　结构化数据示例

姓名	性别	出生年月	学历	职称	职务	所属部门	联系方式
张三	男	1991.4.21	研究生	工程师	工程师	人工智能	138××××××

其中，诸如姓名（张三）、性别（男）、出生年月（1991.4.21）、学历（研究生）等这些都称为结构化数据。

（2）非结构化数据

非结构化数据是不定长和无固定格式的数据。目前非结构化数据越来越多，例如网页，有的图文并茂，有的只有几行字，还有语音、视频、图片都是非结构化的数据。

（3）半结构化数据

半结构化数据是指具有一定的结构性，诸如XML或者HTML格式的数据。其中XML被设计为传输和存储数据，其焦点是数据的内容。HTML被设计用来显示数据，其焦点是数据的外观。HTML旨在显示信息，而XML旨在传输信息。

数据本身要经过处理才能变得有用，如在微信上看到的那么多信息是数据，健康手环记录的是数据，浏览的网页也是数据，这些数据（data）本身没有多少用处，但数据里包含的价值称为信息（information）。数据要经过清洗和过滤才能称为信息。信息中包含很多规律，挖掘信息中的规律，总结成知识（knowledge）。将获得的知识应用于实践，就形成了智慧（intelligence）。

因此，数据的处理分为四个步骤：数据、信息、知识、智慧，见图8.1。

图8.1 数据的处理

二、数据挖掘

用户在网站上浏览、搜索对网站来说都是数据，网站想要的是将数据中有价值的部分提取出来，帮网站做下一步决策，改善用户体验，形成智慧。例如当用户在浏览自己感兴趣的商品时，旁边可以弹出网站推荐的偏好商品供用户选择，当用户看视频时，应用程序可以向其推荐喜好的其他视频。

那么，这是如何做到的呢？

1. 数据挖掘的过程

（1）第一步：数据的收集

数据的收集有两种方式。一个是拿，专业术语称作抓取或者爬取。以搜索引擎为例，网络爬虫（spider）在互联网上爬行抓取网页信息，并将之存入到搜索引擎公司的数据中心的原始页面数据库中，并对原始页面数据库的信息进行提取和组织，建立起索引库。当用户搜索时，根据用户输入的关键词，搜索引擎程序把包含关键词的相关网页从索引数据库中找出来，按照网页内容的相关度对网页进行排序，将查询结果返回给用户。另一个是推送，现在有很多智能终端都可以收集数据。如智能手环，可以将佩戴者每天生活中的锻炼、睡眠、饮食等实时数据上传到云端服务器的数据中心中。

（2）第二步：数据的传输

由于数据量大，数据必须排队，慢慢传输。

（3）第三步：数据的存储

数据是企业有价值的资产，当某家公司掌握了足够多的人的足够多的数据时，也就意味掌握了足够多的变现可能。电商网站如何知道消费者想买什么？就是因为网站保存着用户历史交易数据，使商家能无限逼近消费者内心需求，消费者想要什么，商家就推荐什么。这些数据十分宝贵，是网站的核心资产，要好好存储起来。

（4）第四步：数据的处理和分析

以上存储的数据是原始数据，原始数据十分杂乱，需要进行清洗和过滤，得到有价值的信息，从而进行分类或发现它们之间的关系，形成知识。如现在大城市给大家印象最深的莫过于堵车了，尤其是早晚高峰，对一座城市的车辆、站点、路况、交叉路口、交通信号灯、行人、事故等一系列不同来源的交通数据进行清洗和过滤，通过分析这些数据之间的关联和历史数据之间的关联，获得知识，然后应用到实践中，帮助交管部门设置最佳的交通信号或建议替代路线，同时使外出者更好地规划他们的出行路径和旅行时间。大数据与普通的数据统计分析最大的不同在于：数据统计可以帮助发现拥挤，但大数据不但可以帮助发现，还能帮助解决拥堵。

（5）第五步：数据的检索和挖掘

检索就是当人们需要查找信息时，利用网络引擎搜索就可以得到自己想要的信息。可仅仅是将信息搜索出来了并不能产生价值，还要从信息中挖掘出常人没有意识到的线索，获知未来发展的趋势。所谓数据挖掘是指在大数据中发现隐含的、先前未知的并有潜在价值的规律，将其转换成有意义的信息。举例来说，淘宝可以知道哪些款式是爆款，也可以知道某个用户可能购买的商品，所以通过各种算法挖掘数据中的价值，形成知识库，是十分重要的。

⚙ **2. 数据挖掘、数据库和机器学习的区别**

数据挖掘、数据库和机器学习的区别见图8.2。

图8.2 数据挖掘、数据库和机器学习的区别

三、大数据概述

1. 大数据的定义

大数据研究机构Gartner：大数据是需要新处理模式才能具有更强的决策力、洞察发现力和流程优化能力来适应海量、高增长率和多样化的信息资产。

麦卡锡全球研究所：一种规模大到在获取、存储、管理、分析方面大大超出了传统数据库软件工具能力范围的数据集合，具有海量（volume）的数据规模、快速（velocity）的数据流转、多样（variety）的数据类型和价值（value）密度低四大（4V）特征。

舍恩伯格在《大数据时代》中定义：不是随机样本，而是全体数据；不是精确性，而是混杂性；不是因果关系，而是相关关系。

简言之，从各种类型的数据中，快速获得有价值信息的能力，就是大数据技术。其中，要注意关键概念“新处理模式”的含义。

2. 新处理模式：HDFS、MapReduce、Hadoop

大数据从字面上理解就是大量的数据，海量的数据（大于1TB）。这些海量数据的采集、过滤、清洗、存储、处理、查看等都需要相关技术框架来支持，即无法使用传统的流程和工具处理、分析海量的数据，需要“新处理模式”才能完成。

举个例子，电商网站双十一秒杀的交易数据要做到实时呈现，传统的工具无法胜任，需要“新处理模式”才能处理。首先，全世界电商买家的交易数据汇集到一起，要找个妥当的地方存储起来，一个数据中心无法满足这么大的数据存储量，于是，HDFS分布式存储系统应运而生，HDFS全称Hadoop Distributed File System。HDFS具有高容错性的特点，并且其用来部署在低廉的（low-cost）硬件上，简单地说，就是把海量的数据分别存储在几百甚至几千台服务器上（即存储在Hadoop集群中所有存储节点上），管理这些存储节点的系统就是HDFS文件系统。

数据找到地方存储了，需要分布式的数据库来管理查询，于是就有了hbase，还需要对这些数据进行分析计算，这个任务由MapReduce来担任。MapReduce是用于大数据并行运算的软件程序（又称计算框架）。MapReduce最有趣的方面之一是将分布式并行计算分为Map和Reduce两种操作。打个比方来理解，比如要做调味酱，将辣椒、芝麻、花椒分别磨碎，称为Map操作；将辣椒、芝麻、花椒混在一起磨碎，称为Reduce操作。MapReduce的强大之处在于分布式计算，若做的调味酱大受好评，订货1万瓶，一个人做不完，必须请更多的工人来做，这就相当于分布式计算。MapReduce实现了将单个任务打碎，并将碎片任务（Map）发送到多个节点上，之后再以单个数据集的形式加载（Reduce）到数据仓库里。

HDFS和MapReduce组成了Hadoop。当要对海量的数据（1TB以上）进行分析时，普通的技术难以胜任，需要更强大的方法来实现。大数据技术的核心，其实就是解决海量数据场景下的数据存储和运算问题，而海量数据场景下的数据存储和运算的核心技术又是分布式技术。Hadoop是一个能够让用户轻松地存储和计算海量数据的应用程序，使用户可以在不了解分布式底层细节的情况下，充分利用集群的威力进行高速运算和存储。

换句话说，Hadoop是一个能够对海量数据进行分布式处理的软件框架，Hadoop框架最核心的设计就是HDFS和MapReduce。HDFS为海量的数据提供了存储，而MapReduce则为海量的数据提供了计算。

✿ 3. 大数据的类型

大数据大致可分为三种类型：

① 传统企业数据（traditional enterprise data）：包括客户数据、ERP数据、财务数据、库存数据，等等。

② 机器和传感器数据（machine-generated /sensor data）：包括设备传感器、智能仪表、设备日志、呼叫记录，等等。

③ 社交数据（social data）：来自于微信、微博等社交平台的用户行为记录等。

四、数据统计≠大数据

✿ 1. 统计基于过去，大数据面向未来

数据统计的是已经发生的事情，而大数据是对还没有发生的事情做出预测和推荐。

如何实现预测和推荐呢？目前主流的推荐算法有两类：一类是基于行为的，另一类是基于内容的。当然，针对不同的领域，不同的预测和推荐对象，又有不同的算法。

基于行为的推荐算法，就是对用户在互联网、移动互联网浏览、点击、收藏、购买、二次购买的"行为"进行分析，得出未来购买的预测和推荐结果。基于行为的分析属于群体智慧，综合利用群体用户的行为偏好。以亚马逊为例，在其网站上浏览的顾客每点击一个商品，每发表一个评论，每加入购物车一个产品，每支付购买一个商品等行为，这些单独的数据点都会被记录汇总，将成千上万个顾客"发生了什么，购买了什么，浏览了什么，以及最终购买了什么"的行为捕捉到的海量数据进行分析，用来决策产品的定价，形成购买推荐建议等。图8.3是电商漏斗推荐算法模型。

基于内容的推荐算法，将用户关注过的信息与文字、图片、音频、视频等内容上类似的信息做匹配推荐给用户，典型的应用如文章推荐，如你在网页上点击查看了中国抗击新冠病毒的文章，基于内容的推荐算法发现抗击新冠病毒的文章与你观看的内容（关键词）有很大的关联，就把抗击新冠病毒的文章推送给你。一些多媒体（比如

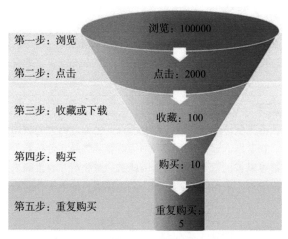

第一步：浏览　　　　　浏览：100000

第二步：点击　　　　　点击：2000

第三步：收藏或下载　　收藏：100

第四步：购买　　　　　购买：10

第五步：重复购买　　　重复购买：5

图8.3　电商基于行为的漏斗推荐算法

音乐、电影、图片等）的推荐由于这些数据因果关系弱，很难提取内容特征，需要人工给多媒体内容打上标签。以歌曲推荐程序为例，需要人工给歌曲库的所有歌曲打上标签，才能将曲库中的歌曲与个人建立起联系，推荐歌单。基于内容的推荐算法只针对个人，与群体用户无关，不受其他用户的影响。

2. 统计是抽样，大数据是全量样本

数据统计做数据分析是抽样，大数据采用全量样本分析。

大数据，其本质就是把所有数据（包括各种数据）都利用起来，对全部数据进行分析。大数据的"大"首先体现在"所有"和"各种"上。大数据不仅可以处理结构化数据，还可以处理文本、视频、语音等非结构化信息，这都受益于当今各种各样的数据采集设备（物联网）、强大的计算能力（云计算）、海量的存储空间（HDFS分布式存储系统）和无处不在的网络（移动互联网），加上各种大数据分析软件（Hadoop、Spark等）。

3. 统计基于假设，大数据注重相关性

统计侧重于对样本进行假设检验，大数据注重所有数据之间的相关性。大数据的核心也就在于其能更充分发掘数据的全部真实含义。

如沃尔玛超市啤酒和尿布的案例，对所有顾客的原始交易数据进行分析，发现跟尿布一起购买最多的商品竟是啤酒，原来美国的太太们经常会叮嘱她们的丈夫下班后给小孩买尿布，而丈夫在买完尿布之后往往会随手买回他们喜欢的啤酒。这样就发现了啤酒和尿布之间的相互关系。

五、大数据的4V特征

数据增长有四个方向的机遇：量（volume），即数据多少；速（velocity），即数据输入输出的速度；类（variety），即多样性；价（value），即有价值的数据。具体如下。

✿ 1. 数据规模大（volume）

大数据的特征首先就体现为"大"，之所以产生如此巨大的数据量，原因就在于伴随着社交网络、物联网、云计算、移动网络、智能终端、传感器等技术的发展，人和物的所有轨迹都可以被记录下来，数据因此被大量生产并收集起来，形成大数据的海洋。再加上数据保存手段由印刷材料转为越来越廉价的电子存储器，使得保存下来的数据量越来越大。

✿ 2. 数据种类繁多（variety）

挖掘这些种类繁多的数据之间的相关性正是大数据的价值所在。在大数据时代，数据变得多种多样，包括结构化数据、半结构化数据和非结构化数据，相对于以往以文本为主的结构化数据，音频、视频、图片、地理位置信息等与人类密切相关的非结构化数据越来越多。

✿ 3. 处理速度快（velocity）

快是大数据区分于传统数据挖掘最显著的特征。每天都有大量的数据产生大数据对处理速度有着严格的要求，大量的服务器资源都被用于数据挖掘，很多应用都需要实时做出分析，数据从生成到清理，可用于生成决策的时间窗口非常短。谁的速度更快，谁就更有优势。

✿ 4. 价值密度低（value）

数据量呈指数级增长，但其中有价值的数据却很少。从海量数据中挖掘大数据的价值类似于沙里淘金，大数据最大的价值在于从海量无联系的各种类型的数据中，利用人工智能、机器学习或数据挖掘等方法，发现新规律，创造新知识，挖掘出对未来趋势有价值的预测数据，并运用于实践，如图8.4所示。

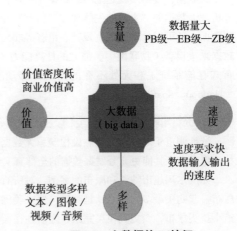

图8.4　大数据的4V特征

六、大数据并非万能

1. 大数据的核心

通过以上的介绍，我们已经知道，我们穿的衣服、听到的广播、网购的商品信息、看的网络小说等等都是数据，数据的收集无处不在。例如我们走过的路被导航软件记录，我们的支付信息被支付宝记录，所有被记录的数据都会存储在服务器。存储的数据怎么利用起来？这是大数据的核心！可以用一句话来概括：通过算法挖掘数据从中获得的洞察力，就是大数据的核心目的。

大数据的核心目的不在于拥有多少数据，而在于挖掘这些数据中的有意义信息。换言之，对于大数据产业，实现赢利的关键在于提高对数据的"加工能力"，通过"加工"实现数据的"增值"。

2. 大数据的价值

可以说没有连接的数据是"死"的，也就是没有价值的，数据因连接而焕发生机。以"联网"来做比喻，当全世界有100个人联网交流时，我们将产生的价值记为1，当全世界有10000个人联网时，所产生的价值只有100个单位吗？远远不止！是10000个价值单位，为何？因为所有人都从网络规模的扩大中获得了更大的价值，即数据的价值是随其量级的增长而呈几何级爆发，这就是"网络效应"。

有人把数据比作蕴藏价值的矿产资源，矿产可分为煤矿、铜矿、铁矿、金矿等类别，有分布于地表的，有埋藏在地下的，而露天矿、深井矿的挖掘成本又不一样。与此类似，大数据并不在"大"，而在于挖掘出蕴藏着的"价值"。价值含量、挖掘成本比数量更为重要。

3. 大数据并非万能

理解了大数据的概念和特征，了解了大数据的核心，相信每个人都认识到了大数据的价值，但大数据不是万能的，由于种种原因，大数据在某些领域所带来的价值并没有期望得那么高。这主要有两方面的原因：一个是数据的数量不够或质量不高，一个是算法不合适。海量数据不一定有价值，实际上80%～90%的数据都是无价值的，只有10%～20%的数据才能产生一定的价值，大数据的工作就好比大海捞针。而且，在业务早期，由于所拥有的数据非常稀少，冷启动、稀疏性是大数据在诸多领域面临的挑战。

4. 冷启动

所谓冷启动，就任何一种推荐系统而言，时刻都不断地有新的标的物和新用户加入进来，所以要频繁处理增长的标的物和新用户。对于新注册的用户或者新入库的标的物，该如何给新用户推荐令其满意的标的物？又如何将新标的物分发给偏好的用户？另外对于新上市的产品，初期用户很少，用户行为也不多，该如何提高推荐质量？这些问题就是推荐系统冷启动。

✿ 5. 稀疏性

现在推荐系统的规模越来越大，用户和商品（还包括音乐、网页、视频……）种类以千万计，但用户之间选择相同商品的情形却非常少，这就是稀疏性。举个例子，淘宝每天在线商品数超过8亿，如果一个用户一天能浏览800件商品（实际很难），那么稀疏度在百万分之一或以下的量级。由于数据非常稀疏，使得大多数基于关联分析的算法（譬如协同过滤）效果都不好，这个问题无法从本质上完全解决。

另外，从工作实践中发现，对于不同的领域，如商品推荐和歌曲推荐，不同的项目，如图书类和电子产品类，都必须采用不同的算法，即没有一个放之四海而皆准的算法。

七、大数据、云计算、物联网、人工智能之间的关系

谈起人工智能时就会提及云计算，谈起云计算的时候会提到大数据，谈起大数据时就会说到物联网……四者之间相辅相成又不可分割，它们之间到底有何关系？

人工智能的学习依赖于大数据，如果没有数据，人工智能就无法得到训练，这些训练数据集是某个特定细分领域（例如电商、邮箱）长期积累而来的，即某一领域深度的、细致的数据集是训练某一领域人工智能算法的前提。所以人工智能程序很少出售给某个客户安装使用，因为即使有了人工智能程序，没有相应的数据集做训练，效果也常常是不尽如人意的。

但云计算提供商就有大量的专用数据集，在云平台上提供人工智能程序服务，用户直接付费申请使用服务就可以了。于是人工智能程序作为SaaS平台进入了云计算，如图8.5所示为腾讯云提供的人工智能SaaS服务。

图8.5　人工智能SaaS平台

　　决定云计算平台性能的关键在于人工智能算法，这也是人工智能承担的角色。在人工智能领域有句名言：人工智能算法训练的数据越多，其预测的效果就越好。人工智能需要大量的数据去学习和驱动，以协助训练出更加智能化的算法模型。人工智能深度学习所需要的大型数据集规模从几千个到几百万个，而物联网的海量节点和大量应用产生的数据正是来源之一。通过物联网产生、收集的海量数据存储在云平台，再通过大数据分析，以人工智能算法提取云平台存储数据的特征形成智慧。

　　换句话来说，就是数据获取之后通过网络传输到云端，并通过云端提供的大计算能力分析这些数据，基于数据分析能力得出的结论向设备下发指令，使得设备更加智能，这是目的，让设备具备自我学习的能力从而变得更加智能。基于感知的延伸和数据分析，帮助人更快更高效地做出决策。云计算和大数据是必备条件，这两项能力使得机器具备智能控制的能力，这个过程中获取和产生的数据又将反哺我们，帮助我们提前预判发现问题。

　　综上所述，大数据的积累、算法的创新、算力的提升、硬件的发展，使得半个多世纪前提出的人工智能迎来了一次全新的发展。人工智能不是无源之水，是整个生态体系的统一，可以简单地认为：人工智能＝算力（云计算＋专用人工智能芯片）＋大数据（很大部分来自物联网）＋算法。从层次结构上来看，物联网位于第一层，负责感知和采集数据；云计算是第二层，为大数据和人工智能提供存储和算力支撑；大数据处于第三层，通过对海量数据进行分析，找出知识或规律；人工智能位于第四层，找出对于未来预测性的洞察。如表8.2所示。

表8.2　人工智能的基石：算法＋大数据＋算力

核心要素	算法：深度学习	大数据	算力：芯片
核心技术	机器学习 深度学习 卷积神经网络	数据集 文本、音频、视频、图片、地理位置等信息	CPU　GPU FPGA　ASIC

　　最后用一个比喻来总结：我们将人工智能看作是一个人，云计算相当于人的大脑，物联网等同于人的皮肤和五官，大数据类似于人听到、看到的数据，要经过学习、吸收、记忆才能成为知识，创造出更大的价值。也就是说，人工智能是将一个人的皮肤和五官感知到的外部数据（物联网）通过人的大脑（云计算）存储为海量知识（大数据），并不断进行深度学习（人工智能算法），进化成一位智者。

第九章　云计算：人工智能发展的助推器

　　2006年8月9日，Google首席执行官埃里克·施密特（Eric Schmidt）在搜索引擎大会（SESSanJose 2006）中第一次正式地提出了"云计算"（Cloud Computing）的概念。随着人工智能的逐渐落地、5G和IPv6的推广普及、量子计算等技术的发展，必然也会带动最重要、最核心的支撑技术——云计算的全面发展和升级。

一、云计算产生的背景

⚙ 1. 个人电脑

　　个人电脑（PC）刚刚普及时，还没有网络，在硬件（CPU、内存、硬盘、显卡）上安装操作系统和应用软件，在单机系统上完成工作任务，如图9.1。

图9.1　PC

⚙ 2. 网络

　　网络（network）诞生以后，单机与单机之间通过网络实现资源共享和信息传递，如图9.2。

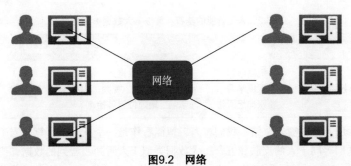

网络

图9.2　网络

⚙ 3. 数据中心

　　计算机的性能发展按照摩尔定律，约每隔18～24个月便会增加一倍，性能也将提升一倍。单机性能越来越强，服务器（server）诞生了，用户通过网络，访问和使用服务器的资源。随着组织日益增长的业务需求，单台服务器的运算能力也无法支撑，不得不增购更多的、运算能力更强的硬件设备（服务器和存储设备等）和各类型软件（应用软件和数据库等），发展成一个具有多台服务器的数据中心，如图9.3。

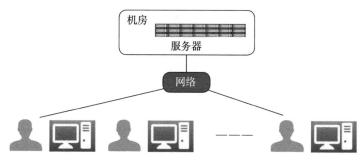

图9.3 数据中心

⚙ 4. 虚拟主机

很多大型公司的数据中心并不是时刻满负荷运行，为了提高资源利用效益，就把空闲的CPU、内存、硬盘这些物理资源和软件资源虚拟一部分出来出租给不同的外部客户，在不同客户看来是相互隔离的，就像自己在独享一样。比如我们建立一个中小企业的网站，不需要自己投巨资购买昂贵的服务器、租用专用机房、聘请专业技术人员配置安装，只需要每月支付少许费用，申请一个虚拟主机就可以获得与数据中心一样的网络服务了。

⚙ 5. 云计算

企业数据中心的局域网慢慢互联成城域网再到广域网，最后发展成互联网（internet）。小型机房变成了大型机房，就有了互联网数据中心（internet data center，IDC）。越来越多的IDC互联起来，形成"云计算"（cloud computing），无数的大型机房，组成了"云端"，如图9.4。

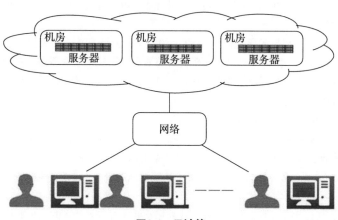

图9.4 云计算

通过云计算，我们无须先期花费巨资购买硬件，雇技术团队配置软件，这些工作都由云计算提供商的专业团队完成。而我们只需根据自己的需求支付相应的费用通过网络获取到计算资源、网络资源和存储资源，就像插上插座使用电一样。资源的按需扩展和软件的更新都在云端"自动"完成（即对用户透明），使用者就像使用一台本地计算机一样，将传统的IT工作转为云平台运行，云端的任何一台设备出现故障，丝毫不影响云提供服务。

云计算的核心思想是将大量的计算资源通过网络连接起来进行统一的调度和管理，形成一个资源池。这个资源池被称为"云"，"云"中的资源在用户看来是按需使用、随时获取、无限扩展、按使用付费的。

二、云计算定义

那么究竟什么是云计算？各种定义不下百种。

云计算（cloud computing）是分布式计算的一种，指的是通过网络"云"将巨大的数据计算处理程序分解成无数个小程序，然后，通过多部服务器组成的系统处理和分析这些小程序，并将结果返回给用户。通过云计算技术，网络服务提供者可以在数秒之内，处理数以千万计甚至亿计的信息，达到和"超级计算机"同样强大的网络服务。

"云"实质上就是一个网络，狭义上讲，云计算就是一种提供资源的网络，使用者可以随时获取"云"上的资源，按需求量使用，并且可以看成是无限扩展的，只要按使用量付费就可以。从广义上说，云计算是与信息技术、软件、互联网相关的一种服务，这种计算资源共享池叫作"云"，云计算把许多计算资源集合起来，通过软件实现自动化管理，只需要很少的人参与，就能让资源被快速提供。也就是说，计算能力作为一种商品，可以在互联网上流通，就像水、电、煤气一样，可以方便地取用，且价格较为低廉。

美国国家标准与技术研究院（NIST）的定义：云计算是一种模型，它可以实现随时随地、便捷地、随需应变地从可配置计算资源共享池中获取所需的资源（例如网络、服务器、存储、应用及服务），资源能够快速供应并释放，使管理资源的工作量和与服务提供商的交互减小到最低限度。即计算、存储、网络、数据、算法、应用等软硬件资源像电一样，随时随地、即插即用。

同时，NIST给出了云计算模式所具备的5个基本特征（按需自助服务、广泛的网络访问、资源共享、快速的可伸缩性和可度量的服务）、3种服务模式［SaaS（软件即服务）、PaaS（平台即服务）和IaaS（基础设施即服务）］和4种部署方式（私有云、社区云、公有云和混合云）。

如果觉得上述定义不是很好理解，让我们一起来看看云计算的几个通俗解释吧。

水龙头论：使用计算资源就跟使用水电一样，打开水龙头，就有自来水流出来，打开开关，就有电可用，云计算服务提供商就像天空上的云一样，无论你身处何方，都可申请计算资源，只要付费就可以使用了。

共享经济论：云计算好比我们出门打出租车、叫网约车或骑共享单车，随叫随用，按里程/时间付费。

发电论：买一台柴油发电机自己发电就好比自己买台服务器提供服务，可看作是本地计算，用供电局的电就好比购买了云服务商的服务，使用多少资源就支付多少费用，比自己买台服务器划算多了，这可看作是云计算。

三、云计算的特点

过去把用电量作为衡量一个工业社会发展的指标。未来，用云量也会成为衡量数字经济发展的重要指标。那么，云计算有哪些特点？又存在哪些劣势呢？

⚙ 1. 虚拟化

虚拟化是云计算最为显著的特点，包括虚拟资源和虚拟应用，虚拟化使云计算突破了时间和空间的界限。虚拟化和分布式的形象解释：一个县城，有很多村庄。李村有500村民，粮食时常有富余，相当于资源闲置。张村有2000村民，粮食总是不够吃，相当于资源短缺。王村地理风光好，时不时有一批游客来观光，粮食够不够吃无法估计，相当于计算波动大。于是，县里统一协调，在李村建设了几家大餐馆，可以接待游客用餐，相当于一台物理机虚拟出更多台虚拟机。各个餐馆有多少张桌子，多少间包房，能接待多少人，县旅游局局长都记在自己的工作本上，相当于统一调度，形成资源池。张村和王村不够吃的时候，就去协调资源安排到李村去吃，相当于分布式。

虚拟化和分布式都致力于解决同一个问题，就是将物理资源转化为逻辑资源，即你用的跟物理的是两码事，如张村和王村村民的午饭实际上是在李村解决的。其中虚拟化的工作是造一个资源池，而分布式的工作是用一个资源池。

虚拟化包括计算虚拟化、网络虚拟化和存储虚拟化。计算虚拟化就是将一台物理机虚拟出多台虚拟机。网络虚拟化用来解决网络资源占用率不高、手动配置安全策略过于麻烦的缺陷，采用的思路同样是把物理的网络资源虚拟成一个资源池，然后动态获取。存储虚拟化解决了存储的弹性、扩展、备份问题。

虚拟化使客户降低IT投入成本变为了现实。

⚙ 2. 弹性算力

所谓弹性算力是指"云"的规模可以动态伸缩，来满足应用和用户规模增长的需要。例如某个网站平时日常的访问量在1000人次左右，只需要购买一个2核2GB的服务器就可以了，该网站双十一期间想要做个活动提高曝光率，预计网站在活动当天会有10万人次的访客，于是2核2GB的服务器不够用了，要购买4核16GB的服务器，活动结束后再将服务器改回到2核2GB，也就为活动当天支付了4核16GB的费用。而且，云平台升级和改回原配置时，对用户而言是无感的，不像虚拟机还要停机迁移，用户体验感非常好。云计算的弹性算力做到了用多少就买多少，一点儿也不浪费，可谓"按需服务，按量收费"，不仅能大大节省用户的IT投入经费，而且也将明显改善云平台的资源利用率。

一些知名的云服务商如阿里、腾讯、Google云计算、Amazon等的服务器都有上百万级的规模。而依靠这些分布式的服务器所构建起来的"云"能为用户提供无与伦比的计算能力。用户只需选择一家云服务商，随时随地通过PC或移动设备注册一个账号，购买自己所需的资源就可享受服务了，这就好比是云服务商单独为每一个用户都提供了一个IDC（internet data center）一样。

✿ 3. 高可用性

对于个人网站而言，一般只有一台服务器，突然有一天服务器坏了，网站就无法打开了。对于个人来说，顶多损失一些点击量，没太大的经济损失，但对于电商、金融类网站，那是万万不能出故障的。云平台上的服务器集群中的每台服务器都能提供服务，采用数据多副本容错、计算节点同构可互换等保障措施。万一有一天其中的某一台坏了，服务器会"自动"分配其他可用的服务器承担，保证对外服务始终处于可用状态（7×24），并且这一切对用户来说都是无感的。而且，还可以将服务器分别部署在全球各地，形成大规模、分布式"云"，这样即使某地发生了突如其来的灾难，摧毁了当地机房，也不会对服务造成影响。

四、云计算的服务类型

云计算的服务类型分为三类，即基础设施即服务（IaaS）、平台即服务（PaaS）和软件即服务（SaaS）。

✿ 1. 基础设施即服务（IaaS）

IaaS，infrastructure as a service，意思是基础设施即服务，就是将基础设施（服务器、存储和网络三大资源）作为服务出租出去。用户租用IaaS云服务，最大的优点在于灵活，可以自己决定安装什么操作系统、哪种数据库、哪些应用软件。相当于买了一台没装任何软件的计算机。对于用户来说，根本就不用担心硬盘扩容、升级CPU、内存扩展、网络提速等硬件安装配置，直接"设置"就能解决，故称为"基础设施即服务"。

IaaS实现资源层弹性。由于虚拟化的实现是人工利用虚拟化软件（如VMware、KVM）在物理机上做相应的配置来完成的，随着用户规模的逐步扩大（上百万），人工配置的工作量越来越大，越来越耗时，人力几乎无法满足业务需求，于是人们发明了各种各样的算法来"自动"完成资源虚拟和应用虚拟工作，减少人机交互比例，避免超负荷人工操作等现象的发生。例如，当一个用户申请了自己需要的CPU、内存、硬盘资源后，"算法"会自动在成千上万台服务器组成的资源池中根据用户的需求配置好计算能力及资源，供用户快速访问灵活且成本低廉的IT资源，这个过程称为池化或者云化，如图9.5所示。

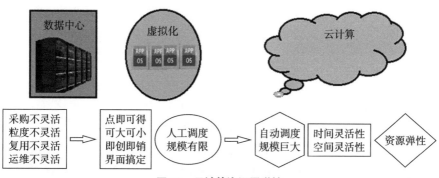

图9.5　云计算资源层弹性

我们把云计算提供商的计算、存储、网络资源称为基础设施（infrastracture），将管理资源的云平台称为基础设施服务（infrastracture as a service），即实现了计算、网络、存储资源层面的弹性。图9.6是阿里云提供的轻量应用服务器选购界面。

图9.6　阿里云的轻量应用服务器选购界面

2. 平台即服务（PaaS）

PaaS，platform as a service，意思是平台即服务，就是把平台软件层作为服务出租出去。用户租用PaaS云服务，相当于买了一台安装了操作系统、数据库和中间件，但没有应用软件的计算机。即用户使用的是一个平台，这就是"平台即服务"称呼的由来。

IaaS实现了资源层面的弹性，为了满足业务需求，还要实现应用层面的弹性支持。比如你成立了一个网购平台，平时100台服务器就满足了，但在"双十一"时需要1000台，有了IaaS，你去申请一天的1000台服务器的资源就可以了。但是你忽略了一点，你申请的1000台服务器是没有操作系统、没有数据库的裸机，要你公司的技术人员去部署，但是1000台服务器需要很长时间才能安装测试完成，如图9.7。可见虽然资源层实现了弹性，但应用层没有弹性，依然缺乏灵活性。于是工程师们在IaaS层之上又加了一层，称为PaaS。

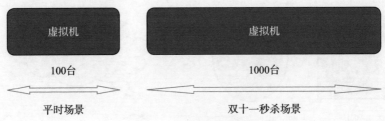

图9.7   云计算应用层弹性

PaaS主要负责两个工作：一个是"系统软件自主选购"；另一个是"专用应用自动安装"。先说"系统软件自主选购"，像操作系统、数据库等这些系统软件安装、配置、维护非常复杂，需要专业技术团队支持，但它们都具备共同的特点：通用和标准。云服务提供商将系统软件做成标准的PaaS层应用放在云平台的界面上，你不用再自己操心请几百人的团队安装复杂的系统软件了，直接在页面上点击选购即可。图9.8是腾讯云提供的数据库选购界面。

MySQL 5.7 基础版	MySQL 5.6 高可用版	MySQL 5.6 高可用版	MySQL 5.6 高可用版
规格：1核 CPU，1GB 内存	规格：1核 CPU，2GB 内存	规格：4核 CPU，8GB 内存	规格：16核 CPU，64GB 内存
存储：100GB 高性能盘	存储：400GB 本地SSD盘	存储：1000GB 本地SSD盘	存储：1000GB 本地SSD盘
✓ 适用于入门，学习，生产前测试	✓ 适用于小型电商、游戏、互联网等	✓ 适用于中型电商、游戏、互联网等	✓ 适用于大型电商、游戏、互联网等
✓ 单节点架构	✓ 双节点架构，自动容灾	✓ 双节点架构，自动容灾	✓ 双节点架构，自动容灾
	✓ 送6个月数据迁移服务 DTS	✓ 送6个月数据迁移服务 DTS	✓ 送6个月数据迁移服务 DTS
	✓ 完善的运维工具	✓ 完善的运维工具	✓ 完善的运维工具
67 元/月	492 元/月	1536 元/月	8688 元/月
立即购买	立即购买	立即购买	立即购买

图9.8   腾讯云数据库选购界面

再看"专用应用自动安装"。在云平台的日常运维中，技术人员常常会遇到以下几种情形。

情形1：用户甲是网购平台，需要安装网购平台的专用应用软件；用户乙是线上教育项目，需要安装线上教育的专用应用软件。即每个用户都有安装自己专用软件的需求，如果只有2个用户，人工部署不是问题，当有100个、1000个、10000个用户有不同的专用软件要部署时，仅凭人力来完成，那工作量简直不可想象。

情形2：各个不同的项目（如网购、在线教育、网络调查等等）的应用程序需要在不同的环境中才能运行。一个项目包含的应用软件越多，依赖就越多，安装环境也就越复杂，还要考虑应用软件与硬件之间的兼容性问题，常常会出现同一个应用软件在一台服务器上安装、调试、运行正常，到另一台服务器上就报错无法运行的情形。

情形3：你的网购平台火了，访问量逐渐上升，数据库服务器不够用了，需要增购4台。转眼"双十一"要到了，估算了一下，"双十一"当天起码要1000台服务器才够用，也就是说要在几天之内将应用软件在这1000台服务器上一一安装调试好，这简直是一项不可能完成的任务。

有没有办法快速而灵活地解决上述问题呢？

有！这就引入了人工脚本、自动化配置管理工具和容器技术。

人工脚本：通过编写脚本，开展重复的部署。脚本只适合业务简单、只有少量服务器需要部署的情形。其存在安装脚本不能通用的缺点。

自动化配置管理工具：借助第三方软件，实现环境定义自动化、部署自动化，只需要将配置信息添加到自动化安装程序中即可，这些自动化配置管理工具包括Puppet、Chef、Ansible、Cloud Foundary等。

Puppet是一个开源的Linux、Unix、Windows平台的自动化配置管理工具。Puppet中文为"木偶"，Puppet会每30分钟检查一次，使系统状态同配置文件所要求的状态保持一致，一旦配置文件有更新，Puppet就会根据配置文件来更改机器配置。

Chef中文意思是"厨师"，当运维的机器从几百台上升到几千、几万台后，云平台提供一个可预见、可测试的运维方案。但Puppet提供的方案，缺乏可预见性并无法测试。Chef将用户编写的脚本称为"菜谱"，通过菜谱，工程师们可以将整个基础架构用简单易懂的代码来记录和保存。

Ansible集合了Puppet和Chef运维工具的优点，实现了批量系统配置、批量程序部署、批量运行命令等功能。

Cloud Foundary是业界第一个开源PaaS平台，它支持应用程序从初始开发到所有测试阶段再到部署的完整生命周期，因此作为持续交付的解决方案而备受推崇，无须担心任何基础架构的问题。

⚙ 3. 软件即服务（SaaS）

SaaS，software as a service，意思是软件即服务，就是把应用软件层作为服务出租出去。用户租用SaaS云服务，相当于买了一台装好了操作系统、各种中间件以及应用软件的计算机。即用户使用的是软件，但并不需要用户自己安装、维护，只需要注册一个账号即可享受SaaS提供的服务，这就是"软件即服务"的含义。

其中，中间件（middleware）是介于应用系统和系统软件之间的一类软件，位于客户机/服务器的操作系统之上，管理计算资源和网络通信，可用公式"中间件 = 平台 + 通信"表示，即只有用于分布式系统中才能叫中间件。

　　SaaS实现应用层弹性。在SaaS模式中，云服务提供商将应用软件统一部署在自己的服务器上。用户根据自己的需求，在云平台上定购所需的应用软件，按定购服务的多少和时间长短向提供商支付费用。其他的技术细节，如软件的维护、系统的安全、数据的存储等都由云厂商负责，用户通过B/S架构或者C/S架构即可使用部署在云端的软件。SaaS采用"即需即用"的软件交付模式，改变了传统软件服务的提供方式，用户不用再投入费用建设基础设施，无须购买、安装、调试软件，改用向提供商租用基于Web的应用软件，进一步突出了软件的服务属性。

　　未来的应用软件市场，将是单机版软件向云迁移的趋势。以Adobe公司为例，从2012年开始，Adobe从一家单机版本的软件授权公司转型为一家SaaS公司。转型至今，其市值从近百亿美元涨至现在的近千亿美元，涨幅超6倍。再看一个例子，国内ERP头部企业金蝶，自2011年转型云服务企业以来，陆续推出了财务云、制造云、供应链云、电商云、办公云、HR云、全渠道云的全线云化产品，才能使得金蝶在中国企业级SaaS ERP市场始终处于领先地位，无疑今后SaaS营收在金蝶的营收占比会越来越重。

　　SaaS平台提供的应用软件分为免费、付费和增值三种模式。目前传统的应用软件SaaS供应商基本都能提供，SaaS应用软件按照适用对象，可以分为针对个人的与针对企业的。

　　面向个人的SaaS应用软件主要包括：在线即时通信软件（如WebQQ）、在线文档处理（如微软Office Online、WPS云文档等）、网页游戏、财务管理、文件管理等。

　　面向企业的SaaS应用软件主要包括：ERP（企业资源计划管理）、HRM（人力资源管理）、CRM（客户关系管理）、视频会议、OA（办公系统）、财务管理等。图9.9显示了百度云平台的ERP应用软件服务。

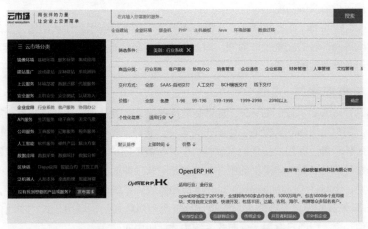

图9.9　百度云提供的ERP应用程序服务

　　以上是站在一般用户的角度上看云计算的三层模型，现在让我们把目光转到开发者的角度上。比如我们要开发一个旅游网站，网站上要显示天气情况，开发者不用自己动手去开发一个天气预报的程序，只要找一个比较好用的天气预报SaaS，"接口"到旅游网站中，直接调用天气情况的服务就可以了。再如我们要实现用户的在线咨询功能，我们只需要调用在线聊天的SaaS就可满足。也就是说，对于开发者而言，只需要关注PaaS，至于硬件组建、网络配置、环境搭建等IaaS的具体内容不用去关心，可以将精力全部集中在软件开发方面。最后，我们对IaaS、PaaS、SaaS层次做一个总结，如图9.10所示。

SaaS 应用层	面向用户的各种应用程序			
	各类软件应用 （applications）	在线聊天软件 WebQQ	在线文档处理 WPS云文档	网页游戏
PaaS 平台层	为应用程序提供运行环境支持			
	各类支持平台 （platforms）	操作系统	数据库	配置文件
IaaS 设施层	通过虚拟化形成计算资源池，按需分配调度			
	基础硬件设施 （infrastructure）	网络	服务器	存储

图9.10　IaaS、PaaS、SaaS层次总结

　　云计算的这三个层次，实现了信息应用服务的"按需即用，随需应变"，颠覆了传统IT服务的商业模式，使人们利用信息服务像使用水电一样方便、廉价。

　　上面是对IaaS、PaaS、SaaS服务的详细说明，我们再来看图9.11，进一步理解它们的区别和联系。图9.11的深色部分表示云计算服务商负责的部分，浅色是用户关心的部分。

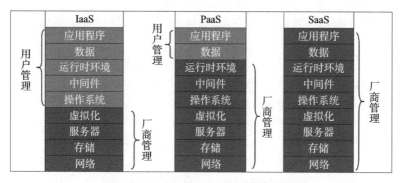

图9.11　IaaS、PaaS、SaaS概念图示

我们再用一个日常生活中做面包的例子打个比方：例如你想吃面包，第一种方法是自己买面粉做面包（IaaS），第二种方法是买半成品做面包（PaaS），第三种是直接买做好的成品面包，如图9.12。

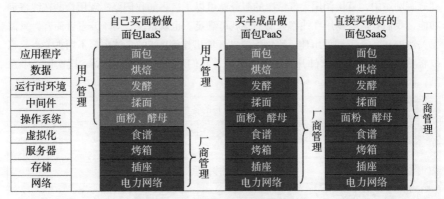

图9.12   云平台三层模型形象比喻

✿ 4. 云计算层次结构相关概念的形象解释

我们都参加过野外烧烤活动，由野外烧烤公司提供烤炉、电力和水，用户自己购买烧烤用的肉、蔬菜、豆制品等食材，这称为IaaS（基础设施即服务）。

后来由野外烧烤公司除提供厨具外，还提供不同菜系的烧烤菜品、饮料酒水，用户可以根据自己的喜好拿来就烤，这叫PaaS（平台即服务）。

再后来野外烧烤公司提供厨师烧烤服务，用户只需在菜单上点餐，服务员就会把烤好的美食端到你面前，这就是SaaS（软件即服务）。

到野外烧烤的地点，根据招牌从大门进去找到烧烤区，叫公共线路。

野外烧烤区给我专门开一个门让我进出，这叫私有线路。

从我家专门开辟一条道路直通野外烧烤区，称为VPN。

我只知道野外烧烤区的名称而不知道具体地址，查询地图，叫作DNS服务。

五、IaaS的核心技术：虚拟化

云计算为何要分为三层？主要是从用户体验的角度出发的。

假如用户甲申请了一个1核CPU、64GB内存、250GB硬盘的服务器资源，云平台的工程师就会借助软件在物理机上虚拟出一个1核CPU、64GB内存、250GB硬盘的虚拟机供用户使用。但对用户而言，使用起来跟一台真实的服务器体验一模一样，但实际上，用户甲的虚拟机是共享物理服务器的CPU、内存、硬件、网卡等资源。这个技术称为虚拟化技术（virtualization），虚拟化技术是实现IaaS的核心技术。

✿ 1. 虚拟机VM

虚拟化是云计算的基础。IaaS对物理资源进行管理的方法称为"虚拟化"。IaaS管理物理资源（小到一台物理主机，大到成千上万的物理服务器）并把客户所需的软硬件资源（CPU，内存，网络，存储等）以"主机"的形式提供。简单来说，虚拟化就是在一台物理服务器上，运行多台"虚拟服务器"。虚拟服务器也称为虚拟机（virtual machine，VM）。其中，物理机一般称为"宿主机"（host），虚拟机则称为"客户机"（guest）。如图9.13所示。

虚拟服务器 1	虚拟服务器 2	虚拟服务器 3
物理服务器		
物理计算节点	物理存储	物理网络

图9.13　虚拟服务器

✿ 2. 虚拟机监视器

用来将物理资源虚拟化的软件称为Hypervisor，中文名为虚拟机监视器。它不是指某一款具体的软件，而是用来建立虚拟机的一类软件。主流的Hypervisor产品包括VMware、KVM、OpenStack等。

VMware（Virtual Machine ware）：通过该软件可在一台电脑上同时运行更多的Windows、Linux、Mac OS X、DOS系统。可能许多读者都用过VMware，在自己电脑的Windowns中安装这个软件模拟出两台或多台虚拟的"子电脑"，这些"子电脑"完全就像真正的电脑一样工作，或用以学习Linux，或用于测试软件……"子电脑"和"子电脑"之间是相互隔离的，互不影响。

KVM（Kernel-based Virtual Machine）：基于Linux内核的虚拟机，是Linux下x86硬件平台上的全虚拟化解决方案。所谓全虚拟化是指在一个计算机系统中可以让不同用户看到不同的单个系统（比如一台计算机可以同时运行Linux和Windows）。

由于商用的虚拟化软件如VMware、KVM实在太贵，很多云平台服务商都把赚取的服务费给了虚拟化软件厂商，故有了开源的OpenStack工具。知名的IT厂商如IBM、惠普、戴尔、华为、联想都在运用OpenStack打造自己的云平台，出售自己的硬件服务，如今OpenStack已经成为开源云平台的事实标准。OpenStack是一个开源的云计算管理工具，通过可视化控制面板来管理IaaS云端的资源池（服务器、存储和网络）。它本身不承担虚拟化工作，由Hypervisor完成。

再如用户甲随着业务量的增长，以前虚拟机的资源不够用了，需要扩容，申请了6核CPU、256GB内存、2TB硬盘的服务器资源，云平台会通过Hypervisor给虚拟机分配6核CPU、256GB内存、2TB硬盘等资源，并加载虚拟的操作系统，这些操作对用户而言是透明的。如过了一段时间后，用户甲发现业务需求并不需要用到2TB的硬盘资源，可以申请减少硬盘资源。即用户可以自由地根据自己业务量的增长或者减少申请变更自己的配置，云计算都能够满足，这就是云计算的弹性。可以说云计算实现了时间灵活性和空间灵活性。

六、PaaS的核心技术：容器技术

⚙ 1. 容器技术概述

应用程序所在的环境千差万别，如操作系统不同（Windows和Linux），数据库不同（MySQL和SQL Server），导致应用程序往往在一个环境下可以正常运行，但迁移到另一个环境中就无法运行了。那么，对于跨平台的迁移，想要迁移自己的应用程序，就要迁移整个虚拟机，即要将整个操作系统及其应用软件的相关环境全部打包，而容器（container）提供了一个轻量化的解决方案，它不需要虚拟出整个操作系统［几到几十吉字节（GB）］，只需要虚拟一个小规模的环境［兆字节（MB）级甚至千字节（KB）级］即可。

容器也是虚拟化，但属于"轻量级"的虚拟化，和虚拟机一样，两者都是为了创造"隔离环境"。但是，容器和虚拟机有着很大的区别——虚拟机是操作系统级别的资源隔离，而容器本质上是进程级的资源隔离。容器相比于传统虚拟机的优势如图9.14所示。

特性	容器	虚拟机
启动	秒级	分钟级
硬盘使用	一般为MB	一般为GB
性能	接近原生	弱
系统支持量	单机支持上千个容器	一般是几十个

图9.14　容器与传统虚拟机优势对比

使用容器，可以让用户轻松打包应用程序、配置和依赖关系到一个可移植的镜像中，然后部署到任何操作系统（Linux或Windows）和数据库（MySQL和SQL Server）的机器上。应用程序在这个容器中运行，就好像在真实的物理机上运行一样。有了容器技术，就不用担心环境问题了，实现"配置一次，到处运行"，如图9.15所示。

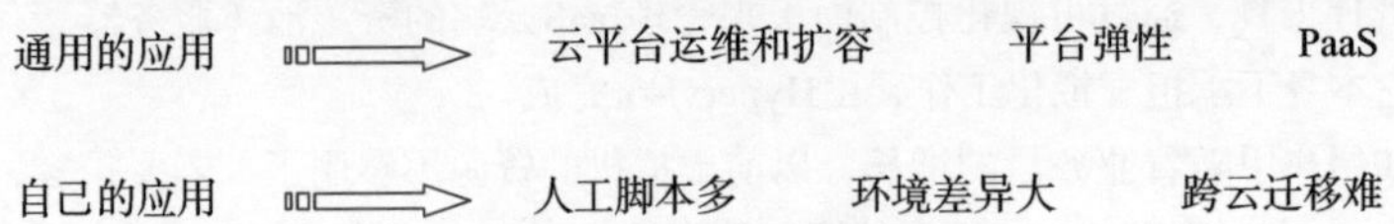

通用的应用　□□⟹　云平台运维和扩容　　平台弹性　　PaaS

自己的应用　□□⟹　人工脚本多　　环境差异大　　跨云迁移难

图9.15　PaaS的难题

⚙ 2. 容器是什么

什么是容器？我们可以从现实生活中容器的概念来类比。

在集装箱没有发明以前，将货物从A地点运送到B地点，假设中间要经过四个码头，换四次船，每次我们都要将大大小小的箱子卸载下来，再将零零碎碎的箱子搬到另外一艘船上整齐码好。这可不是容易的活，你要把重的货物放到下面，轻的叠加在上面，把大的箱子放在底部，把小的箱子放在顶部。因此，每到一个码头换船，船员们不得不在岸上待几天才能出发。如图9.16所示。

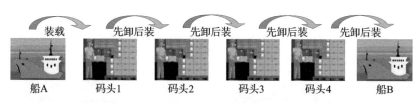

图9.16 货物装载

后来，集装箱发明出来了，它有2个特点：一是封装，二是标准。由于集装箱的外形尺寸全部一致，只要将货物打包封装到集装箱中，每次换船时将一个集装箱整体调运到另外一艘船上就可以了，又快又方便。这是"封装"和"标准"2个特点在生活中的例子，如图9.17所示。

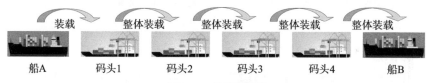

图9.17 集装箱装载

容器学习了集装箱的原理，首先构建一个封闭的环境将货物封装起来，相互隔离，这样便于装货卸货。封闭环境的实现依靠两种技术：一个是"看起来"是隔离的技术，称为Namespace，在每个Namespace中的应用程序"看到"的是不同的IP地址、用户空间等；另一个是"用起来"是隔离的技术，称为Cgroups，数据中心有很多CPU、内存、存储资源，但是一个应用程序只能使用其中的一部分。

所谓镜像，可以理解为关上集装箱，将集装箱里的货物封存起来，就是把所有与运行应用程序所必需的相关细节，包括这个应用所需的全部依赖、环境变量、配置文件等许多文件打包到一个"集装箱"里封存起来，要使用时，将镜像还原成那个时刻的一系列文件。

Docker在设计之初也不是KVM之类虚拟化软件的替代品，并不适合所有应用场景，Docker只能虚拟基于Linux的服务，需要注意的是，Docker本身并不是容器，它是创建容器的工具，是应用容器引擎。

⚙ 3. Docker

目前流行的容器技术以Docker为代表。Docker是dotCloud公司的产品，dotCloud公司的主要业务是提供基于PaaS的云计算技术服务，具体而言就是与LXC有关的容器技术，LXC即Linux容器虚拟技术（Linux container）。

Docker的中文意思是集装箱码头工人，标志是一条鲸鱼运送一大堆集装箱，喻义容器就是软件交付的集装箱，形象生动，如图9.18。

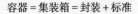

集装箱：物流交付与运输的标准化，从生产到客户，现实世界变平了
容　器：软件交付与迁移的标准化，从开发到上线，IT世界变平了

图9.18　容器＝集装箱

⚙ 4. K8S

利用Docker创建好容器后，我们还需要一个管理工具把上千个容器调度和控制起来，应用于具体的业务实现。Google的K8S就是这样一款软件，K8S的全称是kubernetes，中文意思是舵手或导航员。kubernetes这个单词太长，于是把中间的8个字母省略成8，就成了K8S。K8S是一个容器集群管理系统，负责调度容器在哪台机器上运行，监控容器是否存在问题，控制容器和外界的通信，等等。

凭借容器，PaaS层可以实现"专用应用自动安装"，能够帮助用户快速而从容地在双十一前自动在1000台裸机上将应用程序安装配置好，省去一台台部署的麻烦。Docker和K8S使得技术人员可以直接在云中部署他们的容器，而不必担心底层细节。甚至于有技术人员提出容器即服务（CaaS）的说法。

七、云计算的部署类型

云计算有四种部署模型，分别是公有云、私有云、社区云和混合云。

⚙ 1. 公有云

云计算提供商建立数据中心对外提供服务，用户只需要登录云计算服务商的网页，注册一个账号，选择自己所需的资源（CPU、存储大小、内存、操作系统、数据库等），就能在网页上"创建"一台自己的服务器了，比如国内的阿里云、腾讯云、网易云等，国外的亚马逊AWS、微软的Windows Azure等。

⚙ 2. 私有云

很多客户担心公有云数据泄露的风险和停止服务的安全问题。对于银行、大型企业而言，确保数据不受任何形式的威胁，业务运行不间断，以及一旦发生故障时，能够实时恢复数据，这都是业务运营中的重中之重。因此敏感行业都是自己征地建设数据中心，部署云计算产品供单一组织独占使用，对数据的安全性和服务质量的保证进行最有效的控制。

⚙ 3. 社区云

有的用户自身并不大，但又处于敏感行业，申请公有云服务有风险，于是具有共同需求的两个或者两个以上的特定组织联合做一个云平台，兼顾安全和成本。参与社区云的组织需具备业务相关性或隶属关系，适用相同的云服务模式和安全级别，既能降低各自的费用，同时又能共享信息。如由国家卫健委牵头，联合各家医院组建区域医疗社区云，各家医院可通过社区云共享病例和患者的检验数据，提高诊疗效率、节省病人的就医费用。

⚙ 4. 混合云

Rightscale公司2019年云计算调查报告显示，有84%的大企业采用了多云战略。其中，公/私混合云因同时具备公共云的规模和私有云的安全性成了混合云中最主要的形式。

公/私混合云具有以下优势：

① 架构更灵活：可以根据负载的重要性灵活分配最适合的资源，例如将敏感数据存放到私有云上，而把非敏感数据放到公有云端。

② 安全性更好：兼具公有云的抗灾性和私有云的保密性。

③ 费用更低廉：租用公有云来平抑短时间内季节性资源的需求峰值，相比自己投资最大化资源以满足需求峰值的成本，这种短期租赁的成本要合算许多。

八、云计算的应用

"云计算"早已进入我们日常生活中的方方面面，我们平时用的APP或网站，基本都离不开"云计算"背后强大的技术支持，如淘宝、京东、微信、QQ，等等。最为常见、最为简单的云计算应用莫过于我们普遍使用的网络搜索引擎和网络邮箱了。

只要有网络，就可以通过移动终端或PC在搜索引擎上输入想要查询的信息，还可以登录邮箱收发邮件。

✿ 1. 云存储

云存储（cloud storage）是一个以数据存储和管理为核心的云计算系统，就是把数据存放在云上的多台虚拟服务器，而非自己专属的服务器上。用户可以向云存储服务商购买存储空间，云服务商根据用户的需求，虚拟化存储资源形成存储资源池（storage pool），用户便可自行将本地的资源上传至云端上，在任何时间、任何地点，通过客户端应用程序（C/S结构）或浏览器（B/S方式）使用此存储资源池来存取文件。实际上，这些数据可能被分布在众多不同的服务器主机上。知名的大型网络公司谷歌、微软均提供云存储服务，在国内，微云和百度云则是市场占有率靠前的云存储服务商。

✿ 2. 云医疗

利用"云计算"技术来创建云医疗，云医疗包括云医疗健康信息平台、云医疗远程诊断及会诊系统、云医疗远程监护系统以及云医疗教育系统等。其中，云医疗健康信息平台是将预约挂号、电子病历、电子处方、电子医嘱以及医疗影像文件、临床检验文档等形成一个完整的电子健康档案系统存储于云端，作为云医疗会诊及远程诊断、远程监护以及医疗教育的云医疗平台。云医疗远程诊断及会诊系统实现了医务人员与病人、专家与医务人员之间异地"面对面"的会诊。云医疗远程监护系统提供了对老年人、病患者以及术后康复者的生命信号检测，包括心脏、血压、呼吸等，如出现异常，系统会发出警报通知监护人，及时救治。云医疗教育系统通过组织国内外专题讲座、学术交流和手术观摩等，促进了医疗技术的交流。

✿ 3. 云金融

云金融是将银行、保险、证券、基金等各金融机构及相关机构的数据中心互联互通，组成云网络，以提高金融机构的工作效率，降低运营成本，为客户提供便捷的金融服务。客户只需要通过手机APP，就可以完成银行转账、投保、炒股和基金交易。阿里巴巴、腾讯都推出了自己的金融云服务。

✿ 4. 云教育

云教育是将教育信息化所需要的一切硬件计算资源虚拟化，为教育领域提供云服务，向公众提供一个开放的学习平台。慕课就是教育云的一种应用，慕课的课程不是简单的搜集，而是将分布于世界各地的授课者和学习者通过某一个共同的话题或主题联系起来。现阶段慕课平台有三巨头：Coursera、edX以及Udacity，国内优秀云教育的代表诸如中国大学mooc、慕课、网易云课堂、雨课堂、学习通等。

⚙ 5. 云游戏

云游戏本质是本地算力向云端转移、本地传输流媒体化，即在云游戏模式下，所有游戏的运算都在服务器端处理，将渲染后的游戏画面压缩通过网络传送给用户。在客户端，用户的硬件设备不再需要高端CPU和显卡支持，也能获得低延迟不卡顿的画质。

⚙ 6. 云会议

国内云会议主要集中在以SaaS（软件即服务）模式为主体的服务内容。用户只需打开浏览器登录相应界面或通过移动终端，便可与全球各地的参会者同步开展视频、语音交流，分享文件，而会议中数据的传输、处理、存储全部由云会议服务商完成，用户无须购置昂贵的硬件和安装烦琐的软件。目前国内流行的云会议有钉钉、企业微信、腾讯会议、华为WeLink等。

⚙ 7. 云社交

云社交是一种集云计算、移动互联网、物联网于一体的虚拟社交模式，以建立著名的"资源分享关系图谱"为目的，不仅仅限于云聊天，还可以云直播、云聚会、云监工、云看房……云社交的主要特征就是参与分享的用户越多，能够创造的利用价值就越大。

⚙ 8. 云呼叫

云呼叫中心（cloud call center，CCC）是基于云计算技术集成电话、即时通信软件、小程序等多种通信方式为一体的融合通信平台，用户无须购买电话等硬件设备，为客户提供电话呼叫中心、实时音视频通话、图文会话等功能，满足不同场景下客户需求。系统容量伸缩性强，维护与服务由服务器商提供，用户只须按需租用服务。腾讯云、百度云、阿里云都开通了云呼叫服务。

⚙ 9. 云物联

物联网中的传感器、RFID等感知设备生成的海量信息如不能利用、管理、分析挖掘成有价值的信息，无异于望"数据的海洋"而兴叹。云计算可以将各种设备的实时动态数据采集上云，进行汇总、分析和处理。形象地说，云计算相当于人的大脑，而物联网就是人的眼睛、鼻子、耳朵和四肢等。

第十章 | 人工智能芯片

　　"无芯片不AI"。无论是海量数据的获取和存储、算法的实现，还是算力的支持，都离不开一个硬件基础——芯片。人工智能芯片作为所有应用的物理实现，在推动人工智能不断进步中扮演着重要角色。

一、人工智能芯片的概念

　　芯片是人工智能的战略制高点，回顾PC时代的x86架构和移动互联网时代的ARM架构，可以得出结论：谁掌控了核心技术——芯片，谁就取得了新计算时代的主导权！

❂ 1. 芯片（chip）

　　可以说，过去60多年芯片的发展成为人类计算革命的原动力。从概念上讲，芯片（chip）是一种将电路制造在半导体晶圆表面上的集成电路，是电子设备的大脑，可以快速地完成大量数学运算。

❂ 2. 晶圆（wafer）

　　晶圆（wafer）是指生产芯片的基片，由于是晶体材料，其形状为圆形，所以称为晶圆，如图10.1所示。

　　晶圆主要的原料是纯硅（Si），对应称之为硅晶圆。按照晶圆直径分为6寸、12寸、18寸等不同的规格。晶圆经过切割成为一个个小块，称为晶片（die），然后测试，将完好稳定的晶片（die）取下，封装成一个芯片（chip）颗粒。在晶圆（wafer）上剩余的，是不稳定或损坏的晶片，如图10.2所示。

一个整块称为晶圆（wafer）
里面的单个小块称为晶片（die）

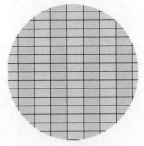

图10.1　晶圆和晶片　　　　图10.2　切割后的晶圆

❂ 3. 芯片的设计与制造

　　由于技术的复杂性，整个芯片行业只有两类公司：一类是集芯片设计、制造、封装、测试全产业链于一身的公司，如英特尔、IBM、三星；另一类则仅作为芯片设计公司，将生产业务外包给专业的芯片代工厂和封测厂，如高通、博通、联发科、展讯等。芯片代工厂，又称晶圆代工厂，如台积电、中芯国际、台联电；封测厂有日月光、江苏长电等。

作为人类的技术奇迹，在过去几十年里，芯片行业都在不断努力缩小芯片尺寸并不断提升计算性能，即"摩尔定律"——每18个月，相同面积晶圆上的晶体管数量翻倍，里面的晶体管越小，计算单元数量越多，这样就大幅提高了频率，运算速度变快，而驱动芯片所需的电压和电流却相应降低，从而使功率和发热量变小。随着芯片进入7nm制程工艺，再往后，材料尺寸越来越接近极限，如没有新型材料的突破，晶体管大概率难以继续缩小。

从历史上看，每出现一个新兴应用，都会诞生一种专用芯片。人工智能也需要专门的处理器芯片，当前对人工智能芯片的定义并没有一个公认的标准。从广义上讲只要能够运行人工智能算法的芯片都称为人工智能芯片。因人工智能芯片通常都针对人工智能算法做了特殊加速设计，又被称为人工智能加速器，即专门用于处理人工智能应用中的大量计算任务的模块（其他非计算任务仍由CPU负责）。

为满足多种人工智能计算任务和性能需求，理想的AI芯片需要具备并行处理能力，能够支持各种数据长度的固定和浮点计算，具有高存储器带宽、低内存延迟及低功耗和高能效的特点。

二、人工智能计算架构与传统计算架构的区别

⚙ 1. 传统计算架构

传统计算采用的冯·诺依曼体系结构如图10.3所示。

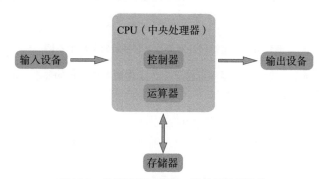

图10.3 传统计算采用冯·诺依曼体系结构

从图10.3可以看出，传统计算机由运算器（执行指令计算）、控制器（有序的指令执行）、存储器（存放程序和数据）、输入（输入指令和数据）和输出（输出结果）五大部分组成，CPU主要包括控制器和运算器两个部分。

⚙ 2. 人工智能计算架构的特点

人工智能计算架构较传统计算表现出一些新的计算特点：

特点一，传统的计算架构往往针对结构化数据，根据需要实现的功能，人为地提取所需解决问题的特征或总结规律来进行编程，输入到计算机中串行计算（即下一个运算要等到上一个运算完成后才能开始）。而人工智能处理的对象大多为视频、图像及语音之类的非结构化数据，这类数据很难通过编程得到满意的结果。

特点二，人工智能的终极目标是模拟人脑，以深度学习为代表的人工智能算法，从最基本的单元上模拟人类大脑的运行机制，通过海量样本数据训练学习总结出规律，举一反三，泛化到从未见过的场景中，控制流程则相对简单。因此，使用大规模并行计算的硬件比用传统的串行CPU处理器会更为合适。

特点三，深度学习模型调整参数多，训练数据量大，需要巨量的存储和各层次存储器间的数据迁移。传统的冯·诺依曼体系中的运算器和存储器之间的速度差异越来越大，访问存储器的速度无法跟上运算器计算数据的速度，存储器成了芯片整体处理能力提高的障碍，即通常所说的"内存墙"或冯·诺依曼"瓶颈"。

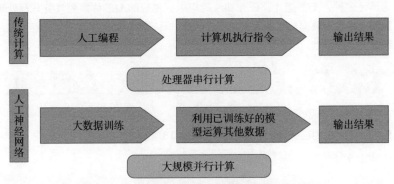

图10.4　人工神经计算架构与传统计算架构的不同

如图10.4所示，这种差别虽然降低了对人工理解功能原理的要求，但是提升了对训练数据量和并行计算能力的需求。

⚙ 3. CPU无法支撑深度学习计算的需要

为何传统的串行计算架构无法满足人工神经网络的大规模并行计算？让我们一起来看看CPU的架构，如图10.5。

从图10.5中可以看出，CPU由控制单元（Control）、存储单元（Cache&RAM）、运算单元（ALU）三个模块组成。其中，负责计算的模块仅为运算单元，在整个CPU中占比并不大，控制单元和存储单元占据了结构中很大一部分。这种架构保证了CPU有序地执行一条接一条的指令（串行处理），在传统编程的计算模式上相当适合。

深度学习的人工神经网络算法包含了训练（training）和推断（inference）两个计算过程：训练——通过已有的样本数据集，获得某种能力的学习过程；推断——利用训练好的人工神经网络，使用新的数据去"推断"出各种结论（比如分类、识别等）。深度学习与传统计算模式最大的区别就是不需要编程，也就不需要太多的程序指令。而传统处理器架构的计算能力主要体现在指令的执行上，完成一个神经元的处理往往需要成百甚至上千条指令，因此无法支撑海量数据的深度学习场景并行计算的需求。

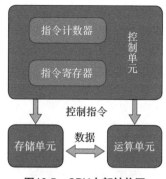

图10.5 CPU内部结构图
（仅ALU为主要计算模块）

三、GPU作为AI芯片

2011年，斯坦福大学的人工智能实验室主任吴恩达率先在谷歌大脑中运用GPU，其效果相当惊人：12颗GPU的计算能力与2000颗CPU的深度学习性能相当，之后各人工智能研究者纷纷利用GPU加速深度神经网络。

GPU作为专门处理图像和图形相关运算的芯片，为何被最先引入深度学习？

⚙ 1. CPU与GPU的架构不同

首先，CPU与GPU的架构不同。

以前的PC机应用以字处理和控制为主，CPU就足以胜任，随着图像处理、3D游戏的大量流行，CPU处理不过来了，出现了专门针对图形显示和图像渲染的图形处理器（GPU），又称为显卡。图10.6显示了CPU与GPU架构的区别。

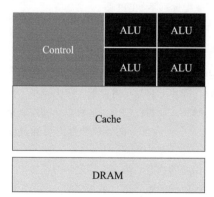

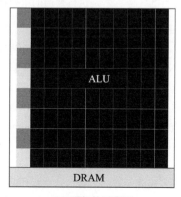

CPU微架构示意图 　　　　　　　　　GPU微架构示意图

图10.6 CPU与GPU架构的区别

在图10.6中，黑色的代表计算单元（ALU：arithmetic logic unit），白色的是存储单元（Cache、DRAM），灰色的表示控制单元（Control）。CPU中存储单元占比最大，控制单元也占据了大量空间，每个控制单元用于处理不同的指令。相比之下计算单元只占CPU中一小部分。而GPU有众多的计算单元，只有极少的控制单元。CPU是串行架构微处理器，擅长控制和通用数据运算，GPU则采用大规模的并行架构，减少了指令加载、解码等时间，擅长大规模并行计算和浮点运算，这也正是深度学习等所需要的。所以GPU除图像处理外，也越来越多地参与到深度学习的计算中。

⚙ 2. GPU与深度学习都是并行计算

其次，GPU与深度学习都是并行计算。

GPU起初的设计目标就是为了处理图形图像的渲染工作。对于场景中的物体，要营造真实感，就要在计算机中生成三维场景，而图形的显示设备大多是二维的光栅化显示器和点阵化打印机，于是要将三维的光影信息转换成二维图像显示出来，这一过程称为图像渲染，也称光栅化。在光栅显示器上显示的每一个图形，实际上都是一些具有一种或多种颜色像素矩阵的集合，而神经网络从实质上来说也是矩阵数学计算。

CPU做光影计算也非常得心应手，但奈何像素点实在太多，还要排队一个一个地算，况且CPU还要处理很多分支跳转和中断等逻辑控制指令。研发者利用图像渲染中的"任何一个像素的计算与其他像素的计算结果关系不大"特性，发明出多个计算核心的GPU，多个小核心同时进行运算来加快运算速度。目前有的GPU核心数达到了数百成千个核，比CPU的核多了好几倍，而神经网络从本质上也具有高度的并行性，神经网络由大量相同的神经元组成，各神经元同时独立进行计算，相互之间没有太多依赖。并行计算能力对硬件的要求体现在尽可能多的计算核心上，GPU拥有多个专为矩阵数学运算而优化的处理核心，其执行效率远远高于CPU，但GPU的特性只能针对可以并行的任务，若是执行普通的串行计算其速度远远不如CPU。

⚙ 3. CPU与GPU的访存速度差异

再次，CPU与GPU的访存速度差异。

GPU的大部分计算在寄存器上运行，由于寄存器的速度和运算器的速度相当，使得运算器从寄存器上读写数据几乎没有延时，即片上存储（寄存器）极大减少了数据（包括样本数据和模型数据）从内存加载的时间。而对比CPU，运算单元和控制单元能直接访问的一级高速缓存（cache）容量太小，大部分的运算数据需要通过读内存，甚至要从硬盘中调用，时延长，功耗大。

总结来说，深度学习与图形处理有一些相通的地方。第一，深度学习在数学上就是许多矩阵运算的组合，这些操作和GPU本职所做的矩阵运算是一样的。所谓矩阵运算是指3D场景中镜头摆动和缩放的数学运算过程。第二，深度学习需要大量的数据来"训练"模型。比如一个识别狗的人工智能程序，需要提供数以百万计不同的狗的图片供其"学习"。而每一张狗图片的学习又与其他狗的图片没有先后关系，即可以同时并行100、1000张狗图片的学习。第三，GPU具有几个特点：其一，多核并行计算架构且核心数非常多，可支撑大量的并行计算；其二，更高的访存速度；其三，更高的浮点运算能力（日常的软件都是整点运算，图形、语音、视频的编解码都用到了浮点运算）。因此深度学习就可以非常适合用GPU来进行加速。

⚙ 4. 多核处理器比单核处理器运算快

让我们以举例的方式来说明为什么多核处理器比单核处理器运算快？

"快"在IT中包含两种含义：一个是低延迟（low latency），一个是高吞吐量（high throughput）。CPU的时钟频率比GPU要高，延迟也就低；GPU的并行计算单元比CPU要多，吞吐量就高。比如用PhotoShop软件给一张图片加上动感滤镜时，处理器是这样工作的：

因为单核处理器只有一个核，故使用一个动感滤镜的小窗口，从图片的左上角开始，从第一行开始从左往右，从上到下从头遍历完整张图片，如图10.7所示。

由于多核处理器有几个、几十个、几百个甚至成千上万个核心，就可以同时有几百个滤镜窗口来遍历图片，如图10.8所示。

图10.7　单核处理器处理　　　　图10.8　多核处理器处理

⚙ 5. 浮点运算

有没有发现，用不同的电脑计算圆周率，其结果不一样；当在配置不同GPU的电脑上运行同一款3D游戏时，画面在高配置GPU的电脑上显示得非常逼真，在低配置GPU的电脑上表现带锯齿状。这一切都是由GPU的浮点运算能力的差异所导致的。

因为计算机只能识别0和1二进制数，所以计算机只能存储整数，不可能存储小数。对于小数，需要有一种变通的存储方案，这种方案就是指数方案，即用类似科学记数法的方式表示小数。如3.14159在计算机中表示为314159和 − 5两个整数

（314159×10^{-5}）。大多数计算机都是32位的，存储"小数"的方案设计为：前16位表示整数部分，后16位表示小数部分，小数点在第16位和第17位之间，那么此时计算机中的精度限制在小数点后16位，即2^{-16}，所能表示的数据的范围限制在小数点前16位，即2^{16}，把小数点左边（即整数）的位宽和小数点右边（即小数）的位宽固定，这就是一个定点数，如图10.9所示。

16位整数部分	16位小数部分

小数点所在位置

图10.9　定点数举例

我们知道，小数部分越长，则表示的精度越高；整数部分越长，所能表示的数据的范围就越大。可见，采用定点数表示法，所表示数据的大小范围和精度是一个矛盾。如果我们把整数部分的位宽分给小数，或者相互分享，比如整数占22位，小数占10位。在运算过程中，小数点左右的位宽根据需要一直变换，即小数点在32个数位中自由浮动，这样的计算称为浮点运算，浮点运算的好处在于，对于32位计算机而言，所能支持最大的数是2^{32}，支持最小的精度是2^{-32}，这就比固定位宽的定点数所能表示的大小范围更广，精度更高。

浮点数利用指数达到了小数点"浮动"的效果，从而可以灵活地表达更大范围内的数和更高精度的数，如图10.10。

3.1415926	=	31.415926×10^{-1}
3.1415926	=	314.15926×10^{-2}
3.1415926	=	3141.5926×10^{-3}
3.1415926	=	31415.926×10^{-4}
3.1415926	=	314159.26×10^{-5}
3.1415926	=	0.31415926×10^{1}
3.1415926	=	$0.031415926 \times 10^{2}$
3.1415926	=	$0.0031415926 \times 10^{3}$

图10.10　浮点数举例

通过观察图10.10可见，对于一个小数3.1415926，使用指数形式，其写法可以是多种多样的，小数点的位置是不固定的，可以任意"浮动"。

对于32位计算机，称为单精度浮点数，对于64位计算机，称为双精度浮点数。浮点运算的优点是表示数的动态范围大，精度高；缺点是运算速度低，硬件复杂度高。

定点运算的优点是运算速度快，硬件相对简单；缺点是运算过程中容易溢出，产生误差。

✿ 6. CPU为何不能做成多核处理器

现在我们知道了GPU在处理大规模并行计算时的速度"快于"CPU的奥秘在于其核心数多，那么我们怎么不干脆将CPU也做成具有1000多个核的处理器呢？

其一，由于制造工艺的原因，CPU核心越多其频率也就越低，CPU核心越多，功耗越大，发热越大，只有降频来降低发热和功耗。即在功耗限制下无法通过提升CPU主频来加快指令执行速度。可以把核心数看作"手"的数量——数量越多，同时搬起的物体也就越多；而主频就相当于"手"的力量——力量越大，就越能搬起更重的物体。加上还要使搬运动作整齐划一，而同步10个人的动作与同步1000个人的动作难度程度是不一样的。

其二，计算机中大部分运算都是串行的，这时单次运算的速度才是最重要的。

其三，GPU每个核拥有的缓存相对较小，控制逻辑运算单元也更简单，故不能支持复杂程序逻辑控制，需要控制能力较强的CPU配合来构成完整的计算系统。

虽然"CPU + GPU"的计算模型被广泛应用于人工智能算法，但对于一些关键实时应用，比如汽车自动驾驶，还是显得力不从心。例如，自动驾驶汽车在行驶过程中需要识别道路状况、红绿灯和行人，很多时候情况是突发的，如果我们用CPU来识别红绿灯，很可能绿灯已经变成红灯了，自动驾驶汽车还没刹车。如果换成用GPU，计算速度确实满足应用，但功耗非常大，车载电池续航时间短，而且功耗大会导致发热大，容易引起汽车自燃的隐患。

因此，研发专门用于人工智能领域的专用芯片成了必然选择。

四、人工智能芯片的分类

从处理任务的不同、应用场景、技术架构三个维度对人工智能芯片进行分类。

✿ 1. 按处理任务的不同分类

按处理任务的不同，人工智能芯片分为面向训练（training）的芯片和面向推断（inference）的芯片。

（1）面向训练（training）的芯片

训练是指通过大数据使神经网络模型得以自动学习和优化改进，无须进行人工编程就可以通过调整各种参数使模型达到最理想状态，拥有特定能力去处理更多同类任务。

训练过程就是通过不断调整优化网络参数，使推断（或者预测）误差最小化的过程。由于需要计算海量的训练数据，对芯片的运算精度性能要求很高。

（2）面向推断（inference）的芯片

推断是指利用训练好的模型，对新的数据通过训练得到的能力完成特定任务（比如分类、识别等）的过程。推断过程是将新数据输入到模型中并评估结果的过程，其计算量相对训练环节少了很多，对芯片的运算速度性能要求很高。

训练和推断在大多数人工智能系统中，是相对独立的过程，其对计算能力的要求也不尽相同。

在训练环节，计算精度最重要，因为它直接影响推断的准确度。训练需要有一定的通用性，以便完成各种各样的学习任务。目前市场上通常使用英伟达（NVIDIA）的GPU集群（即把多块芯片组成一个计算集合协作完成计算工作）来完成。

在推断环节，计算速度最重要，因为它直接影响推断的实时性。如在自动驾驶汽车、可穿戴设备等场景中，速度、能效、安全和硬件成本等是最重要的考虑因素。除了GPU、CPU可胜任外，专用的人工智能芯片FPGA和ASIC最适合，可将训练好的神经网络模型直接放在芯片上运行。

训练和推断环节常用的芯片及特征如图10.11所示。

类别	训练	推断
硬件	GPU	CPU、GPU、FPGA、ASIC
数据量	多	少
运算量	大	小

图10.11 训练和推断环节常用的芯片及特征

2. 按应用场景分类

按应用场景划分，人工智能芯片分为服务器端（云端）芯片和边缘（终端）芯片。

（1）服务器端（云端）芯片

训练阶段需要海量的样本数据集去训练人工神经网络，运算量大，单一处理器独立完成耗时长，因此训练环节要走高性能计算的技术路线，在服务器端（云端）实现。云端芯片的特点是高存储、高性能、可伸缩，能够灵活地处理语音、视频、图片等不同的人工智能应用。

（2）边缘（终端）芯片

终端芯片又称为边缘芯片，其设计思路与服务器端（云端）芯片有着本质的区别——相对于云端应用，边缘设备最重要的就是把效率推向极致，更侧重响应时间、低功耗和低成本。某些对时延、带宽敏感的应用，不能交由云端完成，必须在边缘节点上执行推断。比如自动驾驶汽车的推断，如果出现延时，就会带来灾难性事故。再比如，智慧城市中包含几百万个摄像头，将人脸识别全交由云端完成，视频数据的传输量会让通信网络不堪重负，故要求边缘设备具有独立的推理计算能力，使设备不需要联网就能进行推断计算。

目前的实践应用是云端和边缘芯片共同配合工作，在云端完成神经网络的训练，在边缘设备上执行推断。由于终端设备种类众多，数量庞大，需求差异表现巨大，故需要体积小、耗电少并能嵌入到终端设备内部的智能芯片，如手机、摄像头、电饭煲中的智能芯片。当前使用最为广泛的边缘计算设备就是智能手机，华为、苹果、高通、三星、联发科等手机芯片厂商都在大力研发专用的人工智能芯片。今后，随着边缘芯片性能的不断提高，越来越多的人工智能应用开始在终端设备上部署，如可穿戴设备，要在低功耗和低成本的约束下实现既定的智能，甚至会将训练工作也前移到边缘设备上进行。另外，越来越多的边缘设备也会在云端出现，如在5G基站中完成人工智能的数据处理，即未来会逐渐实现云端和终端的融合。

云端和终端的芯片厂商如图10.12所示。

类别	训练	推理
云端	NVIDIA GPU Google TPU2 寒武纪	Google TPU1 寒武纪 比特大陆 NovuMind（异构智能）
终端	西井科技	地平线 NovuMind（异构智能）

图10.12 云端和终端的芯片厂商

3. 按技术架构分类

从技术架构上看，人工智能芯片分为通用性芯片（GPU）、半定制化芯片（FPGA）、全定制化芯片（ASIC）、类脑芯片四大类。

五、基于GPU的通用人工智能芯片

通用芯片一般采用GPU来完成，GPU拥有数量众多的计算单元（多核），可高效完成类型高度统一、相互无依赖的大规模数据并行计算任务，但GPU无法独立工作，必须由CPU进行控制调用才能工作。CPU可单独工作，独立完成不同数据类型的运算和逻辑控制任务，当要处理大量同类型的数据时，可调用GPU进行加速计算。

1. GPU数据处理过程

接收来自CPU的指令，将大规模、非结构化的数据分解成很多小的数据分配给处理器集群中的各GPU，每个GPU再次分解数据后分配给GPU中的多个计算核心同时执行数据的计算，一个核心的计算可看作一个线程。虽然每个线程（核心）的计算性能与CPU中的核心相比低了不少，但是当所有线程都并行计算时，GPU的整体计算性能却远远高于CPU。

⚙ 2. 线程

　　所谓线程，就是一段进程代码的执行。举个例子，我们用WPS写文档时，当定时自动保存的功能运行时，丝毫不影响我们输入文字，这就是多线程发挥的作用——WPS有两个线程：线程1负责用户的文字输入，线程2负责定时自动保存。而单线程则意味着一个程序同时只能做一件事，无法并行，导致用户体验差，处理器的多核运算能力就被浪费了。

⚙ 3. 进程

　　进程是"正在运行的程序"。程序是一个没有生命的实体，只有操作系统执行时才赋予程序生命，成为一个活的实体，称其为进程。线程是CPU调度的基本单位，进程是操作系统进行资源分配和调度的基本单位，且进程之间是互相隔离的，一个进程中可以包含若干个线程。再举个例子，你一边编辑文档，一边听歌，在计算机中的操作为：WPS进程打开文件，这是WPS的资源，播放器打开了歌曲，这是播放器的资源。WPS有

图10.13　计算机中的进程

两个线程，线程1负责文字编辑，线程2负责自动保存；播放器也有两个线程，线程3负责读取歌曲文件，线程4负责对歌曲数据进行解码。CPU在做调度时，基本单位不是WPS和播放器这样的进程，而是线程1、线程2、线程3、线程4这些线程。图10.13是进程（在Windows中按Ctrl + Alt + Delete键调出任务管理器查看进程）示例，图10.14是线程举例。

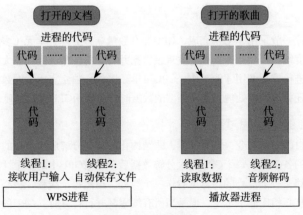

图10.14　线程举例

⚙ 4. GPU的典型厂商

目前GPU的典型厂商有NVIDIA（英伟达）和AMD两家。

以NVIDIA（英伟达）公司基于Volta架构的GPU为例进行介绍，型号为GV100的高性能并行计算处理器有6个图形处理集群（GPC），每个GPC包含14个流处理（SM）和7个纹理处理器（TPC）以及8个512bit显存控制器。除了GPU核外，还专门针对深度学习设计了张量核（Tensor Cores），如图10.15所示。

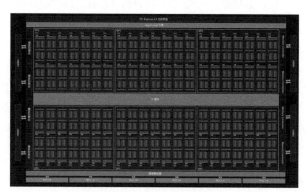

图10.15　84个流处理器的GPU

除提供硬件外，英伟达还研发了解决各个专业领域问题的通用软件开发环境——统一计算设备架构（Compute Unified Device Architecture，CUDA）。用户可通过C语言高级编程大规模并行应用程序，方便地对GPU所进行的计算进行分配和管理，不再像过去那样不得不请专业的程序员依赖大量低级的机器代码编程，通过图形API接口（OpenGL和Direct 3D）来实现GPU的访问，使得GPU逐渐从专用的游戏领域扩展到了金融交易、石油勘探、气象预测和生命科学等领域。

在传统计算中，算力的主力军是英特尔CPU，到了人工智能计算场景，算力的主力换成了GPU和其他专用加速器。当前，阿里、百度、科大讯飞、奇虎、搜狗均纷纷将语音识别、网络安全、搜索等深度学习算法用GPU来担当。

⚙ 5. 95%的人工智能算法用于推断

在未来，至少95%的人工智能算法都用于推断，尤其是在移动端，只有不到5%用于神经网络模型训练。同一个算法，用接近硬件的编程语言实现比用接近人类自然语言的编程语言要快，而直接用硬件实现则更快。以亚马逊的智能语音助手Alexa来举例，如利用GPU实现，其反应速度是几十毫秒，功耗为75～100W，而采用FPGA，响应时间只要几毫秒，消耗几十瓦功耗。因此，寻找低延时、低能耗、高性能且架构灵活的加速硬件成了当务之急。在这种情况下，人们把目光投向了"FPGA"与"ASIC"。

六、基于FPGA的半定制人工智能芯片

FPGA（field programmable gate array），即现场可编程门阵列。可通过烧录FPGA配置文件来自由定义这些门电路及存储器间的连线，改变执行方案，从而实现特定的功能。这种烧录不是一次性的，即通过配置特定的文件可将FPGA转变为不同的处理器，就如一块可重复擦写的黑板，每完成一次烧录（重编程）即可直接生成专用电路，具有某一确定的功能，因此FPGA可灵活支持各类深度学习的计算任务。

1. FPGA与CPU、GPU的比较

由于通用处理器CPU除了要完成计算外，还要处理各种分支跳转任务，逻辑控制指令复杂，而FPGA利用门电路直接运算输入的数据，不需要控制指令，就能得到输出结果，因此FPGA在处理特定应用时性能要优于CPU。另外与GPU仅能支持数据的并行计算不同，FPGA同时拥有流水线并行和数据并行，例如GPU的数据并行计算是利用100核（100个计算单元）运算，每个计算单元做相同的事，这就要求100个数据必须按照统一的步调，一起输入、一起输出，这必然会增加延迟。当任务是逐个而非成批到达时，流水线并行比数据并行能实现更低的延迟，因此对于流式计算的任务，FPGA比GPU具备更强的计算能力，常被用于推断阶段支撑海量用户的实时计算请求（如语音云识别）的场景中，而GPU更适合大批量同构数据的处理。在功耗方面，FPGA也具有更低的功耗，其能耗比是CPU的10倍以上、GPU的3倍，因为FPGA完全是电路级计算，无须取指与译指，在CPU中，仅译码就占整个芯片能耗的约50%；在GPU中，取指与译码也要消耗10%～20%的能耗。

在计算需求不足以形成规模化的芯片量产，人工智能算法尚未定型尚需不断优化迭代的情况下，利用可重构的FPGA既解决了定制电路缺乏灵活性的弊病，又弥补了可编程器件门电路数有限的缺陷，故FPGA又被称为半定制电路。

2. FPGA的主要厂商

FPGA属于技术密集型行业，进入门槛很高。全球FPGA的市场主要被四家美国企业Xilinx（赛灵思）、Intel［收购Altera（阿尔特拉）］、Lattice（莱迪思）、Microsemi（美高森美）垄断。其中，Xilinx与Altera拥有专利6000多项，占据近90%的市场份额，而Xilinx始终保持着全球FPGA的霸主地位。国内FPGA厂商发展势头强劲，但基本分布在中低端市场，包括紫光国芯、深鉴科技（已被赛灵思收购）、旷视科技、瑞为技术、高云半导体、安路科技、遨格芯微、复旦微、智多晶、京微齐力等。

七、基于ASIC的全定制人工智能芯片

尽管FPGA如日中天，但仍存在一定的局限：首先，FPGA依靠大量极细粒度的基

本单元实现可重构特性，但每个单元的计算能力都远远低于CPU和GPU中的ALU单元；其次，FPGA无论是从速度，还是功耗，或是价格上，都与专用定制芯片（ASIC）存在着不小的差距。

ASIC（application specific integrated circuit），即专用集成电路，是面向特定用户需求而定制的专用AL芯片，即直接将人工智能算法硬件化。在大规模量产的情况下，其性能、功耗、成本、可靠性、体积方面都有优势，尤其在高性能、低功耗的移动端。但如果深度学习算法一旦发生变化，芯片功能将无法更改，ASIC前期大量的研发投入就无法回收。

目前基于ASIC芯片最为典型的代表是谷歌的TPU芯片、中科院计算所的寒武纪芯片、北京比特大陆科技有限公司和北京地平线信息技术有限公司。Google推出的TPU（Tensor Processing Units，张量处理器）是AlphaGo的幕后英雄，通过降低芯片的计算精度以节省晶体管数量，经过优化调优的人工智能算法模型就能在芯片上运行得更快，同时还可以大幅度地降低功耗。寒武纪发明了国际首个人工智能专用指令集，具有完全自主知识产权，满足云端、边缘端不同规模的计算需求。以比特币矿机起家的比特大陆，推出了与谷歌TPU对标的面向深度学习应用的张量计算加速处理的专用定制芯片，适用于人工智能深度神经网络的推理预测（inference）和训练（training）。地平线面向智能驾驶和物联网，提供高性能、低成本、低功耗的边缘AI芯片。

八、类脑芯片

深度学习算法并不能完全模仿人类大脑的运作机制，于是人们开始着手研发类脑芯片，这类芯片的设计目的并不是仅仅用来加速深度学习算法，而是从基本结构甚至器件层面上去逼近人脑。

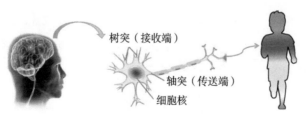

图10.16 神经元工作示意

人脑神经元的一端是接收信息的树突，另一端是传递信息的轴突，中间是细胞核。图10.16就是一个极简的神经元工作原理，树突从外界接收信号，经过细胞核计算处理，再由轴突传递给其他神经元，使人体产生反应。

相比于目前不断抵近性能极限的、存储计算相分离的冯·诺依曼架构的GPU、FPGA、ASIC来说，类脑芯片架构就是模拟人脑的神经元结构，将计算单元（处理器）作为神经元，存储单元（内存）作为突触，传输单元（通信部件）作为轴突完全集成在一起，信息的处理完全在本地进行（即在每个神经元中计算）。传统计算机架构中内存与CPU之间的瓶颈不复存在，每个神经元只负责一部分计算，因此本地处理的数据量并不大，同时神经元之间相互连接，这些神经元会同时工作实现事件驱动的异步电路特性，由于只负责一部分计算和不需要同步时钟，因此这种芯片比传统芯片功耗更低。

❂ 1. 脉冲神经网络（SNN）

人工神经网络通常是接收连续样本数据，通过计算学习，输出连续样本数据，但人工神经网络在生物学上是不精确的，基于这一现实，脉冲神经网络（spiking neural network，SNN）模型诞生了。SNN更贴近人脑神经网络——除了神经元和突触模型更贴近生物神经元与突触之外，还将时间信息也考虑在内，与目前主流的机器学习之间有着本质的不同，SNN使用脉冲，而非连续值，类似于神经元的膜电位，以最接近于生物神经元的机制来进行计算。人脑神经网络中的神经元并不与典型的多层感知机网络一样，在每一次迭代传播中都被激活，而是在其膜电位达到某一值才被激活，一个输入脉冲会使当前这个值升高，当一个神经元被激活后，会产生一个信号传递给其他神经元，提高或降低其膜电位。

神经网络算法模型分为人工神经网络（artificial neural network，ANN）、脉冲神经网络（spiking neural network，SNN），两者的对比见表10.1。

表10.1　人工神经网络和脉冲神经网络对比

类别	人工神经网络	脉冲神经网络
神经元激活	不带时间轴的定点或浮点数	带时间轴的二值脉冲
激活函数	非线性激活函数	无激活函数
推理	卷积、池化、多层感知机	泄露积分发放模型
训练	反向传播	反向传播
理论基础	数理推导	人脑模拟

❂ 2. SNN类脑芯片的典型产品

IBM的TrueNorth、Intel的Loihi以及国内的清华大学天机就是基于SNN的类脑芯片的典型代表。

IBM的研发人员将存储单元作为突触、计算单元作为神经元、传输单元作为轴突构建了TrueNorth处理器。为提高存储能力，IBM采用了ReRAM这一新型的存储器，ReRAM是基于忆阻器原理的RAM，RAM所面临的最大问题，是断电后RAM中的内容无法保存，所以当下次开机时，必须要等到计算机所需的全部程序都从硬盘调入RAM。而有了ReRAM，这个开机启动过程将是瞬间的，并且计算机会回到上一次关机时相同的状态。

忆阻器全称记忆电阻，和电阻不同的是，忆阻器的阻值由流经它的电荷确定，并可以记忆流经它的电荷数量。换句话说，关闭电源后ReRAM仍可记忆数据。忆阻器跟人脑的突触功能相似，相当于一个"电子突触"，突触最独特的功能就是既可以存储，又可以计算。忆阻器特别适于存算一体化的计算机系统。

Intel推出的Loihi芯片，带有自主片上学习能力，通过脉冲或尖峰传递信息，并自动调节突触强度，能够通过环境中的各种反馈信息进行自主学习。

清华大学类脑计算中心研制的国内首款类脑芯片——天机，能同时支持脉冲神经网络和人工神经网络，可进行大规模神经元网络的模拟。

3. 各人工智能芯片之间的特点比较

各人工智能芯片特点对比见表10.2。

表10.2　人工智能芯片特点对比

类别	CPU	GPU	FPGA	ASIC	类脑
通用性	最强	强	各细分领域	专用	处于早期阶段
速度	延迟严重	快	门级运算快	定制硬件最快	快
功耗	高	较低	低	最低	低
可编程	不能	可	半定制	定制	
代表公司	Intel	英伟达 AMD	Xilinx Intel Lattice Microsemi	谷歌 寒武纪 比特大陆 地平线	IBM Intel

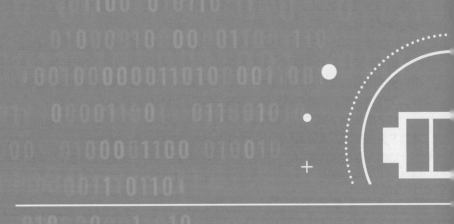

应用篇

第十一章　人工智能应用之教育

　　人工智能正以超过人们想象的速度飞速发展，推动诸多领域的效率提升和创新。相对于人工智能在工业、金融、农业、服务业、医疗等领域广泛运用而言，人工智能赋能教育的应用还显得相对滞后。但随着语音识别、自然语言处理、自适应学习等技术的突破，人工智能引发教育大变革的时代渐行渐近。

一、人工智能＋教育概述

　　人工智能时代，如何"学习"、如何"教育"、如何"教学"以实现教育理想？这些问题，既关乎未来，也照进现实。

⚙ 1. 人工智能＋教育的概念

　　人工智能＋教育是基于教育大数据、深度学习、机器学习、情感计算、学习分析等人工智能技术，以学习者为中心，建立情境感知、泛在互联、数据融通、业务协同的智能教育环境，打造智能型教师队伍，实现差异化教学、个性化学习、自适应学习，以推动人才培养模式及教学方法变革，促进学习者核心素养提升和创新型人才培养的新的教育模式和形态。

⚙ 2. 人工智能＋教育的内涵

　　"人工智能＋教育"包括两个方面的内涵：一方面是基于人工智能技术，以学习者为中心，实现"教—学—练—测—评—管"全流程的智能化教育环境；另一方面是应用人工智能技术实现人才培养个性化，实现孔子在两千多年前提出的因材施教的教育理念。如图11.1所示。

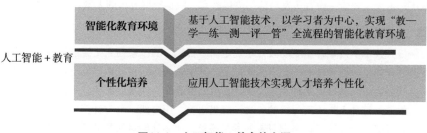

图11.1　人工智能＋教育的内涵

二、人工智能＋教育的关键技术

　　"人工智能＋教育"的关键技术包括："两个底层"，即机器学习和深度学习，与教育大数据相结合，为人工智能教育应用提供了算法与数据保障；"三层服务"，即面向体征服务的语音识别与情感计算技术、面向内容服务的自然语言处理技术、面向行为服务的自适应学习技术，实现个性化学习。在此基础上，视觉计算、虚拟现实、教育机器人、可穿戴技术、智能挖掘技术、虚拟现实、智能建模技术进一步为人工智能在教育的应用奠定了技术基础。由于人工智能技术正处于不断发展的状态，对其应用于教育的关键技术无法穷举，因此需要构建系统模型对其进行阐述。

　　基于上述概念的研究，采用结构化的表述方法，构建出人工智能＋教育的体系框架，如图11.2所示。

层次	技术要素
应用场景	面向教师的、面向学生的、面向教学的
学习支持系统	教育云平台、智能校园、智能在线学习平台和智能教育分析系统
核心技术平台	语音识别、情感计算、自然语言处理、自适应学习、机器学习、深度学习
基础支撑平台	智能感知系统、高性能计算与云服务、大数据基础设施

图11.2　人工智能＋教育的体系框架

✿ 1. 基础支撑平台

　　基础支撑平台提供服务器、终端、传感器、芯片等基础硬件设备和云服务、大数据分析系统等软件环境。其中，典型的硬件基础设施包括：用于对学习者全方位、全过程信息自动感知的智能传感器，能与传感器相配合，实现对感知信号进行计算处理的智能芯片；还有人工智能超级计算集群、大数据计算集群、人工智能专用计算服务器等。典型的软件基础设施包括：采用虚拟化等技术，实现高性能计算的智能云服务系统；为人工智能＋教育研发与应用提供教育大数据挖掘分析的大数据分析系统。

✿ 2. 核心技术平台

　　核心技术平台整合了驱动教育系统走向"智能"的一系列人工智能技术，在整个智能教育体系中处于核心的技术引擎地位。其中，自然语言处理可以把带有潜在歧义的自然语言输入转换成某种无歧义的计算机内部表示，使人们无须花费大量的时间和精力学习不符合人类语言习惯的各类计算机语言，用自然语言与计算机进行通信。自适应学习可以让计算机根据学习者的学习需求，比如他们对问题的反馈、任务和经验等来调整教育材料的呈现，每个学生可以根据自己的节奏去学习。机器学习和深度学习是将原始数据通过人工模拟的神经元组成的相互连接的分层网络进行加工、整理转化为信息，即从数据到智能的转化过程。语音识别就是让机器通过识别和理解过程把语音信号转变为相应的文本或命令的技术。情感计算研究就是通过各种传感器获取由人的情感所引起的生理及行为特征信号，建立"情感模型"，从而创建一种能感知、识别和理解人的情感，并能针对人的情感做出智能、灵敏、友好反应的计算系统。

3. 学习支持系统

学习支持系统是实施人工智能教学的支持环境和工具手段，是人工智能+教育教学应用的重要基础和支撑条件。通过建设教育云平台，实现教育资源和数据信息的汇聚、互通和共享；构建智能校园，为学校用户提供开放、互动、协作的智能化校园服务平台，为师生开展差异化教学、个性化学习提供智能、立体、综合的教学场所；建立智能在线学习平台和智能教育分析系统，提供智能、泛在的学习服务和基于数据的教育决策服务。

4. 应用场景

人工智能技术在教育场景的应用是发挥人工智能技术价值，构建新型教育模式的必然路径。基于人工智能关键技术及智能学习支持系统，实现教育教学全场景的智能化应用：面向教师的人工智能应用，包括智能备课、智能授课、智能作业、智能教研等教学辅助型应用；面向学生的人工智能应用，包括学习路径规划、学习资源推荐、自适应学习等学习增强型应用；面向教学的人工智能应用，包括智能组卷、智能监考、智能评阅、智能考试分析等考试评价型应用，智能排课、智能班牌、智能安防、智能设备管理、家校互通、区域大数据治理等管理服务型应用，体质健康管理、心理诊断与康复、家教陪伴、特殊教育等身心保障型应用。

三、人工智能在教育领域的应用层次

计算智能、感知智能和认知智能是人工智能发展的三个重要阶段，同时代表着人工智能在教育领域应用的三个不同层次。计算智能基于结构化和非结构化数据处理与分析，主要用于解决复杂的计算问题；感知智能具备处理听觉、视觉、触觉等感知和获取环境信息的能力，实现人与机器的自然交互；认知智能目前具备一定程度的认知推理能力，能像人一样学习、思考和做出正确决策。如图11.3所示。

认知智能　具备一定程度的认知推理能力，能像人一样学习、思考和做出正确决策

感知智能　具备处理听觉、视觉、触觉等感知和获取环境信息的能力，实现人与机器的自然交互

计算智能　基于结构化和非结构化数据处理与分析，主要用于解决复杂的计算问题

图11.3　人工智能发展阶段之计算智能、感知智能和认知智能

由于三类人工智能技术发展阶段和技术要求不同，它们在产品研发和实践应用中显现出不同的特点。从产品研发的企业技术门槛要求来看，呈现为从技术门槛相对较低到门槛较高、再到显著的高技术门槛。正因为如此，目前市场主流的智能教育产品仍然是基于计算智能和感知智能技术的教育教学产品，体现认知智能的产品数量少，且往往限定在特定场景或特定领域之中。从产品中体现的智能技术应用层次来看，基于计算智能的应用与教育场景只做了浅层的结合，基于感知智能的应用与教育场景做到了中等层次的结合，基于认知智能的应用与教育场景做到了深层次的结合，这也是人工智能＋教育进一步发展的方向。

🔧 1. 计算智能及在教育领域应用

计算智能的主要技术特点为应用了机器学习算法与思想，具备快速计算与持久存储能力，能迅速读取、处理与分析结构化或半结构化的数据。典型应用场景是在在线学习系统中，采用基于KNN的协同过滤算法（数据挖掘分类技术）进行封装开发，作为学习资源的推荐引擎。

🔧 2. 感知智能及在教育领域应用

感知智能的技术特点体现为借助语音识别、图像识别、手势识别等技术，具备处理听觉、视觉、触觉等环境信息的能力；通过语音、视觉技术，实现人与机器的自然交互。典型应用是在英语口语测评系统中，将评分规则与通用的口语发音、识别、文字转写技术结合，进行封装开发，作为口语评测引擎。

🔧 3. 认知智能及在教育领域应用

目前重点发展的是特定领域认知智能，通常会与特定领域的知识体系相结合，需要根据业务要求定制模型或开发新算法。其典型应用为在个性化作业系统中，通过专家经验学习，形成学科知识图谱；通过采集学生学习行为数据，形成用户画像；综合知识图谱和用户画像，形成个性化推理引擎。

四、人工智能教学系统

人工智能教学系统由学情分析、智能推荐、决策支持三个模块组成。

🔧 1. 学情分析模块

学情的内容非常广泛，学生的各个方面都可能影响他们的学习。如学生的知识结构、学生的兴趣、学生的思想、学生的认知状态和发展规律、学生的生理和心理状况、学生的个性、发展现状以及学生学习动机、学习兴趣、学习内容，等等。

"学情分析"称为"学习者分析"。该模块采集班级所有学生的行为数据、基础信息数据和学业数据，将之与教师教学数据打通、汇聚、规整与分析，通过大数据分析与人工智能处理，形成学生个性与班级群体的画像，生成学情分析报告提供给教师。学情分析被广泛地应用于包括教学预设、课堂教学、备课与教研等教育场景应用中。如图11.4所示。

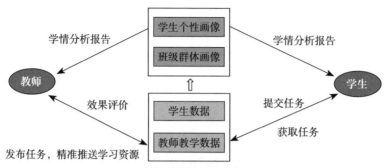

图11.4　人工智能教学系统之学情分析模块

以英语老师某节英语作文课为例，介绍人工智能教学系统学情分析模块的工作原理：

① 进行英语作文的批改与学生数据的采集，与教师教学数据融合，生成本节课的个人与班级的学情分析报告。学情分析包括各类分析指标，如"作文练习错误类型分析图"指标可帮助老师全面了解全班作文练习中的薄弱点分布状况。

② 老师针对全班学情分析报告中出现的低分组高频薄弱点（如拼写错误）和高分组高频薄弱点（如成分缺失错误）进行精准讲评。

③ 学生根据个人学情报告和老师讲评，对作文进行在线修改，包括订正拼写错误、修改成分缺失错误等。

④ 学生修改完成后，学情分析模块提供实时的反馈和效果评价，再次向老师提供班级和个人报告、向学生提供个人报告，便于学生及时更改、教师进一步针对性地指导。

⑤ 老师将修改后的优秀作文通过上传、共享等方式分享给全班，学生分组讨论并学习优秀作文以取长补短，提升写作水平。借助于学情分析，本次英文写作课的教学过程达到了个性化教学的目的。

学生在身心发展、成长过程中，其情绪、情感、思维、意志、能力和性格等方面还很不稳定和成熟，具有很大的可塑性和易变性，可以通过情感计算技术分析了解其生理心理与学习内容是否匹配以及可能存在的知识误区，充分预见可能出现的问题，对课堂进行有针对性的分析，使教学工作具有较强的可预见性、针对性和实效性。

⚙ 2. 智能推荐模块

该模块通过对学生的学情数据和基础数据进行数据挖掘，并根据学生的学习目标、学习风格、学习习惯以及对知识点的掌握情况，构建学科知识图谱，为学生规划出个性化的学习路径，利用自适应学习技术为学生智能化推荐微课资源、试题资源、课件资源和其他学习资源，使学生开展个性化学习。智能推荐被广泛地应用于学生自主学习、课后练习等教育场景应用中。如图11.5所示。

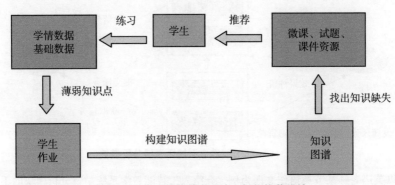

图11.5　人工智能教学系统之智能推荐模块

以某位学生数学学习为例，介绍人工智能教学系统智能推荐模块的工作原理。

通过智能识别技术，收集此位学生平时的习题数据与考试数据，使用人工智能技术统计其薄弱知识点，对该学生进行认知诊断。

将该学生自身的薄弱知识点与知识点学习的先后顺序关系相结合，构建出此学生的学情知识图谱，通过图谱找出其认知缺失，形成该学生的数学学习的个性化路径。

根据个性化学习路径，按知识点先后次序个性化地向该学生推送数学微课、习题和课件。

在完成推荐的资源后，该学生再次进入"数据收集—诊断建模—个性化推荐—数据再收集"的个性化线上学习闭环。

在线下，真人数学老师根据该学生的知识图谱，针对其薄弱知识点进行个性化教学、布置学习任务等，形成线下学习微循环。

由此，通过线上线下、集中和自主等多种学习方式补齐该学生的数学知识短板，展开个性化学习。

⚙ 3. 决策支持模块

该模块通过数据采集工具采集区域或学校内的教学、学习、考试、管理等场景数据，并提供给数据加工系统进行存储、加工，生成用户画像，进行相关业务建模；利用业务建模、数据可视化等技术手段，将数据进行集成展示；数据分析系统提供监控、模型预测和模拟等功能，辅助管理者进行学校或区域的教育管理和教育治理。决策支持被广泛地应用于学校的校园管理、区域的教育管理与教育治理等教育场景应用中。如图11.6所示。

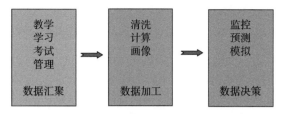

图11.6　人工智能教学系统之决策支持模块

以师生管理为例，介绍人工智能教学系统决策支持模块的工作原理。

收集学生对教师教学的评论、点赞数，学生对老师的私信数，对教师公告信息的回复数，学生间相互作业批改、相互提问以及私信数等互动数据。

对原始互动数据进行加工，获得标准化的师生互动数据，并进行师生画像，构建该校的师生社交网络；在该网络中，师、生以节点表示，不同节点间的连线表示不同的师生、生生互动关系，节点连接数与连接比例可表示互动的积极程度。

利用人工智能算法得到社交网络中最具影响力的学生与老师，计算出师、生的影响力指数。

根据可视化的师生、生生关系，以及数量化的师、生影响力指数，学校的管理者做出相应的教育管理制度调整。

五、人工智能＋教育的典型应用场景

回顾教育发展历程，每一次科技发展都会给教育带来变革，目前人工智能蓬勃发展，与教育逐步融合，重构传统的教学方式和学习模式。

✿ 1. 人工智能＋教育应用场景通用架构

人工智能＋教育应用场景通用架构遵循"数据是基础，算法是核心，应用是目的"的原则，如图11.7所示。

获取训练样本	人工智能技术	教育应用场景
学生大数据	语音识别	口语听力、考试测评、智能助教等
	图像识别	拍照搜题、智能批改、考勤、学情分析等
	自然语言处理	语义识别、智能问答、语言教学等
	知识图谱	智能搜索、个性化推荐
	自适应学习	个性化学习材料推荐

图11.7　人工智能＋教育应用场景通用架构

目前在教育领域声称采用人工智能技术的产品和公司不胜枚举，判断一家公司或一款产品是否属于"人工智能"范畴，主要通过是否在产品中应用了人工智能技术作为标准。

⚙ 2. 英语口语测评

英语口语测评场景主要应用在口语学习和配音产品中，不同的场景考查学习者不同的口语能力。"测"的场景主要体现在原文朗读，同时具备一定的复述处理能力，即可以"听懂"学习者脱离原文叙述的内容，而不仅仅是对原文的逐词识别。"评"的场景表现为对学习者的语音语调标准度、表达能力、流利度进行自动评分与纠正，机器评分告知学习者其对口语的掌握程度，并给出正确的演示。

英语口语测评原理：对于现场朗读类的评测，首先提取朗读者的声学特征并补偿，然后结合朗读的文本内容，考查重点的关键单词，对发音音素进行正确的排序，确定好朗读文本的停顿位置，再结合标准英语朗读数据库，采取多维度评分，进行特征提取，通过机器评分映射模型，得出机器评分。

对于范文复述类的评测，首先人工标注出范文中的关键词，再利用通用语言模型和声学模型进行初次解码，挑选出自适应数据，然后结合人工标注的关键词开展多维度评分，提取特征，结合专家评分映射模型，得出机器评分。

⚙ 3. AI课堂

说起课堂，我们自然会想到有围墙的校园，一间间教室、一排排桌椅。我们固有概念中的课堂形式是固定的人在固定地点、固定时间、学习固定内容的课程，而人工智能彻底改变这种传统的课堂形式，AI课堂使任何人在任何地点任何时间都可以学习任何内容，也就是从固定教育走向泛在教育。人工智能课堂，就是用自然语言处理、图像面部识别技术通过人工智能算法实施整堂课的教学。

AI课堂原理：课前，利用人脸识别技术进行考勤签到。课中，通过语音识别、行为识别、自然语言处理、表情识别等技术开展课程讲解并感知学生的情绪，与学生进行对话与互动。课后，开展组卷、测验、评价，针对不同的学生开展个性化教学。基于动态教学数据分析，形成课前、课中、课后的教学闭环，实现智慧教学。见表11.1。

表11.1　AI课堂的主要研究方向和主要技术

主要研究方向	主要技术
课程质量监测	人脸识别、语音识别、行为识别
学情分析	知识图谱
口语测评	语音识别、自然语言处理
虚拟老师	机器学习
师生匹配	机器学习

剖析其中的关键技术，一个汉字或一段中文句子可能代表多种含义，一个相近或相同的意思也可以用多个汉字或多段中文句子来表示，这正是人类语言的魅力。但计算机理解歧义性或多义性的语言是相当困难的，自然语言处理的目的就是要把带有潜在歧义的自然语言输入转换成某种无歧义的计算机内部表示，使人们无须花费大量的时间和精力学习不符合人类语言习惯的各类计算机语言，用自然语言与计算机进行通信。

行为识别技术是适时测评学习者的学习行为和心理，通过一些智能化的穿戴设备采集学生的数据，经过比对常模（常模是心理测验用于比较和解释测验结果时的参照分数标准。测验分数必须与某种标准比较，才能显出它所代表的意义）可发现学生在体质健康、运动知识、运动技能等的情况，形成监测报告，提供个性化教育建议。

⚙ 4. AI走班排课

高考取消文理分科，实行"3 + 3"模式，即：语文、数学、外语为必考科目，物理、化学、历史、地理、生物、政治六科任选三科进行考试。外语有两次考试并取高分，选考科目在高三第二学期进行，统考科目在6月举行。高考成绩采取"两依据一参考"所决定。"两依据"是指一是依据统一高考成绩；二是依据普通高中学业水平考试成绩。"一参考"是指参考学生综合素质评价，从而实行综合评价、择优录取。高考从标配走向自选，带来了诸多问题：学生如何在20种不同的组合中选择合适自己的课程？学校如何分班？如何走班？老师如何配备？考勤如何管理？如何从一班一课表到一人一课表转变？走班教学质量如何评价？催生了走班排课系统的旺盛需求。

AI走班排课原理：学生通过职业生涯规划软件的测评，获取智能选科推荐。智能分班引擎读取学生、教师、课程等大数据信息，根据教师、学生、班级、课程等相关的条件和限制，对各因素进行综合分析和匹配，最终获得最优化的输出，形成学生课表、班级课表、教室课表三种多维度的课表。通过生成的智能班牌，实现校园文化管理、走班考勤管理和学生请假管理，同时通过大数据精准教学开展综合素质评价。如表11.2所示。

表11.2　走班排课系统组成

生涯规划系统	数据挖掘、自然语言处理	智能排课
选排课系统	大数据、人工智能算法	智能排课
智能班牌	智能语音、人脸识别	智能班牌

⚙ 5. AI校园安全

校园安全是学校办学质量的基础前提，利用人工智能的人脸识别和视频分析技术，可实现校园出入门禁管理、高空抛物预警、楼梯拥挤预警等，为校园暴力、踩踏事故增加安全屏障。食品安全是校园安全管理的另一个重点内容，基于视频分析的人工智能技术为打造"明厨亮灶"提供了解决方案。

　　AI校园安全原理：借助人工智能技术实现事前预防、安全督导和事件全程跟踪处置。系统的关键在于针对不同的目标准确识别、分类，通过利用计算机视觉、智能语音、数据挖掘等多种人工智能技术进行目标信息提取，通过视频监控系统、门禁控制系统、考勤系统结合深度学习技术、物联网技术、大数据分析技术实现平安校园的各类智能化场景应用。

❀ 6. 智能批改

　　智能批改是教师在线上布置课后作业，系统会同时通知学生和家长，学生在纸面上完成后拍照上传至系统，或直接在线答题后提交，系统利用人工智能技术对作业的对错自动判读、自动评分，生成学习分析报告和错题提示，向教师、家长和学生进行反馈。这样家长可以在系统上

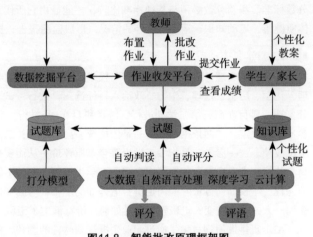

图11.8　智能批改原理框架图

监督学生作业完成情况，教师可以通过学习分析报告，针对每一名学生的学习情况制定个性化教学方案，同时系统也会为学生自适应推荐习题。

　　智能批改原理：智能批改是将学生提交的作业通过基于深度学习的文字识别技术处理后与标准数据库进行比对分析，然后用自然语言处理、数据挖掘等技术进行评阅，再通过云计算技术推荐个性化学习方案。如图11.8所示。

❀ 7. 分级阅读

　　分级阅读是指根据每位学生的阅读能力和认知水平，按照语言学习规律为其推荐合适的阅读书目，以促进学生的阅读能力、品质、情感和价值观的发展。传统的分级阅读往往是根据学生的年龄来推荐阅读书目，由此产生"一刀切"式阅读教育的弊端。分级阅读类的人工智能产品实现了学生的自适应阅读，能精准地按照学生个人的阅读水平、兴趣爱好匹配个性化的书目，解决了学生阅读太难的书失去兴趣、阅读难度低的书无法提升阅读能力的问题。

分级阅读原理：分级阅读的提出是为了向学生推荐匹配其阅读能力且感兴趣的阅读资源，从而实现阅读的个性化。具体是通过学生阅读能力智能评估、阅读资源库建设以及配套的推荐算法三个方面来实现智能分级推荐。如图11.9所示。

阅读能力智能评估	阅读资源库	推荐算法
利用基于人工智能技术的评测系统衡量学生对内容的理解程度，清楚地了解学生阅读能力的变化，以实现根据每个学生的阅读表现推荐书籍	利用自然语言处理等技术对阅读内容进行测定分级，确定其难度，打上标签	利用相应的推荐算法，根据学生的阅读水平和偏好，向其推荐与学生的偏好、阅读能力匹配度最高的阅读内容

图11.9　人工智能分级阅读原理框架图

⚙ 8. 智能陪练

智能陪练是基于自然语言处理、语音识别、语义识别、机器学习等技术，帮助被训练者针对某一学习目标反复练习，直至熟练掌握的智能化学习平台。

智能陪练原理：运用知识图谱、大数据和智能识别算法，对练习者进行智能纠错、智能评分、智能剖析，对练习者开展个性化测评，分析其学习情况并生成测评分析报告，根据测评报告，为练习者生成个性化的练习方案，实现自适应学习。如图11.10所示。

图11.10　人工智能陪练原理框架

人工智能教育可以通过大数据分析更有针对性地对学生实施个性教学，但人工智能并不能完全替代真人教师。那么人工智能在教育中到底扮演怎样的角色呢？人工智能虽然不能彻底取代老师在教育中的核心作用，但是基于深度神经网络的人工智能教学系统可以根据学生的不同情况进行测评，挖掘海量的学生行为大数据，以识别每位学生的个性特点，做出相应的知识规划，并从海量的学习资源中找到合适的学习内容推荐给学生，满足学习者的个性化学习需求；同时也可以承担大部分知识点的讲解任务。而真人老师则可以有更多的时间和精力关注学生的个性发展、兴趣培养，实现真正的因材施教。教师和人工智能积极配合互补，把对学生习惯的养成、兴趣的培养以及人格的塑造作为重要教学任务，培养学生适应未来生活的技能、品德和人格，让每个学生都成为优秀的自己。

第十二章 人工智能应用之农业

根据联合国粮农组织预测，到2050年，全球人口将超过90亿，尽管人口较目前只增长25%，但是由于人类生活水平的提高以及膳食结构的改善，对粮食需求量将增长70%。与此同时，全球又面临着土地资源紧缺、化肥农药过度使用造成的环境破坏等问题。如何在有限的耕地条件限制下增加农业的产出，同时保持可持续发展？人工智能作为解决方式之一，展示出了其强大的实力。

一、智能农业概述

传统农业利用信息技术，与物联网、大数据、人工智能和3S技术相结合，实现智能农业。举例来说，在智能农业场景中，我们可以通过计算机视觉、图像识别、深度学习为主的人工智能技术来实现作物产量预测、土地规划及病虫害防治。还可以通过传感器、摄像头等检测设备，使用无线传感技术，实现动植物的远程监控、管理等。再利用天气、土壤、农作物、病虫害以及动物身体特征数据等作为大数据基础，对动植物生长情况进行分析、预测等。也可以使用遥感技术实现作物勘测、生长情况以及病虫害预测、预防，运用GPS进行精准定位、跟踪等。

广义的农业分为种植业、林业、畜牧业、渔业以及副业等五种产业形式。农业产业链包括生产环节、经营环节、信息服务环节以及装备等四个部分。在农业生产环节，智能农业对农业生产的各要素进行数字化设计、智能化控制，促进生产要素的优化配置，推动农业生产向集约化、规模化、精准化转变；在农业经营环节，智能农业通过"互联网＋"电子商务等模式，发展农业新业态，促进农业一二三产业的融合发展，实现农民收入持续较快增长；在农村信息服务方面，智能农业可以实现农村信息服务的个性化、精准化，提高服务效能；在智能农业装备方面，主要集中在智能工厂、数字化车间、农业专用传感器、农业大数据与云计算、农业物联网、农业机器人等智能化农机装备等方面。

传统农业种植在产前环节主要需要作物种子、化肥、农药、农机、农具和温室大棚需要用的农膜；在产中环节，需要对作物进行播种、施肥、除草、灌溉以及病虫害防治等；在产后环节，需要对农产品进行采摘和分拣。

传统的畜牧养殖需要选址、建设养殖舍、选种以及准备饲料和兽药；在产中环节，需要进行繁育、饲养以及疾病防控和环境清理等管理；产后环节，需要对畜禽进行称重和屠宰。见图12.1。

目前，以物联网、人工智能为主的新技术，主要应用于农业和畜牧业的产中环节。

农业生产环节种植方式主要分为设施种植和大田种植，见图12.2。大田种植主要以粮食作物为主，其中包括世界三大口粮：水稻、小麦和玉米。而设施种植由于成本的问题，主要以经济作物为主，包括蔬菜、水果、花卉等。设施种植分为温室大棚种植、集装箱种植两种，目前多采用无土栽培技术，利用LED灯代替自然光，自动控制植物光合作用，增加植物营养。由于设施种植不受天气气候及病虫害等因素的影响，可以提高作物产量，增加效益。

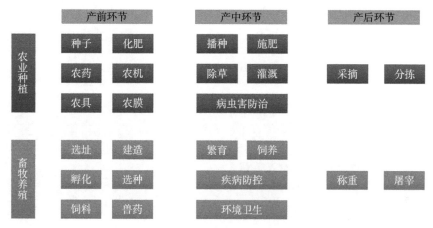

图12.1　农业种植和畜牧养殖的生产环节

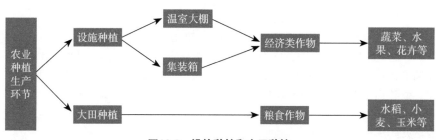

图12.2　设施种植和大田种植

　　目前，大田种植主要运用3S技术、人工智能技术监测室外的天气气候、病虫害以及农作物生长等数据，而设施种植主要通过物联网技术实施监测空气温湿度、二氧化碳浓度以及作物生长情况等。

二、智能农业数据平台服务

⚙ 1. 智能农业数据平台服务系统

　　数据平台服务是指利用遥感、无人机航拍以及传感器等技术进行气候气象、农作物、土地土壤、病虫害等数据的收集与分析，为农业企业提供实时跟踪农作物的生长情况、监测病虫害、预测农作物产量等可视化管理服务。如图12.3所示。

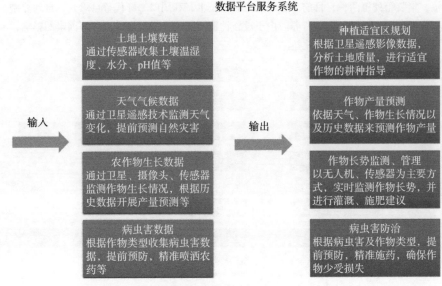

图12.3　数据平台服务

⚙ 2. 数据平台服务数据的收集方式

数据平台服务的数据通过"空、天、地"三种方式进行收集。

"空"是指通过卫星遥感技术收集土地、农作物以及天气气候等数据。具体而言是利用卫星可以获取农作物数据、天气数据及病虫害数据。农作物数据是利用遥感技术，根据不同作物呈现的不同颜色、纹理以及形状等遥感影像信息，划分农作物种植面积、监测农作物长势、估算农作物产量等；通过卫星获取天气数据，监测病虫害和自然灾害等。

我国在农业方面应用的空间卫星主要有风云气象卫星、北斗卫星和高分卫星。三者搭配地面监测站使用，能够获取实时以及高分辨率的数据。利用深度学习等人工智能技术实现种植面积规划、地块位置确定、地块边界划分等。根据历史数据，包括历史地形、坡度、土壤综合情况以及气候等，预估农作物产量和估算生长周期等。农业卫星目前多应用于大田种植，如图12.4所示。

"天"是指运用无人机航拍实时监测农作物长势、病虫害等数据。无人机可以通过机载摄像头航拍或搭载遥感传感器来获取农业数据，依据不同作物的光谱特征，识别作物生长情况，监控病虫害情况，更好地进行田间管理。目前用无人机收集农业数据的实际应用较少。

"地"是指利用传感器采集空气／土壤的温湿度、土壤水分、光照强度和农作物生长数据。传感器是农业物联网的基础，多用于以温室为代表的农业设施中，可以收

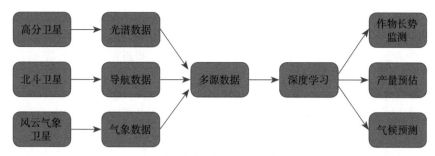

图12.4　农业卫星应用

集空气／土壤温湿度、二氧化碳浓度、光照强度、土壤水分、农作物生长情况等数据，以提高作物产量与农产品的品质。

通过传感器收集了农业数据后，通过小基站将数据集成，运用无线网络传输将集成后的数据传输到大基站中，再将数据存储到云上。通过对云上的数据进行分析以及模型构建等操作后，在终端实时显示，对作物生长进行精准管理。图12.5显示了农业数据加工的过程。

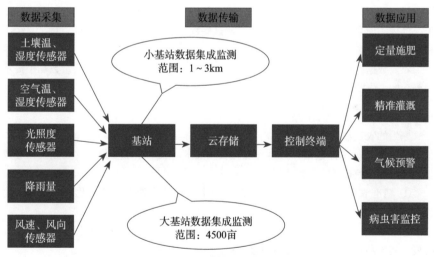

图12.5　农业数据的加工过程

⚙ 3. 数据平台服务中"数据"存在的问题

农业生产、加工、流通等环节会产生大量多源异构的农业数据，并且这些数据每天都在呈指数级增长。如何利用数据挖掘与人工智能技术发现或提取其中的有效信息与潜在价值，对于实现农业产业链的整体管控具有重要意义。

　　问题1：数据混杂、质量不高。农作物的产量与作物生长数据、气象数据、土壤数据以及病虫害数据息息相关，但目前获取到的数据混杂且质量不高。

　　问题2：数据获取难、收集周期长。不同的作物生长周期是不一样的，有的一年一季，有的一年多季，因此农业数据收集是一个长周期的数据积累，短期内难以获取有价值的农业数据。

　　问题3：环境不同、数据多样。我国耕地面积大，但分布严重分散，南北地域跨度大造成南北温差大，使得作物种类呈现多样性特征，导致作物数据多样。

　　问题4：技术研发因素、土壤营养成分数据难以获取。目前已实现气候气象数据、土壤/空气温湿度、水分等数据的收集，但是由于技术原因，能够收集氮磷钾数据的传感器还未研发出来，因此如土壤有机物含量、氮磷钾等营养成分之类的数据还无法获取。

三、智能农业数据挖掘

❂ 1. 农业数据挖掘概述

　　智能农业中的数据呈爆炸式增长，产生全量超大规模、多源异构、实时变化的农业数据，其中有价值密度低的数据块，也有价值密度高的数据块。我们可以利用自然语言处理、信息检索、机器学习等技术从这些数据中挖掘抽取出有用的信息，总结出科学规律，把数据转化为知识。

　　农业数据挖掘可称为数据库中的知识发现，是指从农业数据库的大量数据中揭示出隐含的、先前未知的并有潜在价值的信息的过程。

❂ 2. 农业网络数据挖掘

　　原始的农业数据有的呈现结构化，如关系数据库中的数据；有的呈现非结构化，如文本、图形、图像数据，具体表现为农业技术、农产品市场价格、农业视频等数据，通过数据挖掘后，可被用于：

　　① 精准农业生产，提高农业生产过程中的科学化管理、精准化监控和智能化决策；

　　② 农业水资源、农业生物资源、土地资源以及生产资料资源的优化配置、合理开发，实现高效高产的可持续绿色发展；

　　③ 农业生态环境管理，实现土壤、水质、污染、大气、气象、灾害等智能监测；

　　④ 农产品和食品安全管理与服务，包括市场流通领域、物流、产业链管理、储藏加工、产地环境、供应链与溯源等精准定位与智能服务；

　　⑤ 设施监控和农业装备智能调度、远程诊断、设备运行和实施工况监控等。

　　典型的农业网络数据挖掘工具有美国农业网络信息中心（AGNIC）与美国普林斯

顿建立的Agriscape Search，法国的HyltelMultimedia，中国科学院合肥智能机械研究所研发的"农搜"、华南农业大学的"华农在线"、国家农业信息化工程技术研究中心的"Agsoso"等。

✿ 3. 农业感知数据挖掘

除农业网络数据外，在农业产业链前端以及农业生产过程中，各类物联网感知设备、自动控制设备、智能农机具还要采集大量的数据，该部分数据统称为农业感知数据。由于农业生产的对象是生物，具有多样性、变异性和不确定性，因此农业感知数据存在着季节性、地域性、时效性、综合性、多层次性等特点，并且，在具体的应用场景上也涉及诸如气象、动植物育种、土地管理、产量分析图、畜禽饲养、土壤水肥、植物保护等不同的专业领域。加上物联网数据的不断积累，这些都对农业感知数据的挖掘提出了更高的要求。

典型的农业感知数据挖掘工具有美国Climate Corporation公司的气象数据软件。通过该软件，农场主可以获取农场范围内的温度、湿度、风力、雨水等实时天气信息，与天气模拟、植物构造和土质分析相结合，从而做出生产规划、种植前准备、种植期管理、采收等各环节的优化决策。美国Solum公司开发的软硬件系统能够实现高效、精准的土壤抽样分析，以帮助种植者在正确的时间、正确的地点进行精确施肥，帮助农民提高生产效益。表12.1显示了农业感知大数据挖掘的基本架构。

表12.1　农业感知大数据挖掘的基本架构

农业数据挖掘模型	用于数据的特征提取与模型构建
农业数据挖掘工具集	提供了大量的数据预处理算法和数据挖掘算法
农业数据挖掘服务	提供了针对不同领域、不同用户的个性化数据挖掘与推荐方法

✿ 4. 养殖数据挖掘

在养殖效益分析中，根据养殖原始数据、价格和投入量等，运用数理统计模型、关联分析模型，确定目标函数的具体形式，进行趋势预测和定量分析。以生猪养殖为例，利用神经网络算法挖掘生猪适时出栏量，分析社会资源需求、自然资源、生态环境、畜禽养殖业与其他行业关系等内在数据联系等。

在养殖管理中，以水产养殖为例，采用视频动态监控与图像特征图，根据不同单位面积（或体积）中鱼的密集度，评价鱼群对饲料的需求度。通过数据挖掘寻优技术挖掘饲料成本、个体生长速率、销售情况、养殖环境等数据关系。

✿ 5. 育种数据挖掘

高产是新品种选育的永恒主题，品质改良是新品种选育的重点，病虫害抗性是新品种选育的重要选择，非生物逆境是新品种选育的重要方向，养分高效利用是品种选育的重要目标，适宜机械化作业是新品种选育的重要特征。通过数据挖掘技术，根据丰富的种植经验和积累，从这些众多的品种资源数据库中挖掘出适宜、优质的品种来进行培育。

✿ 6. 作物生产数据挖掘

农业数据和信息具有很强的地域性和时效性，对农作物整个生产过程进行数据挖掘，通过对农作物病害、杂草、品种抗病性以及相关的地理环境等元素分析，发现苗、水、肥、土、虫、气象、灾害数据背后隐藏的信息，可以降低气候异常、病虫害等对粮食安全生产的影响；实时提供相关的预测、时令性和指导性的信息，合理投入化肥、水、农药等。例如利用GIS技术对蝗虫暴发和土壤类型、降雨情况以及它们的群种和密度进行研究，通过画出蝗虫暴发的程度空间分布图来对其进行统计预测。

四、人工智能养殖

畜牧业主要分为四个核心环节：育种、繁育、饲养和防疫。当前，畜牧业存在很多问题，抗生素使用过多，畜禽产品药物残留严重，产品质量较差；畜禽每天的排泄物造成当地的环境污染；同时，畜禽产品死亡率过高，成本居高不下。因此，利用人工智能、物联网技术降低畜禽死亡率、提升产品质量，大有裨益。

✿ 1. 人工智能养殖概述

人工智能、物联网技术主要应用在繁育、饲养以及防疫三个阶段。表12.2显示了传统养殖与人工智能养殖之间的对比。

表12.2　传统养殖与人工智能养殖

传统养殖模式		人工智能养殖模式	
人工饲养	经验管理	精准饲养	实时监控
传统养殖户定时饲养，劳动力繁重	靠养殖户的经验来预估发情期，进行繁育管理	自动化喂养装置，按需喂养，实现营养均衡	通过摄像头等实时监测养殖舍的情况，预测发情期，提升出生率，降低死亡率
药物防病	环境污染	健康防病	技术管理
在饲料中加入抗生素、打针、吃兽药等治疗疾病	人工清粪、打扫养殖舍，处理不及时，对环境造成污染	通过传感器检测猪舍温湿度，控制光照强度，通过良好的外部环境预防疾病	利用耳标、摄像头等设备，通过技术分析畜禽的行为，实现精准管理

在具体实现上，主要是通过环境控制系统、饲料喂养系统以及信息化管理系统等实现规模化养殖，解决抗生素使用过多以及养殖死亡率较高等问题，多应用于猪、鸡、牛等中国食用肉类较多的畜禽产品上。

⚙ 2. 人工智能养殖的实现原理

通过传统的耳标、可穿戴设备以及摄像头等收集畜禽产品的数据，对收集到的数据进行分析，运用深度学习算法判断畜禽产品健康状况、喂养情况、位置信息以及发情期等，对其进行管理，其实现原理见图12.6。

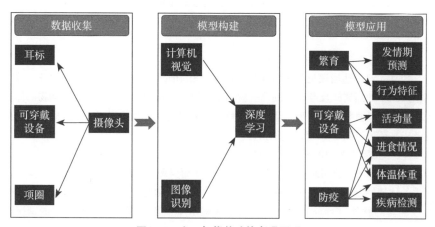

图12.6　人工智能养殖的实现原理

⚙ 3. 养殖业的可穿戴设备

可穿戴设备，可以使动物的疾病检测变得更简单，降低了动物的患病率，进而使得养殖业能够节省大量的成本，并减少人为风险。

（1）母鸡用RFID标签

动物研究员Micheal Toscano给母鸡配置了RFID标签。他发现，每只母鸡都有特定的行为模式。他说："观察并比较它们的每日活动图表，你会惊讶地发现，任何一天里，某只鸡都要做同一件事情，从不间断，就像体内有个小闹钟。"

（2）防母猪挤压小猪的设备

在农场中，母猪压死小猪的情况经常发生。爱荷华农业科技创业公司SwineTech为母猪佩戴一种可穿戴设备，进而减少仔猪的挤压死亡率。首先在母猪的产仔栏中安装了一种设备，可以探测并测量仔猪的叫声，并且可以从众多的仔猪叫声中准确分离出特殊的由于窒息而导致的尖叫声。当产仔栏中的设备判断出母猪正在挤压一只小猪时，母猪身上的可穿戴电子设备会对母猪发射电磁脉冲，阻止挤压行为。同时母猪的可穿戴设备还可以为农户提供母猪的健康信息。

（3）SmartAHC猪用无线耳标

新加坡的一家农业技术型创业公司Smart Animal Husbandry Care（SmartAHC）为农场里的生猪研发了一款专属的"手环"——无线耳标。通过安装无线耳标，每头猪的体温、体征和交配周期等数据都会实时反馈到其终端的"电子医生"医疗监测系统中，该系统运用AI模型监测和显示猪的发情期，帮助牧民决定配种的最佳时间，相较于传统的人工试验法，前者依靠实时客观数据的方法会更准确一些；此外，系统也能在人眼可见疾病出现之前进行预警，避免疾病的暴发。智能耳标采集到的实时数据还可以供保险公司和银行使用，逐渐改善养猪行业的金融服务环境。当智能耳标大范围推广时，政府也可以通过这些数据准确判断短期内有多少猪出栏等，从而精确控制猪价。

（4）植入牛瘤胃的可穿戴设备

加拿大亚伯达居民尼尔·海尔瑞迟（Neil Helfrich）发明了一种无线设备，并将其植入到牛的瘤胃（反刍动物的第一胃）中。这款设备的设计能够使其在动物的体内保持稳定、垂直状态，用来测量牛饮水量、体温变化，以及预测疾病等。此外，这款设备未来还可以测量pH值或其他指标。

（5）监测牛体征的FarmnoteColor

日本Farmnote公司研发和生产针对牛的电子可穿戴设备FarmnoteColor，可实时监测牛的体征情况。它贴在牛的头部，实时收集每个动物的个体信息。这些数据信息会通过配套的软件进行分析，一旦分析结果显示牛出现生病、排卵或生产的情况，Farmnote会向农户的手机端自动推送提醒信息。在这套标准化软硬件方案基础上，农户也可以将已知的自家牛群的信息集成到Farmnote的系统中，从而进一步提高牛群个体体征数据分析的准确率。值得一提的是，这套软硬件方案同时适用于奶牛和普通肉牛。

（6）奶牛专用Silent Herdsman

通过佩戴在奶牛脖子上的可穿戴设备——Silent Herdsman，Embedded Technology Solutions可以24h不间断地收集数据，归纳出奶牛日常行为的一般规律，比如平常活动的场地、时间等等，并在此基础上挖掘出更深层的信息，比如奶牛的发情期等等。通过精准地配合奶牛的日常行为，可以帮助农场主更好地养殖奶牛，获得更高的经济收益。此外，对于出现异常的动物，Silent Herdsman可以通过基站，向农场主的电脑、手机等设备发出警报，从而帮助农场主保持动物健康，增加产量。

（7）Connecterra奶牛可穿戴设备

Connecterra是一家荷兰的农业科技公司，主要研发和生产用于奶牛身上的可穿戴设备。其模式是通过数据采集，把数据上传到云端，在云端进行数据分析和机器学习，最后把分析结果发送到用户的客户端（电脑、手机或智能移动装置）。数据采集有两类来源：戴在奶牛脖子上的智能传感器和牧场上的固定探测器。这些探测器会把各类信息实时上传到云服务器上。在云端服务器，Connecterra研发了自己的算法，通过机器学习（machine learning）让这些海量的原始数据变成直观的图表和信息发送到客户那里。这些信息包括奶牛的健康分析、发情期探测和预测、喂养状况、位置服务等。

（8）Quantified Ag健康追踪设备

Quantified Ag推出类似"Fitbit"的健康追踪设备，用来监测牛的体温、头部姿势、步数等可反映肉牛健康情况的数据。该设备记录的数据会无线传送到中央服务器，之后用于分析动物是否有异常问题。之后，被检测到不正常的动物会被拉出来进行详细的检查。

（9）Vital Herd奶牛"电子药片"

Vital Herd公司是一家为动物健康与营养管理项目提供SaaS解决方案的供应商，致力于通过连续的、自主的、个体的动物监测推进全球乳肉制品生产行业现代化，提高生产商经济效益与动物福利。Vital Herd的第一款产品面向乳制品生产商，为他们提供实用的数据导向型解决方案来提高产量。每一头奶牛都要摄入一粒"电子药片"（ePill）。这种"电子药片"中含有一种新型传感器，可以感应像心率、呼吸率、胃部酸度和荷尔蒙水平这样的指标，如发现问题，它会及时通过短信通知农场工人。

（10）无声的牧人（Silent Herdsman）

"无声的牧人"是一款专为奶牛设计的智能颈圈。该设备的智能监控系统使用一个无线网络驱动的颈圈，以此检测奶牛行为模式，并自动提醒奶农有关奶牛正常行为的变化、包括分娩和发情的相关模式。因此，该智能设备还可通过减少人力成本和增加牛奶产量来提高牧场效率。

⚙ 4. 人工智能养殖案例：网易味央与阿里养猪

中国是世界上最大的猪肉生产国，也是第一大猪肉消费国，养猪是一个巨大的产业，而该产业仍然存在生产效率低以及抗生素使用严重等问题。网易和阿里分别用不同的方式改变着养殖产业目前存在的两大问题。网易旗下农业品牌网易味央，专注于提供高品质肉类生产及行业解决方案，利用RFID耳标为主要监控设备，通过严格监管，以养销一体化来提升猪肉品质。而阿里云利用机器视觉、语音识别等新技术提高母猪的生产率以及降低猪仔的死亡率，见表12.3。

表12.3　网易味央与阿里养猪

项目	网易味央	阿里云
目的	提升猪肉品质和质量	提高母猪生产效率、降低猪仔死亡率
方式	RFID耳标、自运营	RFID耳标、摄像头，与传统养殖厂商合作

项目	网易味央	阿里云
优点	整合产业链，品质保证	新技术提高生产效率
缺点	成本高、耳标收集数据纬度低、监测指标少、猪对耳标有抗拒	猪生长周期短，外貌变化快，语音、猪脸识别技术不成熟

　　网易味央创新性地提出以品质和安全为核心的养殖理念，从选址到建猪舍，再到猪仔培育，经过防护系统、管理系统、环保系统等三层保证，让猪群在农场里可以快乐地生活，以提高猪的免疫力，减少生病概率，产出优质、安全、美味的猪肉。对于防护系统，进出车辆消毒、进入人员穿防护服等隔离了外界病源；对于管理系统，智能摄像头全程监控，猪的身体状况、进食量甚至排泄物等都可以通过传感器远程监控，通过听音乐放松心情，自由行动保证运动量，自主研发液态猪粮并按需喂养来达到营养均衡；最后对猪舍、粪便、尿液进行定点收集、定点清理以及定点处理等，保持卫生，实现了零污染零排放的效果，如图12.7所示。

来往车辆消毒，　　　听音乐——心情愉悦　　粪便回收系统——有机肥料
人员穿防护服，　　　耳　标——监测猪温　　尿液处理系统——纯净水质
屋顶双层结构　　　　液态猪粮——营养均衡　猪舍排污系统——定时清洗
　　　　　　　　　　按需喂养——健康成长
　　　　　　　　　　采光板——隔热杀菌

防护系统　　　管理系统　　　环保系统

图12.7　网易味央养猪理念

　　基于阿里云ET大脑的视频图像分析、面部识别、语音识别、物流算法等人工智能技术，通过摄像头监控、耳标监测收集猪的数据，对环境中的各项条件，以及畜牧自身从受孕到出生再到成长过程中每一项数据进行监测，为每一头猪建立一套档案，包括猪的品种、日龄、体重、进食情况、运动强度、运动频次、运动轨迹等。这些数据可以用来于分析猪的行为特征、体重、进食情况、运动情况等，提高猪仔存活率、保证料肉比等。结合声学特征和红外测温技术，还可以通过猪的咳嗽等行为判断是否患病，做出疫情预警。阿里云ET大脑还可对母猪年生产力进行预测，即每头母猪每年提供活的断奶仔猪的头数，这是衡量猪场效益和母猪繁殖成绩的重要指标。对于生产力下降的母猪，阿里云ET大脑将提前给出淘汰意见，见图12.8。

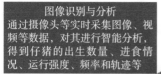

图像识别与分析
通过摄像头等实时采集图像、视频等数据，对其进行智能分析，得到仔猪的出生数量、进食情况、运行强度、频率和轨迹等

声音识别
通过分析猪在不同时期的叫声来判断是否患病并做出疫情预警，同时识别小猪的尖叫声来及时解救被母猪压住的小猪

红外测温
通过红外探测装置实时收集猪的体温等数据，根据对数据的分析，来判断猪的病情等

图12.8　阿里云布局养猪业

五、农业病虫害智能管理

⚙ 1. 智能施药

单棵果树是最小的作业单元，果树的位置、树冠大小是果树施肥、灌溉和果树病虫害防治中确定投入量多少的重要依据。无靶标喷施造成的靶标以外大量农药沉积是果园农药残留的主要原因之一，对靶喷药技术是降低农药残留的有效手段，其关键技术是靶标探测技术。

目前果园靶标探测主要采用红外、图像和超声等探测技术感知果树冠层形状及位置信息，该方法能准确判断稠密树冠存在与否，甚至能很好地探测出靶标外形轮廓。

红外靶标探测基于红外光漫反射探测原理，采用红外发光器发射红外光，通过果树靶标叶面反射，远距离聚光，光敏元件接收反射光，经过自然光降噪和电路处理，将检测到的靶标信息转换为电压信号。

基于图像处理的靶标探测技术主要采用CCD（charge coupled device）相机拍照与图像处理相结合的方法探测靶标信息。

超声靶标探测主要利用超声波回波原理，通过分布在不同高度位置的超声波传感器在移动中对靶标冠层边缘进行距离扫描测量，根据靶标冠层的距离扫描值绘制出靶标冠层的直径及外形轮廓信息。

激光靶标探测采用连续波相位式激光测距扫描，根据波段的频率对激光束进行幅度调制并测定调制光往返测线一次所产生的相位延迟和调制光的波长，换算探测距离。采用旋镜技术实现二维扫描，结合拖拉机的运动状态，实现对靶标的三维扫描。

⚙ 2. 农业病虫害AI图像识别

基于AI图像识别的农业病虫害自动监测识别系统框架如图12.9所示。

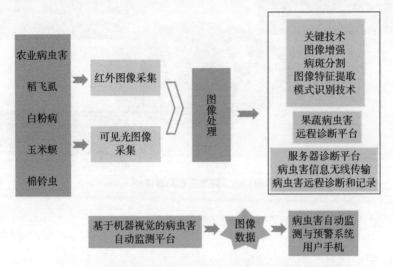

图12.9 基于图像识别的农业病虫害自动监测识别系统框架

系统首先对病虫害图像进行采集，根据室内和田间分为两种方法。室内病虫害图像采集主要是将田间的病虫害材料采集到室内，通过拍照获取图像。为获取清晰的图像需应用图像采集箱完成拍照工作。田间病虫害图像采集可直接应用野外相机对寄主植物进行监测，或应用监测装置进行图像采集。获取到图像信息后，通过传输网络将病虫害图像数据上传到病虫害自动监测与预警系统或用户手机、PDA。同时，病虫害自动监测与预警系统通过气象站进行害虫生长环境信息获取。

六、农产品智能管理

⚙ 1. 环境智能调控

温室是农业生产摆脱自然条件制约，实现反季节生产，提高土地出产率、增加作物产量的重要现代化农业设施。一切生物都有其生长所需的适宜环境。现代温室之所以能够获得速生高产、优质高效的农产品，就在于其能够在很大程度上摆脱地域、季节或恶劣气候等自然条件的制约，构造出一个相对独立且近乎理想的人工气候小环境，从而实现周期性、全天候、反季节的工厂化规模生产。

智能温室大棚可根据动植物生长的适宜条件进行环境智能监控和调控，通过智能化的气象预报和空气检测技术，使得温、光、水、气、肥诸环境要素协调至最佳状态。

得益于人工智能等技术，智能温室已经可以实现多因子调控和节能低碳等环境调控措施。温室植物生长数字化与可视化过程的虚拟实现则主要依靠VR技术在计算机上模拟植物生长和调控过程，可以进行调控决策优化。深度学习技术可以从视频或者图像中获取叶片的亮度、颜色变化等信息，判断出植物体内氮磷钾元素含量，从而推断其营养状况指导灌溉控制。

⚙ 2. 水产养殖环境监控

水质是水产养殖最为关键的因素，水质的好坏对水产养殖对象的正常生长、疾病发生甚至生存都起着极为重要的作用，因而在水产养殖场的管理中，水质环境监控是最为重要的部分。

水产养殖环境监控的主要功能是保持水质稳定，为水产品创造健康的水质环境。水产养殖环境监控系统通常由智能水质传感器、水产养殖无线监控网络和水质智能调控模块组成，其系统如图12.10所示。

人工智能在水产养殖中的应用，还包括精细喂养决策。精细喂养决策是根据各养殖品种长度与重量关系，通过分析光照度、水温、溶氧量、浊度、氨氮、养殖密度等因素与鱼饵料营养成分的吸收能力、饵料摄取量关系，建立养殖品种的生长阶段与投喂率、投喂量间定量关系模型，实现按需投喂，降低饵料损耗，节约成本。

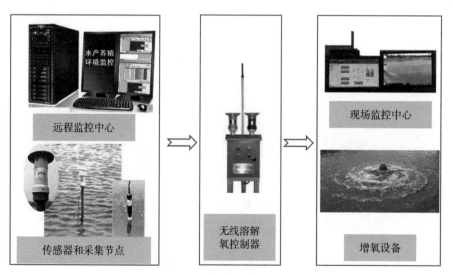

图12.10　水产养殖环境监控系统

第十三章 | 人工智能应用之工业

一、从工业4.0到人工智能＋工业

1. 工业1.0到工业4.0

纵观世界工业发展史，基本可以分为以下四个阶段。

工业1.0：机械化，以蒸汽机为标志，用蒸汽动力驱动机器取代人力，从此手工业从农业分离出来，正式进化为工业。

工业2.0：自动化，以电力的广泛应用为标志，用电力驱动机器取代蒸汽动力，从此零部件生产与产品装配实现分工，工业进入大规模生产时代。

工业3.0：信息化，工业3.0不再局限于简单机械，核能、航天技术、电子计算机、人工材料、遗传工程等具有高度科技含量的产品和技术得到了日益精进的发展。

工业4.0：智能化，德国政府提出工业4.0，利用互联网技术、大数据、人工智能将生产中的供应、制造、销售信息数据化、智慧化，最后达到快速、有效、个性化的产品供应。工业4.0旨在将一切的人、事、物都连接起来，形成"万物互联"，人类不喜欢的工作可以由具有学习能力的机器人和人工智能自动完成，实现"无人工厂"。世界工业发展的四个阶段如图13.1所示。

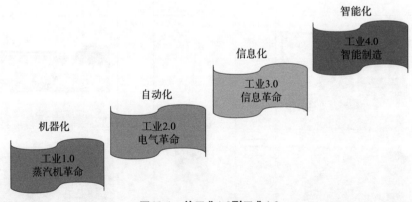

图13.1　从工业1.0到工业4.0

2. 工业4.0的特点

互联：互联工业4.0的核心是连接，要把设备、生产线、工厂、供应商、产品和客户紧密地联系在一起。

数据：工业4.0连接产品数据、设备数据、研发数据、工业链数据、运营数据、管理数据、销售数据、消费者数据。

集成：工业4.0将无处不在的传感器、嵌入式中端系统、智能控制系统、通信设施通过CPS形成一个智能网络。通过这个智能网络，使人与人、人与机器、机器与机器以及服务与服务之间，能够形成一个互联，从而实现横向、纵向和端到端的高度集成。

创新：工业4.0的实施过程是制造业创新发展的过程，制造技术、产品、模式、业态、组织等方面的创新，将会层出不穷，从技术创新到产品创新，到模式创新，再到业态创新，最后到组织创新。

转型：对于中国的传统制造业而言，转型实际上是从传统的工厂转型到4.0的工厂，意味着整个制造业生产形态的转变，即从大规模生产，转向个性化定制，整个生产过程更加柔性化、个性化、定制化。这是工业4.0一个非常重要的特征。

⚙ 3. 德国工业4.0、中国制造2025与美国工业互联网

在新的历史机遇下，全球范围内的主要国家陆续制定了新的工业发展规划，试图站在新一轮工业革命浪潮的潮头，实现传统工业生产方式的转型升级，塑造数字化、智能化的新型工业形态。德国提出工业4.0，美国部署"工业互联网"，中国实施"中国制造2025"计划。

二、工业智能

新一轮信息革命与产业变革的浪潮惊涛拍岸，制造业是人工智能创新技术的重要应用领域，工业智能化的趋势成为全球关注的重点。德国推出的"工业4.0"，在美国称为"工业互联网"，中国命名为"中国制造2025"。这三者本质内容是一致的，都指向一个核心，就是工业智能。

⚙ 1. 工业智能概述

世界主要发达国家都在积极促进人工智能在生产制造及工业领域的应用发展。中国一方面积极推动人工智能技术为制造业发展注入新动力；另一方面，将制造业作为人工智能落地的重点行业。

（1）工业智能的概念

工业智能是人工智能技术与工业融合发展形成的，贯穿于设计、生产、管理、服务等工业领域各环节，实现模仿或超越人类感知、分析、决策等能力的技术、方法、产品及应用系统，具有自感知、自学习、自执行、自决策、自适应等特征。

工业智能的核心是基于海量工业数据的全面感知和通过端到端的数据深度集成与建模分析，实现智能化决策与控制指令。工业智能强化了制造企业的数据洞察能力，实现了智能化管理和控制。

（2）工业智能发展简史

① 以前：专家系统辅助制造　20世纪60～80年代，根据"知识库"和"if-then"

逻辑推理构建的"专家系统"，在矿藏勘测、污染物处理、太空舱任务控制等方面得到初步应用。专家系统实际上只是一定程度上实现了这些环节和流程的分析和自动化，对于错综复杂的现实问题只能提供有限的辅助参考。

②现在：深度学习和知识图谱赋能制造　深度学习和知识图谱是当前工业智能实现的两大技术方向，知识图谱侧重于解决影响因素较多，但机理相对简单的问题，如产品设计、供应链管理等。深度学习侧重于解决影响因素较少，但计算高度复杂的问题，如产品复杂缺陷质量检测。

③未来：人机融合协同制造　机器和人将重新磨合成新的相互配合、补充、协同工作的平衡关系。未来智能制造将以人为中心，形成统筹协调人、信息系统和物理系统的综合集成大系统，即"人-信息-物理系统"（human-cyber-physical systems，HCPS）。

✿ 2. 工业智能应用的五大场景

（1）场景一：研发设计——大幅降低不确定性成本

一款新药的成功研发约消耗29亿美元，Atomwise公司将超级计算机、AI和复杂的算法应用于新药研发，降低了研发费用，是人工智能技术应用于医药健康领域的典型案例之一。

【痛点】新药研发需要各种不同化合物组合与测试，导致时间长、成本高。据统计，一款成功上市的新药，需要10～15年的研制周期和5亿～10亿美元的投入。

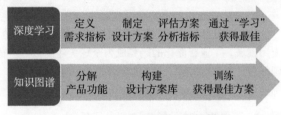

图13.2　工业智能研发设计流程图

【方案】通过IBM超级计算机分析学习已有数据库，用基于卷积神经网络的算法（AtomNet）数字化模拟药品研发的过程，对基本的化学基团（如氢键、单键碳等）组合发掘新的有机化合物，分析化合物的成效关系，预测哪些新药品真的有效，哪些无效，进行药物成分分析和毒副作用检测。工业智能研发设计流程见图13.2。

【启示】研发设计环节，人工智能可基于海量数据建模分析，将原本高不确定性、高成本的实物研发，转变为低成本、高效率的数字化自动研发。对于制药、化工、材料等研发周期长、成本高、潜在数据丰富的行业，作用尤其明显。

（2）场景二：柔性生产——满足个性化需求

服装行业是人力密集型产业，某服装公司通过全自动机器生产的智能工厂，基于个人数据分析实现批量定制，降低成本。

【痛点】标准化、大批量的传统生产方式形成同质竞争，导致鞋类产品价格战，传统的个性化需求定制又带来高成本、低利润。

【方案】迅捷工厂（Speed Factory）。通过云端收集顾客足型和运动数据，按照顾客的喜好选择配料和设计，在3D打印、机器人手臂、电脑针织技术和人工辅助的共同协作下完成定制。产品周期由原来的18个月减少到1周。

【启示】生产制造环节，人工智能可针对消费者个性化需求数据，在保持与大规模生产同等甚至更低成本的同时，提高生产的柔性。生产制造系统越柔，越能快速响应市场需求等关键因素的变化，尤其适合服饰、工艺品等与消费者体征或品味等需求相关性强的行业。

（3）场景三：质量管控——快速质检并保障质量

在智能化技术不断融入制造业的大趋势下，利用先进的认知视觉检测技术替代人来完成产品质检过程已经成为制造企业的共识。

【痛点】以人工为主的传统质检，存在着速度慢、误差多、成本高、精度有限、次品漏检等诸多缺点。

【方案】IBM公司融合了工业机器人控制技术、工业照相技术、计算机视觉技术和基于深度神经网络的机器学习技术开发了IBM认知视觉检测系统，检测流程为：IBM认知视觉检测系统对产线上的产品进行全方位的立体拍照，由边缘分析系统对照片进行实时分析，以判断产品是否存在质量问题。同时，后台的中央训练系统也会及时获取拍摄的照片，通过对存在质量问题的产品进行标记来训练模型，将更新的模型再反馈到边缘分析系统，实现信息的闭环。在这一过程中，分析结果会由人工检查员进行二次检查和确认。基于深度学习的质量检测流程如图13.3所示。

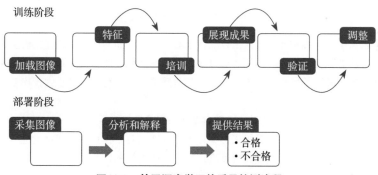

图13.3 基于深度学习的质量检测流程

【启示】质量管控环节，人工智能结合物联网和大数据技术，能够实现对产品质量的自动检测扩展到生产的全流程，不仅提高质检效率，还能指导工艺、流程等，提高整体良品率，尤其适合材料、零配件、精密仪器等产量大、部件复杂、工艺要求高的行业。

（4）场景四：运营维护——提前预测和解决故障风险

Microsoft（微软）运用人工智能技术来预测和预防故障以及最大限度提高有效服务寿命，研发了预测性维护解决方案的公有云平台Azure。

【痛点】计划外设备停机对任何企业而言都极具破坏性。降低成本的一个具体方法是，最大限度减少停机时间，最大限度提高利用率。

【方案】利用物联网、云计算、机器学习技术。预测性维护解决方案的第一步是准备数据，包括机器信息，例如发动机大小、型号和模型；遥测数据，例如温度、压力、振动、液体属性和操作速度等传感器数据；维护历史记录，如机器维修历史记录和运行日志；故障历史记录，如相关机器或组件的故障历史记录。再构建模型，进行测试和迭代、现场操作验证后投入运营，进行设备或产品运营状态的实时监测和健康预警，以避免发生成本不菲的潜在系统故障，让设备保持运行。设备预测性维护流程如图13.4所示。

图13.4   设备预测性维护流程图

【启示】运营维护环节，人工智能在于对设备或产品的运行状态建立模型，找到与其运行状态强相关的先行指标，通过这些指标的变化，能够提前预测设备故障的风险，从而预防故障的发生。对于设备或产品故障成本高的行业意义重大，比如装备、精密仪器等。

（5）场景五：供应链管理——精准掌握供需变化提效能

人工智能技术能够实时分析历史库存数据和实时订单信息，对库存量进行动态调整，避免库存积压，降低企业经营风险，提高库存周转率。

【痛点】传统库存管理依赖人工，技术有限，导致需求预测不准，供应响应不足，供应链效率低、成本高，最终用户体验差。

【方案】人工智能让供应链具备即时、可视、可感知、可调节的能力，对各供应链模块的信息进行整合处理，具体而言包括：实时需求感知和预测模块，通过抓取与消费者相连的POS数据、用户APP数据、历史销售数据、外部生态环境数据等，对用户需求提前感知、提前预测；端到端的计划管理模块，供应链生态中的企业的计划总控，包括原材料生产商、组装厂、分销商等的端到端计划统筹；端到端的库存管理模块，全链路上的库存实时可视，根据计划进行动态调整和管理，对库存在网络上进行实时有效的配置管理；端到端的物流管理模块，物流的可视化，物流网络上的运力的调配、库存的调拨等；端到端的资金和成本管理模块，全链路资金流的可视可控，资金的风险管理，以及供应链的全链路成本的监控和管理等；端到端供应链风险控制模块，风险评估、风险监测、风险预警、风险规避等。

【启示】供应管理环节，人工智能在于建立更实时、精准匹配的供需关系。即通过掌握和预测需求动态变化，以进行更有效的供应链调整优化，更适合于快消、零配件等市场需求变动较大、供应链较复杂的行业。

⚙ 3. 人工智能对制造业的不同行业的影响差异比较

值得注意的是，人工智能对制造业的不同行业会产生不同影响。对家电、消费电子等劳动密集型行业来说，人工智能的作用主要体现在减少用工数量、提高产品质量；对生物医药、航空航天等技术创新驱动发展的行业来说，人工智能在数据挖掘、分析等方面的高效率将改变传统的技术研发模式；对冶金、化工等流程型行业来说，人工智能可帮助实现低成本的定制化生产；对服装、食品等行业来说，人工智能则可帮助企业准确预测市场趋势，形成快速响应能力。人工智能对制造业的不同行业的影响差异比较见表13.1。

表13.1　人工智能对制造业的不同行业的影响差异比较

行业类型	特征	典型行业	发展瓶颈	人工智能作用
劳动密集型	劳动力成本低	加工组装（电子产品）	人工成本不断上升	减少人工造成的品质不稳定
资本密集型	固定成本占比高	材料（冶金、化工）	柔性化程度低	低成本定制化生产
技术引领型	技术进步	高新（生物、航空）	研发风险不可控	提高研发成功率
市场变动型	产品生命周期短	快消品（食品、服装）	难以预测市场走向	市场快速响应

三、智能机器人

机器人（robot）是一种能够半自主或全自主工作的智能机器，具有感知、决策、执行等基本特征，可以辅助甚至替代人类完成危险、繁重、复杂的工作，提高工作效率与质量，服务人类生活，扩大或延伸人的活动及能力范围。

⚙ 1. 智能机器人的概念

目前，对于智能机器人的概念，在世界范围内还没有一个统一的定义。但大多数学者认为智能机器人至少要具备三个要素：感觉要素、反应要素和思考要素。

感觉要素，用来认识周围环境状态，相当于人的眼、鼻、耳等五官。感觉要素可以利用摄像机、图像传感器、超声波传感器、激光器、导电橡胶、压电元件、气动元件、行程开关等机电元器件来实现。

反应要素即运动要素，使机器人对外界做出反应性动作，以适应平地、台阶、墙壁、楼梯、坡道等不同的地理环境。其功能可以借助轮子、履带、支脚、吸盘、气垫等移动机构来完成。

思考要素是根据感觉要素所得到的信息，思考采用什么样的动作，包括判断、逻辑分析、理解等方面的智力活动。这些智力活动实质上是一个信息处理过程，计算机是完成这个处理过程的主要手段。

⚙ 2. 智能机器人的工作原理

智能机器人的工作原理，简单说来，首先通过感知系统感知到障碍物和目标位置等环境信息，运用人工智能算法对这些环境信息进行分析，得出向目标位置运动、抓取目标物体、避开障碍物等高级目标指令；然后控制系统将这些高级目标指令逐级解析给出每一个机械关节上的控制量（如关节的运动速度和转角、加速度等），关节上的驱动器（如电动机，液压驱动器等）收到这些控制量后，在全身规划系统的控制下，每个关节分别完成各自的运动目标，智能机器人就可以自主行动起来了。也就是说，智能机器人是感知系统、人工控制系统和智能算法的综合系统。

⚙ 3. 智能机器人系统

（1）机器人的感知系统

感知系统是实现自主机器人定位、导航的前提。人类和高等动物都具有丰富的感觉器官，能通过视觉、听觉、味觉、触觉、嗅觉来感受外界刺激，获取环境信息。传感器类似于人的感知器官，机器人通过各种传感器组成的感知系统来收集外界环境信息，提取环境中的有效特征信息加以处理和理解，实现机器人的定位和导航。

智能机器人所用的传感器有很多种，根据不同用途分为内部传感器和外部传感器。内部传感器用来检测机器人组成部件的内部状态，包括：特定位置、角度传感器；任意位置、角度传感器；速度、角度传感器；加速度传感器；倾斜角传感器；方位角传感器等。外部传感器包括：视觉（声传感器、红外传感器、激光测距仪以及数码摄像机）、触觉（接触、压觉、滑动觉传感器）、力觉（力、力矩传感器）、接近觉（接近觉、距离传感器）以及角度传感器（倾斜、方向、姿势传感器）。

但是每种传感器都有其局限性，单一传感器只能识别出部分的环境信息。为了提高机器人的整体感知能力，进行多传感器的信息融合已成为一种必然要求。

（2）机器人的控制系统

控制系统主要实现机器人各个关节的控制，主要部件包括机械臂、末端执行器、驱动器、控制器。机械臂由连杆、活动关节和其他结构部件组成。如果没有其他部件，单机械臂本身并不能被称作机器人。常见的仿人机器人一般是由头部、躯干、两手、双足等构成的多连杆机构。末端执行器就是机器人的"手指"，一般用来抓取物体，与其他机构连接并执行需要的任务。如果把连杆以及关节想象为机器人的骨骼，那么驱动器就是机械臂的"肌肉"，它通过移动或者转动连杆来使机器人完成各种动作。机器人的控制器就相当于人的神经系统，传感器将获取到的数据传送至控制器，控制器经过计算后输出控制指令控制驱动器的运动。

（3）机器人的算法系统

智能机器人最核心的部分就是"大脑"，由处理器和软件两大部分组成。处理器用来计算机器人关节的运动，确定每个关节应该移动多少或者多远才能达到预定的速度和位置，并且协调控制器与传感器的动作。处理器就是一种专用的计算机。机器人的软件大致分为三种类型：第一种是操作系统，用来操作和控制计算机；第二种是机器人软件，它根据机器人的运动方程计算每个关节的必要动作，然后将这些信息传送到控制器；第三种是例行程序集合和应用程序，如为使用机器人外部设备而开发的（例如视觉通用程序），或是为了执行特定任务而开发的程序。

⚙ 4. 智能机器人典型案例：特斯拉机器人

2022年10月1日，在特斯拉2022 AI Day上，特斯拉首个量产的人形机器人擎天柱（Optimus）亮相，它可以实现搬抬物品、浇花等工作。特斯拉CEO马斯克预测，3～5年内即可量产上市，售价会在2万美元左右。

特斯拉没有为擎天柱安装外壳，而是直接将内部构造呈现出来，关节、骨骼、电缆等设备清晰可见，直观展示每个动作细节。擎天柱的设计、训练与制造中大量应用了人工智能技术。在行走能力方面，擎天柱搭载了与特斯拉车辆相同的自动驾驶系统FSD，取消毫米波雷达，采用纯视觉感知，利用摄像头获取数据，以神经网络进行计算。

擎天柱也通过动作捕捉"学习"人类。以搬运物品为例，特斯拉通过穿戴式设备输入动作，机器人通过神经网络学习，从在同一地点完成相同的动作，到进化推演出在其他场景下的方案，从而学会在不同环境中搬运不同的物品。

四、智能制造

智能制造是一个非常大、非常广的概念，除了涉及制造企业本身，还与供应链的上下游企业息息相关，它包含自动化、信息化、智能物流、智能计算、智能决策等多个方面。

⚙ 1. 智能制造是什么

很遗憾，目前并没有一个统一的准确定义，但是根据各个工业大国提出的智能制造战略和国内外智库的权威文章，我们可以初步这么理解：智能制造，就是继自动化制造之后更进一步的制造业形态，其核心是数字化、网络化、智能化。表13.2是世界各国对智能制造的定义。

表13.2　智能制造的定义

国家	定义
美国	智能制造是先进传感、仪器、监测、控制和过程优化的技术和实践的组合，它们将信息和通信技术与制造环境融合在一起，实现工厂和企业中能量、生产率、成本的实时管理
德国	智能制造意味着在产品生命周期内对整个价值创造链的组织和控制迈上新台阶，意味着从创意、订单，到研发、生产、终端客户产品交付，再到废物循环利用，包括与之紧密联系的各服务行业，在各个阶段都能更好满足日益个性化的客户需求
中国	智能制造是基于新一代信息技术，贯穿设计、生产、管理、服务等制造活动各个环节，具有信息深度自感知、智慧优化自决策、精准控制自执行等功能的先进制造过程、系统与模式的总称

综上所述，我们将智能制造的概念归纳为图13.5。

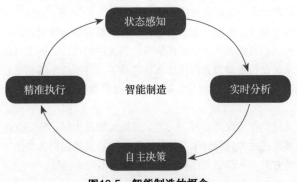

图13.5　智能制造的概念

智能制造的本质是让彼此关联的数据发挥大脑价值，实现下游推动上游的柔性生产链条，智能制造的4个层次，见表13.3。

表13.3　智能制造的层次

层次	概述
应用层：解决方案 定制生产	自动化生产线 智能工厂
执行层：智能装备 生产数据自动化	机器人、智能机床 自动化装备、3D打印
网络层：通信手段 传输，分析数据	云计算、大数据 工业互联网、智能芯片
感知层：感知数据 收集生产数据	传感器、RFID 机器视觉

⚙ 2. 对智能制造的理解

技术层面：融合了信息技术、先进制造技术、自动化技术、智能化技术以及先进的企业管理技术。

实施层面：涵盖产品、装备、产线、车间、工厂、研发、供应链、管理、服务与决策等方面。

创新层面：智能制造基于新一代信息通信技术，对传统的管理理念、生产方式、商业模式等带来革命性、颠覆性影响。

如图13.6所示。

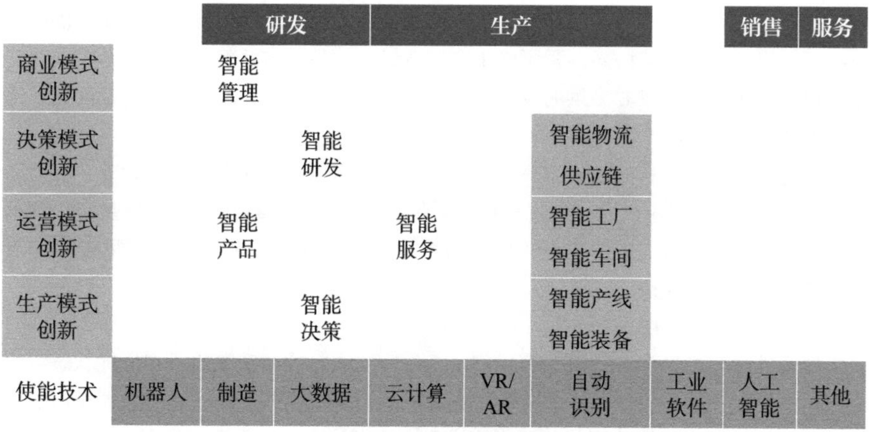

	研发		生产		销售	服务
商业模式创新	智能管理					
决策模式创新		智能研发		智能物流 供应链		
运营模式创新	智能产品		智能服务	智能工厂 智能车间		
生产模式创新		智能决策		智能产线 智能装备		
使能技术	机器人 / 制造 / 大数据 / 云计算 / VR/AR / 自动识别 / 工业软件 / 人工智能 / 其他					

图13.6　智能制造的理解

⚙ 3. 智能制造的特征

一个制造系统是否能够被称为智能，主要判断其是否具备这三个特征：产品个性化、供应协同化、决策智能化。下面让我们通过直观的例子来理解。

（1）产品个性化

以汽车行业为例，现在买车往往要去专门的品牌4S店，一辆10万元级别的普通家用轿车通常会有高、中、低三个配置，每个配置大约有5种不同的颜色，这样的话一辆家用轿车最多会有15个可选项供顾客选择。而汽车制造厂商也只要根据这些预设的选项排定制造计划、采购原材料并进行生产。

在智能制造时代，顾客将通过互联网直接给汽车制造商下单，并且按照自己的需求对发动机、内饰、音箱、安全配置、轮胎、外观颜色等几乎所有的配置进行最大限度的个性化选择。同时还可以让客户在按需定制的同时通过AR、VR等技术在数字世界中"试驾"还没被制造出来的汽车，并可实时了解定制汽车的制造进度。此外，整个制造过程并非由一家厂商集中完成，而是由产业链上下游组成的"制造联盟"共同协作达成。

也就是说，传统制造与智能制造的显著差别在于，过去是资源计划，是规模化、标准化，而智能制造时代，则是"按需定制"和"实时定制"。这将全面变革制造业的流程、技术和产业链。

（2）供应协同化

智能制造的核心竞争力并不在于单个企业，而是在于整条智能供应链。在生产工序全球分工的背景下，大家普遍认为苹果公司专注于品牌营销、产品定义、系统开发等核心环节，几乎不参与任何零部件的生产制造。实则不然，苹果将生产端和供应链进行了一纵一横的完美协同，紧紧将生产制造过程的品质和效率掌控在自己手中。苹果可以实时查看由第三方提供的专属生产线上的配置和产能，及时发现质量问题，优化效率和管理决策。

智能制造中的信息流动更为高效，降低了生产组织中的成本。在服装界，时尚品牌ZARA首创快速反应概念，通过一种"射频识别系统"（RFID），实现从工厂到销售终端均可实行追踪，并且能够实时报告库存情况。将自己的供应链周期缩短在7天内，成为其不败的秘诀。

（3）决策智能化

以柔性化生产平台——淘工厂为例。系统刚上线时的准确率达不到最优状态，但是是可持续优化的。系统可以实时动态完善，通过数据不断上线，通过机器学习实现自我优化，通过人工智能形成精益生产方案，自发地产生最优解，如图13.7所示。即智能制造能够从经验中学习，从而替代人来分析问题和形成决策。

图13.7　工业大脑工艺参数优化流程

⚙ 4. 智能制造的应用场景

（1）智能生产

以一个应用场景为例，某可乐生产车间的流水线上连续过来三个瓶子，每个瓶子都自带一个二维码，记录着分别是为张三、李四和王二定制的可乐。

第一个瓶子来到灌装处时，通过二维码的无线通信告诉中控室的控制器，说张三喜欢甜一点的，多放糖，然后控制器就告诉灌装机器手，"加30g白糖！"

第二个瓶子过来，说李四是糖尿病，不要糖，控制器就告诉机器手，"这瓶不要糖！"

第三个瓶子过来，说王二要的是芬达，控制器就告诉灌可乐的机械手"你歇会"，再告诉灌芬达的机械手，"你上！"

多品种、小批量、定制生产，每一瓶可乐从你在网上下单的那一刻起，它就是为你定制的，它所有的特性，都是符合你的喜好的。这就是智能生产。

（2）智能产品

生产的过程实现智能化了，那么作为成品的工业产品，也同样可以智能化，例如智能手环、智能自行车、智能跑鞋等智能产品。基本原理就是将产品作为一个数据采集端，不断地采集用户的数据并上传到云端，方便用户进行管理。

德国工业4.0和美国工业互联网的核心差异之一就是：先做智能工厂，还是先做智能产品。德国希望前者，美国希望后者。

（3）生产服务化

智能产品不断地采集用户的数据和状态，上传给厂商的云端，这就诞生了一种新的商业模式——向服务收费。以三一重工为例，作为国内首个在工程机械行业应用GPS系统的传统企业，目前三一重工能运用自主开发的卫星远程监控系统，跟踪每一台产品的使用数据，一旦出现故障，通过GPS迅速实现精准定位，并找到离它最近的服务车及所需零配件的最近仓库，第一时间为客户提供维护服务。

三一重工生产的设备，不单单就是卖一台设备，而是一个智能服务平台，设备在运行过程中，不断采集数据和状态，上传到工厂的云端，这样三一重工就知道这台设备实时的运行状况，有什么故障？什么时候需要检修？需要维修什么？从纯粹的机械生产制造商转变为智能化解决方案提供商。

三一集团依靠大数据提供的资料，不仅能够了解当下各种机械品类的市场行情，还可以预见市场的发展趋势，从而为客户提供精准化的建议。例如，三一重工与清华大学合作，推出了"挖掘机指数"，能够显示设备的施工时长和开工率等数据，并根据开工率数据预测下个月固定资产投资增量，在一定程度上可以反映中国宏观经济走势。

（4）云工厂

工厂的信息化和自动化进一步融合，产生了另一种新的商业模式——云工厂。现在工厂里的设备也具有智能了，不断地采集数据上传到工业互联网中，这时就可以洞悉，哪些工厂的哪些生产线在满负荷运转，而哪些是空闲的。可以把空闲的工厂生产线，出租给其他需要的人进行生产，即出售自己的生产能力。

这就如同云计算，互联网创业者只需要专注于产品和模式创新，不需要自己花费高昂费用去买一个服务器，而是直接租用云端的服务就行了。目前工业创业者，也同样不用纠结是找OEM代工还是自建工厂，直接租用云工厂就可实现。如淘工厂将生产线通过数据联网，打造超越工厂围墙的社会化、柔性化生产平台，使销售到生产端数据互通，实现制造的大规模高效协同，将产能共享给10万原创淘品牌和3万多家服装工厂。早在2017年，每周就有1700多款从3万淘工厂流水线走上电商原创品牌货架。

以"双十一"备货季中一名淘宝原创服装品牌店主小杰为例，往年为了确保预售爆款按时到货，只能选择本地成本高的服装加工厂，每天还要雇大批人员去工厂跟单，确保工厂按时交货。而淘工厂升级为云工厂后，就可以在全国各地寻找性价比高的工厂，在办公室就可以完全掌握每条生产线、每单货的情况。

（5）跨界竞争

以智能手表为例，戴在手上的表每天采集身体的各项数据，上传到手表厂商的云端。这些数据对于手表厂商没什么用，但是对保险公司却是个金库，手表厂商就能摇身一变，成为最好的保险公司。智能制造使跨界竞争成为一种常态，所有的商业模式都将被重塑。

当智能制造发展到一定程度，即用软件重新定义世界的时候，一切都在基于数据被精确地控制当中，人类的大部分体力劳动和脑力劳动都将被机器和人工智能所取代，将降维打击传统行业，从根本上撼动现代经济学和管理学的根基，重塑整个商业社会。

五、智能工厂

🔧 1. 智能工厂框架

仅有自动化生产线和工业机器人的工厂，还称不上是智能工厂。究竟何谓智能工厂？著名业务流程管理专家August-Wilhelm Scheer教授提出的智能工厂框架见图13.8。

工厂管控层	实时洞察工厂的生产过程，实现多个车间之间的协作和资源的调度
智能车间层	通过软件进行生产排产和人员排班，利用数字映射实时显示车间VR
智能产线层	能通过电子看板实时显示采集到的生产和装配过程中的各种数据
智能装备层	包含智能生产设备、智能检测设备和智能物流设备
基础设施层	建立生产指令自动下达和设备与产线信息自动采集的工厂联网环境

图13.8 智能工厂框架

⚙ 2. 智能工厂的特征

特征一：设备互联。能够实现设备与设备互联（M2M），通过传感器由SCADA（数据采集与监控系统）实时采集设备的状态，并通过RFID（无线射频技术）、条码（一维和二维）等技术，实现生产过程的可追溯。

特征二：应用工业软件。广泛应用MES（制造执行系统）、APS（先进生产排程）、能源管理、质量管理等工业软件，实现生产现场的可视化和透明化。在通过专业检测设备检出次品时，不仅要能够自动与合格品分流，而且能够通过SPC（统计过程控制）等软件，分析出现质量问题的原因。

特征三：精益生产。充分运用精益生产理念，实现按订单驱动、拉动式生产，尽量减少在制品库存，消除浪费。

特征四：柔性自动化。根据产品和生产的特点，实现生产、检测和物流的自动化。对于产品品种少、生产批量大的企业可以实现高度自动化，乃至建立黑灯工厂；小批量、多品种的企业则应注重少人化、人机结合。企业可以通过自动导航运输车（automated guidedvehicle，AGV）、行架式机械手、悬挂式输送链等物流设备实现工序之间的物料传递，并配置物料超市，尽量将物料配送到线边，实现物流自动化。

特征五：绿色制造。能够及时采集设备和生产线的能源消耗，实现能源高效利用。在危险和存在污染的环节，优先用机器人替代人工，能够实现废料的回收和再利用。

特征六：实时洞察。通过建立工厂的数字孪生（digital twin），方便地洞察生产现场的状态（生产、质量、能耗和设备状态信息），辅助各级管理人员做出正确决策。

⚙ 3. 智能工厂案例

智能制造的实现是一个从手工到半自动化，再到全自动化，最终实现智能化、柔性化生产的过程。智能制造将制造业与信息技术和互联网技术相结合，在生产工艺、生产管理、供应链体系、营销体系等多个方面实现全产业链的互联互通。我们可以通过京东方这个直观的例子来理解智能工厂的含义和发展。

　　京东方通过生产线自动化提升生产效率，再通过数据可视化，利用数据指导实现真正的智能化、模块化、柔性化生产。目前京东方已在苏州、合肥和重庆投建了三条智能制造生产线。

　　以京东方在苏州的智能制造生产线为例。这条生产线主要依托信息化管理软件平台，可以实时采集、传输、共享与集成生产过程中的物料供给数据、产品制造过程数据、设备状态数据；搭建智能化信息与大数据平台，可以实现智能排产，自动下达生产任务、自动叫料、自动配送、自动生产、自动入库、自动出货的整个智能制造环节。

　　这是初级阶段，下一阶段则将在此基础上实现生产数据的可视化，通过RFID、条码传感器等技术跟踪产品物料进程，采集温度、湿度、压力、扭力等数据，并将数据、产品质量与生产设备建立起对应的关系；继而基于大数据，用数据挖掘手段以及数据统计分析方法，评估产品质量与设备之间的关系，根据质量情况、订单情况以及生产现场的工艺参数和工艺设备进行自动调整，实现生产数字化（虚拟制造＋实体制造），最终实现客户、产品、制程、设备、供应商的互联互通，真正实现智能化。京东方智能工厂解决方案之分析可视化场景如图13.9所示。

BOE　　企业业务　个人业务　　　　　关于我们　　投资者关系　　加入我们　　搜索 🔍　　　English ▾

分析可视化应用场景

| FMS工厂监控可视化 | 不良智能分析 | 企业智能化看板 |

实时展示工厂设备状态变化、报警情况、产线生产现场等，使技术人员快速掌控现场情况

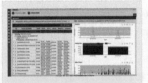
基于大数据及行业算法实现快速定位不良发生根本原因，智能化一键输出，提升分析问题准确性、时效性，节省人员投入

实现生产指标线上考核、数据透明化展示、异常主动监控以及固定报表自动生成等功能，为企业管理者快速决策提供依据

图13.9　京东方智能工厂解决方案之分析可视化场景

第十四章 人工智能应用之自动驾驶

"经济要发展，交通要先行。"2019年9月中共中央、国务院印发的《交通强国建设纲要》（以下简称《纲要》）中指出：加强新兴运载工具研发，加强智能网联汽车研发（智能汽车、自动驾驶、车路协同），形成自主可控的完整产业链。大力发展智慧交通。推动大数据、互联网、人工智能、区块链、超级计算等新技术与交通行业深度融合。

科技创新是建设交通强国第一动力，《纲要》从多方面强调了"智能"科技对建设交通强国的引领作用。据统计，《纲要》全文共12处提及"智能"，目前，自动驾驶汽车正在成为驱动交通发展的新引擎。

一、自动驾驶概念及等级划分

⚙ 1. 自动驾驶的概念

自动驾驶，亦称无人驾驶。从严格意义上看，自动驾驶和无人驾驶是两个不同的概念。自动驾驶汽车指用人工智能技术主导，利用感知技术、定位技术、车路协同等技术，在行驶过程中能够不断收集驾驶信息并进行信息分析和自我学习，从而实现跟车、制动以及变道等操作的一种辅助驾驶系统。驾驶员可以随时介入对车辆的控制，并且系统在特定环境下会提醒驾驶员介入操控。同自动驾驶相比，无人驾驶取消了供人为操作的方向盘、加速踏板和制动踏板等部件，汽车在没有人为干预的情况下自主完成行驶任务。

⚙ 2. 自动驾驶的等级划分

对于自动驾驶，依据其智能化水平，业界有着不同的等级划分。美国高速公路安全管理局（NHSTAB）将汽车智能化水平分成五个等级：无自主控制、辅助驾驶、部分自动驾驶、有条件自动驾驶、高度自动驾驶。国际汽车工程师协会（SAE）将汽车智能化水平划分为六个等级，见表14.1。

表14.1 国际汽车工程师协会（SAE）自动驾驶汽车分级标准

级别	智能化水平	简介
0级 （L0）	人工驾驶，即无自动驾驶	由人类驾驶员全权操控汽车，可以得到警告或干预系统的辅助
1级 （L1）	辅助驾驶	通过驾驶环境对方向盘和加减速中的一项操作提供驾驶支持，其他的驾驶动作都由人类驾驶员进行操作

续表

级别	智能化水平	简介
2级 （L2）	半自动自动驾驶	通过驾驶环境对方向盘和加减速中的多项操作提供驾驶支持，其他的驾驶动作都由人类驾驶员进行操作
3级 （L3）	高度自动驾驶，有条件自动驾驶	由自动驾驶系统完成所有的驾驶操作。根据系统要求，人类驾驶员需要在适当的时候提供应答
4级 （L4）	超高度自动驾驶	由自动驾驶系统完成所有的驾驶操作。根据系统要求，人类驾驶员不一定需要对所有的系统请求做出应答，包括限定道路和环境条件等
5级 （L5）	全自动驾驶	在所有人类驾驶员可以应付的道路和环境条件下，均可以由自动驾驶系统自主完成所有的驾驶操作

在自动驾驶技术分级中，L2和L3是重要的分水岭，L2及以下的自动驾驶技术仍然是辅助驾驶技术，尽管可以一定程度上解放双手（hands off），但是环境感知、接管仍然需要人来完成，即由人来进行驾驶环境的观察，并且在紧急情况下直接接管。而在L3级中，环境感知的工作将由机器来完成，车主可以不用关注路况，从而实现了车主双眼的解放（eyes off）。而L4、L5则带来自动驾驶的终极体验，在规定的使用范围内，车主可以完全实现双手脱离方向盘以及注意力的解放（minds off），被释放了手、脚、眼和注意力的人类，将能真正摆脱驾驶的羁绊，享受自由的移动生活。从实际应用价值来看，L3和L4相对于辅助驾驶技术有质的提升，从"机器辅助人开车"（L2）到"机器开车人辅助"（L3），最终实现"机器开车"（L4和L5），L3成为用户价值感受的临界点，是产业重要分水岭。

《中国制造2025》将汽车智能化水平分为DA、PA、HA、FA四个等级，见表14.2。

表14.2　《中国制造2025》自动驾驶汽车分级标准

级别	智能化水平	简介
DA	驾驶辅助	包括一项或多项局部自动功能，并能提供基于网联的智能提醒信息
PA	部分自动驾驶	在驾驶员短时转移注意力时仍可保持控制，失去控制10s以上予以提醒，并能提供基于网联的智能引导信息
HA	高度自动驾驶	在高速公路和市内均可自动驾驶，偶尔需要驾驶员接管，但是有充分的移交时间，并能提供基于网联的智能控制信息
FA	完全自动驾驶	驾驶权完全移交给车辆

综上所述，分级的核心区别在于自动化程度，重点体现在转向与加减速控制、对环境的观察、激烈驾驶的应对、适用环境范围上的自动化程度。

二、自动驾驶技术

⚙ 1. 自动驾驶的技术路径

目前主流的自动驾驶技术路径有两种：一是基于单车感知和高效算法决策的单车智能模式；二是基于道路基站和车辆进行通信、通过云端调控的车路协同模式。两者各有千秋，未来趋于协同。单车智能存在着多传感器融合不佳和芯片性能弱等问题。车路协同存在着路侧未铺设智能设备、通信受到干扰、极端场景和智能路侧设备出现故障等不可忽视的痛点。因此，最佳的解决方案是单车智能和车路协同配合工作，车路协同作为单车传感器的性能延伸，缓解单车计算平台算力压力，单车智能作为车路协同的基础平台，两者在时间或空间维度上实现更全面的场景覆盖，加快无人驾驶汽车的产业化落地。

⚙ 2. 自动驾驶汽车的技术框架

从狭义上看，自动驾驶技术的本质就是用机器视角去模拟人类驾驶员的行为，其技术框架分为感知层、决策层和控制层，就像人的五官、大脑、四肢。感知层解决的是"我在哪？""周边环境如何？"等问题；决策层则要判断"周边环境接下来要发生什么变化""我该怎么做？"；控制层是将机器的决策转换为实际的车辆行为。根据上述三部分的分析框架，自动驾驶技术实现的基本原理是：感知层的各类硬件传感器捕捉车辆的位置信息以及外部环境（行人、车辆）信息；决策层的大脑（计算平台+算法）基于感知层输入的信息进行环境建模（预判行人、车辆的行为），形成对全局的理解并做出决策判断，发出车辆执行的信号指令（加速、超车、减速、刹车等）；最后控制层将决策层的信号转换为汽车的动作行为（转向、刹车、加速）。

感知层：自动驾驶汽车的眼睛和耳朵。环境感知是无人驾驶汽车行驶的基础，人类司机通过视觉、听觉、触觉等感官系统感知行驶环境和车辆状态，自动驾驶汽车通过传感器来感知环境信息，比如通过摄像头、激光雷达、毫米波雷达、超声波传感器等来获取环境信息；通过GPS获取车身状态信息。具体来说，主要包括传感器数据融合、物体检测与物体分类（如附近行人和汽车的位置，前方是红灯还是绿灯等）、物体跟踪（行人移动）、定位（自身精确定位、相对位置确定、相对速度估计）等。

决策层：自动驾驶汽车大脑。实时规划出一条最优路径的行驶轨迹，负责汽车走哪条线路、加速还是减速、跟车还是超车等。可分为全局路径规划和局部路径规划。全局规划是由获取到的地图信息，规划出一条无碰撞的到达目的地的最优路径；局部路径规划主要是当出现道路损毁、存在障碍物等情况时找出可行驶区域行驶。根据环境感知与定位信息下达决策规划指令后，要求运动控制部分要尽可能快速无偏差地按照规划的轨迹进行转向、制动等动作。规划决策通过电传线控实现，电传线控如同遍布全身的神经网络，精准而快速地实现对汽车的控制。

控制层：自动驾驶的中枢神经。车辆控制是无人驾驶汽车行驶的核心，根据规划的行驶轨迹，以及当前行驶的位置、姿态和速度，产生对油门、刹车、方向盘和变速杆等的控制命令。自动驾驶汽车的技术框架如图14.1所示。

自动驾驶汽车产生行为的过程			人形成理解的过程	
感知	采集数据	定位传感器地图	感受	我在哪？周边环境如何？
规划	思考决策	路径规划动作决策	意识	我的车是白色的前方交通信号灯是红色的
控制	产生行为	转向控制驱动控制制动控制	理解	前方有行人要减速信号灯红色要停车

图14.1　自动驾驶汽车的技术框架

从广义上理解，自动驾驶的技术体系是"车端""云端""路端"同步升级发展。云端的意义在于：收集大量数据，训练自动驾驶算法；通过云端更新高精度地图，为自动驾驶车辆提供更实时的环境模型和动态信息。路端的意义在于：通过打造互联网化的道路，以车路协同技术，为自动驾驶车辆提供一个联网的"外脑"，从而减少单车智能的硬件成本。

⚙ 3. 自动驾驶系统

自动驾驶系统在汽车上的布局大致如图14.2所示。

图14.2　自动驾驶系统布局

传统汽车由发动机、汽车底盘、中控系统和车身等组成。自动驾驶汽车的车身部分和传统汽车几乎没有区别，目前还没有真正量产的自动驾驶汽车，大部分都是根据现有车型改装而成。

三、自动驾驶汽车系统

⚙ 1. 自动驾驶算法

算法是自动驾驶的灵魂，可以分为感知层的算法和决策层的算法。其中：感知层算法的核心任务是将传感器的输入数据最终转换成计算机能够理解的自动驾驶车辆所处场景的语义表达、物体的结构化表达，具体包括物体检测、识别和跟踪、3D环境建模、物体的运动估计；决策层算法的核心任务是基于感知层算法的输出结果，给出最终的行为/动作指令，包括行为决策（汽车的跟随、停止和追赶）、动作决策（汽车的转向、速度等）、反馈控制（向油门、刹车等车辆核心控制部件发出指令）。

整体来看，不同等级的自动驾驶算法的焦点不同。L3级别的自动驾驶，侧重于替代人的环境感知能力，因此感知层算法将是核心。L4级别的自动驾驶，除了环境感知能力之外，侧重点更在于复杂场景的决策算法的突破。感知层算法的核心任务如图14.3所示。

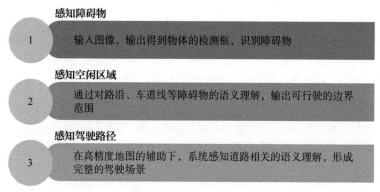

图14.3　感知层算法的核心任务

算法的验证及迭代需要路测＋仿真。按照产业普遍观点，车企需要100亿英里❶的试驾数据来优化其自动驾驶系统，若要达到该测试里程数，按照目前的实际路测能力计算，即便是一支拥有100辆测试车的自动驾驶车队，7×24h一刻不停歇地测试，完成100亿英里的测试里程也需要花费大约500年的时间。为了破解这一难题，仿真测试

---

❶ 英里，1mile＝1.609km。

成为大多数公司的共同选择。所谓自动驾驶仿真测试，简单来说，就是计算机模拟重构现实场景，让自动驾驶算法在虚拟道路上做自动驾驶测试，虚拟场景中也可以包含道路设施、老人小孩等各种行人。目前仿真测试已经成为真实路测的一个有益补充，而未来随着深度学习技术进一步深入运用，仿真测试将来在自动驾驶研发方面发挥越来越重要的作用，并将推动自动驾驶技术早日实现商业化。相对于真实的路测而言，仿真的一大优势就是其可重复性。从产业来看，为了更高效地迭代和验证自动驾驶算法，仿真系统已经逐渐成为标配。Waymo、百度、腾讯将仿真系统研发作为头等大事；AutoX、Roadstar.ai、Pony.ai等诸多自动驾驶初创公司也在自主研发仿真环境；业内开始出现CARLA、AirSim等开源式自动驾驶仿真平台。

⚙ 2. 自动驾驶汽车操作系统

自动驾驶任务需要稳定的实时操作系统支持。如果将自动驾驶汽车视为一个电子终端产品，那么除了组成的硬件、用来执行命令的算法（程序）之外，底层操作系统也必不可少。操作系统的价值在于可以更好地分配、调度运算和存储资源。一个汽车驾驶系统运行的软件包括感知、控制、决策、定位等一系列高计算消耗，逻辑十分复杂。对安全可靠性要求特别高的程序，简单的单片机无法实现，需要建立在一个成熟的五脏俱全的通用操作系统基础上，同时要满足实时性、分布式、可靠性、安全性、通用性等要求。从上述的要求可见，自动驾驶的操作系统与PC端、移动端操作系统的最大差别在于实时性。实际上，自动驾驶操作系统又称为实时操作系统（RTOS），可确保在给定时间内完成特定任务。"实时"是指无人车的操作系统，能够及时进行计算，分析并执行相应的操作，是在车辆传感器收集到外界数据后的短时间内完成的。实时性能是确保系统稳定性和驾驶安全性的重要要求。

⚙ 3. 传感器

感知层传感器是自动驾驶车辆所有数据的输入源。根据不同的目标功能，自动驾驶汽车搭载的传感器一般分为两类——环境感知传感器和车辆运动传感器。环境感知传感器主要包括摄像头、毫米波雷达、超声波传感器、激光雷达以及GPS与惯导组合等。环境感知传感器类似于人的视觉和听觉，帮助自动驾驶车辆做外部环境的建模；车辆运动传感器（高精度定位模块），主要包括GNSS、IMU、速度传感器等，提供车辆的位置、速度、姿态等信息。目前自动驾驶需要依赖不同的传感器来收集信息，尚不具有一个具备所有感知功能于一身的"万能"传感器。不同传感器所发挥的功能各不相同，在不同场景中各自发挥自身优势，难以相互替代。

（1）摄像头

摄像头（camera）是目前无人驾驶中应用和研究最广泛的传感器。摄像头的成本低、成像像素高、刷新频率快，因此被大量应用于车辆、行人和车道线检测。摄像头还可以获取颜色信息，用来做红绿灯检测和交通标志识别。摄像头拍摄的图片经过场景分割用来做场景理解和路面识别。可以说摄像头应用在无人驾驶环境感知的方方面面。

无人驾驶汽车上一般会安装多个摄像头,兼顾不同的视角和任务。其优劣判断比较简单,在清晰度相近的情况下,遵循越多越好的原则。如果需要得出障碍物的深度信息,则需要两个摄像头,一般称为双目立体视觉。双目的两个摄像头保持着一定的距离,如同人类的双眼视差,通过三角测量原理计算出像素之间的偏移来获取物体的三维信息。除了可以帮助汽车确定自己的位置以及行进速度之外,双目摄像头更主要的功能是识别道路上的信号灯和信号标志,保证自主行车遵循道路交通规则。但双目摄像头受天气状况和光照条件变化的影响很大,并且计算量也相当大,对计算单元的性能要求非常高。

按照摄像头的焦距,分为长焦摄像头和短焦摄像头。长焦摄像头看得距离远,在拍摄远处的景象时更加清晰。在无人驾驶汽车中,长焦摄像头用来发现远处的交通状况和红绿灯识别。短焦摄像头主要用来发现近处的物体,视野范围比长焦宽。障碍物识别、车道线检测和场景分割等多个任务都需要用到短焦摄像头,往往车上会集成多个短焦摄像头,覆盖整个车辆的视野范围。

（2）雷达

车用雷达相对复杂,主流雷达种类有超声波雷达、激光雷达、毫米波雷达,每种雷达的作用不尽相同。

① 激光雷达　激光雷达是无人驾驶汽车中最重要的传感器之一,目前大部分的无人驾驶汽车都选择配备激光雷达。激光雷达（light detection and ranging, LIDAR）是光检测和测距的缩写,通过发射激光束,来探测目标的位置、速度等特征量。激光雷达采用飞行时间测距,包括激光器和接收器。激光器先发送一束激光,遇到障碍物后反射回来,由接收器接收,最后激光雷达通过计算激光发送和接收的时间差,得到目标和自己的相对距离。如果采用多束激光并且360°旋转扫描,就可以得到整个环境的三维信息。激光雷达扫描出来的是一系列的点,因此激光雷达扫描出来的结果也叫"激光点云",如图14.4所示。

无人车在行驶过程中利用当前激光雷达采集的点云数据帧和高精度地图做匹配,可以获取无人车的位置。除定位外,激光雷达还可以用来制作高精度地图。

② 毫米波雷达　毫米波雷达波束窄,分辨率高,抗干扰能力强,穿透雾、烟、粉尘的能力强,相对激光雷达具有较好的环境适应性,

图14.4　激光点云

下雨、大雾或黑夜等天气状况对毫米波的传输几乎没有影响。其原理与激光雷达类似，但缺点在于探测距离受到频段损耗的直接制约，也无法感知行人，无法对周边所有障碍物进行精准的建模。目前已经上市的高级驾驶辅助系统（advanced driver assistance systems，ADAS）大部分都带有毫米波雷达，主要应用于自适应巡航、盲点监测和变道辅助、自动紧急制动。

③ 超声波雷达　超声波雷达处理数据简单、快速，主要用于近距离障碍物检测，一般能检测到的距离大约为1～5m。在低速短距离测量中，超声波测距传感器具有非常大的优势，多用于低速泊车和倒车，即常见的倒车雷达。

摄像头非常适用于物体分类。摄像头视觉属于被动视觉，受环境光照的影响较大，但成本低。摄像头生成的数据，人人都能看懂，不过其测距能力堪忧。

雷达在探测范围和应对恶劣天气方面占优势。在探测距离上优势巨大，也不怕天气影响，但不善于识别物体分辨率。

激光雷达优势在于障碍物检测。激光雷达是主动视觉，和摄像头这类被动传感器相比，激光雷达可以主动探测周围环境，即使在夜间仍能准确地检测障碍物。因为激光光束更加聚拢，所以比毫米波雷达拥有更高的探测精度。但激光雷达现阶段的成本较高。总体来看，为了更好的安全冗余，各类传感器的融合是技术路线的必由之路，而最终技术方向的定型取决于技术的发展速度以及部件成本的价格。

✿ 4. 无人驾驶定位技术GNSS + IMU + MM

高精度定位模块是自动驾驶的标配。要实现车辆的自动驾驶，就要解决在哪里（此刻位置）、要去哪里（目标位置）的问题，因此高精度定位传感器（厘米级精度）模块需要应用于L3以上自动驾驶。

按照不同的定位实现技术，高精度定位可以分为三类：第一类，基于信号的定位，代表就是GNSS定位，即全球导航卫星系统；第二类，航迹推算，依靠IMU（惯性测量单元）等，根据上一时刻的位置和方位推断现在的位置和方位；第三类是环境特征匹配，基于激光雷达的定位，用观测到的特征和数据库中的特征、存储的特征进行匹配，得到此刻车辆的位置和姿态。观察目前产业的主流方案，普遍采取融合的形式，大体上有：基于GPS和惯性传感器的传感器融合；基于激光雷达点云与高精地图的匹配；基于计算机视觉技术的道路特征识别，GPS卫星定位为辅助的形式。

行车定位是无人驾驶最核心的技术之一，无人车是在复杂的动态环境中行驶，尤其在大城市的高楼、隧道和停车场等场所会出现反射卫星信号严重的多径效应和信号衰减，使得定位信息难免会有误差，严重时还会导致交通事故。具体来说，无人车定位存在着偏航重算、无法定位和抓路错误三方面的问题，如图14.5所示。

偏航重算：指在高架或城市峡谷，信号遮挡引起位置点漂移。

无法定位：指在无信号区域（停车场、隧道）推算的精度低，导致出口误差大。

抓路错误：指主辅路、高架上下抓路错误。

偏航重算
高架下？
高架上？

抓路不准
主辅路？
高架？

无法定位
停车场？
隧道？

图14.5 行车定位不准

表14.3列举了无人车定位技术的优缺点。

表14.3 无人车定位技术的优缺点

定位技术	优势	劣势
卫星定位（GNSS）	• 全天候、全球范围 • 低成本	• 多路径问题 • 更新频率低
惯性导航（IMU）	• 更新频率高 • 可提供实时位置信息	误差会随着时间的推移而增加
地图匹配（MM）	• 直观 • 多数据融合	无法提供姿态和位置信息

全球卫星导航系统（Global Navigation Satellite System，GNSS）：提供准确的地理位置、行车速度及精确的时间信息。典型代表为美国国防部研制的全球定位系统（Global Positioning System，GPS）和中国自行研制的北斗卫星导航系统。

惯性测量单元（Inertial Measurement Unit，IMU）：由于GPS的更新频率低（10Hz），在车辆快速行驶时很难给出精准的实时定位，因此必须借助其他传感器来辅助定位，增强定位的精度。IMU包括陀螺仪和加速度计。陀螺仪测量旋转角度，用于计算车辆姿态；加速度计测量加速度，用于计算车辆的速度和位置。惯性测量单元更新频率快（1kHz），可以弥补GPS更新频率低的问题，能提供实时位置信息。所以在自动驾驶车辆中与GNSS（全球卫星导航系统）融合定位，称为组合惯导。

地图匹配（Map Matching）：导致偏航重算和无法定位的直接原因是GPS定位精度差和惯性测量推算精度差。地图匹配技术将车辆的行驶轨迹关联到电子地图（如高德）的道路网上，来推算出车辆位于地图数据中的哪条道路及道路上的位置（路网坐标），在地图上找出与行驶轨迹最相近的路线，将实际定位数据映射到直观的数字地图上。由于无人驾驶对可靠性和安全性要求非常高，一般使用GPS + IMU + MM组合以达到更精准的效果。

## ⚙ 5.	"两高"地图

在自动驾驶时代，"地图"一词已经失去了其传统路线图的含义。目前大多数车载地图的分辨率已足够用于导航功能，但想要实现自动驾驶，就需要获得更精确、更新的车辆周边环境信息，与驾驶辅助系统相配合做出实时反应。因此，自动驾驶时代的"地图"指的是精确且不断更新的自动驾驶环境模型，满足"高精度 + 高鲜度"的两高特性。

（1）地图"高精度 + 高鲜度"的特性

高精度是指地图对整个道路的描述更加准确、清晰和全面。高精地图除了传统地图的道路级别，还有道路之间的连接关系（专业术语叫Link）。高精地图最主要的特征是需要描述车道、车道的边界线、道路上各种交通设施和人行横道，即它把所有东西、所有人能看到的影响交通驾驶行为的特性全部表述出来。

高鲜度则是指数据将更为丰富以及需要动态实时更新。实时性是非常关键的指标，因为自动驾驶完全依赖于车辆对于周围环境的处理，如果实时性达不到要求，可能在车辆行驶过程中会有各种各样的问题及危险。

（2）高精度地图的静态数据和动态数据

按照数据的更新频率，高精度地图可以分为静态数据和动态数据两层。

静态数据是指高精度地图将道路基本形态（车道线等数据），通过地图或矢量数据来正确表达出来。在静态高精度地图模型中，车道要素模型包括车道中心线、车道边界线、参考点、虚拟连接线等。

动态数据是指天气、地理环境、道路交通、自车状态等需要动态更新的数据。

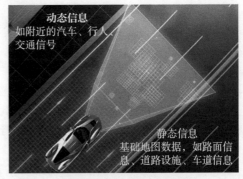

图14.6　高精度地图的内容

通过静态数据和动态数据的叠加，高精度地图将最终实现对于自动驾驶的环境建模，如图14.6所示。

（3）高精度地图对于自动驾驶的意义

① 提升传感器的性能边界，作为感知层的安全冗余　在自动驾驶行业，传感器方案供应商正在致力于使汽车拥有"眼睛"，代替驾驶员完成感知的过程。然而，现

有的传感器方案仍然存在改进的空间，包括传感器测量的边界（视觉、激光感知范围有限）、传感器应用的工况限制（如摄像头在雨雪天气无法正常工作）。高精度地图超视距的特点意味着其可以对整体道路流量、交通事件、路况进行预判，可以作为感知层的安全冗余。

② 提供先验知识　自动驾驶的基本原则：车的判断越少越安全。高精度地图可以提供车辆环境模型的先验知识，一定程度上减少自动驾驶车辆感知层的压力。

③ 确定车辆在地图中的位置　人可以观察和记忆，而自动驾驶汽车只能通过高精度地图以及其创建的环境模型确定车辆在地图中的位置。

④ 提供车道级的规划路径　正如前文所述，高精度地图会把道路基本形态，特别是车道线展现出来，辅助自动驾驶车辆实现车道级的路径规划，支持并线超车等高等级的驾驶决策，如图14.7所示。

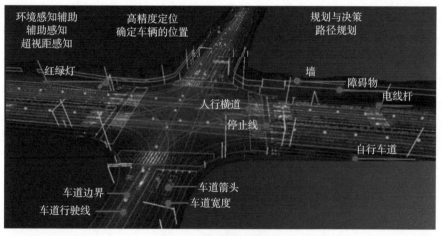

图14.7　高清地图的作用

⚙ 6. 电传线控系统

传统汽车是通过机械传动的方式对汽车进行转向、油门和刹车等的控制，而自动驾驶要求数据反馈必须同步和迅速，如果响应时间延迟或者响应时间不稳定，会影响无人驾驶汽车的控制安全。响应时间是指从无人驾驶汽车发出控制命令到汽车执行完成的时间。电传线控系统能够及时响应控制命令。于是对传统汽车的运动控制部分进行电子化改造，在获得传感器的输入数据后，让计算机发出指令（计算机能很好地控制电信号），并让这些指令（包括转向和刹车等）在汽车上得到执行。所谓电传线控系统是指通过电信号对汽车进行转向、油门和刹车等的控制，即实现线控转向、线控制动、线控驱动。

电传线控系统最大的问题在于安全性，电传线控系统如果被破解，黑客甚至可以控制汽车的行驶，造成很大的安全隐患。

✿ 7. 人机交互、V2X、黑匣子

除了实现无人驾驶必需的一些硬件之外，还需要一些硬件来辅助无人驾驶，无人驾驶没有驾驶员，因此需要人机交互设备实现人和车的交互。此外，无人驾驶车同外界进行通信，还需要V2X等网络设备。最后无人驾驶车还需要类似飞机黑匣子的设备来记录无人车的状态，在发生交通事故之后，帮助分析事故原因。

有了自动驾驶，驾驶员不用参与变速杆、油门、刹车、方向盘等具体操作，只要告诉AI"去哪里？"

（1）人机交互方式

人机交互分为两个过程：一是人对车下达指令，二是车对人的反馈。

按钮是最古老的人机交互方式之一，目前已经被越来越多的电子屏幕所替代。按钮的方式非常可靠，常常用来启动无人驾驶车的自动驾驶模式，或者当作紧急按钮使用。

图形界面是目前采用最多的交互方式。通过图形界面可以下发控制命令，也可以显示无人车的反馈信息。目前汽车中集成了越来越多的电子屏幕用来作人机交互。

最理想的方式是语音交互。我们不止一次在科幻片中看到，飞船驾驶舱里有着各式各样的控制按钮，但是最后飞船指挥官仍是通过简单的对话来驾驶飞船。无人驾驶车也是类似，但以目前的自然语言处理技术，还远达不到这种程度。驾驶过程中的噪声也会对语音识别产生影响。当遇到多个乘客一起交谈的时候如何理解语境也会变得非常困难。

随着技术的发展，目前越来越多的交互方式加入到了汽车之中，例如指纹识别、人脸检测以及手势控制等。相信未来无人驾驶车的交互方式会变得越来越智能和人性化。

（2）V2X

V2X（vehicle-to-everything），是车和外界进行通信互联的技术，是车联网的重要组成部分，主要目的是保障道路安全、提高交通效率。车联网的核心是连接性，就是把车连到网或者把车连成网，包括汽车对汽车（V2V）、汽车对基础设施（V2I）、汽车对互联网（V2N）和汽车对行人（V2P），如图14.8所示。通过V2X网络，相当于自动驾驶打通外"大脑"，提供了丰富、及时的"外部信息"输入，能够有效弥补单车智能的感知盲点。

自动驾驶汽车是通过摄像头、激光雷达、毫米波雷达、超声波传感器等来感知环境信息的，但在晚上、雨雪、大雾等恶劣天气下会"看不清"，在交叉路口、拐弯处等场景中会"看不见"。某自动驾驶汽车曾发生过的一次致命事故，即在强烈的日照

条件下，自动驾驶未能识别卡车的白色车身，因此未能及时启动刹车系统所导致。针对这些场景开发性能更强的传感器，成本会高到消费者无法承受的地步。V2X可以提供远超出当前传感器感知范围的信息。本质上可以把V2X视为一个拉长拉远的"传感器"，通过和周边车辆、道路、基础设施的通信，实现车辆与道路以及交通数据的全面感知，获取比单车的内外部传感器更多的信息，增强对非视距范围内环境的感知。

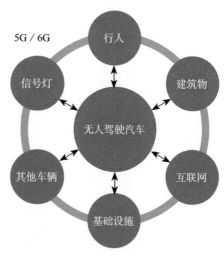

图14.8　V2X

在实现车辆自动驾驶场景中，V2X是一个必要且增值的使能技术。换句话说，即便车辆本身就可以实现部分自动驾驶，通过车联网技术依然可以进一步提升性能，且可以降低单车部署传感器的成本，减少对高精度传感器的依赖。V2X不需要摄像头，也不需要雷达，是通过通信手段来进行感知。以交通信号红绿灯识别为例，摄像头在光照变化和夜晚的时候，识别效果会大打折扣，而V2X技术可以轻松解决这个问题，当绿灯变红时，信号灯向外发送信号波，搭载V2X的车辆会接收到这一信号呈现在仪表盘上，并通知驾驶员。

除此之外，视野范围一直是自动驾驶保持安全的重要指标。单独依靠无人驾驶车自身的传感器来获取远处的视野有着诸多限制，而依托V2X技术，能够让无人驾驶车看得更远，还能够获取十字路口等一些传感器视野看不到的地方，提示乘客有车辆汇入。

最后，无人车往往无法有效预测紧急刹车的汽车和突然从路边出现的行人。而装备有V2X设备的汽车在做出紧急刹车时，能够立刻通知后车减速，避免追尾。同时无人车能够及时发现佩戴有V2X电子设备的行人，而不需要进行大量的感知运算。

相比于自动驾驶，V2X不受环境的影响，还具有连接速度快、传输延迟短、可靠性高等优势，并可穿透部分障碍物进行传输，提升车辆在视线盲区的感知力，避免意外事故的发生。更为关键的是，V2X的运行不占用芯片的算力，也不会对算法提出新要求。如此一来，汽车不仅更加安全，也更加高效。V2X进行感知、规划和控制见图14.9。

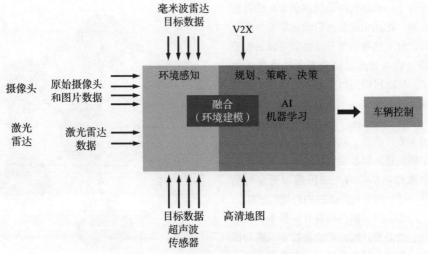

图14.9　V2X进行感知、规划和控制

（3）黑匣子

一辆自动驾驶的车辆一旦发生车祸，责任该如何界定？自动驾驶车辆配备与飞机相同的黑匣子系统，以便在自动驾驶车辆发生事故时回溯当时发生的情况，用来分析无人驾驶车是否做出了错误的决定。

黑匣子（black box）是一种通俗的叫法，起源于航空领域，后发展至其他交通工具（轮船、火车、汽车等）上，指用于记录其运行实时数据且抗损毁性能较高的一类设备，常用于事故原因的调查分析。"黑匣子"并不黑，为了方便事故发生后的快速搜寻，其反而会被设计为明黄、橘红等比较鲜艳的颜色。

俗称汽车的"黑匣子"学名EDR（event data recorder），中文名为事件数据记录器，用于记录车辆碰撞前、碰撞时、碰撞后三个阶段中汽车的运行关键数据（车速、挡位、加速踏板开度等等）。EDR一般将信息记录在防窜改的读写设备中，一些EDR不停地存储数据，覆盖几分钟之前写入的数据，直到发生车祸之后停止覆盖。还有一些EDR通过碰撞之前的一些征兆，例如速度突然变化触发写入数据，直到发生事故之后结束。EDR会录制多方面的数据，包括是否使用了制动、撞击时候的速度、转向角以及座椅安全带状态等。虽然本地可以存储数据，但是一些车还是会把数据上传到远程数据中心进行分析和保存。

对于自动驾驶汽车，光安装EDR可能还不够，还需要DSSAD（data storage system for automoted driving），即自动驾驶数据存储系统。EDR侧重于发生事故（主要是车辆速度剧烈变化引起EDR装置启动记录），换句话说就是发生剧烈碰撞了，EDR开始记录车辆速度、挡位、油门和刹车的开合度等信息。而DSSAD则要记录的就是当下是人类驾驶员在驾驶还是车辆在自动驾驶，以便更全面地分析事故原因，提供事故发生时的法律依据。

四、无人驾驶计算平台

⚙ 1. 计算平台

随着汽车自动驾驶程度的提高，汽车自身所产生的数据量将越来越庞大。根据英特尔测算，假设一辆自动驾驶汽车配置了GPS、摄像头、雷达和激光雷达等传感器，则此自动驾驶汽车每天将产生约4000GB待处理的传感器数据。因此，自动驾驶就是"四个轮子上的数据中心"，车载计算平台成为刚需。而如何使自动驾驶汽车能够实时处理如此海量的数据，并在提炼出的信息基础上得出合乎逻辑且形成安全驾驶行为的决策，需要强大的计算能力做支持。考虑到自动驾驶对延迟要求很高，传统的云计算面临着延迟明显、连接不稳定等问题，这意味着一个强大的车载计算平台（芯片）成为刚需。事实上，如果我们打开现阶段展示的自动驾驶测试汽车的后备箱，会明显发现其与传统汽车的不同之处，都会装载一个"计算平台"，用于处理传感器输入的信号数据并输出决策及控制信号。

高等级自动驾驶的本质是AI计算问题，车载计算平台的计算力需求在20TB以上。从最终实现的功能来看，计算平台在自动驾驶中主要负责解决两个问题：一个是处理输入的信号（雷达、激光雷达、摄像头等）；另一个是做出决策判断、给出控制信号，如该加速还是刹车，该左转还是右转。

⚙ 2. 自动驾驶等级与算力要求

根据国内领先的自动驾驶芯片设计初创公司地平线的观点，要实现L3级的自动驾驶起码需要20个每秒万亿次浮点运算（teraflops）以上的计算力级别，而在L4级、L5级，计算力的要求将继续指数级上升，如图14.10所示。

如果说传感器是无人驾驶车的眼睛，那么计算单元则是自动驾驶车的大脑，将传感器获取的信息通过计算单元的计算，输出一条可供汽车安全行驶的轨迹，控制汽车行驶。因此一个性能强劲的大脑显得尤为关键。

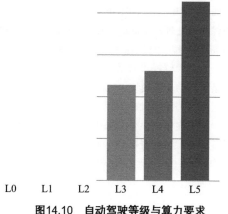

自动驾驶每提升一个等级，算力就提升一个数量级

图14.10   自动驾驶等级与算力要求

❸ 3. 无人驾驶计算平台异构设计

无人驾驶车在运行过程中需要处理各种不同类型的任务，所以目前大部分的无人驾驶计算平台都采用了异构平台的设计。无人驾驶车在CPU上运行操作系统和处理通用计算任务，实现系统调度、进程管理、网络通信等基本功能。在GPU上运行深度学习感知任务和环境感知算法，例如NVIDIA用卷积神经网络（CNN）将车前部摄像头捕捉到的原始像素图通过训练过的卷积神经网络输出汽车的方向操控命令。无人驾驶车感知周围环境的能力和GPU的性能息息相关，目前也有采用专门用于深度学习的芯片来处理此类任务，例如Google的TPU等。

以NVIDIA的无人驾驶行为决策技术方案为例，训练数据包括从视频中采样得到的单帧视频，以及对应的方向控制命令。把预测的方向控制命令与理想的控制命令相比较，然后通过反向传播算法调整CNN模型的权值使得预测值尽可能接近理想值。训练得到的模型可以用正前方的摄像机的数据生成方向控制命令。

❸ 4. 无人驾驶计算平台的类型

目前无人驾驶的计算平台有三种。

第一种是采用工控机。工控机采用CPU和GPU的组合，通常能满足恶劣环境的要求。但工控机的性能和外部接口不尽如人意，适合初期的无人驾驶验证。

第二种是采用芯片厂家推出的无人驾驶计算平台，如英伟达的Drive、德州仪器基于DSP的TDA2X Soc、恩智浦的BlueBox。这类平台都只提供开发板，汽车厂家通过软件开发工具包根据自己的需求自行设计。

第三种是自研计算平台。典型代表是特斯拉的FSD（full self-driving），特斯拉汽车的FSD芯片使得特斯拉在核心技术领域彻底摆脱了第三方供应商。FSD芯片包含了三个能够提供计算性能的模块，分别是CPU、GPU和NPU（neural network processing unit，神经网络处理器）。其中，CPU用于通用的计算和任务；GPU负责人类能看得懂的界面和图形；NPU负责深度学习模型对图像数据做出处理。还加入了特别定制的图像信号处理器（image signal processing，ISP）。图像数据处理的流程首先从摄像头的高速数据（25亿像素/秒）的图像信息开始，加入色调映射、自主处理阴影、亮点、暗点、降噪设计等功能，ISP是特斯拉FSD中除了计算核心外面积最大、功能最复杂的辅助功能模块。

FSD芯片主要使用片上SRAM工作，而不像是Google TPU还需要使用片外的DRAM。在安全性上，采用了大量的冗余设计，包含了两个FSD芯片、冗余的电源和重叠的摄像机视野部分、各种向后兼容的连接器和接口。两个FSD芯片以独立的方式工作，当一颗芯片出现问题时，另一颗芯片可以完全接管。特斯拉的FSD芯片如图14.11所示。

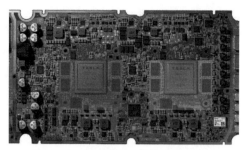

图14.11　特斯拉FSD芯片的冗余设计

　　为了提高自动驾驶计算平台的性能和能耗比，降低计算时延，针对不同的计算任务选择不同的硬件实现是非常重要的，可以充分发挥不同硬件平台的优势，并通过统一上层软件接口来屏蔽硬件多样性。图14.12为不同硬件平台适合负载类型的比较。

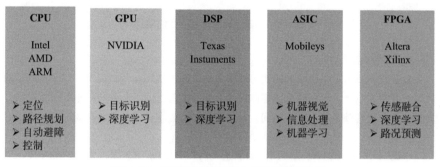

图14.12　不同硬件平台适合负载类型的比较

⚙ 5. 计算平台演进方向——芯片＋算法协同设计

　　目前运用于自动驾驶的芯片架构主要有4种：CPU、GPU、FPGA（现场可编程门阵列）和ASIC（专用集成电路）。从应用性能、单位功耗、性价比、成本等多维度分析，ASIC架构具备相当优势。参考行业报告《芯际争霸——人工智能芯片研发攻略》的观点，未来芯片有望迎来全新的设计模式——应用场景决定算法，算法定义芯片。如果说过去是算法根据芯片进行优化设计的时代（通用CPU＋算法），则现在是算法和芯片协同设计的时代（专用芯片ASIC＋算法），这一定程度上称得上是"AI时代的新摩尔定律"。具体而言，自动驾驶核心计算平台的研发路径将是根据应用场景需求，设计算法模型，在大数据情况下做充分验证，待模型成熟以后，再开发一个芯片架构去实现，该芯片并不是通用的处理器，而是针对应用场景，跟算法协同设计的人工智能算法芯片。根据业界预估，相比于通用的设计思路，算法定义的芯片将至少有三个数量级的效率提升。自动驾驶计算平台的演进见图14.13。

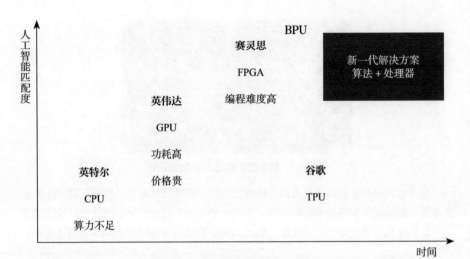

图14.13   自动驾驶计算平台的演进

⚙ 6. 边缘计算

自动驾驶汽车对系统响应的实时性要求非常高，例如在危险情况下，车辆制动响应时间直接关系到车辆、乘客和道路安全。制动响应时间不仅仅包括车辆控制时间，而是整个自动驾驶系统的响应时间，其中包括网络云端计算处理、车间协商处理的时间，也包括车辆本身系统计算和制动处理的时间。

一辆自动驾驶汽车每天可以产生高达大约25TB的原始数据，为提升对环境、道路和其他车辆的感知能力，需要对接收到的25TB数据进行实时计算，进而对车辆进行定位、路径规划和选择、驾驶策略调整，安全地控制车辆。这些计算任务都需要在车辆终端来处理以保证响应的实时性，因此需要性能强大的边缘计算平台来执行。

边缘计算不需要把所有的计算全都放在计算平台中完成，是无人驾驶未来的发展趋势之一。典型的应用场景是为了处理摄像头拍摄的大量图像，可以先用FPGA处理，然后输出处理好的结果给计算平台使用，这样不仅可以减轻系统带宽压力，还可以加快图片处理速度。

随着自动驾驶的技术发展，算法不断完善。算法固化后做成ASIC专用芯片，将传感器和算法集成到一起，实现在传感器内部完成边缘计算，进一步降低后端计算平台的计算量，有利于降低功耗、体积。例如激光雷达处理需要高效的处理平台和先进的嵌入式软件。世界十大半导体芯片供应商之一的瑞萨科技（Renesas）公司，率先在R-Car汽车计算平台上推出汽车专用目标集成电路（system on chip，SoC），与3D LiDAR技术的先驱和领导者法国Dibotics公司的即时定位与地图构建技术（simultaneous localization and mapping，SLAM）相结合，提供芯片级即时定位与地图构建（SLAM on chip），在SoC上实现实时、先进的激光雷达数据处理。该技术仅利用激光雷达数据来实现3D地图构建，无须采用惯性测量单元（inertial measurement units，IMUs）及全球定位系统数据。该合作可实现实时3D地图系统，功耗低且功能安全性高。

五、智能驾驶技术应用案例

⚙ 1. 百度"Apollo"

2017年4月，百度发布了面向汽车行业及自动驾驶领域的软件平台"Apollo"，旨在向汽车行业及自动驾驶领域的合作伙伴提供一个开放、完整、安全的软件平台，帮助他们结合车辆和硬件系统，快速搭建一套属于自己的完整的自动驾驶系统。

作为国内外第一个车路行融合的全栈式智能交通解决方案——百度"ACE交通引擎"（autonomous driving、connected road、efficient mobility，即自动驾驶、车路协同、高效出行）采用了"1 + 2 + N"的系统架构，即"一大数字底座、两大智能引擎、N大应用生态"。其中一大数字底座指"车""路""云""图"等数字交通基础设施，包括小度车载OS、飞桨、百度智能云、百度地图。两大智能引擎分别是Apollo自动驾驶引擎和车路协同引擎。N大应用生态，包括智能信控、智能停车、交通治理、智能公交、智能货运、智能车联、智能出租、自主泊车和园区物种等。ACE系统架构如图14.14所示。

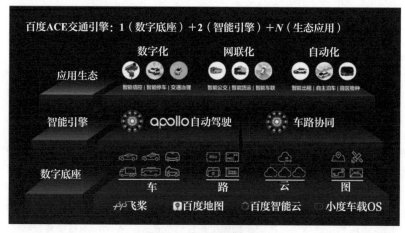

图14.14　ACE系统架构

百度"Apollo"是全球最大的自动驾驶开放平台，已形成自动驾驶、车路协同、智能车联三大开放平台。据百度在百度世界2020上透露，至今，"Apollo"已引入生态合作伙伴超过210家，几乎囊括全球所有的主流汽车制造商（宝马、戴姆勒、大众、丰田、福特等）、一级零部件供应商（博世、大陆、德尔福、法雷奥、采埃孚等），还有芯片公司、传感器公司、交通集成商、出行企业等等，覆盖从硬件到软件的完整产业链。

⚙ 2. Waymo（谷歌旗下的无人驾驶公司）

"Waymo"的全称是"A new way forward in mobility"（未来新的机动方式）。Waymo是第一家在公共道路上实现完全自动驾驶的公司。Waymo的系统涉及软件及硬件，当其被整合到车辆后，可执行所有的驾驶功能，实现全自动驾驶，让人类一直保持"乘客"身份，达到自动驾驶系统的L4级别，即遇到任何系统故障，Waymo可为车辆提供安全制停，将安全风险降至最低。

安全性是Waymo的核心任务，在硬件上，通过以下系统实现。

（1）车载传感器系统

Waymo开发传感器矩阵，多层级传感器无缝协同工作，绘制出清晰的3D全景图像，显示行人、自行车、来往车辆、交通指示灯、建筑物和其他道路特征等动态及静态目标，可实现360°全景探查及监控（不论白天或黑夜），且视野面积可达3个足球场那么大。

（2）雷达系统

利用波长来感知物体及其运动，测量反射到表面并返回车辆所需的时间，实现全天候360°全景测速和测距功能。

（3）视觉（摄像头）系统

Waymo的视觉系统由多套高分辨率摄像头组成，以便在长距离、日光和低亮度等多种情境下完成协作。相较人类的120°视野，Waymo具有360°全景视野且分辨率高，可探查不同的颜色，因而能帮助系统识别交通指示灯、施工区、校车和应急车辆的闪光灯。

（4）辅助传感器

Waymo还提供了部分辅助传感器，包括：音频检测系统，该系统可以听到数十米远的警车和急救车辆所发出的警报声；GPS，可以为车辆对其自身的地理定位提供辅助。

（5）自动驾驶软件

自动驾驶软件就是车辆的"大脑"，使得传感器采集的信息变得有意义，这个"大脑"还能利用这些信息帮助车辆做出最佳驾驶决策。Waymo的自动驾驶软件，不只是检测其他物体的存在，还能真正理解这个物体本身，可能会做出的举止以及对车辆上路驾驶行为所造成的影响，此即Waymo车辆在全自动模式下实现安全驾驶的方式与原理。这也是区分L4自动驾驶技术的关键部分。

Waymo的自动驾驶软件包括感知、行为预测和规划软件。感知软件可用于区分行人、骑行者、车辆等，还能区分诸如交通信号等静态物体的颜色，同时还可用于估算速度、航向和加速度。通过行为预测软件可对道路的各对象的意图进行建模、预测及理解。举例来说，行人、骑自行车者、摩托车手可能看起来相似，但在行为上则有很大差异。行人可能比骑自行车者、摩托车手速度都要慢，但其都有可能突然转向。规划软件会考量从感知和行为预测两个程序中所采集到的所有信息，并为车辆绘制好路径。例如：远离其他司机的盲点区域，给骑行者和行人留出额外的空间。

⚙ 3. 特斯拉自动驾驶

从技术层面上看，如何实现自动驾驶、如何产生训练数据、如何在车内运行以及如何迭代算法，是实现自动驾驶的四大核心问题。

（1）如何实现自动驾驶

特斯拉通过车身四周的8枚摄像头，形成三维矢量空间，感知出车身周围的环境。特斯拉在设计自动驾驶AI视觉时用逆向工程来模拟人脑识别图像，例如在为汽车设计其"视觉皮层"时，特斯拉根据眼睛如何感知生物视觉进行建模。特斯拉的8个摄像头都采用1280×960分辨率12bit HDR图像，以每秒36帧的速率采集，能够实现良好的感知效果。

除了识别车辆，特斯拉还会识别人、红绿灯等多种物体，因此特斯拉开发了HydraNets网络。HydraNets网络共有三个特点：一是能够高效测试；二是能够单独微调每个任务，同时还能特征缓存与加速微调，突破再现的瓶颈。当前，许多车企采用高精地图配合传感器实现感知融合，但是这种方式并不能让车辆正确自动驾驶。因此，特斯拉开发了Occupancy Tracker，此时特斯拉遇到了两个问题：其一是多传感器融合算法并不精密（例如一辆超长的挂车，单个摄像头无法全部感知到），二是图像空间并非真实的物理空间。

特斯拉采用Transformer算法预测距离。实测中发现，在一段两侧都停放车辆的城市道路上，多摄像头感知的准确性和稳定性都要强大很多。特斯拉采用混合决策系统，首先让感知数据通过向量空间的粗搜索，然后经过连续优化，最后形成平滑的运动轨迹。

（2）如何产生训练数据

随着自动驾驶研发时间的增长，特斯拉需要为更多的物体标记标签，2021年就配备了近千人的数据标签团队，从事打造数据标签和分析基础设施工作。并且，从之前的2D图像标签进化为4D空间+时间的标签。甚至能够在做一次标签之后，一个摄像头内的标签化图像能迁移到其他摄像头。特斯拉还能在感知过程中通过标记车道线和其他物体来重建道路的数字环境，与此同时，特斯拉还会收集同一路段的数据，通过多辆汽车采集数据合并在一起，最终实现更精确的重新建图。最终，车辆能够流畅地标记路旁物体，在准确识别物体之后，实现流畅的城市道路自动驾驶。

同时，特斯拉进行Autopilot仿真测试。在仿真测试中，电脑能够精确标注、部署虚拟的车辆。仿真测试用于模拟在生活中难以发现的情况，例如在高速道路上有人行走怎么办？如果有太多人如何标签？停车场如何避让其他车辆？接下来，除了人、车等动态物体，特斯拉还将检测静态物体、道路拓扑、更多车辆和行人以及强化学习，让纯视觉感知更精准。

（3）如何在车内运行

特斯拉的FSD（全自动驾驶能力）采用纯视觉算法的自动驾驶技术路线。2022年5月，特斯拉面向美国市场销售的Model 3/Y车型取消了毫米波雷达，主要通过摄像头识别周围环境。FSD Beta的深度神经网络达到100万参数，15万+神经网络层，37.5万个连接，可以在5分钟内模拟出现实中未出现的场景。

（4）如何迭代算法

要处理大量的道路图像数据，就需要海量的计算能力。这就是为什么特斯拉要自主研发Dojo（道场）超级计算机的原因，Dojo是能够利用海量视频数据，做无人监管标注和训练的超级计算机，可实现1.8EFLOPS（EFLOPS：每秒千万亿次浮点运算），存储空间为10PB，读写速度为1.6TBps。Dojo的核心部件是AI训练芯片Dojo D1，D1芯片从开发到集成都完全由特斯拉独立完成。

第十五章　人工智能应用之饮食

民以食为天，随着近些年《舌尖上的中国》《寻味顺德》《风味人间》等美食节目的爆红，人们越来越多地感受到了各地美食的魅力，那么，美食诞生的关键要素是什么？是食材？是烹饪？是厨师？想吃更多美味，除了上好的食材和技艺高超的大厨外，还可借助人工智能技术。过去，美味佳肴都是在厨师的丰富经验和不断试错中所产生。现在，人工智能技术造福我们的舌尖，研发出更具特色和创意的美食。

食品行业所涉及的主要人工智能技术如下。

大数据技术：是指从各种各样类型的数据中，快速获得有价值信息的能力，包括可视化分析、挖掘算法、预测性分析、语义引擎、数据管理等。大数据技术在食品加工行业主要应用在甄别材料、食品新口味研发等。

计算机视觉：计算机视觉运用摄像机和计算机代替人眼对目标进行识别，并进一步处理成更适合人眼观察或传送给仪器检测的图像。在食品加工行业主要应用于材料甄别、自动化加工等。

机器人技术：食品加工行业的机器人技术包括生产加工机器人、食物收取机器人等。机器人技术是食品加工行业向作业自动化升级的重要技术，减少行业对劳动力的需求，实现精细化生产。

机器学习：机器学习研究计算机怎样模拟或实现人类的学习行为，以获取新的知识或技能，其在食品加工行业应用广泛，包括新食品研发、新口味合成等。

深度学习：深度学习是一种以人工神经网络为架构，对数据进行表征学习的算法，用非监督式或半监督式的特征学习和分层特征提取高效算法。在食品加工行业主要运用在食品开发领域。

云计算：云计算是分布式计算的一种，可以在很短的时间内完成对数以万计数据的处理，从而达到强大的网络服务。云计算作为一种人工智能基础设施，与其他技术相结合在食品加工行业运用广泛。

表15.1是运用人工智能技术开发食品的汇总一览表。

表15.1　人工智能技术研发食品一览表

应用领域	应用场景	涉及技术/模型	应用	典型企业
食品生产	原材料分选	计算机视觉、机器学习、大数据	运用计算机视觉技术，分析食材的图片，辨别出变质的部分，实现分拣	TOMRA Google
	机器人加工	机器人技术、传感器、计算机视觉	机器人通过传感器自主感测作业对象和环境，对食物进行拟人化无损加工	Creator 京东

续表

应用领域	应用场景	涉及技术/模型	应用	典型企业
食品生产	AI试味	机器人技术、传感器、大数据	带有传感器的机械对食品的化学成分进行分析，通过大数据识别出酸甜苦辣的味道	Gastrograph ReView
食品开发	营养平衡	神经计算、大数据、机器学习	利用人工智能技术提取合成有利于人体的营养成分，将其添加到日常食物中	Nuritas 巴斯夫
	口味个性化	大数据、机器学习、深度学习	根据消费者偏好数据，为消费者提供个性化视频，并推出更符合大众口味的新产品	可口可乐 Pandorabots
	风味预测	深度学习、大数据、机器学习	通过人工智能探索人类味觉的潜意识感知，预测未来的风味潮流，帮助优化食品口味	Analytical Flavor Systems

一、人工智能食谱识别技术

⚙ 1. 通过美食照片生成菜谱

在食物识别方面，人工智能同样可以发挥巨大的作用，运用人工智能神经网络可以判断社交网络上美食图片中使用的食材，并描述加工过程，即生成食谱。比如，AI系统能在看了一张香蕉面包的照片后，列出面包中的成分，然后描述面包的制作方法。利用这项技术，以后人们看到想吃的美食图片就可以动手下厨了。

如今基于卷积神经网络的深度学习可以识别各种图像，基于食物图像的特点创建不同的深度卷积神经网络，从而识别不同的食物。2017年，麻省理工学院（MIT）计算科学与人工智能实验室（CSAIL）的研究人员创建了一款名为Pic2Recipe（图片到接收器）的人工智能系统。只要向这个系统输入一张美食照片，就能告诉你该如何做出来。例如Pic2Recipe利用神经网络技术，通过分析"剁椒鱼头"的照片推断出鱼头、葱、姜、蒜等食材，然后从其数据库中选出一份与图片最相似的菜谱推荐给你，如图15.1所示。

实现上述任务最大的关键在于是否有合适的算法和大规模训练数据集。人工智能技术的理解可以很复杂也可以很简单，其核心在于算法。一个算法的"好坏"程度决定了其对数据的处理速度，也决定了这个系统需要怎么样的数据来进行运算。海量的数据，我们人脑记不住，电脑却可以将这些数据记录得清清楚楚，大数据比我们更了解自己的身体和需求，可以记录我们喜欢的口味，为我们推荐最适合自己身体健康状况的饮食。

		鱼头 剁椒、蒸鱼豉油、 料酒、小葱、生姜、 蒜、香菜、醋、油	1.鱼头洗净，开两半后用料酒 腌10min去腥味。 2.装盘，在鱼头上铺上剁椒、 姜末、蒸鱼豉油、盐。 3.蒸锅水开后放入鱼头，8min 出锅。 4.撒上蒜蓉、葱花、香菜，将 烧热的油淋在鱼头上即成。
图片拍照	**对象检测**	**食材**	

人工智能可以通过拍下的美食照片，分析食材组成，
推荐烹饪的方法步骤。

做法步骤

图15.1　人工智能通过美食照片生成菜谱

Pic2Recipe系统运用瑞士科学家2014年研发的食物辨认算法Food-101 Data Set，基于一个拥有10.1万张图片名为"Food-101"的数据集，能正确地辨认出65%的食物图片，后来又从All Recipes和Food.com等高人气的食谱网站提取了100多万份菜谱，并对很多国家菜系的食材做了注释，建立了Recipe1M数据集，然后，用这些数据训练神经网络模型，将食物照片与相应的食材和菜谱联系起来，将识别准确率提高到了80%。

此外，照片的质量对识别结果的影响也较大，拍摄角度、远近、摆放和灯光等不同场景下的同一食物，可能造成识别结果的不同。同一种食物出现在不同的菜谱中时，系统的识别错误率也会提升。这样的体验并不符合日常使用需求，Pic2Recipe的联合创作人表示：最重要的问题就是如何获得正确的图像比例。人们在拍摄食物照片时，总是有很多不确定因素，比如拍摄距离的远近（影响食物的大小），拍了一盘菜还是多盘菜（也可能某盘菜的一部分）。但这些问题也合情合理，毕竟你把一块放大的饼干给普通人看，他们也有可能会误认为是一块煎饼。

⚙ 2. Facebook食谱生成系统

2018年，Facebook人工智能研究所的研究人员使用和Pic2Recipe不同的演算方式，开发了另一个AI食谱生成系统，由美食图片来识别餐品的菜名、食材原料成分和制作步骤。传统的食谱识别系统被表述为一个检索任务，根据嵌入空间中的图像相似度评分从一个固定的食谱资料库中检索出来。这类系统的性能在很大程度上取决于资料库的大小和多样性以及图片的质量。缺点是当资料库中不存在查询目标的匹配菜谱时，这些系统就会失效。

针对这个不足，Facebook研究团队转换了思考方向，将图像到食谱问题公式化为条件生成问题。利用食物图片和对应食谱来进行AI模型训练，使用预先训练的图像编码器和成分解码器，让模型利用从输入图像和成分共现中提取的视觉特征来预测一组成分。将图像及其相应的成分列表作为条件生成指令序列，推导出美食的加工方式，形成多份可能的食谱。再根据加工方式的可能性从高到低排列，以此生成最终食谱。

⚙ 3. 食谱识别技术尚未成熟

由于食品在加工后往往会形成严重的形变，而且成分经常在烹饪的菜肴中被掩盖，加上原料、调味料、菜色种类及烹饪方式的多元，包含温度、火候、烹饪时间等制作过程中的微小差异，都会使菜肴产生变化。这些变量为食谱识别增加了不少难度。

现在的食谱识别技术尚未成熟，仍有不少问题尚待解决。即使拥有大量的食谱及食材相关数据，由于未对食材本身进行分析，人工智能技术仍然不能很好地掌握食材之间的匹配度，输出的食谱像是将食材和烹饪方式的随机组合。由于烹饪本身的变量太多，要形成一份美味的食谱，就必须对食材种类、状态、分量、火候、温度及烹饪方式之间的相关性等进行彻底的分析比对。目前尚未出现能完全达成以上要求的AI技术。想要获得新食谱，上网搜索关键词也许比拍照更加便捷可靠。

二、人工智能技术创新美食新品

在食品领域，每年全球都会发布数以万计的美食新品，但最后能真正存活下来的新品却凤毛麟角。全球著名的市场监测和数据分析公司尼尔森发布的零售研究监测数据显示，在100多个快消及酒品类中，新品对增长的贡献率达80%，足见食品创新的重要性。可每上市10个新品，只有1个能在市场上取得成功。在新品研发与成功率的矛盾下，消费者需求预测和新品研发技术亟待突破。近年来，借助人工智能在气味分析运算和大数据分析处理方面的优势，助力食品定制口味、优化口感，已成为食品研发和风味解决方案的最新武器。

⚙ 1. IBM主厨沃森创意食谱

IBM曾和美食杂志《Bon Appétit》合作进行了一个有趣的实验，将《Bon Appétit》中超过1万份食谱输入人工智能机器人沃森的"大脑"，推出主厨沃森（Chef Watson）创意食谱合成网页。只要输入想吃的菜系或食物种类（如墨西哥餐或面食），再加上一个主题（如万圣节），就可以得到一份创意食谱。或许是人工智能的口味和人类不一样，Chef Watson食谱的娱乐性远远高于实用性，经常输出像"可可加上藏红花、黑胡椒搭配杏仁和蜂蜜"这类不寻常又健康的早餐组合，或是"用玉米粉圆饼片搭配牛肉和无花果，然后浇上磨碎的咖啡豆"等"黑暗料理"。

⚙ 2. 人工智能厨师Strono

不只是IBM，麻省理工学院也做过类似的尝试。2018年，MIT的学生发布了他们训练的人工智能厨师Strono。研发团队从食品博客和食谱网站上搜集了数百种手工比萨配方，形成一个"比萨食谱数据库"，利用开源的递归神经网络机器学习模型textgnrnn，让Strono从中学习，以现有原料和食谱作为参考，创作出Strono自己的创意比萨食谱。这些食谱和Chef Watson一样，也存在一些常人难以想到的搭配，如蓝莓、菠菜和羊奶酪比萨；培根、牛油果和桃子比萨等。但这些食谱并不完美，有一些还出现了并不存在的食材，比如"wale walnut ranch dressing"。研发团队与波士顿的一家手工比萨餐厅Crush Pizza合作，修正了Strono的失误，做出了包括蓝莓、菠菜和羊乳酪比萨，培根、牛油果和桃子比萨饼等。除了人工智能，恐怕不会再有谁能想到类似的搭配了。虽然看着奇怪，但比萨的味道都很不错。在Strono的作品中，最受欢迎的是虾、果酱和意大利香肠的搭配。Crush Pizza餐厅已将Strono的这款创意比萨加入菜单，供客人享用。

✿ 3. NotCo公司寻找新食材

智利的NotCo公司是一家致力于通过人工智能技术寻找一种新的食材来取代原有食材，使得最终的食物味道相似但更加健康、营养及环保的食品科技企业，目前已成功开发出一款名为NotMilk的植物奶，并在全美连锁超市Whole Foods销售。NotCo执行长兼创办人马蒂亚斯·穆奇尼克（Matias Muchnick）将开发出NotMilk植物奶的人工智能系统命名为Guiseppe，NotCo专家小组通过试吃Guiseppe制作的各种版本的植物奶，将反馈提供给Guiseppe，再由其算法精准推断出更好的植物奶，最终使NotMilk喝起来几乎与一般牛奶口味一致，且售价合理。

✿ 4. Foodpairing开发新菜品

人工智能技术使新菜的开发事半功倍，为苦思冥想搭配食材的大厨节省了不少精力。这一新颖的创作方式让不少厨师和餐厅对这套系统充满兴趣，如比利时一家知名餐馆与美国的一家名叫Foodpairing的公司展开合作研发创意美食。由于人类品尝食物时所产生的口感多半来自嗅觉，一位米其林三星大厨曾提出假说：如果两种食物的气味组成越相似，它们就越容易被搭配成一道成功的菜肴。这一假说成为Foodpairing创始人Bernard Lahousse的灵感来源。研发团队以猕猴桃和海鲜作为实验对象，先利用高效液相色谱法和气相色谱法分析大量海产的气味组成，确定不同气味的浓度及其嗅觉阈值，将信息输入Foodpairing的数据库，再逐一与猕猴桃的气味互相对比。实验结果显示，最适合搭配猕猴桃的海鲜为生蚝。大厨随即用这两样食材创造了新菜Kiwître，收获了许多美食评论家与食客的好评，目前这道前所未有的以生蚝和奇异果搭配的菜品成了该餐馆的招牌菜，如图15.2所示。

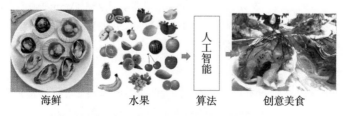

海鲜　　　水果　　　算法　　　创意美食

人工智能通过分析各种食材，研发新颖的美食搭配

图15.2　人工智能创造新菜式

在服务厨师和餐厅的同时，Foodpairing研发团队惊喜地发现，除了厨师，Foodpairing的技术也获得了众多食品企业的青睐。可食品企业对于他们服务的要求与某个餐厅的单个厨师并不相同，他们希望得到的，与其说是科学显示的食物配对比率，还不如说是预测某一地区的消费者对于特定品牌、特定产品的接受程度和改进食品口味的切实建议。于是，Foodpairing除了不断通过部分免费的形式，为一般用户提供酸奶、麦片等新颖的搭配口味，日益扩充自己的食材香料数据库外，Lahousse还带领团队通过机器学习来自动抓取不同地区的消费者在社交网络中关于菜色和菜品口感的讨论和大厨们放在网上的食谱。基于对这些零散数据的整合与分析，Foodpairing将其服务从科学至上转化为了以消费者为中心，在此基础上，分析不同地区消费者的口味偏好，并为食品公司提供关于产品口味的建议，帮助他们预测新产品的市场反应，减少开发新品时造成的食物浪费。

Foodpairing在为厨师提供搭配建议，为食品公司提供市场预期的同时，逐渐将所有这些厨师和普通消费者聚集在一个以其为中心的闭环里，使其网站能够获得厨师和普通消费者无法为外界获得的宝贵数据。

5. Tailor机器人调酒师

Foodpairing还成立了一家名为Tailor的专门生产机器人调酒师的公司。这些机器人不仅能够精准地调出各种鸡尾酒，还能够为每一位顾客建立档案，根据其点单历史自动为其推荐符合口味的新品，利用人工智能为新时代的食客提供更加"贴心的"餐饮体验。如今这些机器人已经在比利时小范围地投入使用，并将在不断优化后进军欧洲甚至是国际市场。

6. McCormick开发新式调味品

McCormick（味好美）是全球最大的调料品公司。在调料的世界里，香料和味道都是一门科学，世界上存在着大量可用的调味组合。调料品公司的任务，不仅是确定任何特定食谱的香料，还要研判合适的比例，同时考虑味觉感知、文化偏好以及个体差异。故新配方的开发，需要耗费大量的时间。2019年年初，McCormick与IBM开展合作，尽管机器不具备品尝的功能，但它们是开发新式美味的有用资源，创造一种新的口味需要大量的实验。IBM Research AI利用机器学习从McCormick遍布全球的产品开发人员探索的消费者偏好、调味品的味觉感知、文化差异等数亿个数据中学习及预测不同的调味组合，从而加速调味品研发的整个过程。

7. Tastewise预测流行菜肴的趋势

谷歌前高管Alon Chen和Eyal Gaon创立的Tastewise公司通过收集数十亿食物数据点——包括过去一个月用户在社交媒体上晒出的数十亿张食物照片、各大知名餐厅的数千万份菜单和数百万份家庭食谱，基于这些数据结合Tastewise专有的机器学习算法，经过大量训练后，人工智能技术将可以识别餐桌上的菜肴趋势，并且"感知"人们对餐具和食材的偏好。分析当前流行菜肴的趋势以及未来的"爆款"美食，有助于餐馆老板确定下一步应该供应哪些菜肴。

以比萨市场为例。Tastewise平台成功发现了比萨"爆款"——费城的Blazin Flavorz的芝士比萨椒盐脆饼，其次是洛杉矶的Pizza Romana辣味炸鸡比萨。意大利辣香肠在热门食材中名列前茅，其中鸡肉排在第二位，培根排在第三位。

全球首屈一指的国际酒店管理公司万豪国际的Pure Grey Culinary Concepts Hospitality Group（餐饮品牌）通过与Tastewise的合作，能做到通过实时行业数据和预测分析转变万豪餐饮的战略和决策。这远比简单地了解消费者偏好更深入。Tastewise的分析帮助万豪餐饮选择目标受众，捕捉从邻居到州一级的微观趋势，并设计菜单以满足客人的口味，甚至精准指导如何制作爆款鸡尾酒。

越来越多的食品企业拥抱数字化，以智能化驱动美食创新。初创企业"食品配对"号称有"全球最大的味道数据库"，依据食客偏好预测更受欢迎的食品和饮料组合。美国纽约的"味道分析系统"是一家食品AI企业，通过创建一个有关味道、香气和口感的"美食模型"，帮助食品企业"创造更好、更有针对性和更健康的产品"。

⚙ 8. 微软公司与Firmenich联合研发调味

全球首份人工智能生成的调味，由微软公司与瑞士调味品公司Firmenich联合研发诞生。该调味是以Firmenich公司广泛的原材料数据库为基础，采用人工智能研制出的一种用于植物性肉类替代品的轻烤牛肉口味。这款口味集合了Firmenich独特的配料和"Smart Proteins"在植物蛋白替代品方面的专业知识，旨在满足客户对替代蛋白质的需求，并在一系列蛋白质基础上发挥作用。针对越来越受欢迎的无肉健康饮食，在咸味食品、甜食和饮料中创建素食和纯素食，为此类用户提供传统的肉类和奶类产品的替代品。Firmenich集团声称这项发明是其数字化转型的一个重要里程碑，因为这项技术提高了调味品师创造定制化、优良口感解决方案的能力，并加速了产品研发的周期。

⚙ 9. 啤酒指纹追踪项目

人工智能同样在酒水饮料行业得到了重要应用。2018年，世界第四大啤酒制造商嘉士伯与微软、丹麦奥胡斯大学以及丹麦科技大学合作，共同研发了"啤酒指纹追踪项目"：利用人工智能感应啤酒的口味和气味差别，从而提升在开发新品、产品品控和质量检测时的精确度。该项人工智能项目将更好地帮助嘉士伯选择并开发出合适的啤酒酵母（尤其在旗下的高端精酿、特色啤酒和无酒精啤酒上），从而更加显著地提升现有的啤酒品质和口味。而未来通过AI的广泛应用，嘉士伯也能够利用不同口味、不同工艺啤酒的开发优势，提高丹麦啤酒在世界啤酒市场中的地位，并带动一批周边产业——比如研究人工智能感应味觉的科技公司，而这些研发成果未来也有可能应用到其他食品与香氛产业。

⚙ 10."AI"啤酒

　　人工智能助力啤酒开发并不是嘉士伯的一家独创。2017年7月，一家叫Intelligent X的初创公司推出了世界上第一个利用人工智能酿造的啤酒品牌"AI"，其中包括四种口味的啤酒。"AI"牌啤酒利用人工智能的算法和机器学习功能，通过社交媒体和聊天软件实时收集用户反馈，并在下一批生产中迅速调整酿造工艺以满足人们的需求。换句话说，这四种口味的啤酒能够不断进化。

⚙ 11. 人工智能制造的威士忌

　　2019年，Microsoft公司与瑞典酿酒厂Mackmyra和Fourkind合作，推出全球第一款由人工智能制造的威士忌。由Microsoft Azure云端及Azure认知服务提供酒厂的机器学习模型，并利用现有的配方、销售数据以及客户喜好等数据，让AI透过大数据从超过7000万个方式及口味中选取制作方法。这款人工智能设计的单一麦芽威士忌被形容为带点果味、橡木味及少许咸味的佳酿。

　　无论是嘉士伯正在研发的啤酒感应系统，还是通过机器学习收集用户反馈的"AI"牌啤酒，或是全球第一款由人工智能制造的威士忌，其本质原因都在于消费者的口味迭代越来越频繁，传统酿酒厂的反应速度成为其产品能否快速投放市场并被消费者接受的重要因素。在这样的背景下，迅速且精确的人工智能未来很可能会在开发啤酒中扮演越发重要的角色。

　　由上可见，利用人工智能技术开发美食，不仅能加快食品研发的周期，减少食物浪费和时间成本。同时还能将食品研发人员从大量的重复劳动中解放出来，得以专注于新配方的试吃、品味和改良等人工智能无法做到的方面。

⚙ 12. AI算法研发24味风味轮盘图谱

　　美国知名的AI技术赋能新品研发领域的初创企业——AFS（Analytical Flavor Systems）的创始人杰森·科恩（Jason Cohen），针对消费者感官风味预测开发了一套名为Gastrograph的人工智能算法平台，将风味拆解成24种不同的基础风味代表，研发了24味风味轮盘图谱，所有产品的风味与香气的浓度以及分类都可以用这个图谱来解释。当然，所有的有效数据也都来自于这个图谱的忠实记录。图15.3显示了24味风味轮盘图谱。

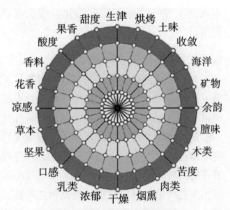

图15.3　24味风味轮盘图谱

⚙ 13. AI收集与学习风味数据

人工智能是如何准确收集与学习风味数据的呢？Gastrograph将一份美食的风味"定位"成一个个风味词汇，比如草莓巧克力则是草莓＋巧克力的组合，用24味风味图谱记录下这两种气味的分析，紧接着AI会学习不同人群对于这些词汇的感知能力和偏好。感知模型建立后，AI同样可以将这些感知模型像语言一样进行"翻译"。比方说，在中国研发中心开发新食品，新食品的目标市场是东南亚，那么通过AI的翻译机制，样本测试在上海进行，然后结果交由AI分析，系统将上海研发人员所测得的样本数据，翻译成东南亚市场不同消费者人群的感官和偏好数据。

⚙ 14. 人工智能预测风味

那么AI又是怎么可以做到预测的呢？通过学习不同市场中已有的各种风味组合，来推荐和预测新品的配方和偏好分布。在快消领域中，当想将一款中国的草莓味气泡水在伦敦发布，Gastrograph则会先分析草莓味在英国的受欢迎程度，以及哪种强度的草莓味更受哪类人群欢迎。同时也会分析类似地区有哪类风味同样也有市场，将二者相加，组合出一种新的风味，预测出这种风味的受欢迎程度。而这一切的运算，都将在数个小时内得到结果，并且只需要很少的人力来参加小范围的消费者测试，整个流程都可以简单地通过手机端来完成。这一应用在日本某款酒中得以体现，AI观测到了全球市场范围内数种具有高偏好值的饮料包含了松香的风味。同时，日本女性对于松木香气也很喜爱，所以大胆地将松木味道加入到产品当中去，获得了消费者的喜爱。

三、人工智能＋健康饮食

⚙ 1. 人工智能营养师

饮食健康、营养均衡，是健康的第一步。合理膳食的重要性已不用多说，但目前我国饮食习惯仍然非常不健康。要从根本上改变不健康的饮食习惯，远远不止推荐食谱那么简单。而AI的介入，能否为我们带来更多可能？

人工智能应用于健康饮食领域，相当于为每一位用户都配备了一位私人营养师，可以随时随地帮你分析食物营养，并且提出饮食建议，有助于我们形体塑造、保持健康、拥有高品质生活。

配餐，是营养师的基础性工作，也是大部分工作。那么，人工智能配餐与传统营养师配餐，究竟有什么不同呢？

首先，配餐标准不同。第一，目前中国营养师所采用的都是每餐带量食谱，如早餐鸡蛋羹25g、粗粮发糕25g、牛奶250g。这类营养配餐看起来健康，但实际执行起来相当困难。因为尽管人们很重视健康，但餐餐都按规定的食谱进食恐怕不是每个人都能做到的，就如同减肥一样，每个减肥的人都知道坚持严格控制饮食和多多运动的方法论，却少有人能实现自己最终的体重目标。正是"好吃和享受"才是美食的核心！第二，通过分析标准化配餐，研究者发现即便使用同样的食品，对于不同的人，其效果也是存在着巨大差异的。这表明，过去根据经验得出的"推荐营养摄入"从根本上就有"漏洞"。人工智能配餐则会从用餐者个人健康状态出发，将周期内所需的食物营养素，顺应个人口味、习惯，进行合理搭配，让用餐者不再需要强行改变自己的饮食口味和习惯，不知不觉中全面地摄入营养，帮助我们获得更健康的饮食。

其次，知识量级不同。即使是非常有经验的营养师也很难掌握10万种食物信息，但人工智能可以。人工智能强大的运算速度和容量比人类更适合记忆和学习不同食物的营养元素，将人工智能和食物营养元素数据库连接到一起，通过算法识别食物种类，结合人工智能视觉识别功能，就可以知道食物所富含的营养成分，然后以膳食营养平衡理论为基础，以膳食宝塔方案为准则，为我们推荐合理化的个性食谱，提供健康的配餐方案。

再次，面对机器，消除心理防备。我们往往把自己针对身体健康的维护或咨询看成是一种弱势行为。回想一下自己面对医生、人类营养师、健身教练时的情景：是不是碍于面子或涉及个人隐私，并不会透露自己最真实的饮食习惯和消费水平？同样，当你面对营养师咨询健康方面的问题时，至少现阶段还是比较顾忌对自己的评价。营养师通常要遵循的一个基本原则是尽量回避隐私或敏感的话题，学会忘记咨询者的隐私。但当这个营养师换成虚拟的时候就不一样了，你可以放下心理包袱，表现得很轻松、畅所欲言，把自己最真实的需求告诉AI，然后让它从万千食谱中搜出你感兴趣并兼具营养的那一款。

最后，补充营养师缺口，提升健康认知。虽然人们的健康意识正在崛起，但我国营养师这一职业却面临极大的缺口。据调查，在日本，每300人就配备一个营养师；在美国，每4000人配备一个营养师；而在中国，每40多万人才有一个营养师。可见，与发达国家相比，我国公共营养师的人才缺口极大。尤其在"健康中国2030"实施的背景下，营养师将承担传播营养知识、个人营养状况评估、风险干预和疾病预防，以及为疾病患者提供膳食指导和营养治疗等任务，工作量巨大。但国内营养师供给严重不足且半数以上在医院工作，真正下沉到社区等基层的营养师十分匮乏。

如果人工智能具备了完善的营养健康学知识，那么人人都可以拥有24h伴随的私人营养师，可以随时随地进行膳食搭配指导。

届时，今天怎么吃这个难题，就尽管交给AI吧！

❀ 2. 人工智能在健康饮食领域的实践

David Zeevi预测血糖水平：2015年，David Zeevi团队在《Cell》上发表论文，阐述了机器学习应用于营养学的积极作用。研究人员为机器学习算法输入了800名志愿者的数据进行训练，学会了预测食物对人体血糖水平的影响。在之后的第二组人群上

（100个志愿者）验证机器学习得出的模型，结果非常理想。之后在第三组实验当中机器也成功地给予了健康饮食指导，让志愿者餐后的血糖水平得到了精准控制。

Nuritas识别食物中的肽：总部位于柏林的Nuritas是一家致力于将人工智能应用于营养学的生物技术公司。Nuritas通过人工智能与分子生物学相结合，建立食品数据库，识别食物中的肽，让被开发出来的食品更加健康。在传统的食品制造商当中，主要关注的是成本控制和安全，但没有想过通过识别食物当中一些比较特殊的、有益于人体健康的物质来提高食品的质量。2018年，瑞士食品和饮料巨头雀巢和Nuritas宣布利用人工智能和大数据分析来预测食物是否有益或有害于人体健康。肽可以促进肌肉中葡萄糖流动，有助于帮助糖尿病人恢复健康。使用DNA分析和人工智能预测，解锁和验证来自食物的生物活性肽化合物。这项科技不仅可以给食物副产品增加价值，而且可以提高食物本身的健康成分，从而提升整个食物产品的安全和健康。

Airdoc每日三次：国内人工智能医学企业Airdoc研发了一款饮食识别应用——每日三次。每日三次基于人工智能计算机视觉识别和机器学习技术，享用美食之前拍摄一张照片，就会自动分析食物的营养结构。可以对食物进行监测、分析、评估，从而能够合理管理个人营养摄入，帮助每个现代人享有更科学、更健康的饮食习惯。

健康有益Health AI：健康有益是一家专注于健康医疗的国内人工智能企业。2018年，推出了AI技术开放平台Health AI，依托覆盖百万种食物、数百项营养信息的食物库，借助人工智能数据分析技术平台，可根据不同细分人群的体征信息、生活方式、行为偏好以及行业用户的经营范围，制订个性化的智能健康餐饮解决方案，如图15.4所示。

图15.4　健康有益Health AI服务

3. 人工智能健康饮食技术

（1）计算机识别技术

如今人工智能的图像识别能力已经受到广泛的认可，比如人脸识别手机屏幕解锁已经人尽皆知。在食物识别上，人工智能同样可以有巨大的作用。基于卷积神经网络的深度学习可以识别各种图像，根据食物图像的特点可以创建不同的深度卷积神经网络络，从而识别不同的食物。由于机器的运算速度和容量比人类更适合记忆不同食物的营养元素，可以将人工智能和食物营养元素数据库连接到一起，通过算法识别食物种类，然后可以知道食物所富含的营养成分。

（2）大数据分析技术

在大数据的帮助下，营养摄入效果的分析也会越来越容易。一些大数据供应商已经推出了具有"自助服务"能力的大数据分析工具，大数据分析将越来越多地融入人们生活的方方面面，包括对于营养摄入效果的分析。利用人工智能图像识别与大数据分析，用户仅需在进食前拍摄一张照片，AI"营养师"就可以立即识别并分析营养配比，给予一个反馈建议，帮助用户构建更健康的饮食菜谱。

如今各种营养搭配、均衡饮食科普文充斥于网络，面对形形色色的食谱，真的适合每一个人吗？如一些高质量食谱包括三文鱼、牛油果这些价格昂贵、部分地区难以购买的食材，让很多人望而却步。我们还会遇到不能完全执行菜谱或者外出应酬的情况。而人工智能能够针对这些变化，对后续的菜谱做出及时调整，适配各种变化。

（3）个性化饮食推荐系统pFoodReQ

美国伦斯勒理工大学联合IBM Research的研究人员借助人工智能算法和大数据的优势，开发了一个个性化饮食推荐系统pFoodReQ，可以根据用户个人的喜好和饮食需求，为每个人量身定制更健康、更营养的食谱。其研究成果以《基于大规模食物知识图谱上受限问题回答的个性化食物推荐》论文形式发布，如图15.5。

Personalized Food Recommendation as Constrained Question Answering over a Large-scale Food Knowledge Graph

Yu Chen[1], Ananya Subburathinam[1], Ching-Hua Chen[2], Mohammed J. Zaki[1]
hugochan2013@gmail.com, subbua@rpi.edu, chinghua@us.ibm.com, zaki@cs.rpi.edu
[1] Rensselaer Polytechnic Institute, Troy, NY　　[2] IBM Research, Yorktown Heights, NY

图15.5　《基于大规模食物知识图谱上受限问题回答的个性化食物推荐》论文

研究团队在论文中指出，现有的饮食推荐方法，普遍存在三个主要缺点：不理解用户的准确要求；不考虑过敏和营养需求的关键因素；没有基于丰富的食物选择定制食谱。在本项研究中，研究团队则提出个性化食物推荐，并将其视为对食物知识图谱（knowledge graph，KG）的受限问题的回答，从而设法用统一的方式解决上述问题。团队提出了一种基于知识库问答（knowledge base question answering，KBQA）的个性化食品推荐框架，即通过问答的方式进行个性化食品推荐，如图15.6所示。

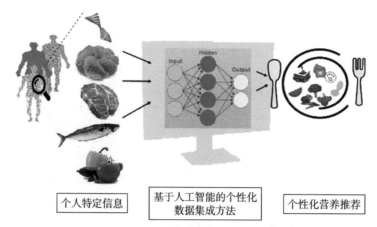

个人特定信息　　基于人工智能的个性化数据集成方法　　个性化营养推荐

图15.6　对于不同用户，系统会进行不同的需求分析

具体来说，pFoodReQ系统会按照用户的问题，比如"一顿包含面包的好早餐是什么？"，从知识图谱中检索满足这一查询条件的所有食谱。再对这些食谱中的成分进行适用度评分，最后推荐评分排名最高的几份食谱，如图15.7所示。

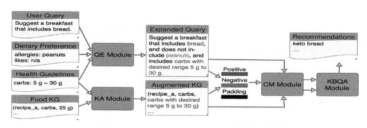

图15.7　基于问答机制的个性化食品推荐体系结构示意

最后验证实验结果表明，他们提出的方法明显优于非个性化的方法，能够推荐更相关、更健康的食谱。

总的来说，个性化饮食推荐系统pFoodReQ的建立，共经历了创建数据集、生成基准问题、编译健康指南、系统训练四个步骤。

① 第一步：食谱数据集创建　团队基于广泛的食物知识图谱FoodKG（FoodKG集成了食谱、食品和营养数据），创建了一个基准的QA数据集（暂未公开），其中包含超过100万份食谱、770万份营养记录和730万种食物，同时还包含相应的配料和营养成分，并参考了ADA美国糖尿病学会推荐的生活方式指南。

② 第二步：生成基准问题　为了得到反映人们真实饮食情况的问题，团队在社交媒体上收集了200多个食谱、糖尿病相关的问题，一共发现了156篇网友求食谱的帖子，大家主要集中在四类问题上：哪些配料可以食用；哪些成分不能食用；低碳水化

合物或高蛋白有哪些推荐；意大利风味或地中海风味有哪些推荐。

研究团队对帖子上的问题进行信息分析，界定其中提到的食谱、食物、成分等。根据这些帖子的提问方式，团队总结了56个不同的模板，并基于此生成了一些基准问题。

③ 第三步：编译健康指南   前期准备工作完成后，就可以进行健康饮食推荐了。研究团队从ADA生活方式指南中，选择了一些与食物相关的指南，这些指南涉及营养和微量元素，并将其作为额外的食物推荐要求。因此其系统的推荐，都是符合健康指南的健康食谱。

由于这些准则是用自然语言表示的，故要将它们转换为结构化数据表示（例如，存储键值对的哈希表）。

④ 第四步：训练个性化系统   为了实现个性化，研究团队还分别解决了查询扩展、过敏查询问题，并认为一个有效的食物推荐系统，应该尊重饮食偏好和健康指南中的个性化需求。因此，对于用户查询，会进行进一步的扩展。比如用户向系统提问："请推荐一份包含面包的早餐"，系统则会根据用户此前的查询、膳食偏好、饮食历史日志，了解其饮食偏好，自动将单一的查询进行扩展，转换成附加个性化需求的查询。经过扩展后的查询就变成了：推荐一份包含面包、不含花生、含5～30g碳水化合物的优质早餐。

正因如此，面对不同用户提出的相同问题，系统能够给出不同的食谱建议。

实验结果：优于其他模型。

团队对食物推荐进行了人类评估，方法是向8个评估者，提供随机测试的50个问题以及用户角色，包括配料偏好（喜欢和不喜欢）和适用的营养指南。

对于每个问题，以随机顺序输入给BAMnet、P-BOW、P-MatchNN和pFoodReQ四种模型，并得出答案。每个答案都包含前三个菜谱（如果检索到的菜谱超过三个的话）、成分列表和营养价值，见图15.8。

方法	得分
BAMnet	3.82（0.70）
P-BOW	4.69（0.47）
P-MatchNN	7.05（0.44）
PFOODReQ	7.76（0.50）

图15.8   pFoodReQ取得最高分（10分制）

不过，目前这一个性化的饮食推荐系统，还只是团队研究的第一步。研究团队表示，未来还存在很多挑战，我们需要更复杂的回答基准，处理隐含的用户意图和各种特殊情况。

四、智能厨房

人工智能作为一门新的技术科学，正在被人间烟火气"端"上餐桌。人工智能应用于厨房和餐厅中，智能厨房醉了人的舌尖、圆了都市"懒人"梦。

⚙ 1. 智能厨房概述

从厨房场景环节多（备菜、烹饪、清洁）、使用频次高（一日三餐）、厨电智能化低的特点到物联网技术蓬勃发展的热潮，再到消费者对厨房智能化的需求逐步提高，智能厨房是厨房未来的升级方向，有较大的用户需求，未来的发展势不可挡。

现代厨房大体经历了三个发展阶段，如图15.9所示。

电气厨房	智能单品厨房	智能厨房
燃气灶、吸油烟机、消毒柜、电饭煲等多种电器出现	支持预约、远程控制、云端菜谱的厨房智能电器出现	自动化烹饪，支持模块式整合智能功能，实现烹饪全流程的自动化

图15.9 现代厨房的发展阶段

目前，现阶段的厨房智能化大多仅停留在提醒、远程开关等初级智能阶段，未来，能根据用户的个人健康情况，定制营养菜谱，远程自动完成烹饪的全过程。

智能系统意味着设备联动和数据共享。随着传感技术的普及，不同的厨房设备得以互联互通，人工智能算法结合诸如食材特性和分量等底层数据，智能协同各个厨房设备的工作，实现对烹饪过程的实时智能决策，如提醒多放盐、关小火等。智能厨房互联场景如图15.10所示。

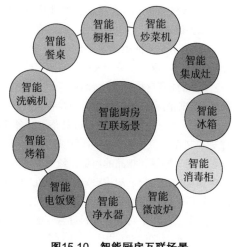

图15.10 智能厨房互联场景

厨房是家庭生活中人力时间耗费最多的一个场所，消费者迫切希望实现智能化。无论是厨艺娴熟的烹饪达人，还是厨艺勉强的厨房新手，或是对烹饪毫无兴趣的外卖达人，每天工作劳累了一天后回到家里，还要匆匆赶去买菜、洗菜，忍受高温油烟炒菜，饭后还要洗锅刷碗。如将烹饪流程中的备菜、炒菜，以及餐后的清洁等环节全自动串联起来，到家就有热饭菜吃，将圆每个都市人的梦想，如图15.11所示。

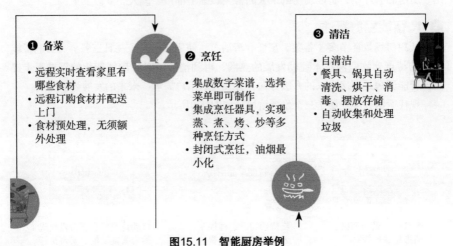

图15.11　智能厨房举例

✿ 2. 未来的智能厨房

① 食材溯源　对食材，从食材的种植到运输流通、预加工进行全程跟踪，为食材溯源提供透明可追溯的信息，保障食品安全。

② 基于个人健康的定制化烹饪　通过监测人体健康数据，将数字菜谱和营养学相结合，针对家庭成员个人的健康状况给予营养搭配建议，推荐适宜的菜谱。

③ 智能厨房模块化　储存、烹饪、清洁等各个烹饪流程均有相应的智能模块，并通过定制的家用智能机械臂衔接各烹饪环节，实现从备餐到清洁全流程的自动化。

④ 智能烹饪神还原　通过对菜谱和各地的烹饪习惯的研究，提取菜谱中的关键方法和制作步骤，确保能高度还原到智能厨房的烹饪过程中，并能精确控制油温、盐、酱油、醋等调味品的用量，最大程度地保留菜品的营养元素。

宜家2025年智能厨房设想：宜家在2015年的米兰设计周上推出了未来厨房计划。2025年后，灶台、冰箱将从世界上消失，厨房里只有一个架子和一台桌子。

桌子就是一个智能互动料理台（table for living），能够自动识别食物，并给出合理食物搭配及烹调意见指导。通过桌子上方的摄像头＋投影仪，以及埋藏在料理台面下的各种感应器和线缆、电磁炉来实现。桌子可以称重、计时，放上去的食物都可以被桌子正上方的投影仪识别出来，还能提供视频教程，手把手教你做菜，还可以直接烧水、做饭、热咖啡，给手机充电，如图15.12所示。

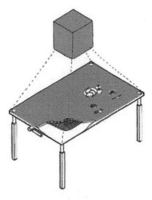

图15.12 宜家智能料理台

⚙ 3. 智能厨房技术

　　智能厨房包括三层架构，从下至上分别为感知层、管理层和应用层，如图15.13所示。其中，感知层用来获取听觉、视觉、味觉、触觉等仿生感知数据；管理层负责处理收集到的各类信息并构建算法，实现智能场景；应用层则是面向消费者的各类智能厨电产品。

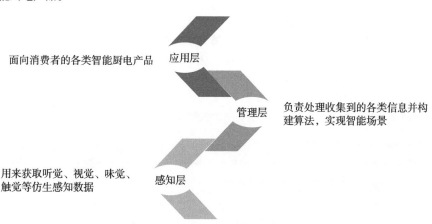

面向消费者的各类智能厨电产品　**应用层**

管理层　负责处理收集到的各类信息并构建算法，实现智能场景

用来获取听觉、视觉、味觉、触觉等仿生感知数据　**感知层**

图15.13 智能厨房技术三层架构

　　智能厨房的核心技术包括人工智能、云计算、物联网。其中，云计算是智能厨房实现远程控制、数据共享与设备联动的平台；物联网是厨房设备数据采集与挖掘的基础；人工智能是通过物联网和云端传输指令和设备状态，由云端传输用户指令到设备，实现设备的智能化。三种技术互相协同，实现数据、算法、设备联动，通过同一云平台构成完整的智能厨房生态，如图15.14所示。

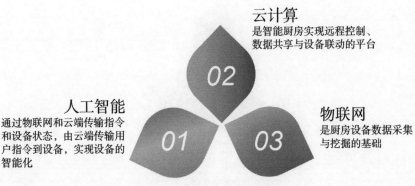

云计算
是智能厨房实现远程控制、数据共享与设备联动的平台

人工智能
通过物联网和云端传输指令和设备状态，由云端传输用户指令到设备，实现设备的智能化

物联网
是厨房设备数据采集与挖掘的基础

图15.14　智能厨房的核心技术

⚙ 4. 无人餐厅

近些年来，越来越多的餐厅尝试使用机器人：阿里、京东跨界打造"未来餐厅"；五芳斋联合口碑开了"无人智慧餐厅"；就连靠完美服务享誉海内外的海底捞，也落地了无人智慧餐厅。

2018年，海底捞斥资1.5亿元打造了一家"无人餐厅"，从等位到配菜、上菜融入了一系列的"黑科技"。

等位区：改造过后的海底捞等位区，变成了梦幻影院，巨大的投影屏，可以体验大屏互动游戏和现场的人互相"对战"，是不是想想就很激动？

用餐环境：与平常的用餐环境不同，"无人餐厅"打造了一个360°立体环绕投影的用餐区。这么诗意的环境，感觉吃火锅都得优雅一点了呢！

服务："无人餐厅"最大的亮点，就是智能化的后厨及服务，没有后厨人员，只有两个机械臂在配菜，也没有传菜员，一个机器人会全权代理。

五、餐厅信息化技术浅析

⚙ 1. 中国餐饮信息化技术发展史

中国餐饮信息化技术的发展脉络，大体上可以分成以下几个阶段：

（1）纯手工：20世纪90年代之前

这一阶段餐饮商家大多为个体经营户，进货、存货、管理、结账、记账均为手工操作。

（2）电子化：20世纪90年代之后

随着个人电脑的普及，从餐饮ERP系统、CRM系统到BS架构的私有云，餐饮管理从手工向电子化转变，各餐饮门店的餐饮数据可汇总至总部，实现了电子连锁化管理。

（3）信息化：2010年之后

餐饮SaaS的出现，使餐饮数据从本地化存储向云端迁移，线上线下一体化，使得数据驱动运营成为可能。团购、外卖、点评等平台型手机APP不断壮大，互联网＋餐饮深入人心。

（4）智慧化：2017年之后

随着人口红利的消失、房租的飞涨，人工智能技术在重构餐厅成本结构、创新运营管理模式等方面做出了尝试，线上线下全渠道数据打通，餐厅真正实现实时在线，如图15.15所示。

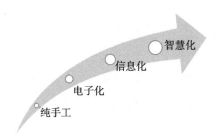

图15.15　中国餐饮信息化技术的发展脉络

⚙ 2. 餐饮SaaS服务

目前，基于云端化架构、操作简易的SaaS服务取代传统餐饮软件成为行业的共识。与直接购买单机版餐饮软件的传统方式不同，SaaS服务主要由运营商将餐饮软件统一部署至云端，餐厅通过运营商提供的云端服务就可从点餐、收银、预订、排队到后厨管理、连锁管理及供应链管理全流程的餐饮管理，自动生成维度丰富的统计报表，使餐厅经营状况一目了然。同时，餐饮SaaS服务对接团购、外卖等多种线上平台，帮助商家精准营销，增强老顾客复购黏性，如图15.16所示。

前台　预定　点餐　排位　收银

后厨　做菜　传菜

管理　人力资源　营销活动　财务报表　供应链管理

经营　总部管理　连锁管理　会员管理

图15.16　餐饮SaaS服务

3. 餐厅信息化技术之大数据

餐饮行业涉及三个层面的大数据：一个是菜品、产业趋势、行业发展等宏观层面的大数据；一个是餐厅各个运营环节的大数据；一个是消费习惯、消费决策、精准营销等消费行为层面的大数据，如图15.17所示。

图15.17   餐厅信息化技术之大数据

以往收银、会员、供应链等各个模块之间相互割裂，就像信息孤岛，现在通过大数据分析，如菜品设计、食材采购、营销策划、信息服务等关键决策均可整合利用。

4. 智能支付

如今餐厅的收银系统已不仅限于收银，而是发展为智能支付系统，将预订、点餐到支付的全流程消费行为和餐厅前厅、后厨及供应链系统连接起来，成为餐厅与客人的连接器，是智慧餐饮的入口。借助于大数据技术，将智能支付系统中沉淀的用户消费行为数据与餐厅经营数据用于精准营销、创新菜品和改进服务，如图15.18所示。

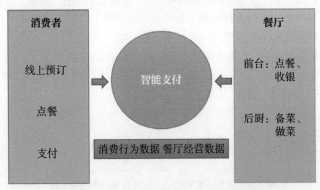

图15.18   智能支付是餐厅与消费者的连接器

随着移动互联网的发展，消费者使用非现金支付的习惯已经养成。目前微信、支付宝、信用卡等多种买单方式已成为主流。不同于传统POS机仅提供单一的收单功能，智能POS机及聚合扫码工具集多种支付方式于一体，内置操作系统，可根据餐饮商户多方位的需求安装APP以扩充更多的功能，可以知道每天来的顾客是谁，有什么喜好，如何触达，为餐厅用户数据与交易数据的分析奠定基础，从而使得餐饮收银系统得以重新定义其价值，满足餐厅商户点餐、接单、会员管理、营销等多方面的需求，优化餐厅前、中、后台的经营管理效率，实现线下客流和线上流量的闭环，成为餐厅接入智慧餐饮的第一步。

为满足餐厅不同场景的需求，市面上的智能支付硬件产品呈现多样化，支持不同场景需求。根据其形态大致可分为桌面式智能POS机、手持式智能POS机以及聚合扫码工具三大类，如图15.19所示。

图15.19　智能支付工具

⚙ 5. 智慧餐饮系统

你是不是有在餐厅门前排队等位的经历？有时高峰期要等一个多小时才有空位，降低了消费体验，也降低了菜品出餐的效率。智慧餐饮的应用，让消费者真正实现"来了就吃、吃完就走"。消费者可以通过智慧餐饮系统看到餐厅的菜品与实时座位，就餐前在平台进行预订、选座，并提前点好餐、预付款。餐厅前台接到预订信息后，订单信息实时同步到后厨，即准备菜品，提升了餐厅出品效率的同时也减少了出错率，就餐的便捷程度与体验均大幅提升，如图15.20所示。

消费者	餐厅
☐ 线上：订餐、选座	☐ 线上：前台后厨信息同步
☐ 线下：到店用餐	☐ 线下：备菜、上菜
☐ 线上：支付、开发票、评价	☐ 线上：结账

图15.20　愉悦的消费体验

智慧餐饮系统打通了预订、点餐、收银、后厨等餐厅业务的各个环节，前后台信息实时同步，餐厅经营者可以随时随地看到门店的客流量、翻台率等经营情况。通过对消费者消费数据进行分析形成用户画像，可以清楚地了解消费者的消费习惯、消费频次、消费金额、消费场景等。再通过对营销数据的分析，为餐厅选址、菜品研发、菜品定价等经营决策提供指导帮助，如图15.21所示。

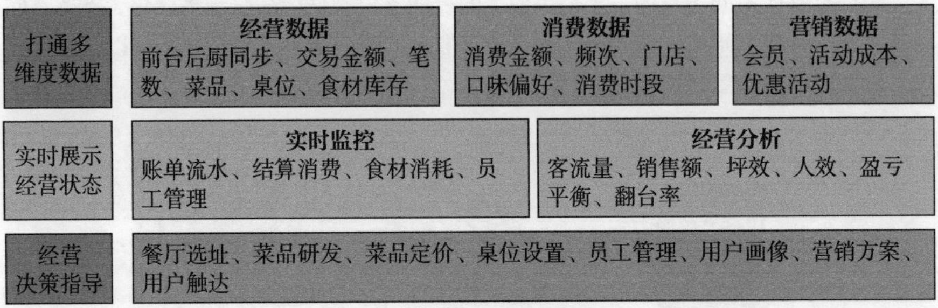

打通多维度数据	经营数据 前台后厨同步、交易金额、笔数、菜品、桌位、食材库存	消费数据 消费金额、频次、门店、口味偏好、消费时段	营销数据 会员、活动成本、优惠活动
实时展示经营状态	实时监控 账单流水、结算消费、食材消耗、员工管理	经营分析 客流量、销售额、坪效、人效、盈亏平衡、翻台率	
经营决策指导	餐厅选址、菜品研发、菜品定价、桌位设置、员工管理、用户画像、营销方案、用户触达		

图15.21　经营决策指导

六、人工智能保障食品安全

随着生活水平的提高，人们从"吃得饱"到"吃得好"再到"吃得安心"，对食品的选择变得越来越挑剔，健康成了我们的首要关注点。

1. 嗅觉AI系统"电子鼻"

一直以来，我们都是依靠自己的经验和嗅觉来判断食物是否新鲜。现在，人工智能可以帮助我们分析食物的新鲜程度，从而使得食品行业变得更加安全、健康！

用人工智能来模拟人类嗅觉，问题的关键是在于将嗅觉的对象——"气味"数字化。目前的技术路径有以下几种：一种是还原，如谷歌的科学团队通过气味的识别模型来推导出气体的分子结构，进而再推导大脑嗅觉感知的运作方法；一种是模拟，如尼日利亚的一个研究小组研发了一种使用小鼠神经元制造的计算机芯片，通过气味训练，用来检测挥发性化学物质、爆炸物甚至癌症等疾病的气味。

由于气味本身具有非常高的混合性和非结构化的特征，很难对气味的分子结构进行还原或模拟分析，目前仅能做到对某一单个气味进行分辨和识别。2020年，新加坡南洋理工大学的一个科学家团队发明了一种嗅觉人工智能系统，为解决这一问题打开了一个新的思路，这套嗅觉AI系统将气味的化学信号转变成图形颜色的识别信号，解决了气味本身的复杂度问题。

这套嗅觉AI系统被称为"电子鼻"（e-nose），可以模仿我们人类的鼻子，准确评估肉类的新鲜程度。"电子鼻"由两部分组成：一个是带颜色的"条形码"，能与肉类腐烂产生的气体发生反应而改变颜色；一个是条形码"阅读器"，利用深度卷积神经网络算法解读条形码上的颜色组合，用以识别和预测肉类的新鲜度。为了使电子鼻便于携带，科学家们将其整合到一个智能手机应用中，可以在30s内得出结果。

2004年诺贝尔生理学奖得主理查德·阿克塞尔和琳达巴克在嗅觉机理的研究中发现，人类虽然只有1000种左右的嗅觉基因（细胞类型），但可以感受和辨识多达10000种以上的气味化学物质。"电子鼻"的条形码模拟人类鼻子的工作方式：当肉类食物腐烂时，会产生气味，这种气味与我们鼻子中的受体相结合时，就会发出特定信号传送给大脑，然后，大脑收集这些反应并将其组织成模式，使得我们得以判断出肉类食物的腐烂程度。

"电子鼻"的条形码包含了20个条码用以充当受体，每个条码由一种装载了不同类型染料的纤维素壳聚糖（一种天然糖）制成，这些染料与腐烂的肉类释放的气体发生反应，并会随着不同类型和浓度的气体而改变颜色，从而形成独特的颜色组合，相当于为肉类新鲜度标上"气味指纹"。例如，条形码中的第一条是一种呈弱酸性的黄色染料条码，当遇到肉类腐烂产生的胺化物（称为生物胺）时，这种黄色染料会变成蓝色，而且随着肉类进一步腐烂，颜色还会随着胺化物浓度的增加而加深。

那么，"阅读器"是如何识别这些"气味指纹"并辨别出肉类的新鲜度呢？

研究团队利用确定肉类新鲜度的国际标准编制出了一个分类系统（新鲜、不太新鲜或变质）。然后对储存时长不同的肉类进行拍照和条形码的检测，并根据新鲜度将其分类。然后用不同条码的图像训练一种被称为深度卷积神经网络的人工智能算法，建立起"气味指纹"和不同类别新鲜度的对应模型，如图15.22所示。

当肉类食物腐烂时，会产生气味

带颜色的"条形码"与肉类腐烂产生的气体发生反应而改变颜色

利用深度卷积神经网络算法解读条形码上的颜色组合，用以识别和预测肉类的新鲜度

图15.22　测试肉类新鲜度的"电子鼻"

建立起模型后，就要训练电子鼻模型。研究团队分别对商业包装的鸡肉、鱼肉和牛肉样品的新鲜度进行新鲜度测试，将条形码粘在包装膜上，并在25℃（77℉）下储存。在48h内，在不打开肉类包装的情况下，以不同的时间间隔拍摄了超过4000张六种肉类包装的条形码图像。其中3475张用于训练捕捉"气味指纹"，其余用于准确性测试。最终结果显示，总体准确率达98.5%，其中变质肉类的准确率100%，识别为新鲜和不太新鲜肉类的准确率为96%和99%。

实验证明嗅觉AI模型对于检测食物新鲜度的准确率显著高于目前常用的一些判断方法，而在识别效率上又明显优于人类的肉眼。人类在识别这些条码颜色上可能会陷入混乱，但是人工智能来识别这些条码颜色，对于只有三种分类结果来说，简直是小菜一碟。

"电子鼻"这种无损、自动和实时监测的系统为识别食品新鲜度提供了一个广泛适用的方法。随着"电子鼻"能准确识别的食物种类（如蔬菜、瓜果等）进一步扩大，相信未来能够大量应用于食物生产、供应链管理、仓储物流和生活场景中，使消费者更便利地获得更健康、更营养的食品。

⚙ 2. 其他应用场景

（1）场景一：智能食堂保障食品安全

现在，在人员密集的饮食场所，如高校中都使用了智能食品安全系统，如扬州大学食堂的员工通道，安装了智能晨检系统。与单纯的人脸识别考勤系统不同，经过人脸识别、健康证筛查、额温枪测温以及自我评估健康状况后，还要答题成功，厨房的铁门才会打开。答题的内容和食品安全相关，通过这种方式将食堂员工的专业知识和日常工作联系在一起。

进入员工通道后，就会看到一个茶杯架，茶杯架上的每个茶杯都有相应编号。置物架和后厨的抹布也都有对应编号。砧板和刀具也用红黄蓝的颜色区分开来，放在特定区域，将这些"元素"统一纳入智能食品安全系统后，依托智能高清摄像头实时监控，最终实现食品安全保障可溯源闭环式管理。

通过清洗蔬菜水池中的探头，可以实时监测水池中正在清洗的蔬菜，在水池的墙上方有一块屏幕，屏幕上显示白菜、韭菜、芹菜等，随机点一个韭菜，就可以看见浸泡的时间以及浸泡的水位。如果清洗池中水位低了或者没有水，30s后系统就会自动发出警报声，同时食堂管理者的手机也会收到报警信息。

有了智能食堂系统，食品安全更有保障，学生们也吃得更加安心。

（2）场景二：AI跟踪食品的安全性

在电商如火如荼的网络时代里，越来越多的人在网络上购买食品，电商平台的商品评论区成了用户选购的重要依据，而原本为用户挑选产品以及与商家互动所设立的评论功能，现在可以服务于食品安全领域。科学家们便尝试使用人工智能大数据分析方法对食物的评论信息进行分析和处理，从而识别出影响人们健康的食品。

研究人员将2012～2014年美国食品药品监督管理局（FDA）召回的食品与亚马逊对这些食品的评论联系起来。然后，他们训练了机器学习算法来区分被召回产品的评论和未被标记产品的评论，经过训练的算法能够预测四分之三的FDA召回事件。他们还确定了另外两万条关于可能不安全食品的评论，其中大部分从未被召回。利用简单的训练集与测试集，就可以在潜在的危险食品未被发现前将它们揪出来，这一AI应用若是加以发展，可以大大提高监管部门的工作效率，同时也能保障我们的食品安全。

从健康饮食"小护士"到食品安全"小管家"，从AI食谱到AI啤酒……人工智能在现有的应用领域基础上，也逐渐展开了对食物领域的全面渗透。在可预见的未来，人工智能产品会涉及我们生活的各个方面，包括吃、穿、用、行等领域，它将成为我们的朋友、我们的亲人，以及我们的伙伴。

当然，AI助力美食开发也不是百利而无一害，其中的隐私安全问题等仍是现阶段人们需要面对的问题。未来，只有在保证技术应用安全的情况下，将AI与食品开发深入融合，我们的饮食和食谱才有望迎来更加全面、彻底的改变。

第十六章 | 人工智能应用之金融

科技引领金融，云计算、大数据、区块链、人工智能等金融科技的发展正在深入到金融行业的核心领域，推动着金融业向智能化方向发展，对经济社会生活产生着深远的影响。

一、智能金融概述

⚙ 1. 金融智能化发展的主要阶段

纵观半个多世纪以来的金融发展史，每一次技术创新与商业模式变革都依赖科技赋能与理念创新的有力支撑。按照金融业不同发展阶段的代表性技术，金融科技可分为"IT＋金融""互联网＋金融"，再到现在的以大数据、云计算、区块链等为代表的"人工智能＋金融"三个阶段（见表16.1）。每个金融阶段持续的时间越来越短，金融科技的创新速率越来越快。

表16.1　科技赋能金融行业发展的主要阶段

阶段	创新技术	典型应用	技术与金融的关系
IT＋金融	计算机	ATM、电子票据	技术作为工具
互联网＋金融	互联网	第三方支付、P2P网络借贷	技术驱动变革
人工智能＋金融	大数据、云计算、区块链、人工智能	智能风控、智能投顾、智能客服	技术与金融融合

在"IT＋金融"阶段，金融行业通过IT软硬件的应用来实现办公和业务的电子化、自动化，替代传统的手工计算及账簿，从而提升金融运行效率。IT技术公司并不参与金融业务的环节，诸如中心机房系统、信贷系统、清算系统等，就是这个阶段的代表。

在"互联网＋金融"阶段，由工具转向通过业务、产品创新的方式驱动金融变革，利用互联网或者移动终端的渠道来汇集海量的用户和信息，实现金融业务中的资产端、交易端、支付端、资金端的任意组合的互联互通，即运用互联网技术将金融产品与服务的供需双方相连接，实现信息共享和业务融合，其中最具代表性的包括互联网的基金销售、P2P网络借贷、互联网保险。

在"人工智能＋金融"阶段，大数据、云计算、区块链、人工智能等新兴科技改变传统的金融信息采集来源、风险定价模型、投资决策过程、信用中介角色，大幅提升传统金融的效率，解决传统金融的痛点，典型代表就是智能风控、智能投研、智能营销、智能客服、智能理赔、智能投顾等。

⚙ 2. 智能金融的相关概念

金融科技主要是指广义的新兴技术（大数据、云计算、区块链、人工智能）与金融业的结合，如图16.1所示。

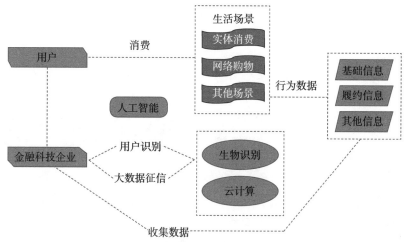

图16.1 金融科技促进金融服务与应用场景结合

智能金融主要是将人工智能核心技术（机器学习、知识图谱、自然语言处理、计算机视觉）作为主要驱动力，为金融行业的各参与主体、各业务环节赋能，突出人工智能技术对于金融行业的产品创新、流程再造、服务升级的重要作用。

⚙ 3. 智能金融的核心技术

（1）机器学习

机器学习（尤其是深度学习）是人工智能的核心，深度学习技术作为机器学习的子类，通过分层结构之间的传递数据学习特征，对各类金融数据具有良好的适用性。目前长短期记忆神经网络、卷积神经网络、深度置信网络、栈式自编码神经网络等算法在股票市场预测、风险评估和预警等方面进行了相关应用。

（2）自然语言处理

在自然语言处理技术中，通过对金融报表中的格式化语句进行分析，通过词性标注为每个词赋予词法标记，然后结合句法分析针对标注的词组进行内在逻辑研究，进而对客服、研报进行自动化读取与生成工作。

（3）知识图谱

利用知识抽取、知识表示、知识融合以及知识推理技术构建实现智能化应用的基础知识资源。在反欺诈领域中，对信息的一致性进行验证，提前识别出欺诈行为，在营销环节中，可以链接多个数据源，形成对用户群体的完整描述，帮助客户经理制订出具有针对性的营销策略。在投资研究中，可以从公司公告、年报、新闻等文本数据中抽取关键信息，辅助分析师、投资经理做出更深层次的分析和决策。

（4）计算机视觉技术

通过前端设备的人脸捕捉和证件信息提取，然后通过关键点检测、卷积神经网络算法，提取人脸图像关键信息与云端服务器上的数据进行比对，在身份验证和移动支付环节广泛应用。

需要注意的是，人工智能对于传统金融业的变革并不是"根本性"的颠覆，"根本性"是指推倒重来，现有的人工智能技术也不可能完全替代原有的金融业务流程。因此，用"AI赋能"来形容人工智能在金融领域所起到的作用更为恰当。

⚙ 4. 智能金融的应用场景

人工智能在金融领域的应用场景见图16.2。

图16.2　人工智能在金融领域的应用场景

二、智能投研场景

⚙ 1. 智能投研的缘起

金融业属于数据密集型行业，如何将海量的数据和爆炸式的信息变为有价值的资产，高效准确地发现信息的价值点，一直是金融机构努力的目标。证券和基金公司都设立了专门的投资研究部门。传统的投研工作，首先搜集信息，从各类公开的信息中寻找行业、公司的基本信息；然后提取知识，借助公开披露的公司公告、新闻报道、网络舆情等提取有价值的知识；再分析研究，借助各种分析工具进行逻辑推演和分析；最后呈现观点，将分析结果以报告的形式呈现。

在研究过程中，不论上述哪一环节，都需要耗费投研人员大量的脑力，工作量巨大。而且还存在着搜索途径不完善、数据获取不完整且不及时、人工分析研究稳定性差、报告呈现时间长等问题，但随着人工智能技术的介入，通过对传统投研的各个环节进行智能整合，投资和研究的效率得以大幅提高。目前，在业内，通过智能投研来提升金融数据的效用和价值已形成了基本共识。

智能投研是以数据为基础、以算法逻辑为核心，通过大数据提供素材，云计算提供算力，利用深度学习、自然语言处理、知识图谱等人工智能技术由机器完成上市公司研报、公告关键信息的获取与分析、智能财务模型搭建与优化、投资策略与报告自动生成及风险提示，辅助金融机构的从业人员（如分析师、基金经理、投资人等）进行投资研究。

智能投研的真正价值是什么？

从数据来源来看，前期信息搜集的耗时性和片面性，是传统投研中主要的缺陷。智能投研可以有效拓展信息的获取渠道，对大量信息进行即时处理，从而提高分析的全面性，提升了金融海量原始数据的效用和价值。对金融机构来说，投研人员的价值在于其行业积累经验总结出的分析逻辑和投资思路，对于某些涉及大量固定格式的撰写工作，如合规性文件、IPO文件、重大事件的简短评论、研究报告等文件中的部分章节，利用智能投研可以自动生成，为投研人员节约大量的时间用于思考和推理以输出投资建议，同时降低研究人员对于某细分领域的专业知识门槛。从产品和业务角度看，智能投研可避免投研人员情绪、偏见、知识体系等方面的影响，从而完整、理性地揭示事物之间的联系。在深度学习的基础上，自动提炼报告观点，甚至撰写基本研报。

智能投研克服传统投研过程中数据获取不及时、研究稳定性差、报告呈现时间长等弊端，实现从信息搜集到报告产出的投研全过程整合管理，基于更加高效优化的算法模型与行业认知水平，形成横跨不同金融细分领域的研究体系与咨询建议，并在金融产品创新设计方面提供服务支撑，在个人理财产品策略咨询、股票配置、基金配置、债权配置、交易执行、合理避税等领域得到大量应用。

⚙ 2. 智能投研的业务流程

智能投研要自动完成从数据到投资与研究观点的输出，需要经过以下几个步骤：

（1）步骤一：数据采集

数据采集是进行智能投研业务最基础的环节，在选定相应需采集的数据范围后，需开发各类策略，定期不定期进行数据采集并有序存储，以便为智能投研其他业务环节提供相应的数据原料。此步骤采用的主要技术如下。

① 文本挖掘引擎　利用自然语言处理技术，让计算机具备文字阅读能力，帮助客户自动化处理海量文本数据，提升文字处理效率和文本挖掘深度，降低人工成本。

② 文字识别（OCR）　综合使用图像处理、计算机视觉、自然语言处理和深度学习等技术，准确全面地识别扫描件和图片中的文字，并通过语义分析理解抽取出业务所需关键要素，在识别的同时实现文档的结构化处理。

（2）步骤二：数据处理

对原始未经加工处理的投研数据按一定的业务逻辑进行处理，如清洗、筛选、提取、计算等。按一定业务逻辑进行处理后的数据才能够进行相应的分析，以便发现数据或业务的规律和变化。这一步骤的主要技术如下。

① 企业级搜索引擎　企业级搜索引擎致力于为企业提供AI时代的智能搜索服

务，通过对企业中散落在各系统中的数据、内容进行统一管理和高效利用，使用者可以对企业中的数据、文档、人物、图片、表格等信息进行全方位、高效率的检索。

② 垂直搜索   帮助用户从海量信息中快速准确搜索到目标内容，为客户搭建出高效精准的智能搜索系统。

（3）步骤三：分析研究

分析研究是智能投研的核心与关键环节，这一环节在前面基础上进行实质性的业务分析，如趋势分析、时间序列分析、因子分析、事件分析、相关性分析等等。做好这一环节的工作，需深入理解金融投研领域的各业务逻辑与分析逻辑，从而将其内化到智能投研系统中，让智能投研系统具有相应的业务知识与经验。

① 数据挖掘分析   通过数据挖掘算法模型从各信息源挖掘提取有价值信息，找出其中规律并为金融投研活动提供决策依据。

② 智能投研模型   在数据挖掘、规律寻找的过程中，其算法模型也在不断进行学习迭代；各类算法模型基于对历史数据的挖掘找出其中的规律，可对投资标的未来的发展趋势做预测，或对风险进行预警，以优化投资决策并加强风险管理。

③ 机器学习和知识图谱   通过机器学习和知识图谱，可以建立起每家上市公司和与其关联度最高的上下游公司、行业、宏观经济之间的关系。如果某家公司发生了高风险事件，可以及时预测未来有潜在风险的关联行业和公司；如果宏观经济或者政策有变化，也可以及时发现投资机会。

（4）步骤四：结果输出

智能投研最终的产出会以观点或报告的形式呈现，为金融投资与研究提供相应的业务与决策支持。这一环节是建立在前述工作基础之上的，是智能投研的成果输出环节，且其成果可以有多种表现形式，如TXT、Word、图表、公众号图文、H5、音视频等，可以适应投研系统以及互联网、移动互联网传播。

文档智能审阅系统：文档智能审阅系统可应用于金融、制造、通信、法律、审计、媒体、政府等多种文字密集型行业，为企业自动化抽取文档的关键信息、对比不同版本的文档差异、纠正文档文字错误以及发现文书中潜在的法律风险。

智能投研的业务流程图如图16.3所示。

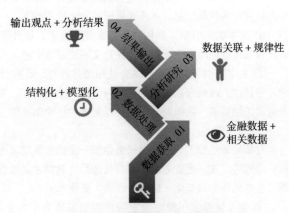

图16.3   智能投研的业务流程图

3. 智能投研关键技术之知识图谱

（1）智能投研的载体：知识图谱

数据的采集、降噪、整合仅仅只是智能投资研究的第一步，将数据整理好后，智能投研面临的一个大挑战是数据梳理。人工智能技术可以对获取到的信息进行深入挖掘，将不同的信息关联、整合起来，构建知识图谱，并且通过自然语言处理技术实现人机交互，促进智能投研。为了达到这个目的，需要效仿人类大脑记忆知识的方式，机器也需要有一种存储知识结构的载体。因此，有必要探讨知识图谱对智能投研的重要性，如图16.4所示。

图16.4　智能投研的载体——知识图谱

（2）知识图谱的概念

尽管这几年人工智能得到了突飞猛进的发展，但最先进的人工智能还没一个四岁小孩聪明，原因在于机器缺少知识，无法理解文本的语义信息。我们可以对描述的事物（实体）进行建模，填充它的属性，扩展这个实体与其他实体的联系，构建机器的先验知识。这一过程称为知识图谱，见图16.5。

图16.5　知识图谱的工作过程

知识图谱是一种基于图的数据结构，由节点（point）和边（edge）组成，每个节点表示一个"实体（entity）"，每条边为实体与实体之间的"关系（relation）"。实体指的是现实世界中的人或事，如人名、地名、公司、电话等；关系则用来表达不同实体之间的某种联系。

比如在搜索引擎里搜索"中国的首都"，搜索结果不是中国，而是可以直接得到答案——"北京"。这是因为底层知识图谱已经创建好了一个包含"中国""首都""北京"三个实体以及实体之间联系的知识库。所以当我们搜索的时候，就可以通过关键词提取（"中国""北京""首都"）从知识库上直接获得最终的答案，这也说明了知识图谱有理解用户意图的能力，如图16.6所示。

图16.6　知识图谱示例

（3）知识图谱的切片展示

知识图谱本质上是一种语义网络，是用来描述真实世界中存在的各种实体和概念以及它们之间关联的基于"图"的数据结构，数据是金融的生命线。通过知识图谱将原有的金融数据进行加工、整理，建立起不同实体和事件之间的关系。在智能投研领域，可以从公司公告、券商研报、新闻报道等非结构化数据中批量化自动提取关键信息，以此为基础构建关联关系，搭建知识图谱，辅助投研人员完成更深层次的分析，并在一定程度上优化投资决策。

从图16.7中可以看出，仅仅是上市公司的知识图谱，其结构就已经超越了单层的

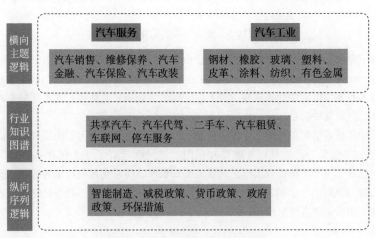

图16.7　知识图谱的一个切片展示

逻辑结构，而且公司关联中的人物、数据、股权结构的关系，都具备了异构化的数据属性。此外，为了使机器具备逻辑推导能力，通常还会基于行业公司的基本知识图谱，建立各种横向和纵向的知识索引。例如，我们会根据相关主题的逻辑结构，对不同公司进行分组聚类；以时间角度作为线索，将历史上的相关事件串联起来。

（4）智能投研领域如何构建知识图谱

那么，智能投研领域中的知识图谱如何构建呢？

① 首先，企业画像 在传统投研领域，为企业做信息规整，是以获取企业的360度信息为目标，存在着多源异构的数据孤岛问题。而知识图谱技术是以企业为中心，建立起围绕企业实体的关系网络，比如企业与企业的关系、企业与人的关系、企业与行业的关系、企业与宏观要素的关系等等。因为企业处在关系网络之中，任何一个事件的传递都会沿着关系网络传播。比如"行业的原材料价格上涨"这样一件事，会在企业的关系网络里沿着企业的上下游来进行传递。据此可以把涉及的相关企业从知识图谱中找出来，命中事件传播波动相关性标的、事件要素投研逻辑相关性标的等，从而对相应投资人进行相应标的的智能资讯服务，例如持仓/自选股预警、投顾等辅助服务。

② 其次，企业分析 在建立了关系网络后，可以以关系分析为起点进行企业的分析，一步步达到我们最终所需的分析目标和结果。如知识图谱对于关系穿透、挖掘的能力，使其非常适合找到一致行动人、实际控制人以及资本系挖掘，这在合规风控领域的应用有非常大的空间。再如基于知识图谱事件传播影响的智能资讯服务，可以把相应的资讯推送给相应标的持有人，进行风险警示或投资机会提示。

三、智能风控场景

金融市场的作用之一是对未来定价，对交易风险定价，故风险防控是传统金融机构面临的核心问题。与传统的风控手段相比，智能风控改变过去以满足合规监管要求的被动式管理模式，转向以依托新技术进行监测预警的主动式管理方式。以信贷业务为例，传统信贷流程中存在欺诈和信用风险、申请流程烦琐、审批时间长等问题，通过运用人工智能相关技术，可以从多维的海量数据中深度挖掘关键信息，找出借款人与其他实体之间的关联，从贷前、贷中、贷后各个环节提升风险识别的精准程度，使用智能催收技术可以替代40%~50%的人力，为金融机构节省人工成本。同时利用智能风控技术可以使得小额贷款的审批时效从过去的几天缩短至3~5min，进一步提升了客户体验，在信贷审批、信贷授信、信用、骗保反欺诈、异常交易监测、违规账户侦测、客户关联分析等领域得到了广泛应用。

⚙ 1. 金融风险控制

金融的风险管理是金融管理的核心，金融的管理就是风险的管理，包含市场风险、信用风险、操作风险。这里所阐述的风控侧重于对用户还款能力、还款意愿的判断，即通过用户的历史数据来预测其未来的行为，能还款还是不能还款。

信用管理涵盖两个方面的内容：信用和管理。信用即先用后付，凭自己的信用值预支金钱购买相应的服务。管理是金融机构对用户的信用值进行评估，并根据其信用等级制定风险防范策略，即所谓的风险控制（简称风控），针对用户可能发生的风险进行管理规避。

信贷风险分为信用风险和欺诈风险两类。

信用风险：指借款人的还款能力和还款意愿在贷款后出现了问题。如借款人的经济能力和思想状态发生了变化。

欺诈风险：指借款人的贷款动机不单纯，在贷款之初就没打算还款。

如果借款人发生信用风险，金融机构可通过风险控制策略等手段进行防范，可控性较大。但借款人一开始就以骗贷为目的并且贷款成功，金融机构则会蒙受一定的损失，因此欺诈检测是信贷风控中重点防范的对象。目前风控主要依靠信用评分和欺诈检测两个手段，信用评分是对借款人还款能力和还款意愿进行评估，防范的是信用风险。而欺诈检测是对借款人的动机是否正当进行判断，防范的是欺诈风险。

✿ 2. 人工智能金融风控体系

人工智能金融风控体系主要由三大部分组成：数据信息、策略体系、人工智能模型，如图16.8所示。其中，数据信息包括用户信息、用户行为信息、用户授权信息和外部导入信息。策略体系包括反欺诈规则、准入规则、运营商规则、风险名单、信贷规则。人工智能模型包括欺诈检测模型、准入模型、授信模型、风险定价、额度管理、流失预警、失联修复。一个好的策略体系需要丰富的专家经验以及优质的数据作为支持。

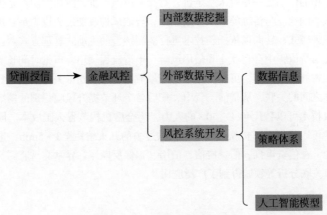

图16.8   人工智能金融风控体系

人工智能风控能解决传统金融机构中存在的痛点问题。首先是人工效率的问题，传统金融机构中，都是靠人力来审核信贷，但每个人一天的工作时长是有限的，而人工智能的工作时间则可以24h不间断工作。其次，人工智能技术能助力细化客户分层的颗粒度及实现精细化管理。以往处理客户分层、客户画像是基于经验，基于客户历史表现来制定风控策略，由于人工处理的限制，分层相对有限，客户画像的颗粒度比较粗，达不到精细化的管理要求。对于百万级乃至于上亿的大批量客户，必须要借助人工智能技术进行这种大规模的客户风险识别工作。

⚙ 3. 人工智能在贷前、贷中、贷后的应用

机器学习、深度学习、自然语言处理、语音图像识别、知识图谱人工智能技术在风控领域有着广泛的应用。在金融风控的贷前、贷中、贷后三个具体阶段都涉及大量的模型与场景，如图16.9所示。

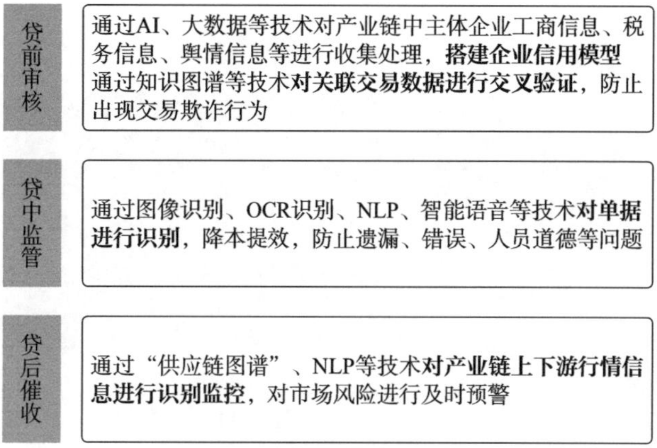

通过风险评分，可以有效地结合用户在各个业务场景的活

贷前审核　通过AI、大数据等技术对产业链中主体企业工商信息、税务信息、舆情信息等进行收集处理，**搭建企业信用模型** 通过知识图谱等技术对关联交易数据进行交叉验证，防止出现交易欺诈行为

贷中监管　通过图像识别、OCR识别、NLP、智能语音等技术**对单据进行识别**，降本提效，防止遗漏、错误、人员道德等问题

贷后催收　通过"供应链图谱"、NLP等技术对产业链上下游行情信息进行识别监控，对市场风险进行及时预警

图16.9　智能风控流程模型

动特征共同为用户的风险画像，在业务场景中实现更灵活的风控惩罚策略下发。另外，长期低危的白用户可以减少风控策略的调用，节省线上规则的调用成本。图16.10给出了风控评分示例。

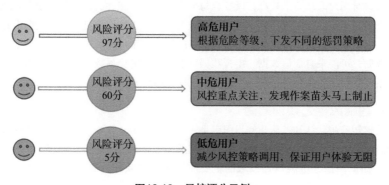

风险评分97分 → **高危用户** 根据危险等级，下发不同的惩罚策略

风险评分60分 → **中危用户** 风控重点关注，发现作案苗头马上制止

风险评分5分 → **低危用户** 减少风控策略调用，保证用户体验无阻

图16.10　风控评分示例

我们通过一个案例来说明：小甲通过某金融APP申请贷款，当在APP上填写身份信息和人脸识别时，APP就直接连接到央行征信等数十个外部数据源以及自己的数据源。通过大数据分析，将外部数据源和内部数据源进行关联和整合之后，系统会从多维度对用户的身份信息、信贷信息、消费信息、社交信息和行为信息等进行判断。通过机器学习和知识图谱等方式，对信息数据进行处理建模，搭建信用评分模型；通过知识图谱对关联性交易进行组织和透视，防止虚假交易的存在；通过OCR识别、图像识别、NLP和智能语音等技术，对各类单据进行识别和审核，在降本增效的同时，降低机械风险和人员道德风险，如图16.11所示。

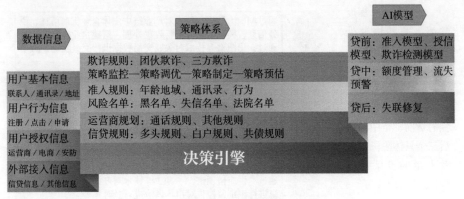

图16.11　AI贷款示例

✿ 4. 智能风控之数据

欺诈的识别是风险控制的第一步，如何利用第三方数据高准确度地识别一些有欺诈嫌疑的用户是这一环节需要解决的问题。如果把人工智能技术比作发动机，那么数据就是这台发动机的燃油。当"投喂"的数据越多，模型识别得就会越准，但金融领域的数据对用户隐私要求较高，风控会与个人隐私保护相冲突，如何安全合规地让双方乃至多方企业使用大量、多维度的金融数据训练人工智能模型，从而挖掘出有效的特征来更精细地进行用户画像，需要一个好的解决方案。因为这些数据大多是非结构化的数据，可能来自征信数据、出行数据、电商平台的交易数据、电话通信数据和社交数据、互联网浏览数据、司法执行数据、社交网络等多种渠道。

✿ 5. 智能风控之知识图谱

从感知跨越到认知，构建知识图谱是一个重要环节。知识图谱技术旨在通过更结构化的图的方式描述各种实体概念及其相互关系，让机器真正实现推理、联想等认知功能。知识图谱在金融风控领域的主要应用场景有欺诈检测、信用评级、失联管理等。

　　具体说来，即通过网络中的中心度和相似度计算，可以进行基本的团伙欺诈检测规则抽取。比如在网络中中心度超过某一阈值或者和其他节点的相似度超过某一阈值，就会触发预警。而每一个节点的二度联系人和三度联系人，可以作为用户失联后的潜在联系人。由于用户失联后，贷后管理人员无法进行适当的施压，通过网络输出多度联系人，成为了当前失联补全模型的主要手段。此外，每一个节点的中心度也可以抽取出来，"喂入"风控模型中作为一种来源于知识图谱的信息，与其他类型的数据一同建立监督模型。贷款人知识图谱的示例见图16.12。

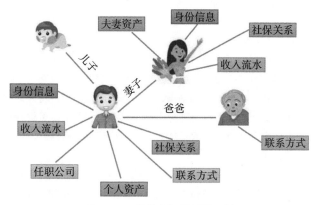

图16.12　贷款人知识图谱示例

　　反欺诈识别举例：当融合来自不同数据源的信息构成知识图谱时，有一些实体会同时属于两个互斥的类别（如同时在两个不同的城市工作），这样就会出现不一致性，通过这种不一致性检测，我们利用知识图谱可以识别潜在的欺诈风险。

　　以审批环节来举例，传统银行风控需要人工审核，风控人员通常需要看申请表、征信报告、外部数据等很多材料。如果利用知识图谱将这些信息直接映射到图数据里，整合到一个页面且以图像化的形式展示出来，通过这些关系的远近和异常拓扑结构的识别，把存在的疑点高亮显示出来提示风控人员，我们可以发现更多更深层次的风险模式，通过识别这些模式可以有效地减少团伙欺诈。

⚙ 6. 智能风控之信用模型

　　信用模型用来评估一个用户的信用风险。在风控信用模型中，一般结合三类评分模型：专家经验模型，传统的逻辑回归模型以及人工智能模型。

　　在传统风控场景中，一直都是以人工经验为主的专家意见模式来进行项目风控，因此经验丰富且道德良好的老信审人员一直是传统风控模型的核心。所谓"经验"，实际上就是一种个性化大数据的统计，是一个人在某个行业，一套观察事物和分析事物的思维方式。

　　一方面，随着互联网场景的爆发和大数据的发展，使得过去只能依赖经验判断的事项得到了后台数据的直接验证；另一方面，凭专家经验设计的风控模型需要经历几十万个信贷结果数据才能得到比较好的验证，信贷机构付出的成本十分高昂。这两方面的因素都倒逼信贷风控模型的创新。应用人工智能技术后的智能风控体系，在一定程度上缓解了批量化和标准化的问题。

　　需要明确的是，人工智能与专家经验之间的关系并不是非此即彼的。人工智能是帮助专家将风控理念落地的工具，而非替代专家。当风险因素、规则特征较多，专家经验判断力不从心时，人工智能能帮专家摆脱烦琐。而在判断风险点何时何地出现上，专家经验又不可或缺。因此，一个公认的解决方案是：将专家经验和模型结合起来，二者功能互补，互相配合。

　　相较于专家经验模型，逻辑回归模型的灵活度更高。逻辑回归模型不会根据某个变量直接对样本群体进行"一刀切"，而是从多个角度进行综合判定。传统的评分卡模型依赖于专家对于各个场景特征的刻画，通常采用逻辑回归进行评分建模，同时配合线上策略进行灵活的加减分。传统评分卡模型具有模型简单、可解释性强、灵活可控等优势，另一方面也存在着风险表征能力不强、依赖于专家信息、无法建模复杂的关联与依赖关系等劣势。

　　传统风控应用人工智能的第一步就是需要从经验中提取逻辑，主要有三种模式：逻辑决策树模型、信审决策树模型和逻辑决策树模型与规则引擎的结合。

　　首先，以逻辑决策树模型在信贷经验拟合中的应用为例来说明，如以二手高性能电脑贷款为例，流程中包括：收电脑—验手续—电脑评估—流通折价评估—质押及放款合同手续—电脑保存—贷后催缴—还款取电脑—逾期处置手续—流通变卖等。每个环节都包括经验的判断，如收电脑的商家对电脑性能和流通环节很熟，就会考虑到电脑的残值、易于出售与否等问题，几乎能够考虑到以后的机会性风险，但如果这个商家只熟悉其中的某一环节，对其他环节不熟，就会形成所谓的"代偿性"依赖。

　　其次，以信审决策树模型实例来讲解。同样的经验也发生在信审环节上，电脑贷款的风控审批之前，一般要经历手续审核、电脑配置审核、电脑价格评估等环节，风控人员的主要任务就是通过综合各个环节的情况来判断是否批贷，以及批贷的额度、周期和利率等。

　　环节一：电脑贷款审批的指标。在经验中一般有两类。一类是排除模型，只要看到某几种指标达到某种标准就直接拒贷。另一类是衡量模型，即根据指标状况进行打分，最后根据分值高低来判断。环节二：统计学标准。排除欺诈因素，通常会根据审批人员所了解的最近二手高性能电脑销售市场行情变化和手续齐全程度的判断来决定。在放贷模型中，不仅要有近期高性能电脑好卖与否的历史数据信息，人们的经验更多体现在判断未来上，这就要求经验对历史数据的形成规律进行统计学建模。环节三：放贷所涉及的限制性条件。在实践中更多会表现为老手经验。这些经验的形成途径一般有两种: 一是前任老师傅的口授心传; 另一种是老手的失败教训。

将电脑贷款审批的指标、统计学标准、限制性条件筛查后, 用逻辑决策模型进行最终判断, 图16.13以车贷为例, 介绍其基本模型。

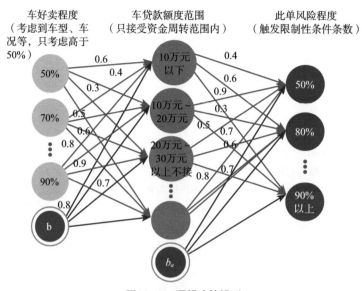

图16.13　逻辑决策模型

最后, 以逻辑决策树与规则引擎的结合来说明。目前金融机构拟合的主要模式就是规则引擎, 其基本原理为将传统信贷人员的工作经验以规则库的模式放入系统, 由产品设计人员选取规则来辅助信审流程。规则引擎系统可以将多人的经验进行入库管理, 实现经验的传承, 作为一个积累数据的有效手段。逻辑决策树可以对规则逻辑进行分值优化, 并有效地解决上述规则判断问题。

⚙ 7. 模型组合搭建风控体系

一个风控体系的搭建, 绝不是单靠一个模型、一个单点就可以识别的, 要通过模型组合来控制全局风险。所谓模型组合是指根据不同的数据或模型特点, 选择合适的模型训练, 再将多个模型进行融合, 从而直接或间接地提升模型在未来样本上的表现。使用基于风险评分的深度模型, 使得我们可以轻松地将其他维度的信息加入到模型体系中, 共同构建评分模型。同时, 针对模型体系中的子模型, 也可以单独利用对预训练模型的优化升级, 使得单场景的模型效果进一步提升。利用该框架构建的评分系统, 构建了平台各个业务场景的实时拦截服务, 进一步提升风控系统的有效性, 如图16.14所示。

图16.14   模型组合搭建风控体系

⚙ 8. 风控全场景深度模型

风控深度模型通过深度学习实现多场景的自动深度特征交叉、自动地抽取数据中的重要信息，以便更准确、更全面地对用户进行风险画像，并且泛化能力更好。模型先将不同风险维度的特征经过不同结构的深度学习模型进行预训练，然后将预训练模型的特征汇总到一起进行全场景深度模型训练。模型框架如图16.15所示。

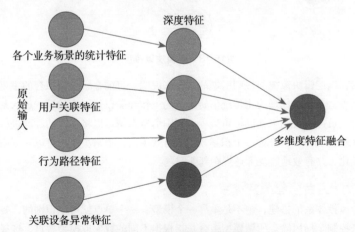

图16.15   风控全场景深度模型

风控全场景深度模型各要素解释如下：

各个业务场景的统计特征：统计不同的业务场景中用户的特征维度。

用户关联特征：用户与用户之间，通过设备、IP、行为一致性等方法构建用户关联图，利用人工智能算法进行关联性画像。

行为路径特征：用户在平台上所有行为构成的事件序列，如：登录/上传用户信息/个人身份验证/申请贷款/退出。

关联设备异常特征：关联设备的异常主要来自于设备硬件信息与通常登录的设备不匹配。

四、智能营销场景

⚙ 1. 智能营销概述

营销是金融业保持长期发展并不断提升自身实力的基石，因此营销环节对于整个金融行业的发展来说至关重要。传统的金融营销渠道主要是以实体网点、电话短信推销、地推沙龙等方式将金融相关产品销售给潜在客户，这些营销方式容易产生对于市场需求的把握不够精准、客户产生抵触情绪等不良影响，同时"千人一面"标准化的产品以群发的方式进行推送也无法满足不同人群的多样化需要。

与传统营销模式不同，智能营销通过融合大数据、人工智能等新技术，对收集的客户交易、消费、网络浏览等行为数据利用深度学习相关算法分析用户需求和偏好，从而建立起精准营销解决方案，帮助金融机构与渠道、人员、产品、客户等环节相联通，以覆盖更多的用户群体，为消费者提供千人千面、个性化与精准化的营销服务。

⚙ 2. 智能营销的典型流程

智能营销通过信息采集—客户分析—模型构建—精准营销实现营销闭环。通过大数据技术精准刻画用户画像，并基于此策划营销方案，进行精准营销和个性化推荐，同时实时监测，一方面用于优化策略方案，另一方面将数据反馈给数据库系统用于接下来的客户分析。营销执行主要分为精准营销和个性化推荐，精准营销服务于企业的引流获客阶段，个性化推荐服务于企业的留存促活阶段，如图16.16所示。

图16.16　智能营销的典型流程

〔1〕用户洞察

智能营销通过客户日常交易数据（股票交易、理财交易等）、产品信息、APP行为数据、网点业务办理频次等多维度采集客户信息，为指定客户画像、评估客户留存增长、活跃度提升提供了根据性的数据支持。

（2）创意生成

通过CRM数据、客户日常交易数据（股票交易、理财交易等）、产品信息、APP行为等数据，100%覆盖追踪产品购买、功能使用等过程，精确定位客户流失环节，优化功能体验，为整体指定客户画像，评估客户留存增长，活跃度提升提供了数据支持。通过对已有素材的训练和学习，智能营销系统自动生成创意素材，降低人工成本，提升生产效率，为不同用户生产不同素材创意，实现创意千人千面，如图16.17所示。

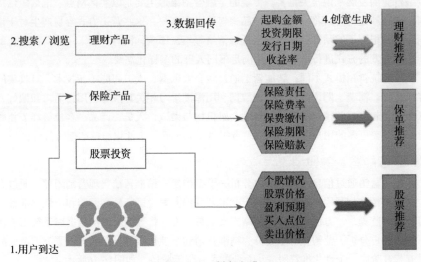

图16.17　创意生成

（3）模型构建

根据用户行为大数据，结合用户个人信息形成的精准画像，整合其购买产品标签、交易次数与金额、产品收益等数据，融入逻辑回归、支持向量机（SVM）、梯度下降等机器学习算法和自然语言处理等相关技术，进行需求匹配。利用自然语言处理技术，对用户咨询文本内容、行业舆情热点信息以及股票、基金等理财产品进行深度挖掘，提供更精确的匹配，预测出每一个用户的产品偏好，"千人千面"地构建基于客户偏好度与收益高相关的排序与智能推荐模型，为单个用户进行最优产品的匹配推荐。

（4）精准营销

基于以上对于数据的处理以及人工智能模型的整合，打通目标营销人群、营销计划、营销投放渠道整个营销链路，构建标准化营销数据平台体系，实现：其一，基于更精准的用户画像，实现精准人群细分，寻找最佳媒体组合；其二，通过智能投放，进行多组素材的测试，针对不同用户投放最优素材，如图16.18所示。

通过智能营销，将离散的营销行为和营销经验整合成"数据"，将海量存储数据变现为营销价值。通过用户画像、用户分层、用户定位抓取目标客户，将"数据"与"营销渠道"相结合，打造无界营销模式，准确把握客户的最高需求点，及时做出反应，建立

投放前	投放中	投放后
挖掘潜在用户，精准人群细分，寻找最佳的媒体组合	大数据赋能，"人群＋场景＋媒体"组合	报表数据秒级更新实时查看

图16.18　智能营销应用场景：智能投放

以客户数据洞察为基础，数据分析渠道的营销决策体系，有针对性地投放广告，确保用户关注的广告有关联性，实现营销的精准化、场景化、个性化，形成营销目标选择、营销计划决策、营销精准投放、营销效果评估动态优化闭环。图16.19显示了人工智能引领新的营销体验。

图16.19　人工智能引领营销新体验

五、智能客服场景

金融业的售前电销、售后客户咨询及反馈服务频次较高，对呼叫中心的服务效率、质量把控以及数据安全提出了严格要求。特别是在金融产品同质化较为突出的今天，客户服务内容与水平成为各大金融企业抢夺用户、保持用户黏性的重要手段。

⚙ 1. 智能客服的概念

狭义上，智能客服指的是在人工智能、大数据、云计算等技术赋能下，通过客服机器人协助人工进行会话、质检、业务处理，从而释放人力成本、提高响应效率的客

户服务形式。而广义上，随着各类技术的深入应用，智能客服的外延被进一步拓宽，不仅仅指企业提供的客户服务，还包括了客服系统管理及优化。

⚙ 2. 智能客服体系

智能客服基于大规模知识管理系统，取代传统菜单式语音＋人工客服模式，面向金融行业构建7×24的客户接待、管理及服务智能化解决方案。在与客户的问答交互过程中，智能客服系统可以实现"应用—数据—训练"闭环，形成流程指引与问题决策方案，并通过运维服务层以文本、语音及机器人反馈动作等方式为客户提供自然高效的交互体验方式。此外，智能客服系统还可以针对客户提问进行统计，对相关内容进行信息抽取、业务分类及情感分析，了解服务动向并把握客户需求，为企业的舆情监控及业务分析提供支撑。据统计，目前金融领域的智能客服系统运用率达到了20%～30%，可以解决85%以上的客户常见问题，针对高频次、高重复率的问题解答优势更加明显，缓解企业运营压力并合理控制成本。智能客服体系如图16.20所示。

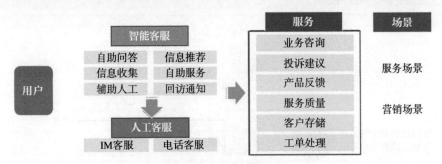

图16.20　智能客服体系

⚙ 3. 智能客服赋能金融业

金融业可细分为银行、保险、证券等领域，各领域面临的客服痛点不尽相同，因而智能客服赋能的侧重点也存在一定的差异。

（1）银行业

银行业痛点主要在于客户咨询重复度高、高峰时期用户咨询体验差、催收人力成本高等。智能客服作为人工客服的辅助，可以提高咨询高峰期的响应速度；对于重复率高的问题，基于持续扩充优化的行业知识库，实现快速且精准的应答；智能催收，针对多元场景制定差异化机器人催收战略，释放人力成本。

（2）保险业

投保、核保、赔付等相关条款普遍较为复杂，消费者个人需求及投保标的自身状况也千差万别，导致消费者咨询内容呈个性化特征。在保险售前咨询与售后理赔等环节，客户服务水平直接决定了客户转化或留存率。基于保险行业知识图谱的智能客服，能够识别各类复杂情形，提高回复精准性，在渠道获客、续保留存、核保定价、风险控制方面赋能保险企业。

（3）证券业

与银行业类似，证券行业客服同样面临大量重复性基础问题。智能客服的介入缓解人工客服回答重复问题的压力，将有限的人力释放到更为专业的问题上去。目前，智能客服支持证券基础问题回复、智能选股诊股、证券行业信息智能推送、智能营销等功能，为证券行业降本增效提供可能。

⚙ 4. 智能客服与人工客服的比较

传统客服中心高度依赖人工，客户接待、问询回复、工单填写、客服质检等环节均需人力介入。随着客服需求的爆发式增长，人工客服的弊端及痛点逐渐暴露。

相比传统的人工客服，智能客服能及时响应客户需求，智能回答部分重复性及结构性问题，缩短消费者等待时间，优化客户体验。智能客服与人工客服的对比如图16.21所示。

对比维度	智能客服	传统客服
技术	以AI技术为基础，通过AI机器人开展服务	以呼叫中心为基础，由话务员进行服务
接入渠道	多元接入渠道，各渠道互通	接入渠道单一，以电话为主
响应效率	7×24h随时响应	正常工作日，正常工作时间
数据管理	数据处理快速、数据统一管理	数据处理环节较多，数据分散不易管理
客户标注	自动分类、标签清晰	手动分类，杂乱无章

图16.21 智能客服与人工客服的比较

智能客服作为金融科技中重要的一环，越来越受到企业重视。但值得注意的是，尽管智能客服呈现诸多优势，其核心功能仍在于辅助，而非替代人工。智能客服擅长解答常见的重复性问题，对于专业性较高的问题，依旧需要人工客服的介入。

⚙ 5. 智能客服的核心技术

自然语言处理＋知识图谱＋深度学习＋交互技术运用到客服领域，通过文字、图片、语音等媒介，建立起企业与用户人性化、智能化的交互桥梁，从而达到售前咨询、售中答疑、售后关怀等多重目的，如图16.22所示。

图16.22 智能客服的核心技术

（1）自然语言处理技术

自然语言处理即NLP，包括机器对人类自然语言的理解与输出两方面，是实现智能客服"拟人化"的重要推动力。其中智能语音语义技术实现了人类的"能听会说"功能，语音交互过程包括四部分：语音采集、语音识别、自然语言理解和语音合成，如图16.23所示。

对话输入　语音识别　语音理解　对话状态维护　动作候选排序　语言生成　语音合成　对话输出

图16.23　智能语音交互系统的技术流程

（2）知识图谱

构建金融行业的知识图谱及金融行业知识库，是智能客服精准定位问题及给出相应回复的知识基础。

（3）交互技术

交互技术的应用，使智能客服实现多轮与连续对话成为可能。

（4）深度学习

智能客服通过深度学习，捕捉用户询问意图，通过区分同问句不同语义、同问题不同问法，实现具体问题的针对性回复。同时，基于持续的深度学习，智能客服识别与判断人工客服跳转节点，优化人机协作水平。

客服领域引进人工智能技术，标志性的工具就是智能机器人（文本机器人、语音机器人），如图16.24所示。

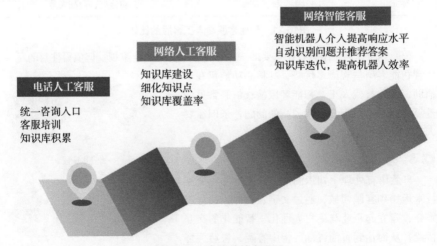

网络智能客服
智能机器人介入提高响应水平
自动识别问题并推荐答案
知识库迭代，提高机器人效率

网络人工客服
知识库建设
细化知识点
知识库覆盖率

电话人工客服
统一咨询入口
客服培训
知识库积累

图16.24　客服的技术发展

（5）智能客服机器人

其主要功能是同用户进行基本沟通，并自动回复用户有关产品或服务的问题，以达到降低企业客服运营成本、提升用户体验的目的。

基于语音和语义技术，可自动将海量电话录音内容结构化，打上各类标签，挖掘分析有价值信息，为服务与营销等提供数据与决策支持。

在客服中心尝试设置智慧机器人，赋予机器人拟人化形象和动作，辅助工作人员服务客户，增强客户服务的科技创新感和服务新体验。

六、智能理赔场景

传统理赔在销售上依靠代理人模式＋传统销售管理模式，使得保险销售环节成本过高。在理赔流程上获取的风控数据及理赔判定方法对保险欺诈的甄别能力较差。理赔手续烦琐、流程复杂、赔付耗时长，用户体验得不到提升，伴随而来的是产品使用率下滑、品牌口碑受损。随着人工智能技术的发展，科技对保险业的影响正在逐步深入，智能理赔颠覆了传统理赔。

⚙ 1. 智能理赔系统

智能理赔主要是利用人工智能等相关技术代替传统的劳动密集型作业方式，明显简化理赔处理过程。智能理赔系统如图16.25所示。

图16.25　智能理赔系统

⚙ 2. 智能理赔流程

以车险智能理赔为例，通过综合运用声纹识别、图像识别、机器学习等核心技术，经过快速核验身份、智能辅助拍摄、远程精准定损、大数据定价、材料信息快速提取、智能审核、维修方案决策、智能支付等主要环节实现车险理赔的快速处理，克服了以往理赔过程中出现的欺诈骗保、理赔时间长、赔付纠纷多等问题。根据统计，智能理赔可以为整个车险行业带来40%以上的运营效能提升，减少50%的查勘定损人员工作量，将理赔时效从过去的3天缩短至30分钟，简化了处理流程，减少了运营成本，明显提升了用户满意度，如图16.26所示。

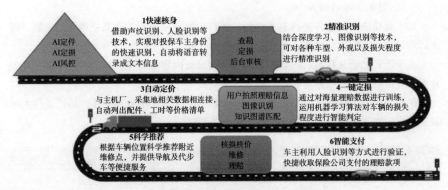

图16.26   智能理赔主要流程示意图（以车险为例）

⚙ 3. 智能理赔的核心技术

近年来保险公司积极运用大数据、物联网、图像识别、人工智能建模、知识图谱、智能机器人等技术开展理赔服务。

（1）大数据

基于人工智能＋大数据的"消费者画像"让保险公司更了解客户，提高信息搜索、流转效率与准确度，自动识别场景中的风险，对保险操作风险进行积极管理，提升服务时效和服务质量。

（2）物联网

一系列传感器、可穿戴设备、远程信息设备和物联网技术设施，为保险公司提供了大量关于消费者和商业客户线下行为的数据，这让保险公司有能力对消费者和企业的日常风险、需求和行为进行更深入的了解。

（3）图像识别

图像识别技术实现了快速定损和反欺诈识别，提高了理赔效率。身份认证可以通过人脸识别、证件识别（还包括不属于图像的声纹识别）等方式进行。图像识别还可以处理非结构类数据，如将笔迹、扫描、拍照单据转换成文字，对视频、现场照片进行分类处理等等。在理赔环节，基于图像识别技术，能快速查勘、核损、定损和反欺诈识别，相比传统的人工核损流程极为节省时间，能明显提升理赔效率，降低骗保概率。采用智能理赔风险输入、加工和预警输出，能够定义风控规则进行筛查，完善理赔风险闭环管理机制。

（4）人工智能建模

相比传统的智能风控技术，基于人工智能建模技术开发的模型拥有强大的自学习能力，从数据自身特点出发，以异常行为作为学习规则，通过自聚类、回归分析等技术手段对合规、合理与高风险行为搭建分类器，结合保险政策、规范化路径及知识库，对案件的输出配备相应的咨询问答和政策解释，作为核查及控费的指导依据。

（5）知识图谱

客户咨询问答从传统的Q&A转为知识图谱，为什么？第一，知识图谱里存储的内容都是结构化的数据；第二，人类非常容易看懂知识图谱中的逻辑，机器又能理解（即AI的可解释性）；第三，语义的扩展非常容易，如图16.27所示。

图16.27　智能理赔的知识图谱技术

比如有客户咨询：甲状腺能不能保？智能理赔系统回复：一年内有没有做过B超？有没有对应的检测报告？是良性还是不良？如果没有，如何描述该病症？这个病症有什么其他描述……根据多轮的扩展，就可以得到很明确的答复。

（6）半开放式的智能机器人

以前的智能客服机器人的交互形式都是开放式的，目前对话机器人都是半开放式的，其好处在于：一个非专业领域的咨询者在阐述问题的时候，如果没有给予一定的引导，往往说不清楚，以保险理赔为例，先定位到一个险种，然后用半开放式的机器人交互，就十分高效。

七、智能投顾场景

传统投资顾问是以投资顾问的专业素养和从业经验为基础，结合投资者的资产状况、风险偏好、预期收益等，为投资者提供专业的投资建议。

1. 智能投顾概述

传统投顾服务效率低、成本高，主要客户为高净值人群。而智能投顾引入了人工智能和大数据等技术，可以快速处理海量信息，根据客户填写问卷反馈的信息进行风险偏好判别，通过算法模型为投资者提供资产配置建议，极大节约了专业投顾的人力成本，降低了客户获取投顾服务的门槛和费用，具有门槛低、费用低、投资广、易操作、透明度高和个性化定制六大优势，充分挖潜投顾行业长尾市场，如图16.28所示。

智能投顾将人工智能等技术引入投资顾问领域，运用人工智能相关技术完成客户需求分析、投资分析、资产配置选择等工作，目标是替代人类完成财富管理或投资建议的工作，最终实现投资组合的自动优化。

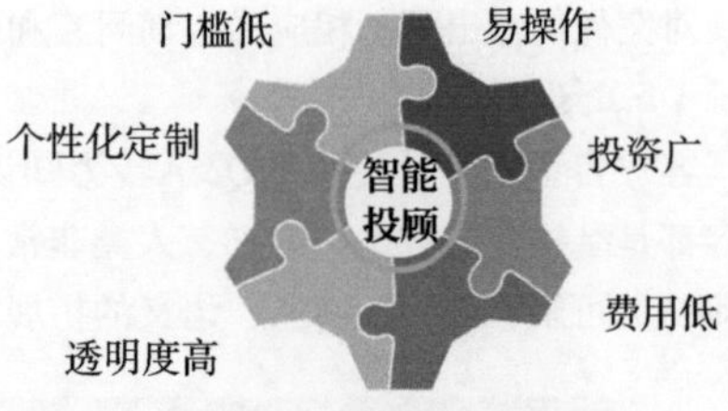

门槛低　易操作
个性化定制　智能投顾　投资广
费用低
透明度高

图16.28　智能投顾的优势

2. 智能投顾的业务流程

智能投顾的业务流程一般包括：风险测试，通过大数据获得客户个性化风险偏好、投资目标及其变化规律；资产配置，根据客户的个性化风险偏好，通过智能算法模型，定制出合理的个性化资产配置方案；流程引导，一键式资产配置，自助式账户开立；资产管理，利用互联网平台对客户的个性化资产配置方案进行动态实时跟踪、调整与更新；投后管理，智能资讯推送、理财产品营销。如图16.29所示。

图16.29　智能投顾的运作流程

3. 智能投顾的组成要素

算法、模型、数据是智能投顾核心组成部分。数据是基础，模型决定了资产配置比例，算法决定了投资分析方法，如图16.30所示。

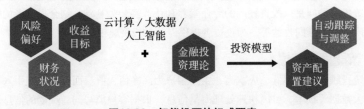

图16.30　智能投顾的组成要素

（1）数据是基础

智能投顾以客户画像为起点，需要用户的风险偏好、收益目标和财务数据，投资组合再平衡也需要以实时数据为基础，动态调整资产配置。并且，海量有效的金融数据是机器学习的依据，没有数据就没有人工智能，也就没有智能投顾，如图16.31所示。

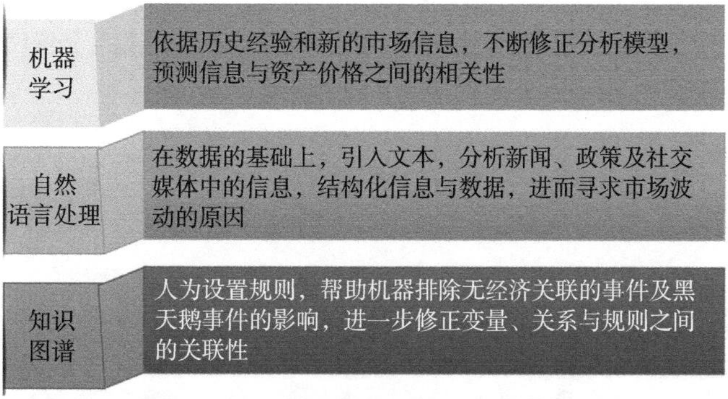

机器学习	依据历史经验和新的市场信息，不断修正分析模型，预测信息与资产价格之间的相关性
自然语言处理	在数据的基础上，引入文本，分析新闻、政策及社交媒体中的信息，结构化信息与数据，进而寻求市场波动的原因
知识图谱	人为设置规则，帮助机器排除无经济关联的事件及黑天鹅事件的影响，进一步修正变量、关系与规则之间的关联性

图16.31　人工智能技术在数据分析的应用

（2）模型和算法是核心

"算法"是智能投顾平台连接客户端和金融机构端的最重要工具，用以寻找最优调仓方式，提升效率。在提供智能投顾服务时，开发者需要通过大量的金融模型和假设，将输入的大数据转化成一系列投资建议，而该投资建议可能来自多个算法组合及多个对应任务。如果其中的算法设计不合理或者编程不正确，均可能导致偏差超出合理范围，进而造成投资者的财产损失，如图16.32所示。

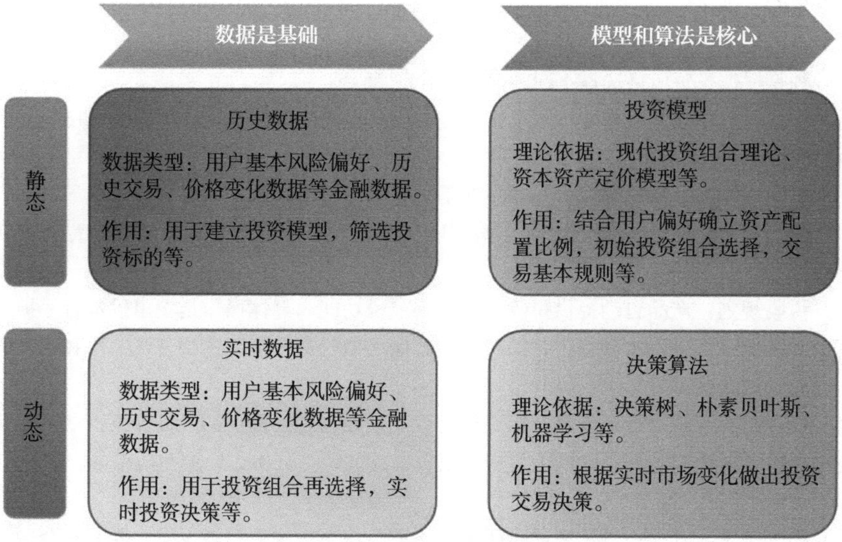

	数据是基础	**模型和算法是核心**
静态	**历史数据**　数据类型：用户基本风险偏好、历史交易、价格变化数据等金融数据。　作用：用于建立投资模型，筛选投资标的等。	**投资模型**　理论依据：现代投资组合理论、资本资产定价模型等。　作用：结合用户偏好确立资产配置比例，初始投资组合选择，交易基本规则等。
动态	**实时数据**　数据类型：用户基本风险偏好、历史交易、价格变化数据等金融数据。　作用：用于投资组合再选择，实时投资决策等。	**决策算法**　理论依据：决策树、朴素贝叶斯、机器学习等。　作用：根据实时市场变化做出投资交易决策。

图16.32　数据、模型、算法是智能投顾的三个支柱

（3）智能投顾的服务

按照美国金融业监管局（FINRA）的观点，智能投顾提供的服务应该包括下列投资管理价值链中的一项或多项：客户分析、大类资产配置、投资组合选择、交易执行、投资组合再平衡、税收规划以及投资组合分析。其中投资组合分析仅面向专业用户，如图16.33所示。

图16.33　智能投顾与传统投顾

客户分析：客户分析是提供符合个人情况的精准投资建议的前提。目前，主流的智能投顾平台在进行客户分析和画像时，基本采用调查问卷和询问打分形式。

大类资产配置：根据现代资产组合理论，在确定性收益情况下是存在最优投资的。大多数智能投顾服务都利用此原理建立了分散的投资组合，并且依据其不同的商业模式做了优化。

投资组合选择：主要有两种类型，一种是由风险等级选择不同的投资组合，而另外一种是根据投资风格选择不同的投资组合。

交易执行：大多数智能投顾基本都是利用自有的券商或合作券商提供顺畅的交易执行服务。

投资组合再平衡：组合再平衡主要是指随着市值的变化，如果资产投资配置偏离目标资产配置过大，投资组合再平衡可以实施动态资产配置向静态资产配置的重新调整。

税收规划：产品自动提供税收亏损收割节税功能。具体操作是卖出投资者亏损的资产，抵免一部分资本利得税，同时买入其他类似资产，从而达到合理节税和增加客户净收益的目的。

投资组合分析：投资组合分析主要是智能投顾为客户提供的投资分析，一般包括业绩展示、业绩归因、风险因子分析、组合描述性统计分析、回测和模拟等。

（4）智能投顾与智能投研的区别

很多读者对智能投顾和智能投研区分不清。简单来说，智能投研主要面对金融机构提供辅助投研工具，而智能投顾主要面对个人投资者，提供合理的资产配置建议，二者之间也存在着互补关系，智能投研的终极目标是用来辅助投资决策，也包括为资产配置提供方案，与智能投顾具有一定的协同性。因此，可以将智能投研看作是智能投顾的支持环节，如图16.34所示。

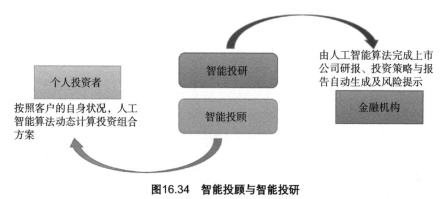

个人投资者

按照客户的自身状况，人工智能算法动态计算投资组合方案

智能投研

智能投顾

由人工智能算法完成上市公司研报、投资策略与报告自动生成及风险提示

金融机构

图16.34　智能投顾与智能投研

八、智能金融的监管与治理

⚙ 1. 正确看待金融智能化发展进程

金融智能化既是经济金融发展的必然趋势，也是科技进步的必然结果。社会各界要正确看待金融智能化发展进程，在肯定金融智能化所具有积极意义的同时，也不能忽略其蕴藏的潜在风险。未来伴随着人工智能技术的进步发展以及市场趋于理性与成熟，人工智能+金融行业将面临重新洗牌。一些打着人工智能的旗号而没有实际核心技术研发能力的公司将被市场所淘汰，而真正具有人才优势、技术优势、数据优势以及场景流量优势的企业将得以长期持续发展。未来行业将会呈现以互联网科技巨头、金融科技集团以及人工智能技术提供方为主要参与主体的三足鼎立的局面。互联网科技巨头将发挥自身优势加大科技研发，拓展更多的应用场景；金融科技集团将利用对于金融业务的深入理解不断提升行业转型升级的速度；人工智能技术提供主体则将会集中在细分领域的头部企业，而中游的企业则存在被科技巨头收购的可能。

⚙ 2. 加强建设"穿透式"智能监管新体制

金融科技的创新速度和影响力要求监管部门创新监管机制。一是监管部门要强化信息技术在金融体系治理中的应用，建设基于大数据模型的金融风险实时监测处置平台，实现智能监管、自动预警、快速响应。二是充分考虑金融科技对金融行业发展的影响，以及各部门在技术革新情境下金融行为可能发生的变化，坚持积极引导和依法监管并举的理念，积极运用监管沙箱、监管科技等新理念、新方式进行监管。对于复杂的新型金融业务要进行"穿透式"监管，透过业务的表象探究其本质，用业务的本质属性来确定监管要求和监管分工，实现全覆盖式监管，不留监管空白和套利空间。三是要形成自我规范、自我协调的行业自律机制，促进金融智能化健康发展，最终建立起包含政府监管、行业自律、市场约束三位一体的管理体制，为促进金融智能化有序发展提供保障。

✿ 3. 重视对用户隐私的保护

保护用户隐私是发展人工智能的前提。当前，有关隐私保护的法律制度还不健全，金融消费者的隐私保护意识较为薄弱，个人信息泄露的现象时有发生，无论从保护公民基本权利，还是从发展人工智能的需要考虑，都亟须完善金融隐私权保护制度，加强相关行政监管，明确金融机构相关告知义务、信息安全保障义务，以及出现问题后的赔偿责任，有效保障人工智能在金融领域应用中的信息安全。

我们有理由相信，随着人工智能技术的不断提高，必定会给金融行业带来广泛而深刻的变革。目前，人工智能技术被广泛应用于智能风控、智能投研、智能营销、智能客服、智能理赔、智能投顾这六大场景中，提高了金融行业的工作效率、提升了客户体验、提高了管理效率以及对风险的防范意识。与此同时，我们要正确看待金融智能化发展进程，加强建设"穿透式"智能监管新体制，重视对用户隐私的保护，推进金融与人工智能的融合发展，加快金融的数字化、智能化转型，增强金融服务供给的灵活性和适应性，更好地满足人民群众和实体经济多样化的金融需求。

第十七章　人工智能应用之医疗

从电子病历到全息显示，从数字孪生到AI医学影像，从智能导诊到AI辅助诊疗，从AI药物研发到医疗机器人，从AI健康管理到AI营养师，从AI身体健康到AI心理健康，从医用级可穿戴设备到AI疾病预测……人工智能正在变革医疗。

一、人工智能医疗概述

随着大数据、人工智能技术的广泛应用，近年来国家将健康中国建设提升至国家战略地位，促进了"人工智能＋医疗"的发展。

⚙ 1. 人工智能医疗的概念

人工智能医疗亦称为"人工智能＋医疗"或"医疗人工智能"，指人工智能技术在医疗行业的应用及赋能，包括基础层、技术层和应用层三个层次的内容，如图17.1所示。

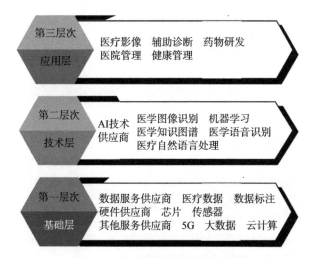

图17.1　人工智能医疗的层次内容

从基础设施层面来看，人工智能技术为现有医疗工作带来流程改进与效率提升，将医院打造成为一个以"云平台"为核心，物联网串联所有院内医疗设备，电子病历存储和传递各种医疗信息，人工智能辅助医生诊疗的智能化医院。

从技术层面来讲，创新技术层出不穷，尝试将云计算、物联网、大数据、计算机视觉、深度学习、AR、VR等技术与医院内的业务场景融合，改变了医疗领域的供给端，对传统医疗机构带来变革，为患者提供便利就医服务。

从应用层面来看，人工智能技术广泛应用在我国各个医疗细分领域，包括医疗影像、辅助诊断、药物研发、健康管理、疾病风险预测、医院管理、虚拟助理、医疗机器人和医学研究平台等。

✿ 2. 人工智能医疗产业链

人工智能医疗产业链如图17.2所示。

图17.2　人工智能医疗产业链

二、智慧医院

✿ 1. 智慧医院建设的推动因素

智慧医院建设的推动因素之一：科技的发展

医院在诊疗期间会产生很多数据，但以前仅仅将部分数据记录下来，无法形成可使用、可分析的数据。大数据、人工智能、5G、云计算等科技的广泛应用，为医院的发展指明了新方向，智慧医院迎来建设期。例如物联网技术可以将无法记录的业务场景记录下来；云计算技术增加了医疗数据的存储量，帮助医院储存大量数据；人工智能技术将非结构化的电子病历转化为结构化的数据，辅助医生进行医疗决策；移动互联网减少了患者的就诊时间等等。如图17.3所示。

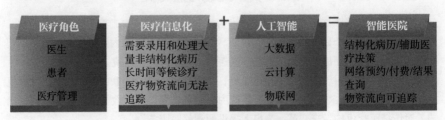

图17.3　科技促进智慧医院的建设

　　智慧医院建设的推动因素之二：政策的支持

　　自2020年始，我国政府就不断出台促进人工智能＋医疗的相关政策。以电子病历的基本规范为起点，全方位推进智慧医院建设。在《健康中国2030规划纲要》以及《中华人民共和国国民经济和社会发展第十四个五年规划和2035年远景目标纲要》中，涉及医疗健康领域的内容包括：瞄准人工智能、量子信息、集成电路、生命健康、脑科学等前沿领域，实施一批具有前瞻性、战略性的国家重大科技项目；推进由国家来组织药品和耗材的集中采购，发展高端医疗设备；推动互联网、大数据、人工智能等同各产业深度融合。

　　智能医院的建设范围包括智慧服务、智慧医疗和智慧管理。其中，智慧服务以"电子病历"为核心，以"智慧服务"建设为抓手，进一步提升患者就医体验；智慧医疗旨在进一步深化智能医疗的信息化工作；智慧管理是智能管理的手段，进一步提升医院管理的精细化水平。如图17.4所示。

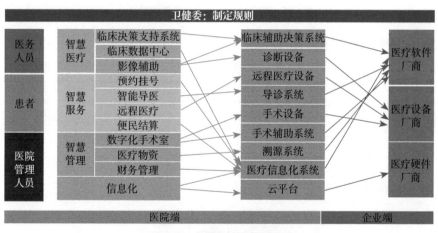

图17.4　智慧医院全景视图

　　为智慧医院提供技术支持的包括软件厂商、硬件厂商以及医疗设备厂商三类企业，三者互相合作，提供整体智慧医院解决方案。其中，软件厂商是建设智慧医院的主力军，运用软件赋能医疗，研发辅助诊断软件；硬件厂商主要承担着医院在数据安全、网络建设以及医院云平台的建设工作；医疗设备厂商实现诊前、诊中及诊后人工智能赋能产品。

　　智慧医疗的技术与场景之间的关系如图17.5所示。

　　纵观目前智慧医院的整体建设水平，现阶段智慧医院的建设仍处于初级阶段，真正的"智慧医院"带给医生以及患者的优势尚未体现。

　　目前电子病历系统在医院中的推广情况良好，但受限于系统和人员以及资金投入这三大因素，无法得以深度应用。

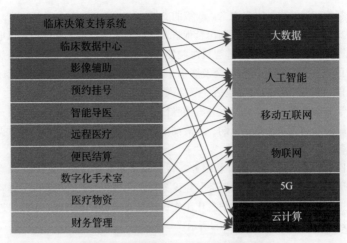

图17.5　智慧医疗的技术与场景的关系

🔧 2. 智慧医院建设的算力支持

　　智慧医疗主要依靠大数据和人工智能技术，智慧服务主要依靠移动互联网技术，智慧管理主要依靠物联网技术，而三者都要采用云计算技术。医院以云平台为中心，帮助医院提升数据的存储能力及调取速度，降低成本，连接医院各个场景，打造智慧医院，如图17.6所示。

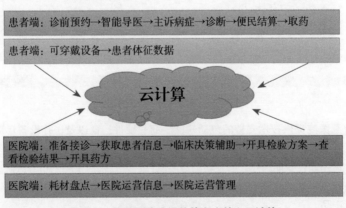

图17.6　智慧医院建设的算力支持之云计算

🔧 3. 智慧医院管理

　　智慧医院管理是指针对医院内部、医院之间的各项工作的管理，包括病历结构化、分级诊疗、（疾病）诊断相关分类智能系统、临床决策支持专家系统等。

（1）电子病历

病历是医务人员对患者疾病的发生、发展、转归，进行检查、诊断、治疗等医疗活动过程的记录。病历既是临床实践工作的总结，又是探索疾病规律的依据。病历对患者诊疗、学术科研、疾病预防、医学教学、医院管理等都发挥着巨大的作用。但目前，我国各个医院缺乏统一规范的临床结构化病历模型，尤其基层医院的病历写作规范性较差，从而造成医疗数据的利用价值不高。此外，在患者回访机制上还处于萌芽期，我国医疗机构回访患者率极低，这就造成患者诊后延续性数据十分匮乏。病历电子化的实现，使病历结构化以挖掘更深层次数据价值成为可能。

电子病历是一个系统集成的概念，除了出入院记录、手术记录、医嘱单等一些常规信息外，还包括各种医学影像系统中的影像结果、病理结果。电子病历如图17.7所示。

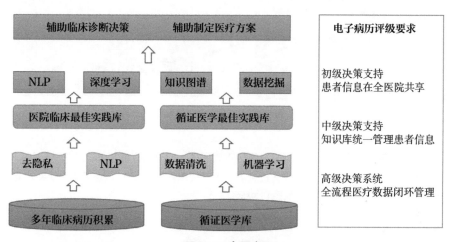

图17.7 电子病历

（2）病历结构化

病历电子化是病历结构化和挖掘更深层次数据价值的基础，利用自然语言处理技术可以使机器读懂病历，自动化提取病历信息并完成标准化，如图17.8所示。

目前医院的电子病历以住院病历为主，且处于半结构化的状态——其中一些内容，如检查检验、年龄性别、诊断等已经完全结构化，而首次病程记录、病程、主任查房等内容中还存在大量的自然语言描述。为了更好地理解、使用病历数据，通过病历结构化程序对电子病历中现病史、既往史等自然语言部分进行多尺度的分析，自动完成句、短语、词等不同粒度的标签化工作。分析程序包括事件提取、命名实体识别、阴性体征识别等功能模块。

原始数据	结构化结果		
患者于2020年3月8日无意中发现右乳有一肿块，后至昆明医科大学第一附属医院就诊，于2020年3月20日行右乳肿块切除术……术后病检示，右乳沉浸性导管癌（70%），部分导管内癌（30%），组织学Ⅱ级，腋窝淋巴结（2/12）见癌转移，ER（＋），PR（＋）C-ERBB-2（1＋），后在我科行化疗2周期，于2020年4月28日行右乳癌改良根治术，术后于2020年5月20日行化疗2周期，末次化疗时间2020年7月9日，今为进一步治疗，来我院就诊，门诊以"右乳癌"收入院，自发病以来，病人精神状态良好，体力情况良好，食欲食量正常，睡眠情况良好，大便正常，小便正常，近一个月，体重减轻1斤。	手术信息	手术名称	右乳肿块切除术
		手术时间	2020年3月20日
		手术名称归一	乳房病损切除术
		手术名称	右乳癌改良根治术
		手术时间	2020年4月28日
		手术名称归一	单侧乳房改良根治术
	阳性症状	右乳肿块	
		体重减轻	
	体重信息	体重是否改变	是
		体重改变方向	减轻
		体重改变值	0.5kg
		体重改变时间	近一月

图17.8　病历结构化的实现手段——自然语言处理技术

（3）事件提取模块

事件提取模块负责抽取病历中出现的重要事件，如对病人症状体征的描述、治疗史、曾做过的影像学检查、实验室检查等。事件提取能够对每一个短句进行分类，清晰地展示现病史的书写思路，如图17.9所示。

病历事件提取

患者上午8时许，无明显诱因后出现腹痛，呈持续性绞痛，遂至当地诊所予以补液等对症处理，症状稍缓解，下午再次出现疼痛，伴有呕吐，呕吐物为胃内容物，有大蒜味，行上腹部CT示胰腺增大，胰周渗液，家人为求进一步诊治就诊我院急诊血淀粉酶示＞1552μ/，以"腹痛待查急性胰腺炎？"收入我科。自发病以来，病人精神状态较差，体力情况较差，食欲食量很差，睡眠情况较差，大便正常，小便正常，体重无明显变化。

■ 症状描述　　■ 治疗史　　□ 诊断史　　■ 影像学检查　　■ 实验室检查　　■ 心电图检查

■ 入院情况　　■ 一般情况　　■ 内镜检查　　▨ 病理检查

图17.9　事件提取模块的分析结果展示

（4）命名实体识别模块

命名实体识别模块可以提取出病历中的命名实体，如疾病名称、症状体征、器官组织等，如图17.10所示。

病历命名实体识别

患者上午8时许，无明显诱因后出现腹痛，呈持续性绞痛，遂至当地诊所予以补液等对症处理，症状稍缓解，下午再次出现疼痛，伴有呕吐，呕吐物为胃内容物，有大蒜味，行上腹部CT示胰腺增大，胰周渗液，家人为求进一步诊治就诊我院急诊血淀粉酶示 >1552μ/，以"腹痛待查急性胰腺炎？"收入我科。自发病以来，病人精神状态较差，体力情况较差，食欲食量很差，睡眠情况较差，大便正常，小便正常，体重无明显变化。

■ 症状描述   ■ 修饰描述   □ 诊断史   ■ 检查指标   ■ 检查结果   ■ 器官组织

■ 药物药品   ■ 疾病   ■检查手段

图17.10   命名实体识别模块的分析结果展示

（5）阴性体征识别模块

阴性体征识别则能够识别出病历中病人正常的体征，提取的信息都是病历中对诊断有重要意义的关键词或短语，如图17.11所示。

病历阴性体征识别

患者于两月前无明显诱因下出现上腹部疼痛不适，无恶心呕吐，无腹痛、腹胀，未予特殊处理，症状无缓解，遂至我医院就诊，行胃镜检查并取活检病理提示：(胃窦体交界活检)中分化腺癌。门诊拟"胃癌"收入我科。自发病以来，病人精神状态一般，体力情况一般，食欲食量一般，睡眠良好，大便正常，小便正常，体重无变化。

■ 阴性表述   ■ 体征描述   ■ 部位

图17.11   阴性体征识别模块的分析结果展示

（6）分级诊疗

分级诊疗指按照疾病的轻重缓急及治疗的难易程度进行分级，不同级别的医疗机构承担不同疾病的治疗，逐步实现从全科到专业化的医疗过程，如图17.12所示。

图17.12　分级诊疗

（7）（疾病）诊断相关分类智能系统

（疾病）诊断相关分类智能系统能根据病人的年龄、性别、住院天数、临床诊断、病症、手术、疾病严重程度等因素把病人分入500～600个诊断相关组，然后预测出保险机构付给医院的保险金金额。该系统能有效降低医疗保险机构的管理难度和费用，有利于宏观预测和控制医疗费用。过去常常出现某些有重大疾病的患者，在手术及用药过程中占用太多补偿保额的情况，而（疾病）诊断相关分类智能系统能帮助医院合理地分配保额，帮助医院合理控制费用。

（8）临床决策支持专家系统

临床决策支持专家系统是指基于人工智能深度学习算法的方式，对临床医疗决策提供辅助支持的计算机系统。该系统输入医学相关的指南文献、专家共识以及电子病历数据，经过大数据分析以及基于人工智能的神经网络运算，输出临床诊断方面的模型，从而辅助医生开展相关病例的临床诊断。

三、智慧医疗技术

1. 全息显示

全息显示即通过计算机计算三维全息重建，实现虚拟物体的真实再现，能达到触手可及的人机交互效果。全息显示技术可对病体进行详细的图像呈现，精细程度可达到能够区分不同血管的位置，在医疗教学方面也更加形象，用于外科手术治疗和远程医疗，对现代医学发展有重大意义。

2. 医疗物联网

在医疗领域中，利用医疗物联网平台，实时监控每个物联网节点上的医疗设备甚至设备上各个零部件，一方面可以实现远程售后服务的降本提效，另一方面能够深度挖掘医疗设备的运行数据，帮助医院更好地管理设备。

3. 计算工具

GPU指图形处理器，又称显示芯片，是一种专门做图像和图形相关运算工作的微处理器。使用虚拟GPU可以支持庞大、复杂的医学影像，让医疗专业人士能够随时随地通过各种设备访问数据，获得同本地PC一样的优质体验。这种便携性和快速访问信息的方式，能够加快决策速度并提高诊断准确性。

4. 边缘计算

随着患者人数逐渐增多，产生的医疗数据量不断增加，边缘计算能够在不用连接到远程数据中心的情况下运行许多关键功能，减少了对远程集中式服务器或本地服务器的依赖，医院和诊所特别是位于偏远地区的医疗部门能获得灵活、响应速度快的算力。

四、人工智能医疗的应用

目前，人工智能对于医疗健康领域中的应用已经非常广泛，从应用场景来看主要分成了医学影像、辅助诊疗、药物研发、健康管理、可穿戴设备、疾病预测、辅助医学研究平台等领域，如图17.13所示。

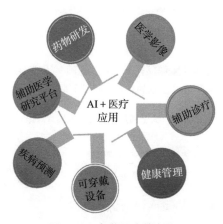

图17.13　智能医疗的应用

1. AI医学影像

目前，AI医学影像的研究已取得较大突破，斯坦福大学一个联合研究团队基于深度学习开发出的人工智能在皮肤癌诊断中准确率媲美人类医生，研究团队用近13万张痣、皮疹和其他皮肤病变的图像训练算法模型，完成三项诊断任务：鉴别角化细胞癌、鉴别黑色素瘤以及使用皮肤镜图像对黑色素瘤进行分类，并将结果与21位皮肤科医生的诊断结果进行对比，发现深度神经网络的诊断准确率在91%以上，与人类医生不相上下。

（1）AI医学影像的概念

AI医学影像，是指将人工智能技术应用于医疗影像诊断中。医疗影像是临床医生一项重要的诊断依据，主要对患者的影像资料进行定性和定量分析、不同阶段历史比较等。

（2）目前我国医学影像存在的问题

医学影像已发展成为现代医学最重要的临床诊断和鉴别诊断方法。然而，我国的医学影像领域还存在着诸多问题。

① 影像科/放疗科医生缺口大。医生的培养周期长、投入大，尤其是具有丰富临床经验、高质量的医生数量不多。

② 医生阅片和靶区勾画耗费时间较长。影像科医生读片速度慢，放疗科医生勾画靶区（一次勾画通常有约200～450张CT片），病灶标注成本较高。

③ 传统影像数据保存难度大。

人工智能与医学影像的结合，可以存储大量时间跨度长的影像数据，能够为医生阅片和勾画提供辅助和参考，大大节约医生时间，提高诊断、放疗及手术的精确度。

（3）人工智能在医学影像中的应用

人工智能技术应用于医学影像，主要解决以下三个方面的需求。

① 需求1：病灶识别与标注　即需要AI医学影像针对X射线、CT、核磁共振等医学影像进行图像分割、特征提取、定量分析、对比分析等工作，识别与标注病灶，利用AI医学影像系统处理十几万张的影像仅耗时几秒，正确率达92%以上，大大提高了医生诊断效率，帮助医生发现肉眼难以发觉的病灶，降低假阴性诊断发生率，如表17.1所示。

表17.1　人工阅片与人工智能阅片对比

比较内容	人工阅片	人工智能阅片
阅片方式	医生逐片查看，凭借经验进行判断	机器完成初步筛选、判断，交由医生完成最后判断
阅片时间	长，医生看一套PET影像需要10min以上的时间	短，人工智能能快速完成初筛
准确率	个体差异较大，阅片依靠个人经验，且长时间阅片易疲劳，影响准确率	医生会根据经验挑选重点区域观察，而机器则完整地查看整个切片
客观性	主观性无法判断	较为客观
记忆力	知识遗忘	无遗忘
建模条件	较少信息输入即可快速建模	建模需要更多信息输入
信息利用度	信息利用率低	信息利用率高

续表

比较内容	人工阅片	人工智能阅片
重复性	重复性低	重复性高
定量分析难度	定量分析难度高	定量分析难度低
经验传承	知识经验传承困难	知识经验传承高
成本	耗时，成本高	省时，成本低

② 需求2：医学靶区自动勾画与自适应放疗　即需要AI医学影像针对肿瘤放疗环节的影像进行处理，帮助放射科医生对200～450张CT片进行自动勾画，时间缩短到30分钟一套，可节省人工标注成本；在患者15～20次上机照射过程中不断识别病灶位置变化以达到自适应放疗，减少射线对病人健康组织的辐射与伤害。

③ 需求3：影像三维重建　即需要AI医学影像对患者器官进行三维重建。影像三维重建在20世纪就出现了，但由于配准缺陷而使用率不高。人工智能技术采用进化计算的算法，解决配准缺陷周期性复发的问题而更精准，并结合3D手术规划功能，自动化重构出患者器官的真实3D模型，与3D打印机无缝对接，实现3D实体器官模型的打印，帮助医生进行术前规划，确保手术顺利，推动了医疗数字化和精确化。如图17.14所示。

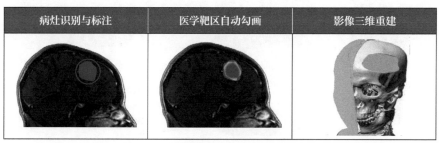

图17.14　人工智能技术在医学影像的应用

⚙ 2. AI辅助诊疗

（1）AI辅助诊疗概述

AI辅助诊疗，是指将人工智能技术用于辅助诊疗中，让计算机"学习"医疗知识，模拟医生的思维和诊断推理，给出可靠的诊断和治疗方案。在诊断中，人工智能需要获取患者的病症信息，通过已"学习"的医学知识推理判断疾病原因与发展趋势，形成治疗方案。

AI辅助诊疗主要提供了医学影像、电子病历、导诊机器人、辅助诊疗系统、虚拟助理等服务，如图17.15所示。

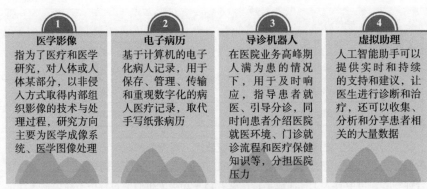

图17.15　AI辅助诊疗提供的服务

（2）AI辅助诊疗糖尿病示例

AI辅助诊疗糖尿病见图17.16。

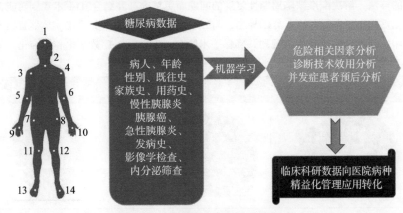

图17.16　AI辅助诊疗糖尿病示例

⚙ 3. AI药物研发

人工智能能够有效缩短新药研发周期、降低失败风险。通过计算机模拟，可以对药物活性、安全性和副作用进行预测。

新药研发主要包括药物发现、临床前研究、临床研究（Ⅰ、Ⅱ、Ⅲ期试验）以及审批与上市四个阶段。一款药物从靶点发现到批准上市需要经历复杂且漫长的流程，需要大量人力、物力和财力投入。业界一直流传着关于新药研发"双十"的说法，即研发一款新药要耗时十年、耗资十亿美金。新药研发面临研发周期长、研发成功率低和研发费用高三大痛点问题。

（1）AI助力新药研发

尽管如此，在付出高昂的研发费用和耗费漫长的研发周期后，仍不能保证所研发的新药顺利通过三期临床试验上市。

人工智能因其算法和算力优势，在新药研发流程中应用于多个环节，帮助解决新药研发的痛点。人工智能的优势主要体现在发现关系和计算两方面。

① 发现关系方面，人工智能可以通过大量数据快速挑选合适的化合物，生成假定药物，实现快速挑选合适化合物。

② 发现药物方面，人工智能具有语言处理、图像识别和深度学习能力，能够快速发现不易被专家发现的隐藏的药物与疾病连接关系和疾病与基因连接关系等，通过对数据进行深度挖掘与分析，构建药物、疾病和基因之间的深层关系。

③ 计算方面，人工智能以其强大的算力，可以对候选化合物进行虚拟筛选，更快筛选出活性较高的化合物，平均节约40%～50%时间。在临床试验阶段，寻找匹配的病人参与试验十分耗费时间；而人工智能能够结合医院数据，快速找到符合条件的病人。

可以看出，引入了人工智能技术后，可以在很大程度上减少研发时间及降低研发成本。

人工智能与药物研发结合最典型的案例，是硅谷的AI药物研发企业Atomwise通过IBM超级计算机，在分子结构数据库中筛选治疗方法，评估出820万种候选化合物，筛选出治疗方法，仅花费了数千美元的研发成本，研究周期仅耗时数天。2015年，Atomwise基于现有的候选药物，应用AI算法，在不到一天的时间内对现有的7000多种药物进行了分析测试，成功地寻找出能控制埃博拉病毒的两种候选药物，而以往的类似研究需要耗时数月甚至数年。

（2）AI药物研发的应用场景

人工智能在新药研发上的应用主要包括两个阶段：新药研发阶段和临床试验阶段，共八种不同应用方向。AI药物研发的应用场景见表17.2。

表17.2　AI药物研发应用场景

阶段	新药研发的应用场景	人工智能结合点	AI技术
新药研发阶段	药物靶点	文本分析	自然语言处理
	药物挖掘	药物高通量筛选	图像识别
临床试验阶段	患者招募	穿戴式设备	机器学习
	药物晶型预测	预测药物分子动力学指标	深度学习

① 药物靶点　药物靶点指药物与机体生物大分子的结合部位，包括基因位点、受体、酶、离子通道、核酸、免疫系统等。现代新药研究与开发的关键是寻找、确定和制备药物靶点，因此对药物靶点的筛选成为药物研发过程中非常重要的一个过程。药物靶点的筛选，即药物靶点的发现，是指发现能减慢或逆转人类疾病的生物途径和蛋白，这是目前新药研发的核心瓶颈。

传统常用的寻找靶点的方式是通过交叉研究和匹配市面上已曝光的药物和人体上的1万多个靶点，以发现新的有效的结合点。以往这项工作由人工试验完成，现在通过人工智能，使试验速度得以指数级的提升。

典型代表是ExscienTIa公司，ExscienTIa与葛兰素史克（GSK）在药物研发方面达成战略合作。ExscienTIa通过AI药物研发平台为GSK的10个疾病靶点开发创新小分子药物。ExscienTIa开发的AI系统可以从每个设计周期里的现有数据资源中学习，其原理与人类的学习方式相似，但AI在识别多种微妙变化以平衡药效、选择性和药代动力学方面更加高效。其AI系统完成新药候选的时间和资金成本只需传统方法的1/4。目前该公司与国际多家知名药方面企形成战略合作，包括强生、默克和赛诺菲等。

② 文本分析　海量文献信息分析整合对于药物研发工作者来说，最让他们头疼的是如何去甄别每天产生的海量科研信息。而人工智能技术恰恰可以从这些散乱无章的海量信息中提取出能够推动药物研发的知识，提出新的可以被验证的假说，从而加速药物研发的过程。

典型的代表是英国的生物科技公司Benevolent Bio（隶属于Benevolent AI），利用技术平台JACS（Judgment Augmented Cognition System），从全球范围内海量的学术论文、专利、临床试验结果、患者记录等数据中，提取出有用的信息，发现新药研发的蛛丝马迹。2017年，借助JACS的分析能力，Benevolent Bio标记了100个可用于治疗肌萎缩性侧索硬化症（ALS）的潜在化合物，从中筛选出5个。经过英国谢菲尔德神经转化研究所的小鼠试验，证实4个化合物在治愈运动神经衰退方面确有疗效。80%的有效筛选率，是研究人员之前从未想过的。

③ 药物挖掘　药物挖掘主要是完成新药研发、老药新用、药物筛选、药物副作用预测、药物跟踪研究等工作，传统药物研发存在周期过长、研发成本高、成功率低等痛点。

人工智能技术应用于药物挖掘主要用于分析化合物的构效关系（药物化学结构与药效的关系）以及预测小分子药物晶型结构，人工智能可以提高化合物筛选效率、优化构效关系，并结合医院数据快速找到符合条件的病人。

人工智能应用在药物挖掘领域使得新药研发时间大大缩短，研发成本大大降低，还改变了用药的普适性原则，通过低成本、快速的药物挖掘研发个性化治疗药物，特别在抗肿瘤药、心血管药、孤儿药（罕见药）及欠发达地区的常见传染病药方面效果显著，但算法仍需大量的时间和数据积累，短期内仍难产生营收和实现盈利。

④ 药物高通量筛选　药物筛选，也可以称为先导物筛选，是指通过规范化的实验手段，从大量化合物或者新化合物中选择对某一特定作用靶点具有较高活性的化合物的过程。制药企业积累了大量调控蛋白功能的小分子化合物，大规模跨国药企一般都会有50万~300万的化合物储备。首先通过少数模块组合成不同蛋白，然后会采用高通量筛选来发现合适的先导物。现有虚拟筛选的方法名为"高通量筛选"，高通量筛选方式会在同一时间由机器人进行数以百万计的试验，从数以百万计的化合物分子中筛选出符合活性指标的化合物，因此需要较长的时间和成本。

人工智能在药物筛选中的应用有两种方案：一种是利用深度学习开发虚拟筛选技术以取代高通量筛选；另一种是利用人工智能图像识别技术优化高通量筛选过程。

AI技术可以通过对现有化合物数据库信息的整合和数据提取、机器学习，提取大量化合物与毒性、有效性的关键信息，既避免了盲人摸象般的试错路径，还可以大幅提高筛选的成功率，同时在短时间内完成大量候选化合物筛选（即高通量筛选）。

典型代表是硅谷公司Atomwise。Atomwise公司成立于2012年，其核心产品为AtomNet。该产品是一种基于深度学习神经网络的虚拟药物发现平台。AtomNet就像一位人类化学家，使用强大的深度学习算法和计算能力，来分析数以百万计的潜在新药数据。目前，AtomNet已经学会识别重要的化学基团，如氢键、芳香度和单键碳，同时该系统可以分析化合物的构效关系，识别医药化学中的基础模块，用于新药发现和评估新药风险。

Atomwise正与全球知名药企和大学院校进行合作，其中包括辉瑞、默克、abbvie和哈佛大学等。

⑤ 患者招募　招募合适的志愿者一直是制药公司面临的难题之一，在时间就是金钱的药物研发过程中，除了招募的直接成本，由于延长时间造成的间接成本也不容忽视。

在实际过程中，大多数临床试验不得不大幅延长其时间表，因为在原定时间内很难发现足够数量的患者。这类麻烦并不罕见，根据拜耳的数据，90%的临床试验未能在指定时间内招募到足够数量的患者，通常而言所耗费的时间是指定时间的2倍左右。

利用人工智能对疾病数据进行深度研究，制药企业可以更精准地挖掘目标患者，快速实现患者招募。2016年，美国生物技术公司Biogen进行了一项研究，使用穿戴式计步器Fitbit追踪多发性硬化症患者的活动。结果，24h内便成功招募了248名患者，其中77%的人完成了后续研究。这项实验显示，有一小部分可穿戴设备使用者非常愿意自我量化，并分享他们的生理数据。使用数字健康设备（包括医疗级的可穿戴设备）招聘大量的志愿者参加临床试验正在成为趋势。

⑥ 药物晶型预测　药物晶型对于制药企业十分重要，其不但决定小分子药物的临床效果，同时具有巨大的专利价值。药物晶型专利是药品化合物专利之后最重要的

专利，是原研药企业阻止或推迟仿制药企业在其化合物专利过期后将仿制药推入市场的重要筹码，药物晶型专利可以延长药物专利2～6年，对于重磅药物而言，则意味着数十亿美元的市场价值。

利用人工智能，高效地动态配置药物晶型，可以把一个小分子药物的所有可能的晶型全部预测。相比传统药物晶型研发，制药企业无须担心由于实验搜索空间有限而漏掉重要晶型，可以更加自如地应对来自仿制药企的晶型专利挑战。此外，晶型预测技术也大大缩短了晶型开发的周期，更有效地挑选出合适的药物晶型，缩短研发周期，减少成本。

⑦ 预测药物分子动力学指标（ADMET） ADMET包括药物的吸收、分配、代谢、排泄和毒性。预测ADMET是当代药物设计和药物筛选中十分重要的方法。过去药物ADMET性质研究是通过体外研究技术与计算机模拟等方法相结合，研究药物在生物体内的动力学表现。目前市场中有数十种计算机模拟软件，包括ADMET Predicator、MOE、Discovery Studio和Shrodinger等。该类软件现已在国内外的药品监管部门、制药企业和研究院所得到了广泛应用。

为了进一步提升ADMET性质预测的准确度，已有生物科技企业通过深度神经网络算法有效提取结构特征，加速药物的早期发现和筛选过程，典型的代表包括晶泰科技（XtalPi）、Numerate等。其中晶泰科技通过应用人工智能高效地动态配置药物晶型，能完整预测一个小分子药物的所有可能的晶型，大大缩短晶型开发周期，更有效地挑选出合适的药物晶型，减少成本。

⚙ 4. AI健康管理

AI健康管理是将人工智能技术应用到健康管理的具体场景之中，综合运用信息和医疗技术，在健康保健、医疗的科学基础上，建立一套完善、周密和个性化的服务程序，维护、促进健康，帮助人们建立有序、健康的生活方式，远离疾病，在出现临床症状时及时就医，尽快恢复健康。

AI健康管理主要包括营养学、身体健康管理和精神健康管理三大场景。

（1）营养学场景

营养学场景，是运用人工智能技术对病人的身体状况、饮食、运动和用药习惯进行数据分析，对病人做出身体状态评估及调整意见，协助患者规划个人生活。目前的健康管理人才绝大部分都非医学背景，最多持有"营销型"健康管理证书，含金量不高，不能为客户制订营养方案。而人工智能赋能的健康管理平台拥有专业性的知识图谱，能为用户提供专业、准确的健康管理方案。

国内互联网公司搜狗推出了搜狗AI营养师。搜狗AI营养师可以7×24小时在线解答，在权威性方面，全部回答都经由中国营养学会指导，与国内多位知名营养学专家合作产出。

　　真人营养师的常规服务路径，是针对不同人群、不同疾病，在日常、诊中、诊后等不同环节，结合人群实际需要，就膳食部分提出合理建议。而在膳食建议中各类食材、营养元素及成分比例的知识相对固定，让AI学习并掌握这些知识，进而像医生一样去推理给出答案，是搜狗AI营养师给出的创新解决方案。

　　与真人营养师相比，AI拥有对海量知识的记忆能力、对数据的处理调用及计算能力，能够7×24小时在线不间断工作，并且可以通过不断学习，掌握更全面、详细的知识图谱。此外，医疗健康行业需要的是专业知识与人文相结合的服务，只有专业知识没有人文，用户也不一定接受或信服，因此人机之间的互补协作尤为重要。

　　搜狗AI营养师的两大核心技术：AI分身和知识计算。

　　① AI分身　搜狗通过AI分身技术打造与人们通过自然语言交互的形象逼真的AI营养师，让搜狗AI营养师与人们的日常距离更加贴近，在拥有强大计算推理能力的同时，又能给人以亲近感和信服感。

　　AI分身技术由两大引擎组成，即语音合成引擎和形象合成引擎，基于少量目标说话人的音视频数据，通过行业领先的多模态合成技术，即可完成对目标说话人AI分身的定制。最后的呈现效果就是只要输入一段文本，就能生成与真人无异的播报效果。

　　更重要的是，AI营养师这一职业分身最大的突破是，如果此前只有信息的输入和输出播报，搜狗AI营养师则是真正具备自己的知识储备、交互能力和推理能力的。相比外观形象逼真，让机器人有智商，具备理解、推理能力显然是更难的一件事，尤其还要保障其推理结果的正确性和可靠性。

　　② 知识计算　AI营养师知识计算和推理过程见图17.17。

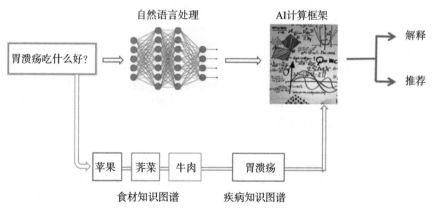

图17.17　AI营养师的知识计算和推理过程

　　以AI营养师的实际应用场景为例，比如一个生活中常见的问题：老年人得了高血压夏天能吃西瓜吗？对于用户来说，需要的并不是一个简单的判断结果，而是需要更多有针对性的解答和建议。

　　所以在知识计算环节，AI营养师首先要做的并不是武断地判断能不能吃，而是要先通过多轮交互，精准理解用户的主要需求，充分掌握该用户更全面的基础疾病或慢性病情况，解析出"人群：老年人；疾病：高血压；主需：能不能吃西瓜；衍生：吃什么水果好"四大元素，从而构建起一个用户的整体画像，基于此，再将用户口语化的语言，与专业术语相关联，对问题做拆解和识别，综合多个知识库的知识计算推理过程，从而得出针对用户不同饮食需求问题的个性化膳食指导。

　　2020年，搜狗通过与中国营养学会合作，搭建了疾病人群膳食建议知识库和食物营养成分知识库，构建了国内饮食营养领域全面且权威的营养健康知识图谱。搜狗AI营养师已覆盖18种不同人群的人群库、超过1800种食材营养素的食材库以及超过2000种疾病饮食建议的疾病库，这是AI营养师可信任的基础，对于整个大健康行业来说堪称一大创新成果。未来，希望通过人机对话的方式为公众营造沉浸式体验，较大程度提升医疗健康科普的有效性。

　　（2）身体健康管理

　　AI身体健康管理，主要是结合智能穿戴设备等硬件提供的健康类数据，利用AI技术分析用户健康水平，为用户提供饮食起居方面的建议，进行行为干预，帮助用户养成良好的生活习惯。

　　目前穿戴式设备仅仅停留在数据提取、采集和趋势分析上，数据之间的关联性未能为用户提供健康解决方案并改善健康状况，即智能硬件的"数据孤岛"现象。如果能将各类健康数据整合至一个平台，健康管理类应用将可以挖掘数据深层价值，此时健康管理平台就像一个虚拟医生，能够根据用户的健康数据向用户提供健康解决方案。

　　AI身体健康管理包含数据获取、数据分析和行为干预三道流程。

　　数据获取方面，基因数据和代谢数据分别依靠基因检测技术和代谢质谱检测技术获取，表型数据则通过智能硬件（包括可穿戴设备、具有用户健康数据采集与记录功能的智能手机设备等）、用户自填获取。引入人工智能技术，对以上数据进行数据分析，进而对用户或患者进行个性化行为干预。

　　（3）精神健康管理

　　随着AI被越来越多地运用在医疗领域，精神健康领域也逐渐引入了AI技术。我们将AI精神健康管理按照视角分为两大类：从普通人角度来看，人工智能可运用于情绪调节和自测；从心理医师/精神科医生角度来看，人工智能可运用于精神疾病的预测、诊断与治疗、监控环节，如图17.18所示。

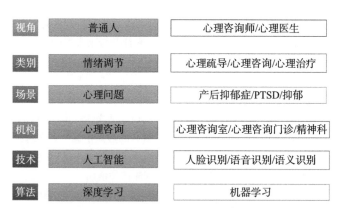

视角	普通人	心理咨询师/心理医生
类别	情绪调节	心理疏导/心理咨询/心理治疗
场景	心理问题	产后抑郁症/PTSD/抑郁
机构	心理咨询	心理咨询室/心理咨询门诊/精神科
技术	人工智能	人脸识别/语音识别/语义识别
算法	深度学习	机器学习

图17.18　AI精神健康管理

① AI情绪管理　AI情绪管理分为情绪识别和情绪调节两个情景。

情绪识别运用人工智能技术对用户的语言、表情和声音等信息进行挖掘，识别用户的情绪与精神状态，发现用户精神健康方面的波动情况。例如，Affectiva情绪识别公司利用人工智能技术，让机器能够实时感知并剖析使用者的情绪，并为其提出合理的见解。

情绪调节主要是通过人脸跟踪与识别、情感处理技术、智能语音技术采集用户情绪，以聊天、推送音乐或视频等多种交互方式帮助用户调节心情。

人工智能公司EmoSPARK以智能家居的面貌切入，它包含一个立方体播放器和360°可转动的摄像头，并且可连接用户的智能终端设备。一方面通过摄像头捕捉用户的面部表情变化进行情绪识别，一共包含八类情感：快乐、悲伤、恐惧、厌恶、信任、愤怒、惊喜和期待；另一方面通过分析用户在智能手机等智能终端设备（电脑、平板、电视等）上输入的信息，判断用户的情绪状态，个性化地为用户推送可调节情绪的音乐或视频，改善用户的实时情绪和开心指数，如图17.19所示。

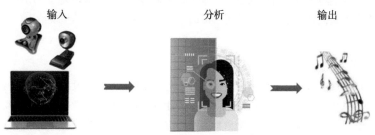

输入	分析	输出

* 摄像头采集用户的面部表情
* 收集用户在笔记本电脑／PAD／智能手机上的点击信息

人脸识别／语音识别／语义识别，分析用户情绪

根据用户的情绪，播放相应的音乐

图17.19　AI情绪调节

② AI精神疾病管理　据世界卫生组织估算，全球每年有约80万人死于自杀，每40s就有一个人结束自己的生命，给家人、朋友和社会带来永久的伤痛。与此同时，精神科医生和心理咨询师供给并不充足。且由于精神类疾病治疗费用高昂，医保覆盖相对滞后，相当多的患者无法得到相应的治疗。因此，学界和产业界都将目光投向了AI，期待其能够赋能精神健康诊疗。

AI精神疾病管理主要指通过人工智能技术实现精神疾病的预测和治疗。精神疾病的预测，主要通过语音识别、图像识别和基于量表的数据挖掘技术实现预测。IBM研究团队通过机器学习对心理疾病记录的分析指出，处于精神疾病风险的人说话时较少使用连贯的句子和所有格代词。该发现可用于预测精神疾病。

纵观AI精神健康企业版图，目前从事AI精神健康科技的企业多数以精神疾病的预测为主。望里科技就是其中一家AI精神健康科技初创公司，与传统的问诊模式不同，望里科技主要运用AI技术对客观生理数据进行评估和判断，从而对成瘾、抑郁等精神类问题做出诊断。望里科技的AI抑郁评测系统利用脑电、眼动、皮电等信息采集生理数据，对抑郁症进行客观的评估。通过数据运算，该系统可以寻找将抑郁症患者与健康人群进行有效区分的计算机模型。基于目前的研究成果，望里科技的抑郁辅助诊断评估分类准确率已达到81%。

五、医用级可穿戴设备

医用级可穿戴设备是指将传感器、无线通信、人工智能等技术整合到人们直接穿戴在身上的便携式医疗健康电子设备中，与各类软件应用相结合，通过连接各类智能终端，进行数据交互、云端交互来感知、记录、分析、监测、干预甚至治疗疾病或维护健康状态。

医用级可穿戴设备是物联网技术、移动互联网、云存储技术和大数据技术融合的产物，其关键不在于设备本身，而在于其获得的数据与提供的服务，即用户关心的是能实时、准确地查看到自己的心率、血压等健康数据，并且由于大部分用户对数据本身并没有什么概念，通过设备分析得出的结果和解决方案直观地呈现给用户参考才是最重要的。

✿ 1. 可穿戴设备的产品分类

从产品性质来看，可穿戴设备主要分为消费级智能可穿戴设备和医用级智能可穿戴设备。其中，消费级智能可穿戴设备主要针对普通健身爱好者，通过对运动量、心率、呼吸睡眠、热量消耗、体脂测量等健康指征进行监测实现自我健康管理。医用级智能可穿戴设备主要服务对象为各类疾病患者人群：一是监测功能，是指对特定疾病患者人群的体温、血压、血糖、供氧、心电等体征数据进行实时监测，确保患者各项健康指标在正常范围内，实现患者健康风险防范；二是治疗功能，是指对一些慢性病患者人群进行指导管理、干预治疗等。

从产品形态来看，主流的产品形态包括以手腕为支撑的Watch类（包括手表和腕带等产品），以脚为支撑的Shoes类（包括鞋、袜子或者其他腿上佩戴产品），以头部为支撑的Glass类（包括眼镜、头盔、头带等），以及智能服装、书包、拐杖、配饰等各类非主流产品形态。

⚙ 2. 可穿戴设备的关键技术——人机交互技术

从技术层面来看，可穿戴设备的关键技术是人机交互技术。

什么是人机交互技术？简单说，就是指人与设备之间通过某种对话方式，为完成确定任务的人与设备之间的信息交换过程。可穿戴设备的人机交互方面与一般的计算设备不同，是一种人机直接无缝、充分连接的交互方式，其主要特点包括单（双）手释放、语音交互、感知增强、触觉交互、意识交互等，主要的交互方式及交互技术有以下几个方面。

（1）骨传导交互技术

骨传导交互技术是将声音信号通过振动颅骨，不通过外耳和中耳而直接传输到内耳的一种技术。通常情况下，声波通过空气传导、骨传导两条路径传入内耳，然后由内耳的内、外淋巴液产生振动，螺旋器完成感音过程，随后听神经产生神经冲动，传递给听觉中枢，大脑皮层综合分析后，最终"听到"声音。而骨传导振动并不直接刺激听觉神经，但它激起的耳蜗内基底膜的振动却和空气传导声音的作用完全相同，只是灵敏度较低而已。简单一点说，就是我们用双手捂住耳朵，自言自语，无论多么小的声音，我们都能听见自己说什么，这就是骨传导作用的结果。

骨传导技术通常由两部分构成，一般为骨传导输入设备和骨传导输出设备。骨传导输入设备，是指采用骨传导技术接收说话人说话时产生的骨振信号，并传递到远端或者录音设备。骨传导输出设备，是将传递来的音频电信号转换为骨振信号，并通过颅骨将振动传递到人内耳的设备。

骨传导技术目前在智能眼镜、智能耳机等设备上应用得比较普遍，典型应用如谷歌眼镜。

（2）眼动跟踪交互技术

眼动跟踪，又称为视线跟踪、眼动测量。其主要原理是，当人的眼睛看向不同方向时，眼部会有细微的变化，这些变化会产生可以提取的特征，计算机可以通过图像捕捉或扫描提取这些特征，从而实时追踪眼睛的变化，预测用户的状态和需求，并进行响应，达到用眼睛控制设备的目的。这项技术被应用于智能眼镜上。

典型代表：加拿大SR Research公司是视频眼动仪制造商，其生产的EyeLink系列眼动仪被应用于各种实验室、临床和应用研究，如图17.20所示。

左图是EyeLink 1000 Plus视频眼动仪，其采样率高达2000 Hz，提供多个可互换的镜头和多种安装方案，并支持允许头部自由移动的遥测模式

- EyeLink 1000 Plus有极高的**精度**，在**头部稳定**和允许头部运动的**遥测**模式下均具有高采样和低噪声的特性
- 提供多种安装支架——**桌面支架**、**塔式支架**、**机械臂支架**以及**灵长类动物支架**
- 无论是婴儿、老年人，还是灵长类动物，EyeLink 1000 Plus均能提供高采样、精准且可信赖的眼动数据
- EyeLink 1000 Plus无缝兼容SR Research **Experiment Builder**、**Data Viewer**，以及各种**第三方软件和工具**，如E-Prima、Presentation、Psychtoolbox等

图17.20　Eyelink系列眼动仪

（3）AR／MR交互技术

增强现实（augmented reality，AR），是指在真实环境之上提供信息性和娱乐性的覆盖，如将图形、文字、声音及超文本等叠加于真实环境之上，提供附加信息，从而实现提醒、提示、标记、注释及解释等辅助功能，实现对真实世界的"增强"。

混合现实（mixed reality，MR），将计算机绘制的虚拟模型引入和融合到使用者所看到的真实世界中。使用者可从计算机描绘的虚拟模型中获得额外的信息，从而对真实环境进行混合。目前，MR技术主要应用于临床医学和医学教育等领域。

案例：混合现实技术（MR）辅助下的肝脏切除手术。传统的肝脏切除手术是外科医生术前通过二维CT图像获取病灶信息，然后在大脑中进行"想象"还原，手术中则完全依赖主刀医生对解剖结构和各种变异的熟知，制订的手术方案难以做到精准化，手术存在较高风险。

而MR技术完美解决了这个问题，它可以将CT数据通过软件还原成一个全息立体的可视图像，手术时医生戴上配套的MR眼镜，将肝脏从电脑中拖拽出来放到手术视野中，全方位清晰查看肿瘤和血管。通过测量和操纵控制图像，图像可放大或缩小，任意角度旋转，左右上下移动，并可以逐一去掉动脉、肝静脉、门静脉或任一肝段，以便更清楚地看到医生想看的部位和肝脏血管离断位置。此外还可以将这个全息图像放在患者实际的肝脏部位，与之重叠在一起，达到实时手术引导的目的。

SentiAR是一家医疗手术可视化公司，旨在改善心脏手术和其他介入性治疗的可视化，借助SentiAR的技术和微软头显，手术人员可以在医疗过程中查看、检测和操纵病人心脏的实时全息图像，并能够清楚地感知手术室环境。这为医生提供了虚拟世界和现实世界实时、完整的视觉控制，减少了手术时间和对临床医生的辐射，改善了患者的治疗效果，如图17.21所示。

图17.21　SentiAR混合现实解决方案

（4）语音人机交互

语音人机交互技术就是一种以语音为主要信息载体，让机器具有像人一样"能听会说、自然交互、有问必答"能力的综合技术，它涉及自然语言处理、语义分析和理解、知识构建和自学习能力、大数据处理和挖掘等前沿技术领域。这种技术既可以作为独立的软件系统运行在用户的计算机和智能手机上，也可以嵌入到具有联网能力的设备中。

语音人机交互过程见图17.22。

交互界面
信息输入（文本、语音）
信息输出（多媒体）

语音处理
语音识别　语音合成

语义分析
自然语言处理　语义网络

算法
核心引擎　开发框架

知识体系
知识库/对话库　数据挖掘/信息服务

图17.22　智能语音人机交互过程

结合语音人机交互过程，可以看出智能语音人机交互关键技术主要见表17.3。

表17.3　智能语音人机交互关键技术

类型	释义
自然语音处理技术	包括中文分词、词性标注、实体识别、句法分析、自动文本分类等技术
语义分析和理解	包括知识表示、本体理论、分领域的语义网络、机器推理等
知识构建和学习体系	包括搜索技术、网络爬虫、数据挖掘、知识获取、机器学习等技术
语音技术	包括语音识别、语音合成和声纹识别等
整合通信技术	包括跨平台即时通信整合技术、超大负载消息集群处理技术、移动客户端开发技术
云计算技术	包括海量数据分布式存储、统计和分析技术

　　苹果推出的Siri，谷歌发布的Google Assistant，以及微软推出的小冰，亚马逊推广的Echo Alexa，都是语音交互产品的典型代表。而语音一旦成为主流的交互手段，可做到各种设备指令统一、简洁，大大降低人类对智能设备操作的要求。

（5）体感交互技术

　　操作者可以通过自己的肢体去控制系统。举个例子，当你坐在一台电脑前方，假使有某个体感设备正在侦测你手部的动作，此时若是我们将手部分别向上、向下、向左及向右挥，用来控制电脑系统页面的向上翻页、向下翻页、向后翻页、向前翻页等功能，便是一种很直接地以体感操控周边装置的例子。如在医院中用体感交互对医用资料进行浏览，这种无接触操作的方式可以减少病毒的传播。

　　体感控制器制造公司Leap发布的Leap Motion，中文名为"厉动"。Leap Motion控制器不会替代键盘、鼠标、手写笔或触控板，相反，它与它们协同工作。当Leap Motion软件运行时，只需将它插入Mac或PC中，一切即准备就绪。只需挥动一只手指即可浏览网页、阅读文章、翻看照片，还可播放音乐。即使不使用任何画笔或笔刷，用指尖即可绘画、涂鸦和设计，如图17.23所示。

图17.23　Leap Motion控制器

（6）触觉交互技术

　　触觉交互研究如何利用触觉信息增强人与计算机和机器人的交流。人工智能时代，人与设备的联系变得日益紧密，电子设备的拟人化让触觉、情绪传达给机器成为可能。2019年，巴黎电信公司研究人员联合英国布里斯托、法国索邦大学合作开发出一款人造皮肤，包裹在智能手机、笔记本电脑触摸板和智能手表上进行交互实验，以便与人或虚拟角色进行计算机介导的通信。

　　这款人造皮肤不仅可以拥有人类皮肤的触觉和柔滑感，而且涂层看起来也很像真实的皮肤，并且已经过编程，可以对人的触摸做出反应，例如捏、戳、挠痒等。此种人造皮肤由多层有机硅膜组成，以模仿人类皮肤中存在的层。它由"真皮层"、电极层和"皮下层"组成，中间的电极层是由众多极细电线交叠组成的传感器。因此，它能够拥有人类皮肤的触感，能够"感觉"到用户的抓握力，并且可以检测到挠痒、爱抚，甚至捏和扭曲之类的交互动作。

　　在笔记本电脑触摸板的人造皮肤演示中，当实验人员"捏"它时，电脑屏幕上的"虚拟人"会像真人一样皱眉，宛如感受到了疼痛。而抚摸人造皮肤"手机壳"时，手机屏幕上的小猫亲昵地眨眨眼、动了动耳朵，仿佛感受到了主人对它的爱抚。

　　不仅如此，该项技术可应用于医疗领域，让医疗设备拥有更强的感知能力，可用于健康监测、医疗植入物和手术手套等，还可让烧伤患者和假肢使用者重新"感受"世界，为烧伤和假肢患者带来福音。

💠 3. 可穿戴设备Watch类典型案例——Apple Watch

　　众所周知，在人工智能训练的过程中，用于训练医疗系统的数据对于确保诊断结果至关重要，苹果作为消费品巨头，其拥有的庞大消费者群体无疑是一大明显优势。另外，苹果公司在最近几年一直在医疗领域发力，目前，苹果已经在医疗健康领域取得了不少成绩。

　　Apple Watch除了拥有常规智能手表所拥有的功能之外，还包括SOS、心电图、防跌倒、测量血氧饱和度等各种关于健康与安全的功能，是一台7×24小时对健康和健身情况进行追踪的可穿戴设备。

　　Apple Watch配备了加速度计和陀螺仪，背面还内置了一个电极式心率传感器，用户可以用它来拍摄心电图。

　　Apple Watch装备的血氧传感器和血氧APP，使用户可以方便地测量血氧饱和度，可以利用红外光传感器在大约15秒内测量用户的血氧水平。

　　Apple Watch上的活动应用（activity）以彩色显示圆环来展示核心数据点，包括卡路里、锻炼时间和每日站起次数。每一次实现设定目标后，圆环就会再次循环。从圆环主菜单开始滑动后会显示更多数据，如总步数、总距离等。

　　Apple Watch还有一项"其他"（Other）应用。该应用可以在用户进行禅宗瑜伽课或高强度的举重时通过加速计和心率监测评估卡路里消耗。

　　此外，苹果公司还致力于使iPhone成为患者健康信息的中央资料库。苹果与医疗机构和研发机构合作，推出了数据研究工具和产品开发工具ResearchKit和CareKit。ResearchKit允许研究人员和医生在苹果用户同意的情况下收集个人数据，以提高他们的研究项目的准确性。CareKit帮助开发人员构建与健康相关的应用程序，应用开发者创造与健康相关的应用，并允许用户能够跟踪与健康相关的数据。

六、AI辅助医学研究平台

　　AI辅助医学研究平台是指利用人工智能技术辅助生物医学相关研究者进行医学研究的技术平台。目前，医学科研越来越强调科研数据的真实性，但要想取得真实的临床结果，就需要海量样本病历。AI辅助医学研究平台可以提供可利用的多源数据、强大的统计分析能力及可视化的科研统计服务工具，保证数据多元性、重要性、时效性，对于数据分析采用一体化的管理模式，提高数据处理效率和准确性，如图17.24所示。

传统医学研究	传统医学研究采用随机对照试验模式，其缺点为试验设计无法排除人为的主观倾向，试验偏差大，受试者样本有限，无法代表真实世界患者的多样性（如300人的试验者，很难推演到全球50亿人），导致治疗效果不如预期。
AI医学研究	AI医学研究依赖于来自真实医疗环境的临床大数据，通过全量数据（门诊、住院、检查、手术、药房、可穿戴设备、社交媒体等）进行分析，释放临床数据的真正价值，加速科研成果转化。

图17.24   传统医学研究平台与AI辅助医学研究平台对比

现实中，医生在进行科研时常会陷入以下困境：我国临床医生工作时间主要用于病患的诊疗，缺乏足够的时间和精力进行科研，另一方面我国结构化数据较少，医生统计分析能力有限，数据分析处理困难；科研经费不足，缺少专家指导，这也导致了目前医学科研领域的临床数据使用效率低，高质量临床论文数量有待提升等问题。通过人工智能技术构建辅助医学研究平台的线上科研将可以改变这一局面。人工智能临床科研一体化解决方案如图17.25所示。

图17.26显示了以糖尿病为例，应用人工智能构建的智能化科研平台。

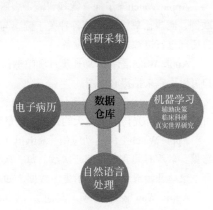

图17.25   人工智能临床科研一体化解决方案

临床数据	专病数据	标本数据	随访数据	知识系统
患者信息/基础疾病/诊断类型/病程记录/实验室检查/影像检查	疾病分级分期/量表评分/特殊检查	新型生物标志物/RNA组学/代谢组学/表观遗传学	生死结局/功能评分/生活质量/并发症	指南/规范/生活知识图谱

图17.26   人工智能科研平台

AI辅助医学研究平台由人工智能生物科技公司研发，整合GPU服务器、网络、仪器设备、算法模型以及医疗数据等资源，通过对医疗知识与数据的融合，挖掘寻找最佳的医疗方案，为医生创造最佳医疗解决方案，提供智能医疗服务平台，促进医疗机构研究成果产业化，如图17.27所示。典型的AI辅助医学研究平台见图17.28。

图17.27 AI助力科研效率提升及转化医学应用

图17.28 医渡云医学研究平台

医学作为一个特殊的传统行业，医疗对于新技术的接受是偏保守的。在当前弱人工智能医疗的背景下，虽然AI医疗的应用场景很广泛，医疗行业AI服务供应商覆盖了全价值链用户场景，如影像辅助诊断、药物研发、虚拟助理、健康管理、疾病预测、辅助医学科研等，但真正落地在医院大规模使用的产品不多，目前主要是解决效率问题，对医生起到辅助诊疗的作用，AI医疗不能代替人类医生。

医学是一个前沿学科，会随时遇到新问题、新疑难杂症，而相关数据的积累需要时间，因而算法模型难以迅速得到优化，同时AI医疗产品的数据算法也需要不断更新和迭代，算法技术难度也会加大，医学领域的高门槛和技术力量的欠缺也会限制AI医疗的进一步发展。

第十八章   人工智能应用之商业

当前，人工智能技术已在商业领域全方位地深度应用，并对传统商业带来了很大程度的影响，改变了行业的生态。围绕着商业的"人、货、场"，基于智能支付、智能零售、智能搜索和个性化推荐所提供的人工智能商业技术，不断深化商业的"场景化、智能化、移动化、个性化"趋势，以科技力量推进传统商业融合创新发展，赋能传统商业智慧升级。

人工智能 + 商业，简单地说就是人工智能在商业场景中的技术应用。要注意与商业智能概念的区别，商业智能又名商务智能，英文为Business Intelligence，简写为BI，通常被理解为将企业中现有的数据转化为知识，帮助企业做出明智的业务经营决策的工具。商业智能技术提供使企业迅速分析数据的技术和方法，包括收集、管理和分析数据，将这些数据转化为有用的信息，然后分发到企业各处。

一、智能支付

智能支付以生物识别技术为载体，为商户和企业提供多元化消费场景解决方案，全方位提高商家的收单效率，并减少顾客的等待时间。

智能支付作为承载线上和线下服务的有效连接，结合智能终端、物联网以及数据中心，能够将结算支付、会员权益场景服务等功能多角度呈现给消费者，同时可以将支付数据与消费行为及时反馈至后台，为商户进行账目核对、会员营销管理、经营数据分析等工作提供支持。智能支付的实现流程如图18.1所示。

图18.1   智能支付的实现流程

未来，人脸、声纹、指纹、掌纹、虹膜、静脉等生物识别新技术将提供无停顿、无操作的支付体验，全面应用于停车收费、超市购物、休闲娱乐等多元化生活场景。

⚙ 1. 生物识别技术

生物识别技术是指，通过计算机与光学、声学、生物传感器和生物统计学原理等高科技手段密切结合，利用人体固有的生理特性（如指纹、指静脉、人脸、虹膜等）和行为特征（如笔迹、声音、步态等）来进行个人身份的鉴定。

无论我们采用哪种生物识别技术，生物识别技术系统都包括生物特征的数据采集、数据预处理、唯一特征的提取和特征对比这几大部分，如图18.2所示。

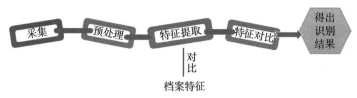

图18.2　生物识别技术系统

⚙ 2. 生物支付简介

生物支付就是利用人的生物特性，如指纹、脸、静脉、虹膜、声纹等生物特性代替传统的密码支付模式，实现在支付场景下的应用。其中，人脸支付和指纹支付的应用范围最广，掌纹支付在精确度方面高于人脸和指纹，声纹支付的应用最为少见，虹膜支付精确度、稳定性、可升级性最高，发展潜力最大。生物支付架构图如图18.3所示。

二维码　微信／支付宝聚合支付　智能支付工具	感知层
互联网　4G　5G	传输层
交易数据　字符数据	数据层
大数据　智能计算	核心层
智能商业　智能金融　智能零售	应用层

图18.3　生物支付架构图

传统的身份鉴定方法包括身份标识物品（如证件、钥匙等）和身份标识知识（如用户名和密码），一旦标识物品和标识知识被盗或遗忘，其身份就容易被他人冒充。而生物识别技术具有随身"携带"、不易遗忘、不易伪造、随时随地可用等优点。

二、指纹识别支付

手掌及其手指、脚、脚趾内侧表面的皮肤凹凸不平产生的纹路会形成各种各样的图案，称为指纹。19世纪初，科学研究发现了指纹存在两个重要特征，每一个手指指纹的图案布局是永久存在的并且始终不改变，直到在人死后指纹才会腐烂。全世界没有两个人的指纹是完全一样的，即使是双胞胎也不例外（即指纹的唯一性和不变性）。

我们的指纹纹路并不是连续的、平滑笔直的，而是经常出现中断、分叉或转折，每个人（包括指纹在内）皮肤纹路在图案、断点和交叉点上各不相同，呈现唯一性且终生不变。这些断点、分叉点和转折点称为"特征点"，即每个指纹都有几个独一无

二、可测量的特征点，每个特征点都有大约七个特征，人们的十个手指最少产生4900个独立可测量的特征。指纹识别技术就是通过分析指纹可测量的特征点，从中抽取特征值，验证其真实身份。

从技术角度来说，指纹识别主要分为三种：电容式、光学式和超声波式。目前，手机所搭载的指纹识别芯片大多数是电容式指纹传感器，通过采集的指纹与指纹库中的样本进行比对认证后进行支付，如图18.4所示。

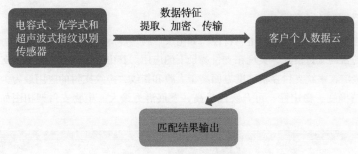

图18.4   指纹支付示意图

虽然每个人的指纹识别都独一无二，但并不代表它不可被不法分子复制，也并不适用于每一个人。例如，长期进行手工作业的工作者便会为指纹识别而烦恼，他们的手指若有丝毫破损或在干湿环境里沾有异物，指纹识别功能便不能正常使用。另外在严寒区域或者严寒气候下，抑或人们需要长时间戴手套的环境中，也将使得指纹识别变得不那么便利。

三、人脸支付

人脸与人体的其他生物特征（指纹、虹膜等）一样与生俱来，它的唯一性和不易被复制的良好特性为身份鉴别提供了必要的前提，与其他类型的生物识别相比，人脸识别具有如下特点：

① 非强制性：用户不需要专门配合人脸采集设备，几乎可以在无意识的状态下就可获取人脸图像，这样的取样方式没有"强制性"。

② 非接触性：用户不需要和设备直接接触就能获取人脸图像。

③ 并发性：在实际应用场景下可以进行多个人脸的分拣、判断及识别。

④ 视觉特性："以貌识人"，操作简单、结果直观、隐蔽性好等。

人脸识别，是基于人的脸部特征信息进行身份识别的一种生物识别技术。用摄像机或摄像头采集含有人脸的图像或视频流，并自动在图像中检测和跟踪人脸，进而对检测到的人脸进行脸部的一系列相关技术检测，通常也叫作人像识别、面部识别，如图18.5所示。

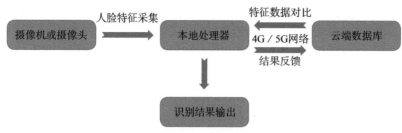

图18.5　人脸识别流程示意图

在应用于移动支付之前，人脸识别技术最早应用的领域是动态安检和考勤，相比传统卡基支付和条码支付，以人脸支付为代表的支付科技对解决不同消费场景的身份验证问题有重要意义。一方面，可以有效打通电子支付与传统卡基支付的边界，提高移动支付效率；另一方面，帮助消费者摆脱智能手机的束缚，降低消费场景门槛，释放更多场景的消费需求。

人脸支付是人工智能技术＋云服务技术＋双摄像头3D结构光生物识别技术相互结合所形成的技术应用。人脸识别系统主要包括人脸图像采集及检测、人脸图像预处理、人脸图像特征提取及匹配与识别四个部分，如图18.6所示。

图18.6　人脸识别系统

从全球数字支付发展来看，国外人脸支付技术并没有达到我国的普及程度，现阶段我国在零售、餐饮、商超、医疗、酒店旅游等支付场景的人脸支付技术和应用，位居全球首位。

四、掌纹支付

掌纹识别作为近几年提出的一种生物特征识别技术，比指纹和人脸识别精度高几十倍，被认为是继指纹识别、人脸识别之后的下一个支付方式。

掌纹是指手指末端到手腕部分的手掌图像。其中很多特征可以用来进行身份识别，如主线、皱纹、细小的纹理、脊末梢、分叉点等。掌纹识别技术也是一种非侵入性的识别方法，用户比较容易接受，对采集设备要求不高。掌纹支付具有如下特点：

① 使用方便：手掌无须与设备接触进行匹配。

② 兼容性强：可以与任意摄像头进行无缝兼容，无须加装其他硬件设备。

③ 精准度高：掌纹相比指纹、人脸等其他生物特征更具有独特性，即使是双胞胎也可以通过掌纹进行精准识别。

④ 安全性强：掌纹的高度特殊性使其难以被复制和破译。

掌纹识别系统由两个部分构成：训练样本录入阶段和测试样本分类阶段。训练样本录入阶段：首先对采集的掌纹训练样本进行预处理，然后进行特征提取，把提取的掌纹特征存入特征数据库中留待与被分类样本进行匹配。测试样本分类阶段是对获取的测试样本经过与训练样本相同的预处理、特征提取步骤后，送入分类器进行分类。这两部分都包括以下三步：掌纹图像采集、预处理以及特征提取。

掌纹图像采集：掌纹图像采集的目的就是利用某种数字设备实现把掌纹转换成可以用计算机处理的矩阵数据。一般采集的都是二维灰度图像。具体实现是在手掌与手机、电脑、ATM机等终端设备在距离镜头15cm以内捕捉掌纹，存储为RGB格式视频。

预处理：其目的是使采集的掌纹图像能方便地对图像进行后续处理，如去除噪声使图像更清晰，对输入测量引起或其他因素所造成的退化现象进行复原，并对图像进行归一化处理。

特征提取：经过预处理的信息数据往往十分庞大。因此需要对信息数据进行特征提取和选择，即用某种方法把数据从模式空间转换到特征子空间，使得在特征空间中，数据具有很好的区分能力。

经过以上几个步骤，掌纹识别模块将RGB视频转化为可以用于授权密码的掌纹图像。掌纹匹配模块通过远程数据或本地数据进行掌纹特征匹配，如图18.7所示。

图18.7　掌纹识别过程

五、虹膜识别

好莱坞科幻大片里从来都不乏应用生物识别技术的场景，对虹膜识别尤为青睐。

目前，虹膜识别凭借其超高的精确性和使用的便捷性，已经广泛应用于金融、医疗、安检、安防、特种行业考勤与门禁、工业控制等领域。

人的眼睛结构由巩膜、虹膜、瞳孔晶状体、视网膜等部分组成。虹膜是位于黑色瞳孔和白色巩膜之间的圆环状部分，其包含很多相互交错的斑点、细丝、冠状物、条纹、隐窝等细节特征。而且虹膜在胎儿发育阶段形成后，在整个生命历程中将是保持不变的。这些特征决定了虹膜特征的唯一性，同时也决定了身份识别的唯一性。因此，可以将眼睛的虹膜特征作为每个人的身份识别对象。虹膜识别过程如图18.8所示。

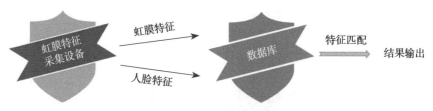

图18.8　虹膜识别过程

虹膜测定技术可以读取266个特征点，而其他生物测定技术只能读取13～60个特征点。根据富士通方面的数据，虹膜识别的错误率为1/1500000，而苹果TouchID的错误率为1/50000，虹膜识别的准确率比当前指纹方案高30倍。而虹膜识别又属于非接触式识别，识别非常方便高效。

此外，虹膜识别还具有唯一性、稳定性、不可复制性、可活体检测等特点，综合安全性能占据绝对优势，安全等级方面是目前最高的。

六、静脉识别

由于每个人的血液流经手指皮下的血管时形成的纹路不同，故形成一种独一无二的"密码"。医学研究表明，这种"密码"（静脉图像）具有唯一性和稳定性，即便是同一个人的左手和右手图像也不会一模一样，所以相比于指纹、人脸识别等，静脉识别更加安全，不容易被盗用。

静脉识别是通过分析个人手指静脉分布信息，将特征值存储进行比对，从而对个人进行身份鉴定。静脉识别兼具高度防伪、简便易用、快速识别及高度准确四大特点。指静脉识别的特征已被国际公认具有唯一性，且和视网膜相当，在其拒真率（相同结构图，而被算法识别为不同的概率）低于万分之一的情况下，其识假率（不同结构图，而被算法识别为相同的概率）可低于10万分之一。指静脉识别示意图见图18.9。

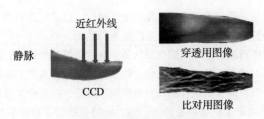

图18.9　指静脉识别原理

通过红外线扫描设备采集手指的静脉图像与银行卡进行绑定，这些数据就会被存储在系统中。把手指放入红外线扫描设备中时，系统就会对身份进行确认来实现付款，整个过程非常便捷，甚至只需要1s。静脉识别如图18.10所示。

图18.10　静脉识别过程

七、声纹识别

声纹识别，也称说话人识别，包括说话人辨认和说话人确认。区别于专注将语音转换为文字的语音识别，应用场景如语音输入法，声纹识别目的在于辨别说话者/发声者的身份。

先来了解一下语音识别技术。语音识别技术就是让机器通过识别和理解过程把语音信号转变为相应的文本或命令的技术，也就是让机器听懂人类的语音。

语音识别技术主要包括特征提取技术、模式匹配准则及模型训练技术三个方面。其实现需要经过语音输入、特征提取、模式匹配、模型库等过程的处理，最终得出识别结果，如图18.11所示。

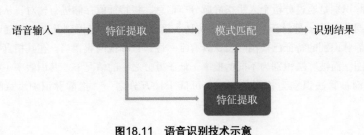

图18.11　语音识别技术示意

人类语音的产生是人体语言中枢与发音器官之间一个复杂的生理物理过程，人在讲话时使用的发声器官——舌、牙齿、喉头、肺、鼻腔在尺寸和形态方面每个人的差异很大，所以任何两个人的声纹图谱都有差异。这也使得声纹识别可以成为身份认证的一种方式。

声纹识别，是将声信号转换成电信号，再用计算机进行识别。不同的任务和应用会使用不同的声纹识别技术，如缩小刑侦范围时可能需要辨认技术，而银行交易时则需要确认技术。不管是辨认还是确认，都需要先对说话人的声纹进行建模，这就是所谓的"训练"或"学习"过程。

一般的声纹识别过程是：首先提取语音特征，再把特征投入模型中训练，最后寻找分数最高或者最接近的结果，如图18.12所示。

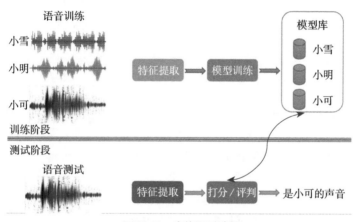

图18.12　声纹识别过程

与其他生物特征相比，声纹识别的优势在于：

① 声纹提取方便，可在不知不觉中完成，因此使用者的接受程度也高。

② 获取语音的识别成本低廉，使用简单，一个麦克风即可，在使用通信设备时更无须额外的录音设备。

③ 适合远程身份确认，只需要一个麦克风或电话、手机就可以通过网络（通信网络或互联网络）实现远程登录。

④ 声纹辨认和确认的算法复杂度低。

配合一些其他措施，如通过语音识别进行内容鉴别等，可以提高准确率。

以上这些优势使得声纹识别的应用越来越受到系统开发者和用户的青睐。

当然，声纹识别的应用有一些缺点，比如同一个人的声音具有易变性，易受身体状况、年龄、情绪等的影响；比如不同的麦克风和信道对识别性能有影响；比如环境噪声对识别有干扰；又比如混合说话的情形下人的声纹特征不易提取等。

不同生物识别技术对比见表18.1所示。

表18.1　不同生物识别技术对比

技术类型	易用性	安全级别	部署成本	影响性能的因素
指纹识别	较高	中等	中等	脏污、皮肤磨损或破损
人脸识别	极高	高	中等	光线、遮挡
掌纹识别	较高	高	中等	手掌与设备接触、不卫生
虹膜识别	中等	极高	高	隐形眼镜
静脉识别	中等	高	高	年龄、生理变化
声纹识别	高	较高	较低	噪声、感冒

八、智能零售

回顾零售业发展历程，无论是19世纪铁路和邮政诞生的邮购网络，还是20世纪初利用汽车、制冷和包装技术创造的超级市场，或是20世纪末美国的亚马逊和中国的阿里巴巴发明的网络卖场，抑或是当前个性化、数字化的智能零售，零售的本质从未改变——都是围绕着"人、货、场"这三个核心要素进行连接和互动。

1. 零售业的痛点

如何及时描绘出单店、单品、单客的全息画像？

如何对每一次促销活动敏捷自动地开展效果分析与评估？

如何从成千上万个SKU（库存商品）中选取合适的时效类单品？

当新品推出时，如何做到以最快的速度响应市场？

如何预测未来1～7天不同细分品类的单品，从而指导订货、促销、生产、物流？

而品牌商对商业数据的需求远不止于此，还需要与竞品厂家作对比，单品数量、铺市情况、摆放位置……数据获取不仅困难，同时难辨真伪。

而依托大数据和人工智能技术，将零售过程中的场景数据变成企业的数字资产，实现对各种差异化的场景（如货架、二次陈列、混陈小店等）细颗粒度的洞察。

2. 人工智能在零售领域的应用

现在的智能零售在选址、选品、消费者识别等方面都已经有了成熟的服务应用。

（1）选址

传统选址模式周期长、人力投入大、对行业熟手经验依赖性强。通过机器学习与建模，对一段时期内（一周、半个月、一个月）不同商圈的人口热力分布图进行分析，了解各商圈店面的人流综合值。对单店及周边产品销量数据进行统计，监测竞争数据，结合租金、物业水平，划定目标区域；最后，以消费者画像为核心，预测本店单品销量，提供可以增开门店的选址建议，如图18.13所示。

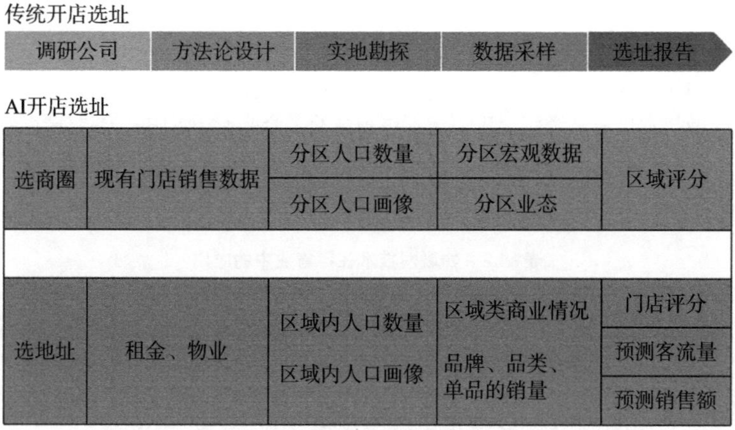

传统开店选址

| 调研公司 | 方法论设计 | 实地勘探 | 数据采样 | 选址报告 |

AI开店选址

选商圈	现有门店销售数据	分区人口数量	分区宏观数据	区域评分
		分区人口画像	分区业态	
选地址	租金、物业	区域内人口数量	区域类商业情况	门店评分
		区域内人口画像	品牌、品类、单品的销量	预测客流量
				预测销售额

图18.13　AI选址

（2）选品

选品是许多零售商比较头疼的难题，选品的难点在于大多数商品单品是标准化的，但消费者对商品的喜好各不相同。如何在最短的时间内，得出门店附近人群的消费偏好，以及随区域的经济发展水平推出消费者的偏好单品，成为每个经营者能否成功的法宝。智能零售使货架上的商品变成了可以观察或溯源的数字符号，将商圈流量、客流属性、品牌、消费者偏好等大数据送入机器学习模型，得出门店品类建议、单品建议和提供动态定价支持。

（3）陈列

传统情景下，经营者需要雇佣大量的销售人员对线下零售门店的产品陈列、货架占有率、促销产品摆放等进行营销效果监测，成本高，速度慢，还存在着数据质量差、反馈速度慢等弊端。运用人工智能图像识别技术，对货架、端架、陈列柜、堆头堆箱、促销现场以及价签进行自动识别分析，检查货架陈列以及促销现场的执行是否合格，标识出不合格之处，快速调整终端铺货不合格的行为，保证了终端铺货的高效性。

（4）消费者识别

房企售楼部装设人脸识别系统已较为普遍，被用于识别客户是自然到访还是分销客户，以防自然到访的客户为了优惠又找渠道分销。如此一来，开发商就需要多给渠道分销佣金或提成，成本就增加了。售楼部人脸识别系统通过抓取人脸信息，形成个人身份的底图，再和电话号码、来访渠道、购房意愿、收入水平、到访次数等一系列信息捆绑成为一个数据库。有了人脸识别系统，就算到访客户没有在案场里留过信息，甚至没有和置业顾问说过一句话，只要进入人脸识别的摄像头拍摄范围，买房人的脸还是会和到访时间、次数等信息一起无感识别进入系统。

⚙ 3. 智能零售技术

（1）物联网

物联网技术目前已经广泛应用于零售领域的多个业务场景中，通过连接管理、设备管理、应用使能，不断提高大规模终端的管理运维能力，提升对消费者的感知能力，见表18.2。

表18.2　物联网技术在零售业中的应用

应用场景	说明
无人售货机——无人售货	通过物联网技术监测无人售货机的运行状态，提升运维效率，降低运维成本；借助蜂窝网络扩大无人售货机的部署范围，拓展下沉市场，同时，借助物联网动态掌握商品销售数据，及时响应客户需求
共享充电宝——共享	通过物联网技术检测充电宝的借还情况，并且实时更新充电宝分布图，方便用户查询
仓储管理——物流	通过物联网技术，对仓库进行温湿度监测、漏水检测、粉尘监测、消防监测等。前置货仓空间、货物类型等，更加需要借助物联网技术进行实时监测
数字广告牌——广告	通过物联网通信技术，根据客户特征（人脸识别、店内定位、会员信息、交易记录等提取的用户画像）精准下载广告视频，为客户提供个性化、场景化的广告，提升广告的转化率，创造新的收入广告
视频监控——监控	通过视频监控统计客流信息、识别店内设施、监测顾客异常行为，提升运营和安保效率
娱乐设备——娱乐	对接主流社交和支付APP的扫码支付，提升娱乐设备（Mini KTV、娃娃机、福袋机等）的支付便利性；借助物联网技术实时控制设备的启动与暂停，实现扫描支付到设备启动的零等待

（2）AR/VR

AR即增强现实，VR即虚拟现实。增强现实是将数字信息叠加在真实的物理世界中。虚拟现实则完全阻挡了现实世界，创造一个完全数字化的虚拟沉浸式空间。任何拥有手机的人都可以使用AR。而如果想要体验VR，则需要购置专用的设备。AR适用于商店，VR适用于电子商务。现在很多商店都推出了手机AR应用程序，比如宜家推出的APP让消费者可以在线选择想要购买的家具，将沙发、床等家具放在自己家中查看效果。还有一些美妆品牌提供口红、腮红产品的AR试色，或者服装品牌提供在线试穿，优化购物体验，见表18.3。

表18.3　AR/VR技术在零售业中的应用

应用	说明
员工技能提升	通过AR/VR直观地展示业务操作流程、强化员工互动、提升培训的趣味性，进而提升培训效率；对于安全相关培训，AR/VR可以逼真地模拟出现实生活中不易复现的紧急情况，提高员工的临场应变和应急处理能力
店面选址预览	通过AR/VR完整、逼真地呈现店铺内外部的效果，从而更精准地评估店铺选择和店内环境设计
产品试用	通过AR/VR模拟产品的不同使用场景，协助顾客直观地、多角度地评估产品，提升购物体验，降低退货率
AR/VR广告	通过AR/VR为客户提供更为生动的广告展示，提升广告的趣味性和吸引力，进而提升广告的触达率

（3）移动网络

移动网络是零售领域智能互联的前提。零售行业移动化、社交化、本地化的趋势愈加明显，便捷、快速、个性化地将消费者与产品连接起来，是所有零售商都要面对的问题。通过"开放""泛在""智能""安全""稳定"的移动网络，企业不需要自建和运维专网即可最大限度地实现全球范围内不同设备的互联互通。目前4G已经成为物联网的主要承载网络，5G技术帮助零售企业实现端到端数字化，实现智能互联。

（4）边缘计算

在零售场景中存在着大量的实时性业务。就以刷脸支付为例，边缘计算可以及时、高效地在本地进行人脸识别，最大限度地减少敏感数据的网络传输，突破网络带宽、时延和安全等多方面的技术瓶颈。边缘计算还丰富了零售应用场景：随着消费向着品质、体验和享受升级，购买行为已不仅仅局限于购买商品，商品和服务的结合才是未来商业的增长点。无人超市、迷你KTV、共享按摩椅、生鲜无人零售等新的零售场景在边缘计算技术的支持下爆发成长。

（5）智能支付

回首过去，支付方式从携带现金过渡到银行卡的卡基支付再到二维码的移动支付，再到无感智能支付，如今各种智能支付形式已广泛应用于自助售货、无人商店、O2O体验式卖场、共享等各类业态中，同时智能零售也给新的支付形式带来了新的机遇，借助智能支付，零售商可以收集客户偏好、消费习惯等，进一步优化升级消费体验。

（6）数据智能分析

通过对海量多源异构数据进行实时分析，可以准确判断消费者行为，及时与客户实时互动，提供个性化、场景化的服务；同时为整体经营分析提供及时的数据洞察，进一步提升零售运营数据分析的深度与时效性。人工智能技术助推大数据技术对结构化、半结构化数据进行分析应用，如图18.14所示。

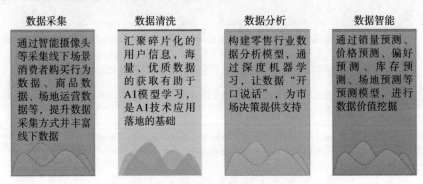

数据采集	数据清洗	数据分析	数据智能
通过智能摄像头等采集线下场景消费者购买行为数据、商品数据、场地运营数据等，提升数据采集方式并丰富线下数据	汇聚碎片化的用户信息，海量、优质数据的获取有助于AI模型学习，是AI技术应用落地的基础	构建零售行业数据分析模型，通过深度机器学习，让数据"开口说话"，为市场决策提供支持	通过销量预测、价格预测、偏好预测、库存预测、场地预测等预测模型，进行数据价值挖掘

图18.14   智能零售技术之数据智能分析

（7）机器人

机器人已广泛应用于零售领域，如物流机器人替代人类，不受频次、强度和时间的限制，从事重体力的装卸、巡查、配送工作。服务和导购机器人增加了客户互动，提升消费者的购物趣味性和购物体验，见表18.4。

表18.4   机器人技术在零售业中的应用

应用	说明
仓库装卸货	在仓库内使用机器人进行货物装卸和转运。对于空间狭小、装卸作业较频繁的前置货仓，机器人的优势更加显著
店面和货架巡视	使用机器人进行店面巡视，通过基于AI的视频分析技术识别货架缺货、店面设施损坏等情况
购物助手	通过店内机器人为顾客提供基于自然语言问答的商品价格查询、库存查询等
商品上门派送	使用送货机器人给客户提供上门配送服务，不仅提升了客户的店面购物体验，更方便地进行大宗采购和重物采购，也提升了在线订购、线下配送的效率

大数据、AR/VR、物联网、人工智能、移动网络、边缘计算等新技术对"人、货、场"三要素重塑，实现零售企业人与人、物与物、人与物的全连接，将商品流

通、智能设备、生态伙伴与消费者连接在一起，实现信息流（数据交换）、物流（供应链整合）、资金流（交易结算）、客流（用户画像）的高效运转，为消费者带来全新购物体验的同时，帮助零售企业实现商业价值。

⚙ 4. 智能零售的特征

智能零售能够实现线下零售的千人千面，让习惯于互联网购物体验的年轻人重新爱上逛商场，消除"消费者线下体验线上下单"的困扰。智能零售利用智能摄像头、智能货架、移动支付等技术，对消费者外貌特征、产品偏好、情绪变化、消费记录等进行汇总，实现从用户识别、用户触达到用户服务，所有商品、用户和消费行为的全流程数字化。智能零售从采购端、物流端、消费端到服务端覆盖全产业链条的数据收集与分析，从而打通电商、仓储、实体店的供应链，帮助经营者挖掘更大的价值空间。从购物体验上来说，消费者能够感受到的是商场越来越懂自己，想买的东西越来越多，要买的东西越来越便宜。综上，智能零售具有重体验、求质量、全品类、降库存、智慧化的特点。

⚙ 5. 智能零售的落地场景

技术的本质是服务业务，而业务的本质是满足用户的需求。智能零售的落地场景见表18.5。

表18.5　智能零售落地场景

应用场景	说明
客户行为分析	通过智能摄像头进行人脸识别，判断客户的性别、年龄等信息，为个性广告播放提供决策支持；识别VIP客户，将客户偏好信息和近期交易记录推送给客户专属导购，为客户提供更为个性化的店内服务；分析客流的时间分布和年龄、性别构成，实现零售设施和店面运营的精细化评估；为精准用户画像提供数据支撑
共享寄存柜人脸识别	通过人脸识别验证客户身份的合法性、开启响应的货柜，与手机扫描验证相比，人脸识别操作更加简单、方便
生物识别支付	通过人脸识别、声纹识别等方式完成付款确认，付款过程比手机扫码、银行卡支付更加方便
定向广告推送	整合线上广告渠道（网页、APP等）与线下广告渠道（店内数字广告牌、海报、商品目录等），统一设计广告投放策略，并根据不同渠道、不同用户特点进行精准推送
智能备货与仓储	深度分析商品在不同地区、不同时期的销售数据，确定各类产品在店面、前置仓库、主仓库的备货量

应用场景	说明
全自动零售购物体验	进店、选货、结算等全流程自动化。借助AI进行视频分析，识别客户选择的最终商品，自动发起刷脸支付
实时边缘数据处理	将物联网终端收集的数据进行实时AI识别和计算，赋能更多的业务应用场景

✿ 6. 智能零售的典型应用

（1）无人便利店

借助物联网、人脸识别、视频监控技术等使顾客无须排队结账，通过机器视觉和传感器自动识别顾客的商品，实现即买即走。典型代表有亚马逊的Amazon Go无人便利店以及国内深兰科技的TakeGo、京东JOY SPACE无界零售快闪店、苏宁无人便利店等。

亚马逊的Amazon Go无人便利店：顾客只需下载Amazon Go APP，在Amazon Go无人便利店入口扫码成功后，便可进入商店开始购物。Amazon Go的计算机视觉技术、传感器和深度学习技术自动监测商品从货架上取下或放回的动作，并且在虚拟购物车中进行跟踪，计算顾客有效的购物行为，并在顾客离开商店后，自动根据顾客的消费情况在亚马逊账户上结账收费。Amazon Go的关键技术在于其特殊的货架。它通过感知人与货架之间的相对位置和货架上商品的移动，来计算是谁拿走了哪一件商品。

无人智能店TakeGo：深兰科技联合支付宝、芝麻信用及NVIDIA（英伟达）于2017年推出无人智能店TakeGo。TakeGo采用快猫quiXmart智能零售系统，通过卷积神经网络、深度学习、机器视觉、生物识别、生物支付等人工智能领域最前沿技术，利用人自身的手脉识别，不需手机、APP，扫手进店即可购物，拿了就走，支付宝自动扣款。整个过程不再有支付环节，购物就像在自己家里拿东西一样方便。

（2）智能货柜

自动售货机是先支付再拿货，消费者扫二维码或刷脸支付后，再从交货口取下选购的产品。智能货柜采用RFID、视觉识别、重力识别、距离识别、动态摄像头、混合技术，通过先拿货再支付的方式。消费者从智能货柜里拿出想要的商品，合上柜门，智能货柜就能及时算出应收款数目，全自动扣款，实现了用户无感支付购物。假如消费者不想要选购的产品了，只要立即放回智能货柜就可以了。从维护保养上，智能货柜可连接大数据平台，智能货柜可实时统计产品库存量信息内容，通知智能货柜运营人立即填补货品，无须派专职人员按时查询货箱何时断货，缓解人工成本和经济成本。

（3）智能停车和找车

智能停车和找车是通过无线通信技术、移动终端技术、GPS定位技术、GIS技术识别车牌，根据算法规划出取车路线。车主只需用手机APP输入自己的车牌号，就能定位出车辆的停车位，并显示出所在位置到停车位的路线图，离场时通过微信、支付宝自动缴费，即智能找车位＋自动缴停车费。

（4）室内定位及营销

通过在商场内布设蓝牙设备，结合智能手机APP，根据顾客的需求和个人喜好，向顾客发送折扣券及进店积分。目前iBeacon的技术解决方案颇受青睐，iBeacon是苹果公司发布的室内定位技术。其工作方式是，配备低功耗蓝牙（BLE）通信功能的设备使用BLE技术向周围发送自己特有的ID，接收到该ID的应用软件会根据该ID采取一些行动。

iBeacon作为一种连接线下场景的近场低功耗蓝牙广播技术，让万物都有自己的位置坐标，顾客可以通过微信摇一摇或者定制开发的应用程序获取到iBeacon广播推送的销售和购物信息。当顾客走到贴有iBeacon的门店附近时，其智能手机就会收到优惠券、红包，如在鞋子上贴有iBeacon，当顾客靠近鞋子时手机上就可以收到iBeacon推送的鞋子信息以及优惠等。

（5）智能试衣镜

不用在商场里频繁进出试衣间，只需站在智能试衣镜前"抬抬手"，就可看到自己想要的衣服穿在身上的模样和效果，还可在镜子前随意更换衣服。智能试衣镜通过内置处理器和摄像头，动态识别用户的手势动作、面部特征及背景信息。不同于普通穿衣镜，只要顾客站在智能试衣镜面前，它就能展示店内各种衣服穿在身上的效果。如果不满意，只需要挥一挥手臂，就可以实现换装。工作人员可以通过一个特殊的销售界面，以镜子为媒介向顾客发出建议。镜子提供的视频内容还可以帮助零售商对商场内行为进行评估和分析。

（6）智能购物车

在超市领域，购物车作为最常见的硬件载体，如果进行智能化创新，是传统超市向智能超市转型的解决方案之一。配备的重量传感器可用于智能购物车的智能防损和智能称重；视觉传感器用以识别车内商品是否出现行为错误，用于视觉防损；与人脸识别算法相结合，对超市内的人流量进行统计，及时向顾客推送商品优惠券，实现精准营销。内置的RFID无线射频识别技术用于通道闸门的智能防损，实现自助结算后无接触式小票打印及防损检查，降低商超的货损率。智能购物车还可通过深度学习和人工智能图像识别技术，帮助超市监控货架缺货情况，实现门店的智能管理与经营。在购物的过程中，智能购物车还可以随时与顾客进行人机互动，从容应对顾客的所有问题。顾客离开超市时，可以通过扫码支付、人脸支付功能自助结账。

第十九章　人工智能应用之智能家居

智能生活是什么样的？相比一些高大上的概念，实实在在的便利生活才是人们真正想要的生活状态。

6:30，你被智能音箱叫醒，告诉你今天的天气，推荐今天的穿戴建议，提醒你今日的重要事项。

6:35，窗帘系统全部自动开启，同时卫生间灯光开启，等待你前去洗漱。

6:50，在智能烹饪系统指导下做一顿丰富又美味的早餐。

7:30，上班时间到了，轻触一键离家按钮，室内所有灯光、电器、窗帘全部自动关闭。同时安防模式自动开启，当有人从门窗非法进入室内时，门窗报警器会蜂鸣报警，摄像头会自动抓拍，并将照片推送到家人手机中。

17:30，开车回家途中，系统自动检测你与家的距离，当距离小于1000m的时候，家中空调和新风系统自动开启，调节室内温度和空气质量。

18:00，智能锁可以识别家庭成员身份，从而开启对应的回家模式，如爸爸回家模式，进门后，玄关灯光自动开启，1min后关闭。接着，客厅灯光开启、咖啡机自动加热、电视开启并自动调节到体育频道。

20:00，吃完晚餐后，戴上智能手环，你就可以出门跑步了。电热水器同样也是智能的，会自动烧好热水，跑完步回到家，洗去一身的疲惫。随着你的一声令下，智能扫地机无条件把全家里里外外认真打扫一遍，然后自行充电，运动完回家后，你就拥有一个崭新干净的家啦！

22:00，你跟智能音箱说"我要睡觉了"。接着，电视会自动关闭，窗帘、灯光关闭，进入就寝安防模式。

在人工智能技术的推动下，科幻电影中描绘的智能生活正在到来。

一、智能家居概述

⚙ 1. 智能家居发展史

智能家居近几年成了一个"热词"，作为智能生活发展的"风向标"，如今的智能家居已经深入到了家居生活的各个方面，让我们的生活更安全、更便捷、更舒适、更温馨。人类正在进入"智慧屋"的时代！智能家居发展史如图19.1所示。

1997年比尔·盖茨建成世界首栋智能家居豪宅

1998年LG推出首台智能家电

2010年首个智能家居单品Nest Lab发布

2012年SmartTings无线打印套装打破众筹纪录

2013年微软建立第一个智能家居实验室

2014年谷歌收购世界最大智能家居Nest Lab公司

2014年首款智能音箱推出

2015年AI全面赋能

图19.1　智能家居发展史

2. 什么是智能家居

智能家居1.0的定义：智能家居是通过各种感知技术接收探测信号，并予以判断后给出指令，让家庭中各种与信息相关的通信设备、家用电器、家庭安防、照明等装置做出相应的动作，以便更加有效服务用户且减少用户劳务量。

智能家居2.0的定义：综合利用计算机、网络通信、家电控制等技术，将家庭智能控制、信息交流及消费服务等家居生活有效地结合起来，保持这些家庭设施与住宅环境的和谐与协调，并创造出高效、舒适、安全、便捷的个性化家居生活。

智能家居3.0的定义：智能家居可以感知用户在家中做的任何事情，能够随时通过智能化的功能，给予用户生活上的支持，同时，针对用户的及时性需求，提供智能化的服务。智能家居的价值本质，是一切都是围绕人的需求，而非围绕联动控制与空间场景而生。

3. 智能家居产品的交互方式

智能家居产品的交互方式由按键/遥控的物理控制，延伸到触摸面板与手机APP控制，再到全面的语音控制、隔空的体感控制与视觉控制，最终实现系统自学习后的无感体验。未来将是终极混合交互方式，以满足用户不同环境及场景使用需求，如图19.2所示。

图19.2　智能家居产品交互方式

⚙ 4. 智能家居的应用场景

目前智能家居主要以区域空间划分，涉及家庭居住空间的各个角落，如卧室场景、客厅场景、厨房场景、阳台场景、浴室场景、门廊场景、楼梯场景、花园场景。每个不同的空间，都可以有相应的小区域场景匹配，见表19.1。

表19.1　智能家居应用场景（按位置分）

应用场景	说明
卧室场景	清晨起床，被柔缓的背景音乐唤醒，窗帘缓慢打开
	晚上睡觉，窗帘闭合，所有主灯光关闭，脚灯自动感应，智能床统计睡眠状态，家庭安防系统自动布防
	智能窗户与智能风雨传感器联动，下雨天自动关闭卧室窗户
客厅场景	娱乐模式：打开电视或者音箱，播放指定音视频
	会客模式：客厅主吸顶灯亮度60%、打开客厅灯带、关闭客厅射灯、打开客厅落地灯
	在卧室或客厅，对智能音箱说"我过十分钟后洗澡"，热水器提前升温，浴霸开启暖房
厨房场景	餐前：智能冰箱根据存储食材，准备好菜谱，供用户进行选择；餐中：智能灶具自动把控做菜火候；餐后：智能洗碗机根据油污程度进行清洗
书房场景	读书模式下，台灯的照度、色温自动调整到用户喜爱的阈值
	休息时间，自动降低照明度，音乐响起，舒缓心情
阳台场景	智能洗衣机清洗衣物后，智能晾衣架自动降低，等待用户使用

　　未来的智能家居场景，一定会围绕人的需求进行场景阐述与布局，使智能家居的场景开始真正"懂人性"。将原有冷冰冰的区域智能场景，提升为有温度的生活智能场景，例如安全场景、舒适场景、娱乐场景、便捷场景、健康场景等。所有用户指令，都将围绕用户和生活的需求，进行场景生成，见表19.2。

表19.2　智能家居应用场景（按生活需求分）

应用场景	安全场景	便捷场景	健康场景	回家场景	休息场景
说明	儿童看护 老人护理 智能布防	交通上报 天气上报 快速洗衣	新风系统开启 空气净化器开启 智能鞋柜除菌	安防自动撤防 传感器待机 主照明开启	关闭智能窗户 屏蔽嘈杂噪声 调节灯光明暗
应用场景	舒适场景	雨天场景	娱乐场景	节能场景	除湿场景
说明	午休模式 夜晚模式 用餐模式	门窗自动关闭 晾衣机杀菌 鞋柜/衣柜除菌	观影模式 电竞模式 听歌模式	家电自动节能 窗户自动开闭 夜间照明模式	新风/空调/地暖 除湿 智能衣柜除湿
应用场景	洗浴场景	运动场景	离家场景	清扫场景	起夜场景
说明	浴霸、毛巾架加热 魔镜开启	智能播放运动课程/智能播放背景音乐营造氛围	关闭所有电器 关闭所有门窗 安防布放	扫地机器人 擦窗机器人	地灯/墙灯指引 安全入厕 马桶安静模式

二、智能家居产品

　　智能家居产品全景展示如图19.3所示。

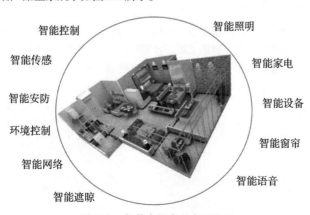

图19.3　智能家居产品全景展示

　　智能家居产品给我们的生活带来了越来越好的体验，让生活质量变得更好。下面介绍一下智能家居产品的分类，见表19.3。

表19.3　智能家居产品分类

产品类型	产品名称
智能照明	智能开关、灯孔模块、驱动器、智能空开、智能插座、智能灯具、智能继电器、无线开关
智能安防	智能门锁、智能摄像机、智能猫眼、智能门铃、可视对讲、存储器、紧急按钮、防盗报警
智能控制	中控主机、中控模块、网关、触摸屏、遥控器、万能遥控、APP、智能中继器
智能影音	背景音乐、激光电视、智能投影仪、矩阵设备、播放器、智能功放、智能音箱、影音辅材、定制安装
智能传感	烟雾传感器、温湿度传感器、可燃气体传感器、水浸传感器、运动传感器、声光传感器、空气质量传感器、门/窗磁、震动传感器、光照传感器、人体存在传感器
环境控制	智能温控器、能源管理、空调网关、空调插座、新风控制
智能家电	智能白电、智能黑电、智能厨电、智能小家电
智能遮晾	智能窗帘、智能门/窗、智能遮阳棚、智能晾衣机
智能网络	智能路由器、网络主机、智能面板、网络检测软件
智能设备	智能扫地机、智能擦窗/地机、智能机器人、智能床、智能穿戴设备、智能魔镜、智能集控箱

　　目前最火爆的四类智能产品是智能面板、智能音箱、智能锁、智能摄像头，未来的智能爆品可能是智能门铃、智能猫眼、智能晾衣机、智能传感器等。智能面板、智能音箱、智能锁、智能摄像头具备入口、平台、终端多重属性，随着产品的演进，未来家里的所有产品几乎都能听、会说、能懂，如图19.4所示。

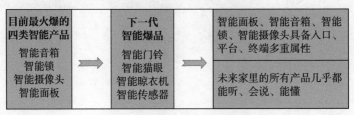

图19.4　智能产品的现在与未来

⚙ 1. 智能面板

开关对于每个人都不陌生，它用来控制设备的状态。传统开关的数量和要控制的设备数量有关，设备越多，开关越多。为了简化人们的操作，智能面板孕育而出。它不仅可以操控家中单独的设备，还可以对一系列设备进行联动控制。具有智能照明、安防监控、健康环境、能源管理、影音娱乐功能的智能面板，是全屋智能技术系统的第一选择，如图19.5所示。

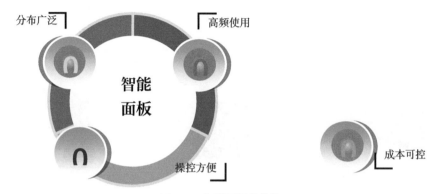

图19.5　智能面板的优势

智能面板（开关插座）是实现家庭智能化控制的最佳操作入口、交互终端和平台，通过边缘计算实现智能面板和家庭电器之间的互动，从而解决"边＋端"的问题，如图19.6所示。

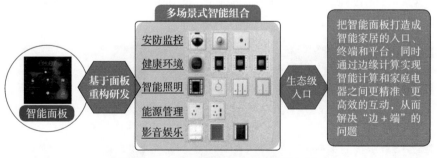

图19.6　以智能面板作为智能家居的入口

目前市面上常见的智能面板品牌包括ORVIBO（欧瑞博）、绿米、萤石、鸿雁、小米、公牛等。以ORVIBO品牌为例，欧瑞博智能面板采用Wi-Fi、蓝牙、ZigBee无线通信技术，免布线，易扩展，利于普及，如图19.7所示。

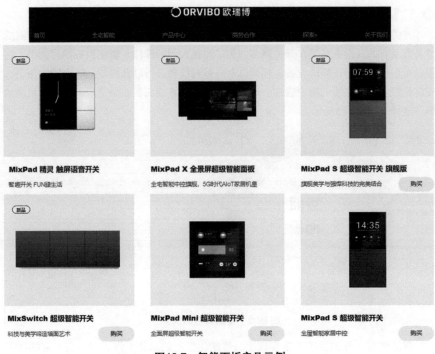

图19.7　智能面板产品示例

以ORVIBO MixPad为例，从外观、功能、架构展开分析。ORVIBO MixPad产品外观展示如图19.8所示。ORVIBO MixPad产品功能如图19.9所示。ORVIBO MixPad产品架构如图19.10所示。

图19.8　ORVIBO MixPad的产品外观

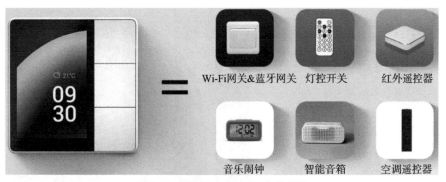

图19.9　ORVIBO MixPad产品功能

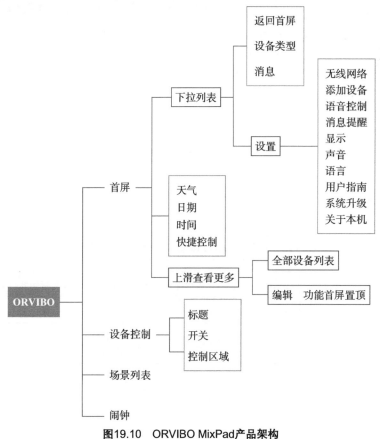

图19.10　ORVIBO MixPad产品架构

✿ 2. 智能锁

最早的锁是为防他人未授权开启而设的简单机关。流传至今，锁已经演变为融合人工智能和传感器技术的智能锁。随着技术的成熟和平易近人的价格，智能锁已成为智能家居领域的重要组成部分，如图19.11所示。

锁在家居中属于刚性需求，从技术视角看，技术的发展为智能锁带来了更多的可能性。目前智能锁融合其他技术，例如语音识别开门，实现童话里的"芝麻

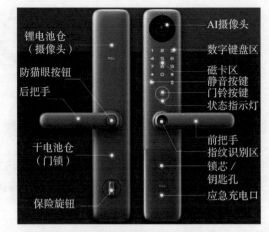

图19.11　智能锁示例（TCL灵悉K7C）

开门"；又如智能锁可以以门锁为中心，联动其他智能家居生态，为未来的家居智能化和安全体验创造更多的价值。从用户角度出发，智能硬件的出现使用户对智能场景的需求愈加明显，用户对于智能锁的需求如图19.12所示。

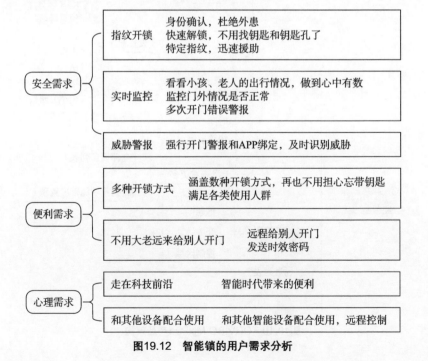

图19.12　智能锁的用户需求分析

智能锁最受关注的需求点无外乎稳定性和安全性，智能锁的外观设计、开锁方式、连接方式同样成为关注的热点。

外观样式：滑盖智能锁、平板智能锁、指纹智能锁、推拉智能锁、2.5D曲面。

开锁方式：指纹、指纹＋密码、指纹＋密码＋手机、可视智能锁、人脸识别。

连接方式：蓝牙、ZigBee、低功耗Wi-Fi、云智能锁。

经过多年的发展，智能锁的整体应用技术已经由早期的单向指令输入时代发展到了如今的物联时代，加入云技术，实现临时密码开锁、家人回家友情提醒、门未关好提醒、防劫持、防撬报警等多重人性化功能，并打通适应各种场景下数字化应用，实现了回家自动撤防、离家自动布防、定制个性化灯光、环境调节……完善的个性化场景定制功能，为用户带来更便捷、更安全的生活服务体验，提升用户的幸福感。

⚙ 3. 智能音箱

智能音箱是伴随着云计算、大数据、语音识别和语义理解相关算法、人工智能训练学习算法以及硬件相关的语音降噪、回声消除、音源定位等相关生态技术逐步成熟的产物。与传统音箱相比，其核心功能已不再仅限于音乐播放，由于增加了语音交互和智能学习功能，被赋予了更重要的任务：物联网入口。

据奥维云网披露的数据，2020年全球智能音箱销量排名前两位的亚马逊和谷歌占一半以上市场份额。IDC、奥维云网的分析报告指出，中国智能音箱市场的"三足鼎立"之势已经形成，阿里、百度和小米三家企业份额占比高达96%以上。

智能音箱最初的应用不可谓不丰富：播放互联网音乐、语音搜索回答问题、阅读新闻、为运动评分、控制灯光等等，就像一台放在家里的手机，手机能做的事情它都可以做，并且可以完全脱离手机、平板等智能设备自主工作，没有续航焦虑，无须依附于任何外在设备。凭借着自身平台接口的开放性和智能学习性，智能音箱可以连接不同品牌的产品，在整体互联平台上完成生态对接，使应用功能得以不断增加。例如亚马逊Alexa的Echo提供的服务功能一开始只有几十种，经过不到两年时间的发展，如今已增加到了近五千种，可以想象未来将有无限可能。

用"第一性思考原则"来看，智能音箱解决的是人与家的交互这一核心问题，其第一属性是作为人机交互入口的智能助理，而非音箱，如图19.13所示。

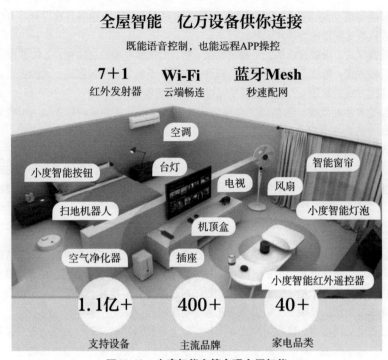

图19.13 小度智能音箱实现全屋智能

（1）智能音箱的特点

① 人机交互 设备重塑用户体验的第一步，一定要靠"交互"。智能设备"智能"属性的体现首先就是智能交互能力，因为交互是用户与机器的触点，是决定用户体验的关键。人机交互是一门研究系统与用户之间的交互关系的学问。这里的系统可以是机器、软件、系统、场景、智能手机、智能电视、智能音箱……每一波新产品出现都是靠交互刷新用户体验的，简单地说，人操作机器与机器给人反馈信息的形式变了。未来，这样的交互重构，会在人与家、人与酒店、人与办公室、人与商场等领域发生。智能音箱，只是人与家交互变革的起点。

② 智能交互 人机交互终究是智能交互，应用场景将进一步扩展。带屏智能音箱提供"语音+视觉+人脸+手势"结合的智能交互。人们需要的是智能交互，而不是语音交互本身。

键盘鼠标驱动的PC互联网，应用场景局限在"在线经济"；触摸屏驱动的移动互联网，应用场景扩大到支付、出行等线下生活场景；智能交互时代，AI渗透到各行各业，无处不在，应用场景会变得更多。

如小度智能音箱带屏成为小度智能屏后，在家庭的应用场景就不再只是类似于

Siri一样提供信息服务的传统智能助理，而是可以提供家庭娱乐、家庭看护、家庭教育、家庭健康、家庭养老等家庭服务，应用场景一下变宽了，这些服务，如果基于传统智能音箱的语音交互，是做不到的。

换言之，只具有语音交互能力的智能音箱只能是过渡产品，是AI交互设备的"Beta版本"，正因为此，现在行业已越来越不再将有屏智能音箱当智能音箱，而是将其当成与智能音箱不同的智能助理"新物种"，毕竟"带屏智能音箱"这个名字本身也是比较别扭的。

③ 泛在智能设备　走出客厅场景，打造无处不在的"泛在智能设备"。智能音箱主要是面向"家"这一场景，特别是"客厅"与"卧室"场景。智能音箱开启的是智能人机对话时代，随着IoT设备的爆发式增长，更多智能人机交互场景在出现，比如人与车、人与随身设备等等。因此，让智能助理走出客厅，打造无处不在的"泛在智能设备"，就成为智能音箱厂商新的着力点。天猫精灵在"音箱"外有所尝试，推出了智能美妆灯；小爱同学则横跨了小米手机、音箱与电视三端，负责串联小米生态不同场景。

④ 智能助理　智能音箱的发展，催生了更多的智能设备，以实现智能交互全场景的覆盖，如小度除了推出面向"家"场景的智能设备外，还上市了车载互联场景的小度语音车载支架和小度真无线智能耳机，分别面向车载与随身场景。目前围绕着智能音箱，形成了一条繁荣的产业链，涵盖硬件供应链、渠道、内容提供商、服务提供商、技能开发者，同时智能音箱的繁荣加速了全双工免唤醒技术、人脸识别等智能语音交互技术的成熟。

（2）智能音箱的核心技术：深度问答技术

在2014年江苏卫视知识问答闯关节目《芝麻开门》中，小度机器人成为首个非人类挑战者，全部正确地回答了主持人提出的40个问题，背后的核心技术就是深度问答。

业界对深度问答的定义为：基于对用户自然语言的理解，通过对海量数据的深度分析，给出问题的精准答案，它包含了一系列如知识图谱建设、语义表示和计算、语义匹配等复杂技术的聚合。深度学习是更基础底层的应用，是深度问答技术的支持。可以看到难点主要有两点：正确理解用户复杂和多变的需求；掌握海量结构化的知识库数据。

深度问答包括自然语言处理和智能语音技术。深度问答依赖的自然语言处理技术包括语言的理解、计算和生成，知识的挖掘和整合，等等——不但能使智能音箱听懂人类的语言，用人的思维识别背后的含义，还具有丰富的"学识"，可以回答人类提出的各种知识类问题。而后者，则是语音识别、语音合成、音频检索等语音技术让智能音箱更具互动性。

2020年，百度推出的国内首款智能屏音箱"小度在家"，相比市场上其他无屏音箱产品，其最大的亮点在于拥有7英寸高清触控屏幕，进而形成一体化的多模态交互体验。百度举例说明了为智能音箱增设一个屏幕的缘由："有屏幕和没有屏幕是不一样的，这就像收音机和电视机的区别，问小度小度，杨利伟长什么样？一个没有屏幕的智能音箱是没法回答的。"

"小度在家"搭载了最新的百度DuerOS对话式AI操作系统，升级了六麦远场语音，拥有更好的音箱音质效果，摄像头可以录制视频和拍照，"小度在家"听得懂、看得见、能对话、会思考。用户只需要对它说"小度小度"，唤醒之后就可以查天气、问菜谱、播视频、讲故事、看新闻等等。而在满足家庭陪伴需求方面，凭借着一呼即通高清多方视频通话技术，用户可以用手机链接小度在家设备"一秒回家"，也可以将多台设备互联形成"时空门"，打通各个场景，随时与异地家人见面沟通。

✿ 4. 智能摄像头

智能摄像头近年来广受市场青睐。2020年底，市场调研机构IDC发布的中国智能家居设备市场跟踪报告指出，智能摄像头延续快速增长态势，出货量增幅喜人。

在智能摄像头火爆之前，智能家居并没有找到一个合适的突破口，表面上红火的智能电视、智能空调和智能扫地机器人等产品，要么显得不够智能，要么就是消费者对此类产品的"智能"需求并不高，所以停滞不前也就不言而喻了。

智能摄像头在技术实现上相对容易且能满足用户与家庭时刻保持连接的心理需求。通过手机，用户就能知道在安装了智能摄像头的家里发生了什么。

就智能摄像头本身来说，想在功能上获得突破已没多大空间可言，从清晰度到交互方式到人脸识别到智能预警再到无线充电和超长续航，功能已趋近于极限，既然向内不行，那就向外。

（1）满足用户需求的多样性

智能摄像头不能再只是承担其本职工作，就好比当初的智能音箱，不能只是一个"喇叭"。家庭摄像头的"本职工作"是"防盗"，但家庭报警只是小概率事件，所以必须突破传统安防报警的局限。除防盗之外，消费者又对智能摄像头提出了更多细分需求：看小孩、看老人、看宠物，以前的"能看到、能看清"只是基本的基本，尽可能地把功能发挥到极致才是他们的诉求，这样，用户就自然而然地把智能摄像头当作他们日常生活"常态化"的一部分。

（2）要"连接"更要"联动"

智能家居并非一个单品，其要素具备"硬件＋软件＋内容＋生态"，是一个从点到点、从点到面的过程。消费者对以家用智能摄像头为代表的智能家居产品需求已经由单品智能升级到了全场景的互联互通。

虽然智能家居领域拥有或强或弱的多元化入口设备，从智能锁到智能音箱甚至电视、冰箱，都有自己的入口价值，且每个入口都具备一定的吸附能力，但都难以一己之力承担实现智能家居设备与场景的大一统。其原因在于一旦离开了使用环境，这些产品都会表现出局限性——就连最基础的可视化需求都无法满足，而这并不是简单地给产品加装一个摄像头就能解决的。

华为的HiLink、小米的智能家居生态链，虽然都具有远程操控的能力，但最大的缺陷就是"看不见"，你只能在手机上了解设备有没有被开启，更不谈实地场景的实时反馈。而有了智能摄像头，可视化操控成为现实，如施耐德电气的智能云台摄像头就支持与其Wiser智能家居系统实现全屋互联互通。当有不法分子非法通过安装了施耐德电气的智能人体传感器的窗户或阳台时，手机APP不仅可以立刻向用户发送报警信息，同时也将自动触发家中的智能云台摄像头自动打开巡航模式，用户通过APP就能远程看见并操控家里的智能家居，不只"连接"更实现了"联动"，最大程度地保障了家居安全。Wiser智能家居系统如图19.14所示。

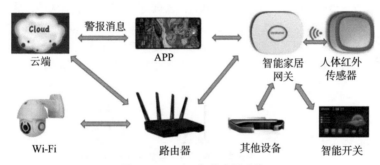

图19.14　Wiser智能家居系统

（3）由硬件商转向提供内容与服务

作为智能家居体系的一名重要成员，智能摄像头在具备多元化的功能及使用场景后，凭借"形态延伸"和"连接赋能"实现自我突破，从一次性硬件销售拓展为"内容＋服务"。

目前市面上主流的智能摄像头厂商大致可分成三类：一类是互联网品牌，如360、华为、小米；一类是单一垂直安防品牌，如海康威视、萤石；还有一类则是传统智能家居品牌，如施耐德电气。

智能摄像头想象空间有多大？目前智能摄像头产品功能大同小异，以开启硬件免费先河的360公司为例，360旗下的智能摄像头（俗称小水滴）可以帮助用户实现实时监控家中情况，通过手机应用与家人进行视频通话，以及家中遇突发状况及时向手机推送报警信息等。360公司的商业模式是通过为用户提供在线存储视频服务来赚取利润。随着智能恒温技术、烟雾传感技术、人脸识别和虚拟现实技术的发展，未来的智能摄像头将是集成众多人工智能技术的综合体。

综上而言，单品模式在面对场景覆盖、场景需求及生态打造等方面显得苍白无力，并且单品市场太容易被颠覆，像BAT、华为、海尔、美的、施耐德电气、谷歌、亚马逊等产业巨头都在持续加码"全屋智能""全场景智慧生活"。智能家居产业向"以产品为中心的单品智能""以场景为中心的全屋智能""以用户为中心的空间智能化"演进，围绕感知、判断、动作三大层面，完成互联生态构建，如图19.15所示。

图19.15　随时随地交互、随时随地在线

需要重视的是，目前智能手机是普及率最高的智能终端，通过APP进行系统调试与场景设置。当前用户追求自然的沉浸式自然人机交互体验，声控、无感将是主流方向。5G＋AIoT的普及，促进了交互形态迅速更迭，海量新终端以单品＋系统的形式融入家庭与社区，实现真正的"内容＋硬件＋服务"特色产品形态，无感混合式交互方式将会流行，智能家居会"看不见、摸不着"打理我们的生活，如图19.16所示。

图19.16　追求自然的沉浸式自然人机交互体验

三、智能家居技术

⚙ 1. 智能家居的技术架构

智能家居采用"云＋边＋端"的技术架构。云平台服务解决方案提供商解决云端用户数据、资源接入和远程控制等"云"问题；智能面板作为本地最基础的控制载体，具有品类丰富的优势，解决"端"的问题；在智能面板和网关中加入边缘计算技术，在网络故障时计算不被终止，保障服务的连续性，解决本地"边"的问题，如图19.17所示。

图19.17　"云边端三体协同"端到端技术架构

⚙ 2. 互联互通协议技术

智能家居设备厂商相互开放协议与接口，不同无线协议之间，无线协议与总线协议之间，通过网关、模组实现彼此系统之间的无缝对接交流，协调各个厂商之间的技术标准来进行互联互通操作，构建生态圈。目前协议众多，一直在演进中大浪淘沙，ZigBee、RS485、TCP/IP占据协议应用的前三。

（1）机器视觉

通过视频结构化、区域检测、深度学习、运动控制，在本地实现人形、人脸、性别、表情、物形等检测，做到"看懂"。

（2）5G

5G不是简单的"4G + 1G"，其拥有超大带宽、超广连接、超低延时的三大新型特性，能够让各个品牌、各个型号的智能家居产品实现兼容，保证人与人、人与物、物与物之间实现永续互联，促使智能家居的数据信息在更大的范围内流动，是泛在智能时代的重要标志。NB-IoT、LoRa、cat1、eMTC等作为低速5G技术，在智能家居领域里，主要应用在智慧水务、智慧燃气表、智能传感、智能锁、智能家电等设备中。

（3）AI人工智能

人工智能不是人去适应机器，而是机器主动来学习和适应人类，并同人类一起学习和创新世界。完全人工智能化的智能家居系统，将实现全自动、自学习、自感知，完全解放人为控制家居，让所有家居拥有明白用户心思的能力。

四、智能家居生态平台

海外智能家居平台：亚马逊Alexa、苹果HomeKit、微软Microsoft Azure。

国内运营商平台：中国移动And-Link、中国电信e-Link等。

国内互联网平台：阿里ALink、华为HiLink、百度DuerOS、小米MIoT、京东JD Alpha。

国内企业级平台：金山云、苏宁小Bui +、国美Gome-Link、美的M - Smart、涂鸦、海信聚好联、萤石视频模组EZIoT，如图19.18所示。

图19.18 智能家居生态主流平台

⚙ 1. 苹果HomeKit

自2014年开始，苹果公司就开始以HomeKit为核心，构建全球智能家居生态。如今，HomeKit作为全球最典型的智能家居生态平台，其主要特点是，植根于iOS系统，依靠iPhone/iPad等硬件优势，吸引第三方硬件厂商硬件接入，让终端消费者能够利用这个平台对其他硬件进行统一管理。不过，Home受限于iOS系统，导致安卓系统的用户无法使用Home。

⚙ 2. 亚马逊Alexa

2014年底亚马逊推出Echo智能音箱，由于Alexa语音识别采取开放的策略，备受欢迎，出货量超过千万，占据了美国大多数家庭，成功卡位智能家居入口。

⚙ 3. 阿里ALink

阿里云成立了IoT事业部，推出了智能生活开放平台，通过提供连接、设备管理、数据分析等一站式解决方案，帮助厂商低成本实现家居智能化，不同厂商的设备之间能够互相联通、协同工作，加速智能生活落地。另外，旗下人工智能实验室面向消费级的AI产品研发，2018年推出天猫精灵X1智能音箱，作为国内第一款出货量突破百万的智能音箱产品，点燃了语音交互领域，同时发布了智联网开放连接协议IoTConnect，使智能设备可以更加便捷地进行连接、自动组网，并且自动适配和支持天猫精灵的语音控制。

⚙ 4. 京东JD Alpha

京东智能聚焦于打造互联互通的开放智能生态，并与科大讯飞合作推出了叮咚音箱，依托科大讯飞语音技术，以叮咚音箱作为家庭入口中枢操控其他智能家居产品，以此取得用户家庭更多话语权。京东还基于"开放""赋能"理念，推出了Alpha智能服务平台，由大数据、物联网协议、自然语义理解、机器学习、图像识别、创新支付等"软硬兼施"的技术模块组成，通过技术赋能，让智能设备获得视觉、听觉、表达和学习的能力。

⚙ 5. 小米MIoT米家

小米的智能家居之路最早可以追溯到2013年。小米除了自己造产品，还在2016年打造了小米生态链——名为MIoT米家的智能硬件生态链平台。如今，依托小米生态链体系，形成了全球最大的智能硬件平台，生态链企业生产了覆盖百姓日常生活的各种智能设备，只要你愿意，完全可以基于小米和生态链企业产品搭建智能家居生活。

⚙ 6. 百度DuerOS

BAT三大互联网巨头中，百度最先向人工智能转型，通过整合内部各事业部成立了智能生活事业群，并围绕DuerOS为核心打造生态圈，通过与小米、华为、海尔、美的等巨头达成战略合作，扩大生态朋友圈规模。同时，开展大规模投资和并购，收购涂鸦智能，通过涂鸦公司提供的科技模块给传统产品装上智能"大脑"。收购KITT.AI公司，将KITT.AI的语音能力和自然语言处理能力融入百度平台中，免费向百度的合作伙伴赋能开放。投资国内"投影一哥"极米，加强无屏投影和激光投影的研发。战略投资视频通话机器人制造商小鱼在家，发布国内首款智能视频音箱"小度在家"。其背后的核心目的是推动AI技术DuerOS通过广泛合作进入寻常百姓家庭场景中。

⚙ 7. 华为HiLink

在智能家居生态布局中，华为推出了HiLink SDK、LiteOS、物联网芯片、安全和人工智能等核心技术。HiLink功能主要是连接基于不同协议的设备。HiLink的核心是HiLink协议，华为将其定义为智能家居之间的"普通话"，用于连接基于Wi-Fi、ZigBee、Z-Wave等标准的智能家居设备。

⚙ 8. 美的M-Smart

美的作为传统家电最具代表性的企业，在行业内率先提出了智慧家居和智能制造的双智战略，推出M-Smart开放平台，引领传统家电厂商将AI技术融入智能家电，为用户提供全套智慧家居方案。

第二十章 人工智能应用之安防

马斯洛需求层次理论中，安全是除基本生理需求外最重要的需求。随着人工智能技术的发展，安防正在从传统的被动防御向主动判断、预警发展，行业也从单一的安全领域向多行业应用、提升生产效率、提高生活智能化程度方向发展，为更多的行业和人群提供可视化、智能化解决方案。

一、人工智能安防概述

✿ 1. 安防的发展

安防的全称是安全防范系统，指的是以维护安全为目的，运用安全防范产品和其他相关产品所构成的入侵报警系统、视频安防监控系统、门禁系统、液晶拼接墙系统、消防报警系统、防爆安全检查系统等，以及由这些系统为子系统组合或集成的电子系统或网络。其中，视频监控领域是安防行业中最重要的细分领域。

随着5G、人工智能、云计算、传感技术、生物技术等新一代信息技术的快速发展，人脸识别、视频结构化和大数据分析等技术不断完善，原本用途单一的安防产品功能逐步走向多元化，安防从原始的人员安防和物理安防发展到了现在的智能安防。

纵观中国安防行业发展历程，行业主要围绕着视频监控技术的更新迭代不断升级，一共经历了模拟化、数字化、高清化和智能化四个阶段，如图20.1所示。

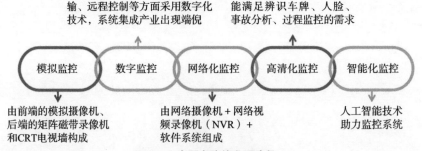

图像处理、存储、备份、网络传输、远程控制等方面采用数字化技术，系统集成产业出现端倪

能满足辨识车牌、人脸、事故分析、过程监控的需求

模拟监控 → 数字监控 → 网络化监控 → 高清化监控 → 智能化监控

由前端的模拟摄像机、后端的矩阵磁带录像机和CRT电视墙构成

由网络摄像机＋网络视频录像机（NVR）＋软件系统组成

人工智能技术助力监控系统

图20.1 中国安防的发展阶段

✿ 2. 安防与人工智能

智能安防是建设智慧城市的基础，对于城市级别的智能安防，可以称为智能平安城市。其核心内容是对海量安防数据进行采集及智能分析，强化城市的智能感知能力，实现事前预警防控、事中实时感知监控和事后快速调查分析，从而保障公共安全、社会安全和企业安全，如图20.2所示。

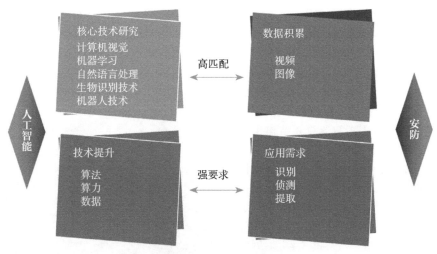

图20.2　安防与人工智能

二、人工智能安防技术

　　传统安防面临三个痛点：第一，视频海量数据非结构化，利用效率低；第二，各地安防数据原始且孤立；第三，刑侦案件需要提升查阅效率。

　　人工智能可以解决安防行业痛点：第一，视频结构化技术可以提高数据利用效率；第二，大数据资源池可以实现数据共享和业务联动；第三，视频结构化、人脸识别技术可以提高刑侦效率。此外，在视频监控领域的人工智能技术（主要是计算机视觉和机器学习）已经成熟，视频监控海量数据满足模型算法训练要求。

　　人工智能技术在安防领域的应用如下：

　　① 视频结构化　实现对视频数据特征的识别和提取。

　　② 生物识别　利用人体的生理特性和行为特征来进行个人身份的鉴定。

　　③ 物体特征识别　如识别车牌、车型等。

　　运用上述技术所达到的效果为看懂世界、主动预测和行业赋能等，见表20.1。

表20.1　人工智能技术在安防领域的应用

技术	主要内容
视频结构化	目标检测、目标识别
生物识别	人脸识别、指纹识别
物体识别	车票识别、车牌识别

⚙ 1. 视频数据结构化

经过多年的发展，视频采集经历了从"看得见"（模拟）到"看得清"（高清）的转变，社会对安保要求的提升，传统的人工审查的方式已经不足以满足行业的需求，最主要的原因是计算机读不懂未被结构化处理的视频数据。人工智能（尤其是计算机视频技术）能够迅速对视频进行结构化处理，对人、车、物进行快速识别，能满足从事后追查到事前预警的安防根本需求，通过人工智能视频结构化处理，实现"看得懂"。

在城市治理中，最主要的活动目标就是"人"和"车"，人可以步行或者通过交通工具（机动车和非机动车）出行，而物体是无法自行移动的，必须依靠"人"和"车"。因此计算机视觉识别技术就是应用在车辆、人员、行为和图像分析上，将海量的视频监控数据结构化成以人、车、物为主体的属性信息。具体而言，就是人脸识别、车牌识别、特征属性识别、行为识别，从而最终为城市治理服务。视频结构化分析示例如图20.3所示。

类型：行人	年龄段：中年
性别：女	帽子：草帽
眼镜：无	上衣：棕色
裤子：黑色	方向：正侧面
背包：无	打伞：否
特征：手拿清洁工具	

图20.3　视频结构化分析示例

智能安防视频数据中最重要的数据就是"人"和"车"的数据，比如人脸，人一旦被识别出来，其余的属性都是其次。人脸看不清就退而看人体特征，人体特征看不清（见）就看车牌，车牌看不清就看车辆特征。但如果人和车都看不清，就采取物联感知手段识别身份证、MAC地址、手机号码、门禁卡等信息。经过处理后的数据就是结构化的视频数据。结构化的视频数据见表20.2。

表20.2　结构化的视频数据

识别技术				认知技术	
人脸特征识别	人体特征识别	车辆特征识别	物体特征识别	图像分析	行为分析
人脸检测	年龄段、性别	车牌识别	身份证	质量诊断	目标跟踪
人脸追踪	戴眼镜、背包	车型识别	手机号码	摘要分析	异常行为
人脸抓拍	衣着、颜色	车身颜色	门禁	识别策略	运动检测

⚙ 2. 人脸识别

　　随着中国智慧平安城市的落地，以人脸识别为代表的人工智能技术渗透到人们生活的方方面面，诞生了一系列初具成效的应用。图20.4显示了中国人工智能安防技术成熟度模型。

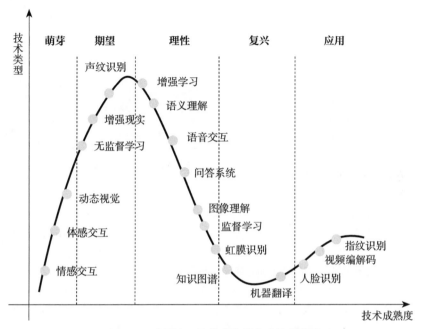

图20.4　中国人工智能安防技术成熟度模型

　　人脸识别是一种计算机基于人的脸部特征信息进行身份鉴别的生物识别技术。用摄像机采集含有人脸的图像或视频流，并自动在图像中检测和跟踪人脸，进而对检测到的人脸进行处理的一系列相关技术，包括人脸图像采集、人脸定位、人脸识别预处理、记忆存储和比对辨识，以达到识别人员身份的目的。在中国人脸识别行业应用场景中，智能安防占比约为70%，智能金融领域约占16%。人脸识别的流程如图20.5所示。

图20.5　人脸识别流程

（1）图像采集与检测
　　人脸识别系统的第一步是图像采集与检测，也就是从采集到的静态或动态场景中判断是否存在人脸，如果有人脸，就从复杂的背景中分离出人脸图像，其作用是在图像中准确标定出人脸的位置和大小。在这个过程中，系统的输入是一张可能含有人脸的图像，输出是包含每张人脸的边界框的坐标，如图20.6所示。

图20.6 人脸检测器找到的边界框

（2）图像预处理

在实际情况中，人脸识别系统可能会遇到以下几种情况：采集到的人脸照片角度、大小等和预设的人脸数据库不一致，系统无法辨识；采集的人脸照片和人脸数据库像素不一致，系统无法进行相似度计算；因环境、光照明暗程度、距离、焦距大小等干扰造成成像质量较差，导致漏识别、误识别；因设备性能的优劣，造成比对速度较慢，精准度不够，用户使用抱怨多。

因此，系统采集到的原始图像往往不能直接使用，必须经过一系列图像处理操作，使采集到的照片和数据库照片两者尽可能相似，专业名称叫作图像预处理。预处理的方法有灰度调整、图像滤波和图像尺寸归一化。

① 灰度调整　由于光线、设备、环境等原因，会造成彩色图像的质量差异，故进行灰度调整，将每个像素的灰度映射在[0，255]之间，即把彩色图像处理成“灰度图像”。灰度图像只有灰度等级，而没有颜色的变化，如图20.7所示。

图20.7 预处理之灰度调整

② 图像滤波　由于成像系统、传输介质和记录设备的不完善，数字图像在其形成、传输记录过程中往往会受到多种噪声的污染。在尽量保留图像可观测信息的情况下，检测出现的噪声并进行过滤，这个过程叫作图像滤波。在基于人工智能的人脸识别系统中，一般是通过卷积技术自动学习来去除目标和背景中的噪声，保持图像的边缘特性（形状、大小及特定的几何和拓扑结构），以消除图像显著的模糊，如图20.8所示。

图20.8　预处理之图像滤波

③ 图像尺寸归一化　将原始图片缩放到不同的尺寸，形成一个"图像金字塔"，如图20.9所示。接着会对每个尺寸的图片通过神经网络计算一遍。这样做的原因在于：原始图片中的人脸存在不同的尺度，如有的人脸比较大，有的人脸比较小。对于比较小的人脸，可以在放大后的图片上检测；对于比较大的人脸，可以在缩小后的图片上检测。这样，就可以在统一的尺寸下检测人脸了。

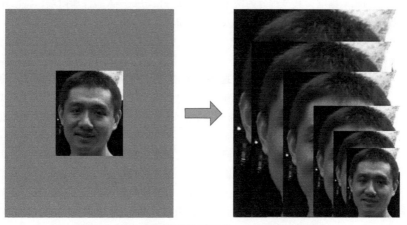

图20.9　将人像图片缩放后形成一个"图像金字塔"

（3）人脸特征提取

人脸特征提取，也称人脸表征，它是对人脸中的关键点进行特征建模的过程。通过对人脸的5个面部关键特征（两眼中心，鼻尖和两个嘴角）的精确定位，实现人脸的特征提取，如图20.10所示。

图20.10　提取人脸的特征点

人脸表征是人脸识别系统中最重要的组件，卷积神经网络（CNN）是人脸识别方面最常用的一类深度学习方法。深度学习方法的主要优势是可用大量数据来训练，从而学到对训练数据中出现的变化情况稳健的人脸表征。这种方法不需要设计者针对不同类型的特定特征（比如光照、姿势、面部表情、年龄等），而可以从训练数据中学到出现变化的稳健的人脸表征。基于卷积神经网络的深度学习方法的主要短板是其需要使用非常大的数据集来训练，而且这些数据集中需要包含足够的变化，从而可以泛化到未曾见过的样本上。幸运的是，目前一些包含自然人脸图像的大规模人脸数据集已被公开，可被用来训练CNN模型。

LFW人脸数据库是由美国马萨诸塞州立大学阿默斯特分校计算机视觉实验室整理完成的数据库，主要用来研究非受限情况下的人脸识别问题。LFW数据库主要是从互联网上搜集图像，一共有13000多张人脸图像，每张图像都被标识出对应的人的名字，其中有1680人对应不只一张图像。现在，LFW数据库性能测评已经成为人脸识别算法性能的一个重要指标。

（4）人脸匹配

人脸匹配是将提取到的人脸图像的特征数据与人脸数据库中存储的人脸特征模板进行比较，根据相似程度对人脸的身份信息进行匹配。人脸识别的本质是计算两幅图像中人脸的相似程度，其过程分为两个阶段：第一阶段——人脸注册阶段，将已知人的面容图像输入系统；第二阶段——人脸辨认阶段，将未知人的面容图像和系统中已注册的图像进行相似比对。

（5）活体检测

在人脸识别应用中，活体检测能通过眨眼、张嘴、摇头、点头等组合动作，使用人脸关键点定位和人脸追踪等技术，验证用户是否为真实活体本人操作，可有效抵御照片、换脸、面具、遮挡以及屏幕翻拍等常见的攻击手段，从而帮助用户甄别欺诈行为。

目前，人脸识别多是基于深度学习的方式实现的。深度学习虽然能够"自动地"学习模式的特征，并可以达到很好的识别精度，但这种算法工作的前提是，能够提供给学习模型"相当多"的样本数据。也就是说，如果提供的样本数据量较少，深度学习算法便无法"学习"到数据的规律，因此在识别效果上大打折扣。另外，为了保证算法的实时性，需要更快更多的算力支持。

三、人脸识别算力支持

纯"云计算"的人脸识别方案是由人脸识别摄像头将采集的视频流传输到远程云端的人脸服务器上，由人脸服务器对视频流进行逐帧的人脸分析，与云端的人脸数据库进行比对，实现人脸识别。所有的视频流都汇集到远程云端进行处理。

纯"云计算"的人脸识别方案存在的问题如下。

第一，带宽压力。云计算模式需要将7×24小时不间断的实时视频流传输到人脸服务器上进行识别，对传输和存储的压力巨大。而在边缘计算＋云端模式下，人脸识别、车牌识别这样需要大量计算的场景转移到了设备端，极大减弱了传统系统对带宽、服务器和存储资源的需求，在提高性能和效率的同时使部署和运营管理成本大大降低。

第二，实时性。在一些诸如嫌疑人员的布控预警这类对延迟有高要求的应用场景中，要求系统具有很高的实时性。云计算模式下人脸识别、人脸建模比对的工作都要依赖于远程云端，计算资源的限制影响了实时性。根据海康威视的实测数据，纯"云计算"模式下，报警延时15～20s，而在边缘计算＋云端模式下，报警延时不超过3s，可见纯云端部署人工智能无法满足对延迟的需求。

第三，准确度。纯"云计算"模式下，人脸识别摄像头传输到服务器的视频流经过编码压缩，损失了很多细节，从而影响了识别准确度。而边缘计算的人脸识别基于压缩前的原始码流分析，就避免了视频压缩带来的损失，提供给远程云端的图片质量更高，成为保证系统准确度的关键因素。

第四，数据隐私。有些应用不希望把数据传输到云端，一方面担心云端数据被云运营商看到，另一方面担心数据传输过程中被黑客劫持。

第五，可靠性。如果把人工智能部署在云端，如果一旦断网，在终端的人工智能程序就无法工作了，这对于要求高可靠性的应用来说难以满足要求，但如果把人工智能部署在边缘，这个问题就迎刃而解了。

而上述这些问题都能通过边缘计算＋云端的方式，利用智能化前端设备很好地得以解决。

人脸识别的边缘计算就是视频码流无须传输到远程云端，在前端设备内部的人工智能模块上进行人脸分析、比对等操作，从而得到一张最优的人脸图片，然后再通过网络将这张图片推送到远程云端实现布控、考勤、人流统计等应用。

1. "边缘计算＋云端"结合的人脸识别方案

在人脸识别应用中，采用边缘计算＋云端（简称"云边结合"）前后端相结合的模式。在边缘侧，在前端摄像头内置深度学习算法的人工智能芯片，将人脸识别智能算法前置，通过边缘计算，将人脸识别等应用的抓图压力分摊到前端，解放中心的计算资源，按需将高质量结构化数据及分析结果传回到云端，实现对视频内容的实时感知计算。在云端，利用集中部署的优势计算资源，进行更高层级的感知和认知层面的计算，并按需进行大数据关联性分析。与将数据放在远程云端的云计算相比，"云边结合"计算的优势在于即时性强、反应迅速、传输成本低。

边缘计算＋云端使视频监控系统前后端均实现智能化，前端"智能化"，后端"云化"，并逐渐演变为"边缘节点""边缘域""云中心"三个层次，云边融合的产业生态圈已成为安防系统的主流。

2. 边缘计算的形态

边缘人工智能计算在实际应用中有多种形式，一种是终端设备（如手机）上的人工智能计算，即把人工智能计算直接放到终端设备上，可以实现最低的延迟。但是，由于终端设备电池容量的限制或者对于散热容忍度较低，在终端设备上做人工智能计算对于AI芯片的能效比提出了极高的要求，同时这样也并非唯一的边缘计算形态。

除了终端设备上直接做计算之外，还可以把终端的数据放到离终端比较近的本地服务器上去计算。例如，像工业应用对稳定性和延迟有要求但是又可以做集群化计算的应用，除了把计算直接放到终端设备上之外，另一种方法就是就近设立边缘服务器，让计算放到边缘服务器上去做，然后快速返回给终端设备。边缘服务器对于芯片功耗的要求相比在终端设备上直接计算就会宽松了许多，因此非常适合于这种可以集群化计算的应用。

3. 边缘服务器的芯片形态

边缘服务器很适合智能摄像头的产品形态，一方面在不少此类应用中对于可靠性有很强的需求，因此部署在边缘端的人工智能更适合；另一方面智能摄像头的计算可以集群化操作，因此一个边缘服务器处理多路智能摄像头的形式是非常经济的方式。边缘服务器市场通常对于通用性有一定需求，因此比较合适的方案是处理器加上通用型深度学习加速芯片，而深度学习加速芯片最常见的形式是以PCIe加速卡的形式插到主板上，并与主处理器协同工作。

目前边缘服务器市场呈现NVIDIA、华为和比特大陆三足鼎立的格局。NVIDIA的产品是Xavier芯片，峰值算力30TOPS，功耗30W，主要针对的是自动驾驶市场，因此芯片上还集成了双目视觉、光流等，模组售价非常高，针对高端自动驾驶市场，而对于智能摄像头等部署成本有要求的场合并不合适。华为昇腾Ascend 310芯片定位中高端，其8W／8TFlops的性能下可覆盖智能摄像头市场，上可进击自动驾驶市场（华为已经与奥迪合作，发布了基于Ascend 310芯片的自动驾驶边缘服务器MDC600）。而比特大陆则是主打性价比路线，BM1682自带视频解码和后处理操作且集成了CPU，因此客户需要加速智能机器视觉相关应用时理论上只需要BM1682即可，无须再去购入额外的CPU，这也降低了成本。

四、人工智能安防产业链

⚙ 1. 人工智能安防产业链概述

人工智能安防产业链上游——技术层。包括关键零部件供应商（包括安防芯片、光学镜头模组、图像传感器和存储器）；人工智能算法供应商、视频管理芯片供应商。

安防监控产业链中游——设备层。包括硬件、软件产品供应商，如摄像头、门禁、智能锁、对讲机、报警器以及集成系统等。

安防监控产业链下游——应用层。包括公共事业、行业应用、消费市场。

智能安防产业链如图20.11所示。

图20.11　智能安防产业链

安防行业从看得见、看得远、看得清到看得懂，每一阶段的突破，都受上游的技术革新引领。

在安防监控领域，芯片是硬件设备中成本占比最高的组件之一，也是安防视频监控设备的核心部件。芯片广泛应用于安防系统的前端、后端、中心系统等各处，左右着安防系统的整体功能、稳定性、能耗和成本，并在很大程度上决定着安防行业未来的发展方向。

安防监控视频设备中所需要的处理器芯片主要包括前端网络摄像机IPC的SoC芯片和加速器芯片、后端DVR/NVR中的SoC芯片、前端模拟摄像机中的ISP芯片四种类型。

❖ 2. 安防芯片：SoC、ISP、IPC、DVR、NVR

（1）SoC和加速器芯片

边缘端芯片是直接在终端设备上做计算的人工智能芯片，对于功耗和能效比有很强的要求。目前来看，边缘端有两种形态的芯片产品，一种是针对特定应用的SoC，一种是通用加速器作独立芯片，面向专用市场。SoC（system on chip）称为系统级芯片，也称片上系统，是一个有专用目标的集成电路，其中包含完整系统并有嵌入软件的全部内容。它通常是客户定制的，或是面向特定用途的标准产品。SoC按指令集来划分，主要分x86系列（如SiS550）、ARM系列（如OMAP）、MIPS系列（如Au1500）和类指令系列（如M3Core）等几类。

在终端SoC市场，事实上竞争已经白热化，华为、高通等公司都纷纷推出专属的SoC搭载AI加速模组，而AI加速模组IP的提供商也有ARM、Cadence、CEVA等传统IP提供商以及寒武纪这样的初创公司。不少传统SoC芯片公司都纷纷在自家SoC中加入自研或授权的人工智能模块。

（2）IPC

IPC是IP camera的缩写，即网络摄像机，IP是网际协议，camera是摄像机，IPC可以与路由器、交换机、NVR（网络硬盘录像机）等设备组建成为监控系统。代表厂商为海康威视和大华。IPC产品种类十分丰富，见图20.12。

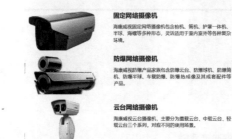

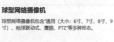
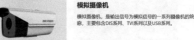
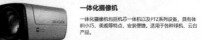

图20.12　IPC示例

（3）DVR

DVR全称为digital video recorder，即数字视频录像机。DVR将模拟视频进行数字化编码压缩并储存在硬盘上，其"D"字母主要涉及的是编码及储存技术，与网络传输关系不大，因此DVR通常就近安装在模拟摄像机附近的机房内，采用硬盘录像，故常常被称为硬盘录像机。代表厂商为大华、海康。

（4）NVR

NVR全称为network video recorder，即网络硬盘录像机。NVR最主要的功能是通过网络接收IPC（网络摄像机）设备传输的数字视频码流，并进行存储、管理。其字母"N"代表网络传输，因此我们在NVR设备上一般看不到视频信号线的直接连接，通过网络记录传送过来的数字视频。代表厂商为海康威视或者萤石网络。

（5）ISP

ISP（image signal processing）是指图像信号处理芯片，是模拟摄像机成像质量的决定者。其主要作用是对视频监控摄像机前端的图像传感器（CCD或CMOS）所采集的原始图像信号进行处理，使图像得以复原和增强，经ISP芯片处理后的输出图像可直接在显示器显示或通过数字视频录像机（DVR）进行压缩、存储。富瀚微占据ISP市场较高份额。

（6）DVR SoC芯片

DVR SoC芯片实现模拟到数字的跨越。其核心功能是模拟音视频的数字化、编码压缩与存储。DVR中的专业芯片主要分为两个部分：模数转换（A/D）芯片和视频编解码芯片。DVR SoC芯片将CPU处理器、内存、DSP或ASIC芯片、外设接口等进行整合，集合录像机、画面分割器、云台镜头控制、报警控制和网络传输等功能于一身。在获得高性能的同时，还特别加强了多媒体处理能力，具有接口丰富、功耗低、可靠性高等显著特点。

无论是DVR SoC还是NVR SoC芯片，目前华为海思都已经占据较高的市场份额，主要面向中高端市场。其他厂商包括TI、SigmaStar、Novatek、北京君正、国科微、瑞星微、晶晨股份、富瀚微等都有不同系列产品。

安防监控芯片类型总结如表20.3。

表20.3 安防监控芯片的类型

监控系统	对应芯片	主要功能	代表厂商
模拟监控系统	前端：ISP芯片	对原始图像信号进行降噪、曝光调整等处理，决定成像质量	富瀚微、NextChip
	后端：DVR SoC芯片	将模拟音视频信号数字化、编码压缩与存储	华为海思、德州仪器
网络监控系统	前端：IPC SoC芯片	集成ISP技术和视频编解码技术，同时集成视频分析功能	华为海思、德州仪器
	后端：NVR SoC芯片	接收网络摄像机的IP码流，进行编解码、存储	华为海思、德州仪器

在云端服务器市场，最主流的深度学习芯片方案是GPU，NVIDIA（英伟达）的GPU以其强劲的算力掌握了大部分市场，国内的GPU芯片方案尚无较大进展。

✿ 3. 安防光学监控镜头模组

　　光学镜头是安防视频监控的核心部件，对成像质量起着关键性作用。光学镜头壁垒非常高，主要体现在专利、生产工艺、模具三个方面，因此，真正规模量产高水准镜头的企业非常少。近年来，光学镜头已基本实现了国产化，仅三家中国企业（舜宇光学、宇瞳光学和福光股份）在全球安防监控镜头市占率就高达2/3。

✿ 4. 图像传感器和存储器

　　图像传感器目前CMOS全面替代CCD，国外索尼、三星和豪威三巨头的市场占有率达到了72%，国内的CMOS传感器厂商有思比科、格科微等，产品主要用于中低端消费类电子领域，与国外厂商还存在一定的差距。

　　CMOS相较于CCD传感器的优势：一是成本，在IT行业，如果某种技术慢慢成为主流，那么十有八九是因为成本上的优势；二是采样速度，也就是我们常说的连拍速度快；三是功耗低，发热量小。

　　存储主要有前端存储、后端集中式存储和云存储三种，主要的存储技术和解决方案领导厂商为国外的西部数据和希捷科技。

✿ 5. 人工智能算法供应商

　　人工智能算法框架是人工智能核心生态圈建立的关键环节，是决定人工智能技术、产业、应用的核心环节。其技术掌握在亚马逊、微软、谷歌、百度等科技巨头手中。人工智能算法供应商实现算法的模块化封装，为应用开发提供集成软件工具包，包括针对算法实现开发的各类应用及算法工具包，为上层应用开发提供了算法调用接口等服务。

第二十一章　人工智能应用之城市

　　智慧城市是新基建技术支撑的一种新的城市发展理念和形态。借助新一代的物联网、云计算、决策分析优化等信息技术，将人、商业、运输、通信、水和能源等城市运行的各个核心系统整合起来，使城市以一种更智慧的方式运行，进而创造更美好的城市生活。其核心特征表现为：更透彻的感知、更深度的互联互通和更广泛的智能应用。

一、智慧城市概述

⚙ 1. 什么是智慧城市

　　智慧城市通过物联网、云计算、大数据、人工智能等技术的运用，实现城市里各系统的互联互通，促进城市规划、建设、管理和服务智慧化。其核心是"利用信息技术"提升城市服务质量。智慧城市建设发展阶段如图21.1所示。

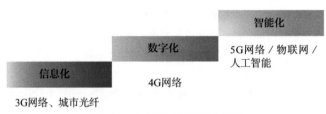

图21.1　智慧城市建设发展阶段

⚙ 2. 为什么要发展"智慧城市"

　　原因一：过去较长时期内，大量关系民生的大数据资源，由于缺少相关推动机制及运营经验而未能发挥出应有的社会效能。通过对城市信息的智能分析和有效利用，为城市的精细化和智能化管理、节约资源、保护环境和可持续发展提供决策支持，能有效促进城市系统各要素间的和谐相处，从而提高城市的管理水平，见图21.2。

图21.2　智慧城市解决城市问题实例

原因二：物联网、5G技术、云计算、人工智能、大数据以及地理信息技术的协同发展为我国智慧城市的发展奠定深厚技术支撑，智慧城市不再只是信息互联互通，而是人工智能化的新型基础设施的集合，比如，智慧城市中的智慧市政（水电气能源、管网、路灯等）、智慧交通、智慧安防等，见图21.3。

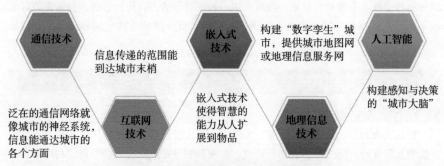

图21.3　推动智慧城市发展的主要技术

原因三：随着我国经济的快速发展，城市人口迅猛增长，城市化过程中出现了如环境污染严重、交通拥挤、社会秩序混乱等严重问题。加快5G网络、大数据中心、人工智能、工业互联网等新型基础设施建设（简称"新基建"），实现对城市的精细化和智能化管理，不仅成为国内热衷的新型城市化建设方向，更成为各国政府破解"城市病"的共识，智慧城市成为新基建的主要落地场景，如图21.4所示。

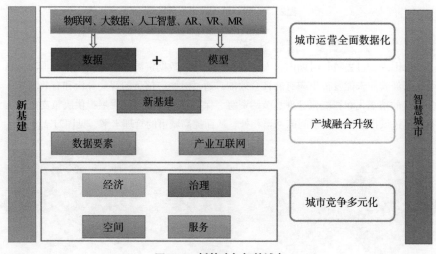

图21.4　新基建与智慧城市

⚙ 3. 智慧城市的整体框架

智慧城市是新一代信息技术变革的产物，物联化、互联化和智能化构成了其技术路径。遵循信息化顶层设计方法，根据智慧城市发展目标、业务全景和建设内容，智慧城市总体架构按照层次原理（功能调用关系、信息之间的利用关系、设备的属性）进行设计，包括一个感知基础、两个技术平台、三大保障体系、四个架构层次、五个应用领域。

一个感知基础：可感知的基础设施。

两个技术平台：三网融合的网络平台、基于云计算的数据平台。

三大保障体系：运营体系、安全体系、运维体系。

四个架构层次：感知层、技术层、保障层、应用层。

五个应用领域：城市智慧运营、政府智慧治理、市政智慧运行、市民智慧生活、智慧平安城市。

通过分层建设，达到平台能力及应用的可成长、可扩充，创造面向未来的智慧城市系统框架，如图21.5所示。

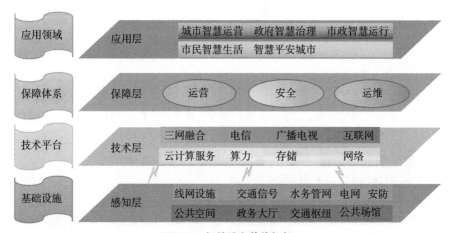

图21.5　智慧城市整体框架

⚙ 4. 智慧城市应用场景

智慧城市的建设和发展为新兴技术提供了大量的应用场景，包括城市智慧运营、政府智慧治理、市政智慧运行、市民智慧生活、智慧平安城市等十余个场景，如图21.6所示。目前我国的智慧城市主要应用场景为智能电网、智能安防和智慧市政。

图21.6 智慧城市全景图

二、智慧水务

水是人类生活的源泉，"智慧水务"整合云计算、大数据、GIS地理信息、物联网、人工智能技术，通过对从水源、水厂到管网、用户的监测数据采集、监控、感知，实现水资源、水环境、水安全的系统化管理。

⚙ 1. 开展智慧水务建设的必要性

我国水资源匮乏，供水系统智慧化势在必行。

我国水资源总量大，但人均水资源低。建立城市水务智能化平台，成了水务行业的必要趋势。

（1）智慧水务为城市供水、排水提供综合解决方案

在智慧城市的发展趋势下，智能水务作为城市市政的重要组成部分，通过供水调度系统、地理信息系统（GIS）、GPS巡线系统、水质在线检测系统组成的智能水务平台，为水务管理提供智能化支持。

（2）我国供水管网产销率大，漏损控制相对落后

造成产销率高的原因在于供水管网漏损、用户偷水、爆管等，也体现了供水管网设施和管理系统的落后。

⚙ 2. 智慧水务的概念

智慧水务通过数采仪、无线网络、水质水压表等在线监测设备实时感知城市供排水系统的运行状态，并采用可视化方式有机整合水务管理部门与供排水设施，形成"城市水务物联网"，充分发掘数据价值和逻辑关系，实现水务业务系统的控制智能化、数据资源化、管理精确化、决策智慧化，从而达到"智慧"的状态。

⚙ 3. 智慧水务平台架构

智慧水务平台包括软硬件设备、智慧水务数据中心、智慧水务服务平台、智能应用四个部分，涉及管网、调度、营业、客服、巡检、抢修、查漏等业务，将信息系统与水务系统深度融合起来，对水务信息进行及时分析与挖掘，给出相应的处理结果辅助决策建议，以更加精细和动态的方式管理水务系统的整个生产、管理和服务流程，保障水务设施安全运行，使水务业务运营更高效、管理更科学和服务更优质。智慧水务平台架构如图21.7所示。

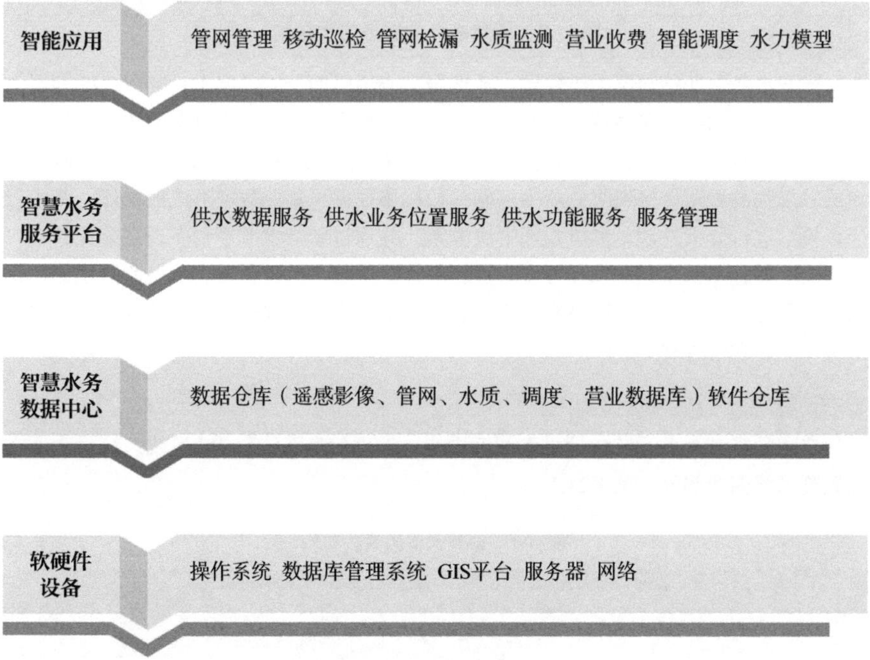

智能应用	管网管理 移动巡检 管网检漏 水质监测 营业收费 智能调度 水力模型
智慧水务服务平台	供水数据服务 供水业务位置服务 供水功能服务 服务管理
智慧水务数据中心	数据仓库（遥感影像、管网、水质、调度、营业数据库）软件仓库
软硬件设备	操作系统 数据库管理系统 GIS平台 服务器 网络

图21.7 智慧水务平台架构

⚙ 4. 智慧水务的服务层次结构

智慧水务的服务层次结构如图21.8所示。

图21.8   智慧水务的服务层次结构

　　智慧水务包括感知层、传输层、数据层、应用层四个服务层次。其中，感知层由安置在管网上的数据采集仪、在线监测设备、GPS终端设备完成数据的实时采集，并结合地理信息系统（GIS）标定数据的空间位置；传输层通过无线网络、互联网将感知层采集到的数据传输到服务器中存储；数据层根据采集的数据形成数据库，基于云计算技术进行分析处理，形成智能解决方案，并通过智慧水务平台实现智能化管理；应用层主要包括供水系统、GPS移动巡线、管网检漏、水力模型、水质监测预警、供水综合服务平台等部分，提高水务企业管理水平，大幅度提升生产和管理效率，减少浪费，优化水资源利用。

✿ 5. 智慧水务的系统架构

　　典型的智慧水务系统包括供水调度系统、地理信息系统、GPS巡线系统、水质在线监测系统四个部分，见表21.1。

表21.1   智慧水务的系统架构

分系统名称	简介	特点
供水调度系统	涵盖城市供水中的水源地取水、水厂制水、管网输水、加压送水、用户用水等各个环节，实现全流程远程监管和智能联动控制，优化生产调度，保障高效供水，促进节能降耗，降低产销差，是实现智慧化运营的重要途径	完整记录调度过程，汇总生产情况，平台操作简单

分系统名称	简介	特点
地理信息系统	利用现有管道及地理地形数据，实现管道空间数据、属性数据、拓扑关系的一体化管理，为供水系统城市规划、设计、施工、输配调度、生产调度、设备维修、管网改造、抢险及安全生产等作业提供所需的专业信息，是实现智慧水务的基础	将城市供水管网集成到地理空间框架中，并以图形形式呈现在系统平台上
GPS巡线系统	如巡线时发现异常和隐患，则通过GPS将管道位置的定位信息发送到系统，并以文字、图片、语音等方式将现场信息上传至系统服务器，方便管理者及时接收隐患信息，及时进行决策	对巡线过程实时监控，提高巡线效率，保证管网安全运行
水质在线监测	通过建立无人值守实时监控的水质自动监测站，可以及时获得连续在线的水质监测数据（常规五参数、COD、氨氮、重金属、生物毒性等），利用现代信息技术进行数据采集并将有关水质数据传送至数据中心，实现数据中心对自动监测站的远程监控，有利于全面、科学、真实地反映各监测点的水质情况	实现了对水质的在线自动监测

目前国内主要智慧水务解决方案提供商有施耐德电气中国有限公司、积成电子有限公司、浙江和达科技股份有限公司等。

三、智慧燃气

我国城市燃气类型主要有天然气、液化石油气、人工煤气三种。天然气因其清洁、高效、便宜的特点，已成为第一大城市燃气气源。

✿ 1. 智慧燃气的概念

智慧燃气采用云计算、物联网、大数据等先进技术，以城市输气管网为基础，向终端应用延伸，融入智能计量和智能服务，构建包含城市燃气各环节的"燃气流、信息流、业务流"统一的应用平台。

✿ 2. 智慧燃气产业链

燃气行业产业链包括上游气源开采产业、上中游长输管线产业、中游城市燃气产业、下游燃气应用产业四个部分，其中智慧燃气系统贯穿上中游长输管线产业到下游燃气应用产业。燃气行业产业链如图21.9所示。

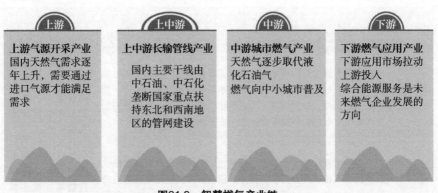

图21.9   智慧燃气产业链

🔩 3. 智慧燃气系统架构

与智慧水务系统架构类似，智慧燃气系统包括燃气调度系统、地理信息系统（GIS）、GPS巡线系统、计量客服系统四个部分，涵盖燃气公司燃气生产运行的全面信息。智慧燃气系统通过数据感知层完成城市输气管网的实时数据收集，通过智能应用系统实现燃气生产运行、全生命周期管网管理、智能调度、异常情况预警的实时可视化信息管理。

中国智慧燃气的品牌企业有丹东东发（集团）股份有限公司、重庆前卫克罗姆表业有限责任公司、金卡智能集团股份有限公司、浙江威星智能仪表股份有限公司。

四、智慧路灯

路灯循着城市道路与街道分布，像血管和神经一样蔓延至整个城市躯体，密度大、数量多，且具备"有网、有点、有杆"三位一体的特点，以智慧路灯作为智慧城市建设的关键节点，不仅能避免重复建设造成的资源浪费，而且还拓展了智慧城市的应用功能，如搭载智慧照明、智慧新能源充电、智慧安防、平安城市、智慧城管、智慧交通、智慧停车、城市Wi-Fi等多功能模块，为人们生活提供便捷服务。

🔩 1. 智慧路灯的实施意义

其一，5G网络要求每60~80m就有一个微基站，相较于传统基站在楼顶上部署出现的"辐射"纠纷和在地面上安装产生的安全问题，路灯具有供电、高度和密集优势，对搭载5G微基站有先天优势，能够满足5G时代超密集组网的需求。在路灯上承载不同的功能，是作为智慧城市最有效的切入路径之一。

其二，一盏盏呈网络状分布在城市各个地方的智慧路灯相互连接组成一张物联网，通过后端大数据平台，实现多种应用。智慧路灯出现后，"共享灯杆"作为一种复合利用装置，内腔容量足够装载体积日益小微化的通信和信息设备，有利于减少城市杆体的重复建设，避免城市道路两侧特别是路口杆体林立的乱象，有效地节约城市地面和空间资源，实现城市及市政服务能力的提升。

智慧路灯是在路灯上搭载各种传感设备和智能设备，如5G基站、路灯控制器、环境检测组件、IP网络音箱、视频监控摄像头、LED信息发布屏、无线AP、应急报警设备、充电桩、停车检测主机、井盖及积水监测主机等。综合利用物联网及互联网技术，使路灯成为智慧城市信息采集终端和便民服务终端，如图21.10所示。

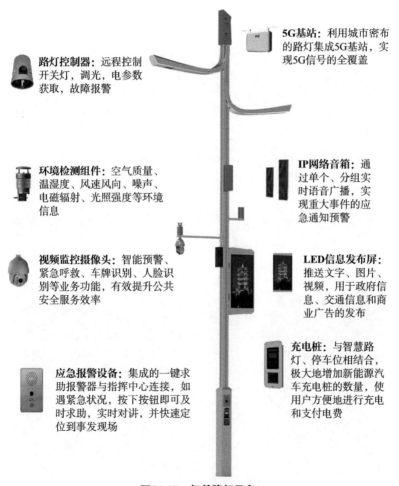

图21.10　智慧路灯示意

⚙ 2. 智慧路灯多功能综合管理平台

　　智慧路灯需要统一的管理平台软件来管理，同时实现各个功能模块之间的联动。综合管理平台包括智慧照明（照明监控终端、单灯集中器、单灯控制器）子系统、智能安防（视频监控、公共广播、应急报警）子系统、智慧交通（车流量监测）子系统、智慧生活（信息交互屏、LED广告屏）子系统、无线城市（5G网络）子系统、新能源充电子系统、设备监控（设备监控、故障报警）子系统、设备运维管理子系统、系统管理子系统，后期可扩展智慧环保（环境监测、气象监测）子系统、智慧市政（智慧物联信息管理平台、智能井盖监测、RFID人员监测、智慧停车、智能门禁、智慧灌溉）子系统等。图21.11为方大智控智慧路灯管理平台。

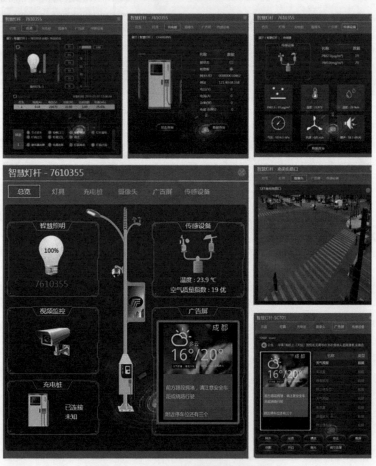

图21.11　方大智控智慧路灯管理平台

五、智慧政务

智慧政务是智慧城市的核心系统，主要包括智慧工商、智慧税务、智慧交管、智慧社保、智慧房产事务、智慧民政、智慧办公等诸多政务垂直行业，覆盖各省、市、县各级行政单位，集纳了工商、税务、交管、社保、交通、公安户政、出入境、缴费、查询、教育、公积金等多种民生服务办事功能，让市民充分享受城市生活的便捷。

⚙ 1. 智慧政务的定义

智慧政务是运用云计算、大数据、物联网、人工智能、数据挖掘、知识管理等技术，通过采集、整合、分析、智能响应，实现各职能部门的业务协同，提高政府在办公、监管、服务、决策的智能水平，形成高效、敏捷、公开、便民的新型政府，简化群众办事环节、提升政府行政效能、畅通政务服务渠道，为企业和公众提供一个良好的城市生活环境。

⚙ 2. 智慧政务的意义

首先，智慧政务的建设目标是汇聚海量政务服务数据，实现政务应用无障碍高效交互操作，以"数据转"代替"群众跑"；与政府网上办事大厅、各单位垂直业务系统等进行数据无缝对接，构建"O2O"政务服务新模式。

其次，智慧政务是电子政务发展的高级阶段，将简政放权、放管结合、优化服务改革推向纵深的关键环节，对加快转变政府职能，提高政府服务效率和透明度，便利群众办事，进一步激发市场活力和社会创造力具有重要意义。

再次，网格化管理是近年来基层治理理念的创新，是将管理辖区划分为单位网格，充分整合网格内的人、地、房、物、事、情、组织等信息资源和服务资源，更全面地了解掌握居民诉求，更好地为群众提供服务。

最后，需要注意的是，智慧政务从来就不是技术的比拼，对国家政策、政务业务、群众诉求、政务流程、政务需求的理解才是智慧政务解决传统政务痛点的关键。智慧政务应用于智能办公、智能监管、智能服务、智能决策四大领域。

⚙ 3. 智慧政务技术

云计算、大数据和人工智能是智慧政务中最重要的三项技术，使智慧政务具有个性化、云端化、数据化、智能化的特征，其中云计算提供特性可伸缩的算力基础设施支持，大数据提供智慧政务运行的生产资料。政务人工智能的应用不仅仅是语音识别、人脸识别在政府行业的局部应用，还是人工智能与政府管理和服务相融合，实现更加高效和精准的政府管理和服务。人工智能最重要的价值在于自学习、自适应和自服务，人工智能与政府管理和服务的融合，使得政府管理和服务具有了智能的属性，能够不断进化和适应时代的发展，实现随需应变。它可以对整个城市进行全局实时分析，自动调配公共资源，修正城市运行中的问题，使智慧政务达到透彻感知、快速反应、主动服务、科学决策的目标。

智慧政务系统运用技术手段全面梳理涉及群众办事的政务服务事项，简化、优化群众办事流程，提高办事效率，实现信息惠民。智慧政务系统架构见图21.12。

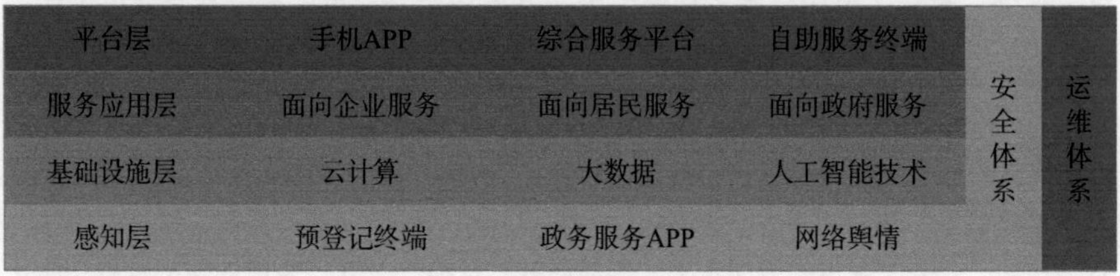

平台层	手机APP	综合服务平台	自助服务终端	安全体系	运维体系
服务应用层	面向企业服务	面向居民服务	面向政府服务		
基础设施层	云计算	大数据	人工智能技术		
感知层	预登记终端	政务服务APP	网络舆情		

图21.12　智慧政务系统架构

云计算，体现形式为政务云，从需求主体上看，政务云分为两类：一类是垂直部委的政务云，一类是省市县集中化的政务云平台。

大数据，表现形式为"政务大数据平台"，目前政府数据集中度参差不齐，大部分做到的是"数据可视化展示"，但真正能把数据"用起来"的创新应用，还比较稀缺。

人工智能，其平台的核心价值体现在语音识别、图像识别、语言处理、专家系统、舆情分析等能力上，这些提升了政务服务的用户体验，提高了政务处理的效率。政务人工智能技术组件如图21.13所示。

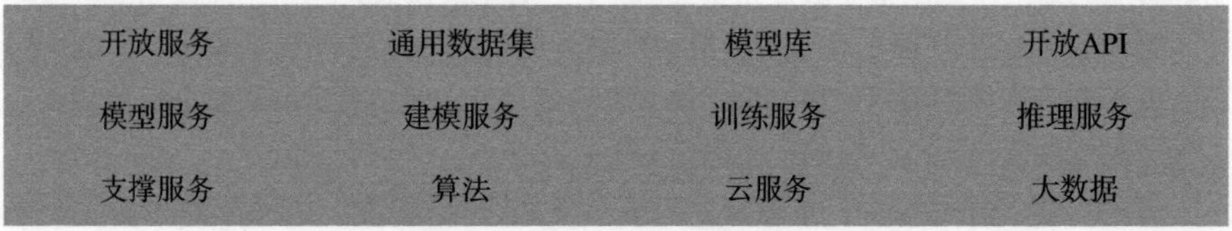

开放服务	通用数据集	模型库	开放API
模型服务	建模服务	训练服务	推理服务
支撑服务	算法	云服务	大数据

图21.13　政务人工智能技术组件

⚙ 4. 智慧政务服务的典型应用

城市发布：是展示政务形象、发布政府信息的新平台，通过及时发布各类权威政务信息、开展互动交流、提供在线服务等功能，主要包括城市概况、新闻动态、人文美食、旅游景点、微博/微信、社保查询、公积金查询、公交查询、办事指南、便民服务、在线留言、建言献策、举报监督等，拓宽政府信息发布渠道，提高政务服务能力，提升政府新形象。

智慧税务：税务机关大力推进网上办税、自助办税和移动办税，把实体办税服务厅主要业务大量移植到线上，比如发票查询、个人税务查询、电子发票开具与报销、车船税查询、办税登记、发票管理、自助办税、办税地图等便民税务服务，可以有效提高办事效率和服务能力，让办税更快捷方便。

智慧公安：具有警务信息公开、网上办事、网上服务、网上管理、网上互动、网上宣传等多种功能，主要包括出入境业务、户政业务、交警业务、治安业务、反诈骗查询、网安业务、消防业务、信访业务、禁毒业务、反诈骗查询、警务资讯、通知通告、线索悬赏、微博/微信、有奖举报、活动投票、便民回答、在线咨询、热力地图、身边警察、在线投诉、建议信箱、治安评价、身边派出所等便民服务，真正实现网上受理、审批、查询及办结的"一站式"全程服务，使人民群众办证办事更加便捷、便利。

智慧交管：不仅能实现开拓交管信息传播渠道，加强政民之间的良性互动，为广大市民提供查询类、业务办理类服务，主要包括车辆违章查询、违法代码查询、违法记录、路况查询、ETC办理查询、公路通行费查询、办事指南、考试预约、号牌预选、违法处理、车辆检验预约等便民功能，还能实现预约、申报、支付等多重应用型功能，打造为民办事平台，更好地建设公共服务政府机构。

智慧景区：对景区实现可视化管理，在购票、入园、游园等环节为游客提供便利，提升娱乐体验，为景区降低运营成本，增加运营手段，优化景区业务流程，助力景区进行产业升级，给游客带来更轻松快捷的感知和体验，实现一站式景区服务。

智慧城管：让执法更高效、便捷、规范，扩大了执法范围，加强了执法力度，提高了执法部门的执法效率，节省了人力和办公管理资源，优化了整个执法过程，加快了突发事件的处理响应速度，增强了公众与执法单位的信息交流，主要包括移动考勤、公文审批、巡查日志、执法查询、定位导航、绩效管理、执法信息现场采集、现场取证等移动执法功能。

智慧党建：通过网上组织管理、党建资讯、党组活动、学习计划、党员考核、便民服务、统计报表、企业风采等新流程创新党建工作手段和方法，有效支撑各级党组织活动的开展，提高了党建科学化管理水平和工作效率，加强组织的吸引力、凝聚力、创造力和战斗力。

六、智慧社区

社区是社会管理的最小单位，是大众服务的落脚点。智慧社区是智慧城市的基本组成"细胞"，是智慧城市的"最后一公里"。

⚙ 1. 智慧社区的概念

智慧社区是指依托人工智能、物联网、云计算、移动互联网，让科技服务生活，实时联通业主、社区、物业和商户，实现各个环节线上线下的即时沟通，以人、房、车为服务对象，以医、学、娱、活、商为服务核心，以线下线上高度融合的全渠道服务方式，为业主提供更加安全、便利、无忧的智能化生活服务，如图21.14所示。

智慧服务应用	智慧物业、智慧社区政务、智慧社区医疗、智慧社区安防、智慧社区养老、智慧新零售、智慧家政
细分服务（产品、解决方案提供者）	社区养老、社区医疗、社区教育、社区活动
基础服务提供者	政府组织（街道办）、社会组织（居委会、业委会）、物业公司

图21.14　智慧社区服务

2. 智慧社区的建设

目前，智慧社区建设主要分为两类：一是传统老旧社区改造，提升信息化水平；二是新建社区，统筹建设智能化应用。无论是新社区，还是老社区，智慧社区的建设目前主要面临三大问题：社区安全管理水平参差不齐、存在数据孤岛与缺乏数据分析和挖掘能力、市民参与和满意程度不高。智慧社区建设全景图如图21.15所示。

图21.15　智慧社区建设全景图

🔧 3. 智慧社区的架构

智慧社区的架构由基础化的感知系统、立体化的无缝网络、聚合化的数据平台和多样化的业务应用组成，如图21.16所示。

用户	政府部门、街道办事处、业务委员会、物业公司、居民	
应用层	人员管理、车辆管理、生活服务管理、智慧物业	安全保障
平台层	政务数据、运营商数据、物联网数据	
网络层	5G、互联网络、物联网、无线网络	
感知层	摄像头、传感器、智能移动终端、智慧停车、智能安防	

图21.16　智慧社区的架构

感知层：利用各类传感器结合人工智能、物联网、大数据等技术，可实现对智慧社区公共基础设施、环境、建筑、安全等方面的识别、信息采集、监测和控制，达到身份、位置、图像、状态等信息的多方感知，实现物与物、人与人、物与人之间的泛在网络连接。

网络层：智慧社区通过5G、网络、物联网，为各级社区信息的流动、共享和共用提供融合、移动、泛在的网络通信基础设施，构建高带宽、超低时延、超链接、高可靠全程覆盖的信息传输网络，提升智慧社区运行能力。

平台层：数据和信息已被认为是城市物质、智力之外的第三类重要的战略性资源，数据融合和信息共享是支撑社区和城市更加"智慧"的关键。因此，需要充分利用社区大数据资源，构建社区管理、物业、环保、安全等多方面的智慧赋能平台，实时掌握智慧社区综合运行状态，实现全时全方位的社区治理。

应用层：智慧社区的应用与场景包括社区智能运营中心、社区人口大数据监管、智慧物业、智慧安防、智慧充值消费、智慧能耗管理、智慧社区养老、智慧环境监测、智能环卫。

第二十二章 人工智能应用之电网

早在2006年，IBM就提出了智能电网的概念。在电网中引入"信息流"，即电网要能够把电能流、信息流结合在一起，实现传输能源的同时实现数据的采集与传输。智能电网还可通过模型对数据进行深度挖掘和分析，预测电能流的情况，如电压变化和用电量分布，为发电、输电、配电、用电各方及监管单位提供信息决策，最终实现清洁发电、高效输电、动态配电、合理用电的智能电网的目标。

一、智能电网概述

1. 智能电网的概念

智能电网，就是电网的智能化，也被称为"电网2.0"。它建立在集成的、高速双向通信网络的基础上，通过先进的传感和测量技术、先进的设备技术、先进的控制方法以及先进的决策支持系统技术的应用，实现电网可靠、安全、经济、高效、环境友好和使用安全的目标。

与智能电网等概念首先发轫于国外不同，2020年11月13日，南方电网发布了全球第一份《数字电网白皮书》，首次提出了"数字电网"的概念，为传统电网的发展提出了新思路。

《数字电网白皮书》指出：数字电网是以云计算、大数据、物联网、移动互联网、人工智能、区块链等新一代数字技术为核心驱动力，以数据为关键生产要素，以现代电力能源网络与新一代信息网络为基础，通过数字技术与能源企业业务、管理深度融合，不断提高数字化、网络化、智能化水平，而形成的新型能源生态系统，具有灵活性、开放性、交互性、经济性、共享性等特性，使电网更加智能、安全、可靠、绿色、高效。

2. 智能电网的特点

与现有电网相比，智能电网体现出电力流、信息流和业务流高度融合的显著特点，其先进性和优势主要体现如表22.1所示。

表22.1 智能电网的特点

特点	说明
坚强	具有坚强的电网基础体系和技术支撑体系，能够抵御各类外部干扰和攻击，能够适应大规模清洁能源和可再生能源的接入，电网的坚强性得到巩固和提升
自愈	信息技术、传感器技术、自动控制技术与电网基础设施有机融合，可获取电网的全景信息，及时发现、预见可能发生的故障。故障发生时，电网可以快速隔离故障，实现自我恢复，从而避免大面积停电的发生

续表

特点	说明
灵活	柔性交/直流输电、网厂协调、智能调度、电力储能、配电自动化等技术的广泛应用，使电网运行控制更加灵活、经济，并能适应大量分布式电源、微电网及电动汽车充放电设施的接入
经济	通信、信息和现代管理技术的综合运用，将大大提高电力设备使用效率，降低电能损耗，使电网运行更加经济和高效
集成	实现实时和非实时信息的高度集成、共享与利用，为运行管理展示全面、完整和精细的电网运营状态图，同时能够提供相应的辅助决策支持、控制实施方案和应对预案
互动	建立双向互动的服务模式，用户可以实时了解供电能力、电能质量、电价状况和停电信息，合理安排电器使用；电力企业可以获取用户的详细用电信息，为其提供更多的增值服务

⚙ 3. 为什么要建设智能电网

　　新能源带来新挑战。首先，尽管我国在大力发展清洁能源，但新能源的电压变化大，对于电网的要求高。同时，不同能源对接入电网的要求差别大。其次，现有电网的节能降耗改造难度大，影响电网损耗的因素多，而电力企业又缺乏精细化的损耗分析手段，造成决策者在分析、制定和选择改造方案时具有盲目性。再次，由于缺乏准确高效的测量、验证温室气体排放的手段，全球"碳交易"市场的发展速度和规模都还不尽如人意，影响了发电企业减排的积极性。

　　来自电网可靠性的挑战。我国的用电大户集中在东南沿海和环渤海地区，而发电却分布在中西部地区，电网企业不但要全面掌控区域用电情况，还要能对用电做出预测和判断，发生突发事件时能够及时采取措施。而超大规模、超远距离交直流混合互联电网，将对电网的调度管理和安全稳定运行面临前所未有的新挑战。在配电方面，由于城市快速发展，用电需求增长很快，配送的波峰和波谷会有较大的差异性，这要求配电网反应迅速且能承受相当的负荷。

　　高效运营成为新挑战。对于供给侧，电力企业面临的经营压力日益增大，化解压力最好的办法就是提高企业的经营效率，依靠科学决策来达到开源节流。对于需求侧，要将反馈信息从大用户延伸到小用户，同时完善智能计量体系建设，实现自动计量系统的升级改造，构建能够覆盖全业务流程的智能用电系统和双向互动的营销技术支持平台，为客户提供可靠、优质的用电服务和多元、互动的增值服务，为客户提供能效管理策略，通过与用户的友好互动实现电网设备利用效率的有效提高。

⚙ 4. 建设智能电网的意义

　　建设智能电网的意义见图22.1。

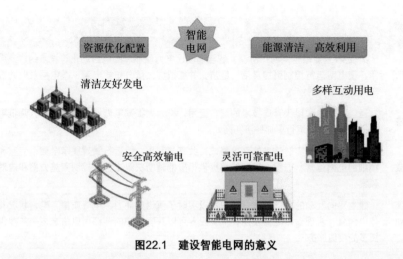

图22.1　建设智能电网的意义

二、智能电网的应用场景

⚙ 1. 组建"虚拟电厂"

在能源革命新形势下，能源供需格局将出现诸多转变。可再生能源逐步替代化石能源，能源供给由集中式向分布式转变，能源消纳从远距离平衡向就地平衡方式转变，负荷侧能量流从单向供给向双向流通转变。利用"电力＋算力"数据分析系统，实现了对可再生能源发电及供电负荷的精准"预测"，确保分布式能源供需就地平衡，提高电网可再生能源消纳能力。

近年来，福建省清洁能源发展迅猛，拥有风、光、水、气、核等多种清洁能源，是全国为数不多的电源品种齐全的省份。但清洁能源对电网稳定调度运行也带来了诸多挑战：福建全省上网水电站5862座，是我国水电调度最为复杂的省级电网之一。国网福建电力通过建设数字电网，以强大的"电力＋算力"驱动大规模可再生能源协同调度。全面采集包含电力（量）、风、光、水等多维度数据，实现"全电源"状态感知，通过省地一体集中监测分析，实现水情"全流域"预测和水电"全流域"调度，预测全社会用电负荷，推动"多电源"联合优化调度，进一步提高清洁能源的消纳能力。

过去，电力工程师们苦苦寻求超导储能等技术的重大突破，来提高分布式能源利用率。如今数字电网直接绕开储能难题，就地平衡电能的供需。设备所有者可以在线组建"虚拟电厂"，在城市用电高峰期，他们可以自主输出电能，供给有需要的人。未来，设备所有者们还可以参与电力交易市场以及辅助服务市场，获取额外的收益。这些分散的电源积少成多，能十分灵活地为城市提供巨大的能量。这在传统物理电网是做不到的，数字电网却可以实现。

在广东珠海一项"支持能源消费革命的城市——园区双级互联网＋智慧能源示范项目"中，珠海市内的439户屋顶光伏、2个电化学储能站、2座风电站以及1316个充电桩接入到智慧能源运营管理的数字化平台中。"数字中枢大脑"时刻采集这些设备的运行状态，精细地实施分区域预测、调度、协同各类分布式能源。接入平台的设备所有者们则通过手机等终端，获取各类设备的优化运行策略并组建"虚拟电厂"，对自己的设备进行远程管理。在城市用电高峰期，他们可以自主提供自己的电能。未来，他们还可以参与电力交易市场以及辅助服务市场，获取额外的收益。

⚙ 2. 数字孪生电网

智能电网建设，是将传统物理电网数字化、智能化、互联网化的过程。遵循网络安全标准和统一电网数据模型，构建相对应的数字孪生电网，用先进的数字技术平台，以"计算能力＋数据＋模型＋算法"形成强大的"算力"，依托物联网、互联网打通电网相关各方的感知、分析、决策、业务等各环节，使电网公司具备超强感知能力、明智决策能力和快速执行能力。

同时，海量的智能传感器部署到电网设备上，成为敏感的"神经末梢"，而强大的算力则成为系统的"最强大脑"。电网因此能时刻感知运营状态和内外部环境，统筹全局快速做出决策。

2020年，南方电网首座数字孪生变电站——海南220kV大英山数字孪生变电站建成。海量的数据传感器部署在电网的设备上，各种设备数据汇聚构建成一个变电站的孪生仿真镜像，最终形成一张数字孪生电网。人们在电脑前就能了解电站状态、分析预测问题和精准操作。

⚙ 3. 标识解析电网

电网是一个天然的连接万物的平台。在电网传统价值创造的基础上，数字电网正开拓新的价值创造模式。随着数字电网建设形成的数字化能源产业新生态，将开启数字经济在电网企业的发展，形成能源新业态，带来全新价值体现。数字电网通过开放合作，整合产业链上下游数据资源，与上下游企业共同开拓能源数据市场，以数字化推动能源生态系统利益相关方开放合作、互利共生、协作创新。

2020年，南方电网启动国家工业互联网标识解析二级节点建设，并对接国家工业互联网顶级节点。在对接工业互联网后，南方电网的设备厂家可以追踪设备在电网运行的状况，据此推动设备产品的迭代。南方电网已与252家上下游供应商、物流商实现合同履约、物流管理等核心业务场景的实时互联互通，涉及合同排产、成品入库、发货到货、运输任务、运输计划、在途跟踪等900多项业务数据字段交互。电网的数字化能力向上下游企业溢出、延伸。

所谓"标识解析"，是指通过赋予电网相关每一个产品、零部件、机器设备唯一的"身份证"，标注其定位、信息及相关服务，供工业互联网全网用户直接查询。

✿ 4. AI负荷预测

"AI负荷预测"正是基于智能电网的一个具体应用。与传统垂直、封闭式的IT架构不同，数字电网的技术特征是采用云化、微服务化、互联网化的开放架构，能够实现海量数据的实时应用和业务过程的智能化处理，实现业务的敏捷响应、快速迭代和灵活试错，满足业务负载的高并发需求，具有广泛的业务应用和良好的用户体验。

南方电网对气象多维指标（气温、湿度、风速）以及各地区历史用电数据、开停工情况、人口迁移等大量数据进行综合分析，可以自动算出第二天的负荷和电量，这给了电力调度员重要的工作提示。

南方电网的西电东送一头连着西部起伏不定的水能，一头连着东部巨大的用电需求，供需平衡至关重要。利用数字技术，调度部门除了能预测电力负荷，还可以远在千里之外预判青藏高原融雪变化趋势，以及融雪后来水突增情况，及时调整水电优化调度策略及送受电策略，保证西部水电充分吸纳和东部电力稳定供应。

✿ 5. 智能配电房

配电房是连接电网侧和用户侧的关键节点，其管理水平的高低直接影响供电能力与供电质量，基于电力物联网架构，统筹感知层、网络层、平台层和应用层关键技术，形成灵活、自主、可靠的配电房智慧物联管控体系，可极大提高配电侧运维管理能力和供电服务水平，实现配电房智能化、精益化管理。

配电房多为无人值守，有的配电房地处偏远，人工巡检耗时长、难度大。智能配电房通过在配电房内配套安装温湿度、粉尘、烟雾、有害气体、水浸、水位等传感装置，为配电房实现自动感知、快速反应、科学决策提供基础支撑。

传统配电房缺少智能监控及分析手段，不支持预测性维护。智能配电房采用先进的数字孪生技术，模拟构建了与真实场景高度匹配的虚拟配电房，不仅能够实时监控配电房环境和工况信息，还能对所采集到的数据进行分析研判，一旦发现异常可及时报警，助力工作人员决策判断更精准、措施更及时、工作更高效。

智能配电房通过边缘计算，可满足配电房内各类终端数据同源采集、集约分析。采用权限分离机制，实现配电房设备运行及环境状态的提前预判和精准管控。

✿ 6. 5G＋智能电网

良好的用电体验，可靠的供电是支撑。利用新一代数字化技术，通过大力实施"5G＋智能电网"建设，实现了对电网海量终端设备的实时管理，提升电网的可观可测可控水平，使用电客户享受到更可靠、便捷、智慧的新型供电服务。

福建电网拥有10kV及以上电力线路18多万千米（可绕地球4.6圈），变电站超过1400座，遍布八闽大地的山山水水。福建地处东南沿海，风、水、雷、火等自然灾害频发给电网安全运行造成了巨大压力。

为提高电网防御自然灾害的能力，国网福建电力在国内率先研发出具有完整自主知识产权的福建电网灾害监测预警与应急指挥管理系统，打造贯通省、市、县统一指挥、三级联动的应急指挥体系。系统融合集成了电网调度、设备运检、物资管理、供电服务、安全监督、后勤保障等专业的业务信息系统，可以实时采集全省受到灾害影响的电网故障、停电用户数据，以及物资库存、设备台账等信息，实现了电网灾损和停送电信息自动化采集、故障抢修全过程跟踪、灾害现场勘察、物资科学调配等功能，为电网应急管理、决策及实时调度提供了有力的技术支撑。

在应对自然灾害中，国网福建电力依托该系统，在灾前防御阶段，及时跟踪、分析灾害天气可能对电网造成的影响范围和程度，提前对电力设备进行事故预想和预警，预置抢修队伍和抢修物资，变被动抢险为主动防御；在灾中应急阶段，通过采集电力线路跳闸信息，研判灾害影响的停（送）电情况，自动集成受灾电力设备、重要影响用户、生命线用户等数据，在GIS地图上形成全省灾损分布图，为应急指挥、抢修复电提供了数据支撑；在灾后抢修阶段，实时跟踪、定时发布灾损和复电信息，及时调派应急电源、专业抢修队伍，科学组织全面抢修复电，优先保障民生供电和生命线工程供电。

⚙ 7. 数字电力营业厅

通过数字电网应用，构建崭新的数字化一站式服务平台，引入多元参与主体，提供更加灵活、高效、个性化的普惠服务和灵活用能、能源交易、能效管理、节能服务等增值服务，降低全社会用电成本，提升人民用电获得感和满意度，塑造世界一流的营商环境。

截至2020年，南方电网的网上营业厅、"南方电网"掌上营业厅APP、"南方电网95598"微信服务号、微信小程序、支付宝生活号以及自助终端等已全部连接到统一的互联网客户服务平台上，注册用户达到数千万，互联网业务办理比例达到99%。更是融合了人脸识别技术、获取电子签章、与政务数据形成共享，客户办电可"零资料"提交，"一次都不跑"。不仅办电可以"刷脸"，就连停电时，都能在APP上看到"抢修小哥"飞奔而来的轨迹。

⚙ 8. 泛在电力物联网

泛在电力物联网，是指在电力系统各环节，充分应用移动互联、人工智能等现代信息技术、先进通信技术，实现电力系统各环节万物互联、人机交互，具有状态全面感知、信息高效处理、应用便捷灵活特征的智慧服务系统。泛在电力物联网汇集多方资源信息，为电网规划建设、生产运行、经营管理、综合服务、新业务新模式发展、企业生态环境构建等，提供充足有效的信息和数据支撑。

用电用户接触到的是电网的客服"前台"，电网的"中台"和"后台"同样悄然发生着全面的数字化变革。在运营特征上，与传统电网企业的专业化分工运营不同，数字电网融通企业内部各专业间的管理边界，加大专业融合力度，减少专业运营模块，促进整体运营管控能力的提升。数字电网依托数字技术推动服务创新后，用电客户也享受到了更可靠、便捷、智慧的新型供电服务。

办电更便捷，只是数字电网初期的"福利"。基于用户数据和强大的算力，南方电网开发出了更多服务产品，满足客户个性化需要。很多中小企业没有自己的电工，出了问题不知道找谁。现在都安装了远程集中抄表等数字化设备，南方电网能采集到他们的用电行为。借助经济用电、安全用电分析模型，南方电网能给用电企业自动生成在线诊断报告，提醒他们如何避免问题。如果真出了问题，南方电网还可以给客户匹配技术服务商。

✿ 9. 电力大数据的运用

数字能够联通万物，没有边界。基于数字电网，电网公司不再只是供电公司，未来将有越来越多让人惊喜的社会服务产生。由于电网的发、输、变、配电过程中会产生巨量的能量流、资金流、物流、业务流等，从而形成海量的数据富矿。这些数据脱敏后，与政府数据、经济数据、商业数据相结合，能够放大数据价值，繁荣数字生态和数字经济。数字电网与智慧城市对接，还可发挥电力数据在社会治理、政策制定、宏观经济等方面的作用。

由南方电网广东广州供电局开发的"特大城市'散乱污'大数据智能监管与治理示范性项目"入选国家工业和信息化部2020年大数据产业发展试点示范项目名单。"散乱污"泛指位于政府划片的工业园区外、手续不全、非法经营并污染环境的企业（场所）。政府部门要把它们"查"出来予以整治。其难点在于如何发现"散乱污"。

比如，广州市某镇区域面积大，一半是山区，规模小、转移快的"散乱污"场所隐匿在民宅之中，隐蔽性很强，单纯依靠人工手段排查非常难。当地供电部门发现，"散乱污"生产必然要用电，用电数据就成了"排查GPS"，只要发现有电力用户的每月用电量异常超高，很可能是加工制造行为导致的，这就成了找出"散乱污"的线索。电力大数据"跨界"破解了"散乱污"场所治理难题，不仅改变了城市生活环境，提升了公共服务，也让社区治理水平迈上新台阶。

这只是电网数据与社会数据"联机挖掘"的初步尝试。用电数据被称为经济运行的"晴雨表"和"温度计"。数字电网形成的能源产业数据是数字中国的重要数据组成部分，辅助科学决策和社会治理，推进政府管理和社会治理模式创新，实现政府决策科学化、社会治理精准化、公共服务高效化。

南方电网传媒有限公司以用电和报装数据为基础，汇聚经相关部门授权的高速货运、海关出口、贷款、铁路运输、区域人流等客观数据，通过大数据技术构建指数模型，形成了分区域、分行业指数。该指数可直观地显示和分析制造业、出口企业、污染企业甚至小区的经济运行情况，成为经济运行分析部门的工作利器。目前该指数已为广东的工业和信息化部门提供决策参考服务。

第二十三章　人工智能应用之文娱

福楼拜曾说："科学与艺术在山脚下分手，在山顶上会合。"人工智能与文化娱乐行业在哪些方面能够结合并碰撞出火花呢？

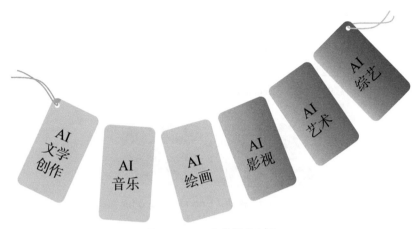

图23.1　AI＋文化娱乐应用

从图23.1可以看出，人工智能和文化娱乐各个具体场景进行深度融合，实现不同场景的落地应用。

一、AI聊天机器人Chat GPT

ChatGPT是美国开放人工智能研究中心（OpenAI）研发的一种专注于对话生成的语言模型。它能够根据用户的文本输入，产生相应的智能回答。上线仅仅2个月，其活跃用户就突破一亿，成为了史上增长最快的消费者应用。ChatGPT短期爆红的原因在于：通过学习大量现成文本和对话集合，它能够像人类那样即时对话，流畅地回答各种问题。从答复邮件、撰写论文、编辑脚本，到制定商业提案、创作诗歌、创作故事，甚至是编写代码、检查程序错误、答题……什么都会！所以，ChatGPT可以说是AI聊天机器人+搜索工具+文本创作工具。

GPT全称为"Generative Pre-trained Transformer"，中文为生成型预训练变换模型。是OpenAI在2018年6月发表的论文《Improving Language Understanding by Generative Pre-Training》中提出的一种半监督学习方法，它基于Transformer神经网络架构。从宏观的视角可以将Transformer 模型看成是一个黑箱——在机器翻译任务中，将一种语言的一个句子作为输入，然后将其翻译成另一种语言的一个句子作为输出，如图23.2所示。

图23.2　Transformer 模型（黑盒模式）

拆开这个黑箱，可以看到它是由编码组件、解码组件组成，形成一个Encoder-Decoder架构，如图23.3所示。其中，编码组件由多层编码器（Encoder）组成。解码组件也由相同层数的解码器（Decoder）组成。

图23.3　Transformer 模型（Encoder-Decoder 架构模式）

1. GPT模型的发明

在NLP（自然语言处理）领域中，使用标注过的数据会大大降低深度学习的性能。为了大量使用未标注的原始文本数据，需要利用无监督学习从文本中提取特征，最经典的例子莫过于词嵌入技术。但是词嵌入只能处理word-level级别的任务（同义词等），不能解决句子级别的任务（翻译、推理等）。出现这种问题的原因有两个：一是不清楚下游任务，所以也就没法针对性地进行优化；二是就算知道了下游任务，如果每次都要大改模型也会大费周折。

为解决以上问题，GPT模型应运而生，GPT先在大规模语料上进行无监督预训练（Pre-training），再在小得多的有监督数据集上为具体任务进行精细调节（Fine-tune）。即先训练一个通用模型，然后再在各个任务上调节，这种不依赖针对单独任务的模型设计技巧能够一次性在多个任务中取得很好的表现，就像计算机视觉领域流行ImageNet预训练模型一样。

2. GPT模型的原理

ChatGPT在效果强大的GPT 3.5大规模语言模型（LLM，Large Language Model）基础上，引入"人工标注数据+强化学习"（RLHF，Reinforcement Learning from Human Feedback，这里的人工反馈其实就是人工标注数据）来不断精细调节（Fine-tune）预训练语言模型，主要目的是让LLM模型学会理解人类命令指令的含义（如一段小作文生成类问题、知识回答类问题、头脑风暴类问题等不同类型的命令），以及让LLM学会判断对于给定的prompt输入指令（用户的问题），什么样的答案是优质的

（如富含信息、内容丰富、对用户有帮助、无害、不包含歧视信息等多种标准）。这一训练范式增强了人类对模型输出结果的调节，并且对结果进行了更具理解性的排序，使GPT模型通过学习一种通用的Representation方法，针对不同种类的任务只须略作修改便能适应。具体而言，ChatGPT的训练过程分为以下三个阶段，如图23.4所示。

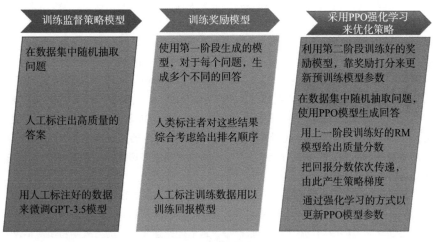

训练监督策略模型	训练奖励模型	采用PPO强化学习来优化策略
在数据集中随机抽取问题	使用第一阶段生成的模型，对于每个问题，生成多个不同的回答	利用第二阶段训练好的奖励模型，靠奖励打分来更新预训练模型参数
人工标注出高质量的答案	人类标注者对这些结果综合考虑给出排名顺序	在数据集中随机抽取问题，使用PPO模型生成回答
		用上一阶段训练好的RM模型给出质量分数
		把回报分数依次传递，由此产生策略梯度
用人工标注好的数据来微调GPT-3.5模型	人工标注训练数据用以训练回报模型	通过强化学习的方式以更新PPO模型参数

图23.4　GPT模型的原理

（1）第一阶段：训练监督策略模型

尽管GPT 3.5本身很强，但是它很难理解人类不同类型指令中蕴含的不同意图，也就很难生成高质量的内容结果。为了让GPT 3.5初步具备理解指令中蕴含的意图，首先会从测试用户提交的指令或问题（prompt）中随机抽取一批靠专业的标注人员指定的高质量答案，然后用这些人工标注好的prompt、answer（数据）来精细调节（Fine-tune）GPT 3.5模型，获得SFT模型（Supervised Fine-Tuning）。经过这个过程，SFT模型初步具备了理解人类指令中所包含的意图，并能根据这个意图给出相对高质量回答的能力，但缺陷在于不一定符合人类的喜好。

（2）第二阶段：训练回报模型（Reward Model, RM）

这个阶段的主要目的是通过人工标注训练数据来训练回报模型。具体而言，就是随机抽样一批用户提交的prompt（大部分和第一阶段的相同），使用第一阶段微调好的冷启动模型，对于每个prompt，由冷启动模型生成多个（K个）不同的回答，于是模型产生出了<prompt,answer1>、<prompt,answer2>……<prompt,answerK>数据。之后，人类标注者对K个结果按照多个标准（如相关性、富含信息性、有害信息等诸多标准）综合考虑进行排序，给出K个结果的排名顺序，这一过程类似于教练或老师辅导。

接下来，使用这个排序结果数据来训练奖励模型，对于K个排序结果，两两组合，形成多个训练数据对，RM模型接收一个输入<prompt,answer>，给出评价回答质量高低的回报分数Score。对于一对训练数据<answer1,answer2>，调节参数使得高质量回答的评分比低质量的评分要高。

（3）第三阶段：采用强化学习来增强预训练模型的能力

本阶段无须人工标注数据，而是利用第二阶段训练好的回报模型，靠回报模型评分结果来更新预训练模型参数。具体而言，首先，从用户提交的prompt里随机抽取一批新的命令（指的是与第一和第二阶段不同的新的prompt，这个其实是很重要的，对于提升LLM模型理解instruct指令的泛化能力很有帮助）的由冷启动模型来初始化PPO模型的参数。PPO（Proximal Policy Optimization，近端策略优化）的核心思路在于将Policy Gradient中On-policy的训练过程转化为Off-policy，即将在线学习转化为离线学习，这个转化过程被称为重要性抽样（Importance Sampling）。然后，对于随机抽取的prompt，使用PPO模型生成回答，并用上一阶段训练好的回报模型给出回答质量评估的回报分数score。把回报分数依次传递，由此产生策略梯度，通过强化学习的方式来更新PPO模型参数。

总之，ChatGPT本质上就是将海量的数据结合表达能力很强的Transformer模型，对自然语言进行了一个非常深度的建模。对于一个输入的句子，先通过人工标注方式训练出强化学习的冷启动模型与回报模型，最后通过强化学习的方式学习出对话友好型的模型。

二、AI音乐

2016年，作曲家Bennoit Carre利用索尼公司开发的名为Flow Machines的软件，创作了一首披头士风格的完整的流行歌曲《Daddy's Car》。

2017年，美国歌手Taryn Southern新专辑主打曲《Break Free》成为第一首正式发行的AI歌曲，除了歌词和人声部分，其余编曲全部由AI完成，MV也由AI进行剪辑。

1. AI作曲填词歌唱

2020世界人工智能大会云端峰会开启创新之最——首支由人工智能作曲并合唱的MV问世。微软小冰、百度小度、小米小爱、B站泠鸢四位虚拟歌手领唱WAIC主题曲。

AI作曲算法可以汇集全球音乐家/设计师的经验，对音乐进行分析、处理、识别，利用算法作曲、自动编曲。2017年，全球知名的音乐串流平台Spotify公布了年度全球榜，排在第二的是一首容纳了千万伤心事的歌曲《Not Easy》，这首歌主创是格莱美获奖制作人Alex Da Kid，最特别的地方在于它的共同创作者还有IBM Watson。

在Watson帮助下，Alex很快完成了整首歌的创作，演绎出"心碎"这种复杂的情绪。人机协作的过程如下：

首先，音乐主题的挖掘。利用Watson的语义分析对过去5年的文本、文化和音乐数据进行了分析，从中捕捉时代的热点话题以及流行的音乐主题，最终帮助Alex锁定了这次音乐创作的核心——"心碎"。

其次，歌词创作。在歌词创作阶段，利用Watson的情感洞察分析了过去5年内26000首歌的歌词，了解每首歌曲背后的语言风格、社交流行趋势和情感表达，同时分析了博客、推特等社交媒体上的用户原创内容（user generated content，UGC），了解受众对"心碎"这个主题的想法和感受，从而辅助人类创作歌词。

再次，数据洞察乐曲规律。在乐曲创作阶段，Watson在26000首歌曲中分析其中的节奏、音高、乐器、流派，并建立关系模型帮助Alex发现不同声音所反映出的不同情感，探索"心碎"的音乐表达方式；

最后，探寻图像与色彩规律。在最后的专辑封面设计阶段，设计师要如何表现"心碎"？Watson利用色彩分析，对海量专辑的封面设计进行分析，启发Alex将音乐背后的情绪表达转化为图像和色彩，从而合作完成了专辑封面制作。

早在1981的时候，David Cope创造了人工智能音乐作曲系统EMI（Experiments in Musical Intelligence）。

2016年，百度曾通过人工智能识图作曲技术，将劳森伯格"四分之一英里"画作中的两个部分分别谱成钢琴曲，还让AI根据梵高的《星空》、徐悲鸿的《八骏图》创作乐曲，前者音韵柔和耐人寻味，后者节奏明快紧张刺激，在一定程度上与画作意境相符合。2020年，由网易伏羲、网易雷火音频部提供作词、作曲、编曲、演唱等全链路AI技术支持的歌曲《醒来》，在"2020网易未来大会"上正式发布。这是网易首次由AI完全生成歌曲，从创作到演唱，整首歌曲从无到有仅需1h。同年六一儿童节，腾讯AI Lab推出AI数字人（Digital Human）"艾灵"，可通过用户提供的关键词自动生成歌词并演唱。AI艾灵的歌声是通过分析曲谱与人类说话语音，使用真人声音训练得到的深度神经网络声学模型和声码器模型，可模仿真人声线合成音频。

在2018年的《中国好声音》中，清华学霸宿涵凭借一曲《止战之殇》一战成名，这首歌中的主歌歌词是AI生成的。宿涵表示，利用深度学习算法，AI已经掌握了华语乐坛近几千首作品，能根据输入歌词的风格创作歌词。

⚙ 2. AI音乐会

2018年11月，中央音乐学院的独奏家与美国AI"乐团"联袂演出12首中外作品，这是人工智能伴奏系统在中国首次亮相。这次演出是中央音乐学院与美国印第安纳大学信息计算与工程学院联合成立"信息学爱乐乐团"实验室后的重要成果。

人工智能音乐会上演奏的方式是人机合作，由12位中央音乐学院的演奏家与AI合作，分别演奏12首乐曲。12位演奏家擅长的乐器分别是小提琴、中提琴、大提琴、小号、长号、圆号、长笛、双簧管、单簧管、萨克斯、巴松管、二胡，每首曲目由演奏家演奏自己的乐器，AI"解读"音乐后，生成贴近音乐家个性化表现需求的伴奏和协奏模版。这样，就可以你奏乐，AI来和，一弹一和，相得益彰。

"信息爱乐"人工智能技术的核心之处在于运用数学方法把音乐本身和音乐家的感受进行了全面解读、演算，通过不断地主动学习，形成更加贴近音乐家个性化表现需求的管弦乐团伴奏、协奏模板，为音乐家提供了更为丰富灵活的演奏机会。"Cadenza人工智能伴奏系统"，就是"信息爱乐"的iOS版，APP Store里可以下载。对音乐感兴趣的读者可以去体验一下。

⚙ 3. AI定制音乐

2019年1月，人工智能音乐创作领域的领头羊Amper Music推出全球首个供企业内容创作者使用的端到端人工智能作曲平台Amper Score，可以快速地帮助企业用户创作定制化音乐。同时宣布腾讯音乐娱乐集团旗下的QQ音乐成为其API的发布合作伙伴。

对于经常与素材音乐库合作的视频剪辑师来说，Score提供的精准控制可让他们在选择和编辑项目音乐时花费的时间缩短90%以上。

音乐人工智能是全球人工智能研究的一个新重点。未来人工智能将在音乐领域发挥更加重要的作用，它可以帮助人们分析作品、创作以及分担相当多的重复性工作，进一步激发创造力，探索音乐形式与内容方面的多种可行性。虽然目前机器的艺术感知能力尚与人类有不小差距，但从发展趋势看，人工智能在艺术领域的自主创作水平将不断提高。

未来，随着人工智能一步步"融合"艺术创作领域，也许某一天我们打开音乐APP，所播放的都是人工智能根据我们的心情即时创作的音乐。

三、AI艺术创作

2012年，美国罗格斯大学计算机科学系成立了艺术与人工智能实验室，专注于在艺术领域研发人工智能和计算机视觉算法。Ahmed Elgammal教授用超过8万幅15～20世纪的西方绘画，对算法进行训练，构建了一个生成对抗网络（GAN），为了能更好地生成原创视觉艺术，对GAN进行升级创造了创意生成网络（creative adversarial networks）。由AICAN系统创作出的艺术画作与博物馆收藏的油画混合在一起，受试者无法区分出哪些是AI的画作，哪些是人类艺术家的画作。

AICAN系统的成果以论文的形式公开发表。论文中通过引用许多心理学方面的结论，把艺术（create art）的合格性、有效性和觉醒度（arousal）做关联，不能太无味，又不能太刺激；进而对觉醒度做分析，认为画风（style）融合可以很好地增强模型的觉醒度。通过一系列心理学结论的引用和推导，最终说明了学习生成画风（style）融合的作品可以产生艺术品。

AICAN融合了西方艺术史的美学，因为它在数据库中爬行，吸收所有事物的例子——风景、肖像、抽象，但不关注特定的流派或主题，使模型能够被训练成更接近于模仿人类艺术家对艺术作品的创作方式。

四、AI绘画

2018年，CCTV《机智过人》节目现场，机器人"道子"画出的虾已经超越了齐白石的画了。2019年，微软发布的美少女画家"小冰"在中央美院毕业季上一鸣惊人，任何人都可以去激发小冰为你而创作。2019年，由浙江大学国际设计研究院与阿里巴巴达摩院人机自然交互实验室联合研发的"AI painting"人工智能绘画系统亮相，可以支持用户将想象世界表达为现实。在两年一届的2019国际计算机视觉大会（International Conference on Computer Vision，ICCV）上，旷视科技发布了Learning To Paint论文，让机器像画家一样，用寥寥数笔创造出迷人的画作。

⚙ 1. 自动图像风格迁移

自动图像风格迁移是人工智能领域最有趣的内容之一，可以把任意图片瞬间转化为一个风格迥异的水彩画或后现代风格的大师作品，如图23.5所示。

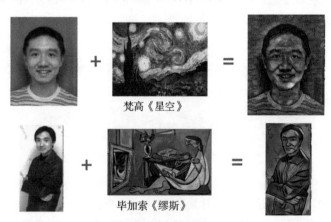

梵高《星空》

毕加索《缪斯》

图23.5　AI绘画之自动图像风格迁移

在演示中，以一系列著名的艺术作品风格来渲染一张照片：从图23.5可以看出，AI绘画之自动图像风格迁移将一幅照片转换成梵高《星空》风格或毕加索《缪斯》风格。

图像风格迁移是利用算法学习著名画作的风格，然后把这种风格应用到另外一张图片上的技术。著名的图像处理应用Prisma是利用风格迁移技术，将普通用户的照片自动变换为具有艺术家风格图片的程序。

⚙ 2. 图像风格迁移的基本原理

图像风格迁移是基于卷积神经网络VGG神经网络实现的。

2014年，牛津大学计算机视觉组（Visual Geometry Group）和Google DeepMind公司的研究员一起研发出了新的深度卷积神经网络：VGGNet，并取得了ILSVRC2014比赛分类项目的第二名（第一名是GoogLeNet，也是同年提出的）。其成果以论文形式发表，论文名为Very Deep Convolutional Networks for Large-Scale Image Recognition。论文主要讨论卷积神经网络的深度对大规模图像集识别精度的影响，主要贡献是使用很小的卷积核构建各种深度的卷积神经网络结构，并对这些网络结构进行了评估，最终证明16～19层的网络深度能够取得较好的识别精度。这也就是常用来提取图像特征的VGG-16和VGG-19。

我们可以这样理解VGGNet的结构：前面的卷积层是从图像中提取"特征"，而后面的全连接层把图片的"特征"转换为类别概率。其中，VGGNet中的浅层（如conv1_1、conv1_2）提取的特征往往是比较简单的（如检测点、线、亮度），VGGNet中的深层（如conv5_1、conv5_2）提取的特征往往是比较复杂的（如有无人脸或某种特定物体）。

VGGNet的本意是输入图像，提取特征，并输出图像类别。图像风格迁移正好与其相反，输入特征，输出对应这种特征的图片，如图23.6所示。

图23.6　图像风格迁移和对图像提取特征的VGGNet对比

具体来说，风格迁移使用卷积层的中间特征还原出对应这种特征的原始图像。从选取的原始图像中，经过VGGNet计算后得到各种卷积层特征。接下来，根据这些卷积层的特征，还原出对应这种特征的原始图像。还原图像的方法是梯度下降法，利用内容损失还原图像内容。除了还原图像原本的"内容"之外，另一方面，还希望还原图像的"风格"。利用风格损失还原图像风格，图像风格迁移的基本算法就是将内容损失和风格损失组合起来，在还原一张图像的同时还原另一张图像的风格，就像图23.5演示的那样，尝试还原梵高的著名画作《星空》的风格。

第二十四章　人工智能应用之军事

当前，人工智能正在深刻改变人们的思维理念和生活方式，其在军事领域的运用和发展，也将对未来战争的作战样式、作战空间和作战手段产生深远影响。各主要国家在把人工智能上升为国家战略的同时，也在采取多种措施促进人工智能的军事应用。

一、智能军事概述

纵观人类战争史，最新的科技成果往往首先应用于军事领域。如今，人工智能已经成为新一轮军事革命的核心驱动力，未来的战争也强烈地呼唤着人工智能与军事的深度融合。

⚙ 1. 智能军事的概念

智能军事是指由人、武器装备及作战方式形成的人机一体、智能主导、云脑作战的军事新体系，是研究人工智能在军事活动中关于部分推理、判断、决策、探索、控制、图形识别、制导、环境适应等有关理论、技术和方法的智能活动。

⚙ 2. 智能军事在各世界军事强国的应用

人工智能已在工业、农业、医疗、商业、金融等民用市场相继应用落地，为避免"未打先输"，近年来世界主要大国都纷纷在军事领域布局人工智能与未来战争的相关研究项目，抢占这一未来战场"新制高点"。

美国很早就开始探索人工智能技术在军事领域的应用，以确保其在未来战场上的战略优势。2016年6月，美国辛辛那提大学研发的"阿尔法"人工智能软件，在模拟空战中操控三代机击败了由两名退役空军上校驾驶的战机，人工智能系统大获全胜。在这次模拟空战中，由两架攻击喷气战斗机组成的蓝队具有更强的武器系统，但是阿尔法系统的红队通过躲避动作击败了敌机。比赛结束后，飞行员认为这款程序非常善于掌控态势，反应也灵敏得出奇，似乎能预测人类的意图，并在人类改变飞行动作或发射导弹时立即回应。军事专家表示，这个结果具有深远的意义，"就像一个象棋大师输给了电脑"。

俄罗斯也在智能军事战略布局中加快步伐，普京总统甚至指出，"人工智能不仅是俄罗斯的未来，还是全人类的未来。"2014年2月，俄罗斯宣布成立隶属于俄罗斯联邦国防部的机器人技术科研试验中心。2015年12月，普京又签署总统令，宣布成立国家机器人技术发展中心。更进一步，俄罗斯批准执行《2025年前发展军事科学综合体构想》，强调人工智能系统不久将成为决胜未来战场的关键因素，注重武器装备的智能化改造。

目前，人工智能在智能化情报收集和分析、智能化后勤保障、智能化指挥与决策、网络空间战、信息操纵和"深度伪造"、智能化军事装备以及军事模拟训练等应用领域产生重大影响。

二、智能军事应用

⚙ 1. 智能化情报收集和分析

现代战争中，高效精确的战场情报是决定胜负的关键因素，美军的每次作战行动，都能实时获取战场态势图像和情报信息，快速完成"OODA"（观察、判断、决策和行动）作战循环。由于情报分析需要处理大量的数据，人工智能技术能在该领域发挥巨大的作用。为此，美国国防部前副部长提出了Maven计划项目，也称为"算法战争跨功能团队"，于2017年4月启动。该项目使用机器学习和人工智能技术来协助分析由无人机拍摄的海量影像资料，监测高价值目标并标记给人类分析员审阅，为开展无人机打击或特种作战部队袭击提供支持，旨在将目前人类分析师需要花费数小时来筛选录像画像以获取有价值信息的工作转变成自动情报与图像识别，从而使人类能腾出时间做出更高效、更及时的决策。目前谷歌的TensorFlow人工智能系统被用来协助完成该任务。

现代战争中，情报分析与研判将以事件为核心。如何在低密度海量情报数据中发现关键军事事件并对其意图趋势进行分析研判，对辅助指挥员决策、克敌制胜具有重要意义。目前事件提取技术仅在军事目标活动、政治、经济和外交等领域中进行小规模针对性的应用。基于当前人工智能、数据分析挖掘技术的发展趋势，军事情报分析研判将向事件挖掘、溯源以及趋势研判发展，并更深地向弱关联事件挖掘、大时空深度溯源以及因果关系研判发展，为准确判断敌情、预测风险、处置情况提供支撑。智能化情报收集和分析示例如图24.1所示。

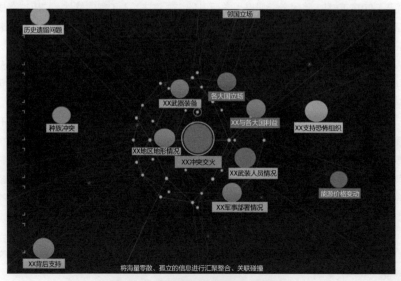

图24.1　智能化情报收集和分析示例

另外，军用人工智能机器翻译系统可用于收集情报、破译密码、处理作战文电、协调作战指挥和提供战术辅助决策等。该系统内装有可以进行语言分析、合成、识别及自然语言理解的智能机，其内存储着多国语言基本词汇和语法规则。

⚙ 2. 智能化后勤保障

人工智能在军事后勤领域也有很大的应用潜力，主要用于武器装备的自动故障诊断与排除系统。在武器装备内装有以人工智能专家系统为主要程序的计算机系统及执行命令的机器人系统。专家系统内装有自动诊断各种故障的反映专家知识水平的软件包。在通过专家系统确定故障由来之后，再下达指令给机器人维修系统，将故障（或潜在故障）及时排除。

美国空军已经开始使用人工智能来进行飞机维护预测。例如美国空军已经开始尝试利用人工智能预测飞机的维修周期。原来是在军用飞机达到预定的飞行小时数或在飞机零部件发生故障时进行检查维修，现在取而代之的是用人工智能技术来为每架飞机量身定制维修方案。目前这种方法被F-35战斗机的自主后勤保障系统所采用，通过提取内嵌于飞机发动机和其他机载系统中的实时传感器数据，并将数据输入到预测算法中，以确定技术人员何时需要检查飞机或更换零件。

类似地，美国陆军后勤保障中心（the Army's Logistics Support Activity，LOGSA）已和IBM Watson联手为Stryker装甲战车量身定制维护计划，通过对每辆车上安装的共17个传感器提取的维修性参数，合理制定维修计划。2017年9月，LOGSA开启了第二个项目，该项目利用Watson制定物流规划，试图以最省时、最经济的方式来分发维修零件，此任务以前由人类分析师来完成，仅仅通过分析10%的物流需求，每年就为陆军节约大约1亿美元的经费。有了Watson的帮助，陆军将有能力分析100%的物流需求，可以在更短的时间内为陆军节约更多的成本费用。

⚙ 3. 智能化指挥与决策

战争形态经历了从机械化、信息化到智能化的发展，军事智能化涉及军队指挥决策、战法运用、部队控制等军事链条的方方面面，在这些链条中，"指挥决策"是核心。

在传统军事作战中，作战计划靠人力来完成。当敌情出现后，作战参谋为了制定出最优的作战方案，需要查阅大量资料，如军事情报、军事地图、武器装备、军队部署等，再根据我军武器、部队的情况制定作战计划；最后预演作战计划，从而选出最优作战方案。

目前，决策者获得的信息源自多种平台，格式多样，通常存在冗余或未解决差异。未来会利用人工智能融合来自不同域的传感器的数据来创建统一信息源，亦称作决策者的"通用操作图"。通用操作图会将这些来源多样、格式不同的信息组合到一个显示界面中，提供友方和敌方部队的全面画像，并自动处理输入数据的方差变化，如图24.2所示。最终通用操作图可以使"任何传感器向来自任何部门、盟友或合作伙伴的任何射击者提供数据，以实现针对任何目标的效果"。

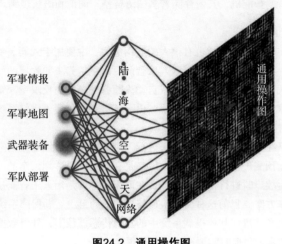

图24.2　通用操作图

✿ 4. 网络空间战

人工智能也有望成为推进军事网络空间行动的关键技术。传统的网络安全工具仅能匹配过去已知的恶意代码，因此黑客只需修改该代码的一小部分即可绕开防御。另外，可以对人工智能工具进行训练，来检测更为广泛的网络行动类型中的异常情况，从而设置更为全面和动态的障碍以防止黑客攻击。

DARPA 2016网络挑战赛也证明了AI赋能的网络工具的潜在能力，比赛参与者开发了能够自动检测、评估和分发补丁的AI算法。这些能力都可以在未来的网络活动中提供不同的优势。未来人工智能系统会被用来识别敌方切断的通信链接，并找到其他分发信息的渠道。

✿ 5. 信息操纵和"深度伪造"

用兵打仗是一种千变万化、出其不意之术，需要运用种种方法欺骗敌人。人工智能技术可以用来伪造"逼真"的图片、音频和视频，即"DeepFakes"（深度伪造）技术。攻击者可以用深度伪造技术来发起信息操纵活动，制作针对敌对目标的虚假新闻报道、影响公众言论，以削弱公众信任、损害名人声誉。

人工智能还可用于创建完整的"数字生活模式"，其中将个人的数字"足迹"与"购物历史、信用报告、专业简历和订阅记录合并匹配"以构建军事人员、可疑的情报官员、政府官员或私人公民的全面行为画像。反过来，该信息又可以用于有针对性的影响性行动或敲诈行动。

军事装备的伪造与检测也是情报对抗的一个重要手段。随着AI算法迭代和算力更新，基于生成式对抗网络、3D目标重建和场景渲染等深度内容合成技术，将代替成本高昂的人工伪造情报制作，实现丰富素材、丰富场景、丰富角度的伪造，造成对方情报检测系统和社会舆论的混乱，成为未来情报战争的利器。

⚙ 6. 智能化军事装备

从人类诞生起，一共经历了两次武器革命：第一次以火药为代表，包括枪械和炮弹；第二次以核武器为代表，包括裂变原子弹和聚变氢弹等。每次武器革命，都给人类带来了数不尽的灾难。人工智能在感知智能领域和认知智能领域取得了重大进展，可能使未来的战争场景发生翻天覆地的变化，并可能成为战争史上继火药、核武器之后的"第三次革命"。人工智能技术不是武器，但是，能够成为武器性能提升的助推器。AI＋战斗机、AI＋陆地战车、AI＋海军舰艇、智能弹药已经广泛应用于军事领域，机器人作战系统也正在研究和部署。

美国空军研究实验室开展"忠诚僚机"（Loyal Wingman）计划，该计划将较老一代的F-16战斗机改装为无人"忠诚僚机"，配以传感器和机器算法等人工智能技术，具备很强的态势感知能力，可以实现未预先编程（例如复杂天气和无法预见的障碍）自主飞行，与有人战斗机F-35或F-22飞行员进行配合，充当有人机的"急先锋"，在高威胁区域独立识别目标，无须人类干预，自主执行侦察打击任务。

美国军事单位都在积极将人工智能技术融入半自动和自动驾驶车辆中，人工智能在这些领域的应用与商业半自动驾驶车辆类似，即使用人工智能技术来感知环境、识别物体、融合传感器数据、规划路径以及与其他车辆之间进行通信。美国国防部高级研究计划局（DARPA）于2018年初完成了一项代号为"海上猎人"的反潜无人舰的测试计划。"海上猎人"可以一次连续数月持续自主航行，与其他无人舰艇协调合作，在公海上执行潜艇搜寻任务。"海洋猎人"的年运营费用约为730万美元，目前美国海军的主力舰艇伯克级驱逐舰，一年大概要花费8100万美元的运行成本。

美国国防部正在测试由人工智能驱动的集群（swarming）战术。"集群"概念范围从被设计用于突破防御系统的庞大廉价汽车车队/无人机机群到为地面部队提供电子攻击、火力支持以及本地化导航和通信网络而进行协同工作的小型运载工具中队。

无人系统集群大致可以分为无人机集群、水面无人艇集群和无人水下机器人集群。其中，无人机集群技术发展得最迅速，"集群"战术比单一的复杂平台更有效。在模拟对抗中，装有传感器和武器的100架无人机集群与当前的一个现有的可部署单位进行了比较。无人机群摧毁了63个目标并探测到了91%的模拟敌军部队，而基本的作战单位只歼灭了11个目标并探测到了不到33%的红军部队。

2016年11月，美国海军完成了对5艘无人驾驶船的人工智能驱动集群行动测试，这些无人驾驶船共同在切萨皮克湾的4×4mile❶段巡逻，并拦截了"入侵"舰。该实验的结果可能会促进人工智能技术适用于港口安全，搜寻潜艇或在大型舰艇编队前侦察。

集群战术具有自主性（不受集中控制）、能够感知其周围环境和其他附近集群伙伴、能与集群中其他无人机就地通信、能够合作完成一项指定任务等特征。智能化军事装备见图24.3。

图24.3　智能化军事装备

无人作战装备的"智能化"是必然发展趋势，感知技术和群体智能决策技术将不断深入结合，实现无人装备的自主决策，减少对后方指控人员和信息链路的过多依赖，提升无人群体作战效能。目前已经广泛使用的美军RQ-4全球鹰侦察机、MQ-1C"灰鹰"无人侦察机、无人地面战车、无人潜航器以及Chembot化学机器人、"大狗"机器人等，这些具有智能特征的无人化装备，已经引发全球军事界广泛关注。

美军为了优化战术信息传输，提高指挥控制效率，近几年持续加大研发各类数据链，并为其多种机载弹药加装弹用数据链或预留数据链接口，以便升级进行智能化改造。2021年，美国空军研究实验室进行了可调节智能弹药（DEM）演示计划，在武器发射前，飞行员对可调节效应弹药进行了编程，以便从驾驶舱进行精确的致命攻击，使其武器效果集中在可能会引起附带损害的有限区域。

⚙ 7. 军事模拟训练

人工智能还能够提高军事模拟训练的科学性、逼真性、交融性，通过对作战场景智能化的模拟，最大限度地逼近未来的战争实践和战场环境，为真实的战争做好准

❶ 英里，1mile＝1.609km。

备，通过模拟来预检验未来的军事技术，构建实战化驱动的智能化军事认知系统。

军事模拟训练的典型应用案例是韩国电信业公司SKT与韩国陆军学校合作打造的智能陆军学校，将人工智能、AR/VR、物联网、云端、大数据等技术导入训练。其最大亮点在于SKT开发的扩展现实（XR-Extended Reality，XR）射击战斗训练系统，取代了传统的射击、战术、指挥控制等训练系统。扩展现实射击训练系统根据不同种类、不同长度的枪支，设计精准的弹道曲线，提供零点射击、室内射击、实际距离射击、移动标靶射击、夜间射击、战场射击等所有实战场景。让原本以10人为单位的训练扩大到200人，相当于1个中队的规模，并透过实时传送的高画质VR影像，提升训练沉浸感。

除了射击训练外，SKT为陆军学校开展智能化的体能管理，受训生将使用发配的穿戴式装置，系统分析个人数据后，提供客制化体能训练建议，体能管理效用较1年1次体检更加实时且持续。

同时，SKT也协助打造智能教室，提供平板、PC、穿戴式装置等终端装置，设计AR/VR专用内容、APP版实时测验等多媒体讲义内容，并搭配AI助教管理个人学习进度，从上课到作业实现无纸化环境。

三、智能军事技术

1. 算法

兵贵神速，战场上比拼的是"观察—判断—决策—行动"的速度。但由于早期的人工智能算法还不够成熟，导致分析效率不是很高，没能解决战场识别的问题。而以基于深度学习的图像识别为代表的敌我目标识别技术能为这一问题提供解决方案，让军事指挥系统"能听会看"。例如在反恐行动中，可以利用安装在城市各处的摄像头，根据恐怖分子的脸部特征、体态特征识别恐怖分子。在地面和空中武器平台上，一旦雷达、摄像头等传感器使用该算法，即可快速识别敌人的飞机、舰船、坦克等作战单元类型，特别是对于具有一定伪装能力的敌作战单元。

人工智能算法还可以基于对战场的实时分析为指挥官提供可行的行动路线方案，从而使他们能够更快地适应复杂事件。在军事领域以深度强化学习为代表的决策智能技术已经开展了人工智能辅助任务规划的初步探索，例如在空战博弈和防空压制场景中模拟空战人员以获取空中优势。接下来，军事类自主决策研究将会更多地把大规模军事仿真推演系统与深度强化学习等人工智能技术相结合，逐步实现面向海陆空各军兵种的战役级、战术级策略生成，以及无人装备等新型作战样式的探索发现。

首先，作为人工智能的基础性技术，军事知识图谱拥有极强的数据表达能力和建模灵活性，尤其擅长处理关联密集型数据。通过建立数据之间的关联链接，可以将碎片化的数据有机地组织起来，让数据更加容易被人和机器理解和处理。

其次，知识图谱具备可解释性，这也意味着通过深度学习与知识图谱的结合，可以消除模型底层特征空间与人类自然语言之间巨大的语义鸿沟，更适用于解决分析、推理等复杂决策问题。

因此，为辅助军事参谋智能分析军事情报，可以通过构建军事知识图谱让机器拥有主动思考的能力。智能军事知识图谱不仅能够直观立体展现军事防务数据的关联关系，还可以提供一个统一数据模型和数据标准，灵活集成、关联不同类型、不同用途，甚至不同时代的军事数据，并在知识图谱中挖掘间接的、隐藏的、内部的联系，实现多维度体系分析，提高作战的整体效率。

军事知识图谱提供的服务以事件级知识图谱来体现。军事知识图谱会根据该主题按照一定逻辑整理与之相关的事件及事件发展脉络，按照实体类别、国别、功能域等提供知识图谱。

军事知识图谱能够支持多轮交互式问答与精准知识搜索，领域知识问答、搜索、装备能力对比分析。通过融合自动化特征提取、深度学习、集群智能等技术，以杀伤链优化为目的深入军事实际业务场景中，提供多种分析、挖掘、问答、推演能力，提升整体作战效能。图24.4是摄星智能公司的军事知识图谱示例。

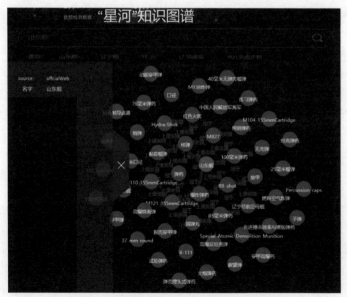

图24.4　摄星智能公司的军事知识图谱示例

⚙ 2. 元学习

在军事领域，获取敌方的情报极其困难，情报资料非常稀缺，导致待分析的敌方情报数据的总体规模和标注规模都相对较小，如无数人冒着重重风险侦察到四张对方军舰的照片，如果采用传统的深度学习方法，就需要大量的图片进行训练，模型才能识别出图片中军舰的型号参数。但仅仅靠弥足珍贵的四张军舰图片，是不可能训练一个神经网络的，模型性能在实战使用中会迅速下降。

而元学习通过学习得出分类数据，则非常接近真实值。准确的数据能大大提升战斗力，提高武器的命中概率，部队和武器的作战效能也会随之增加。元学习是解决小样本问题的关键性技术，能够帮助模型快速学习和适应，从而促进数据稀缺型任务的落地，例如小样本语音克隆合成、小样本行为模式挖掘、零样本目标发现。

我们知道，机器学习是通过数据来对模型进行训练的，数据包括训练集、测试集和验证集，必须要有同类别成百上千张的图片数据方能准确识别。而在现实世界中，以识别动物为例，我们每个人不可能认识世界上所有的生物，但可以通过寻找不同生物之间的相同点和不同点来学会分类。如一个小朋友在成长过程中见过许多不同物体的照片，但从未见过猫咪的照片，但当他/她第一次看过几张猫咪的照片后，却能很好地将猫与其他物体区分开来。元学习就是训练"机器学习"学会区分事物之间的异同以达到分类的目的。元学习能使机器更好地模仿人类"举一反三"的能力，使军事智能逐步摆脱数据的制约。

元学习（meta learning），含义为学会学习，即learn to learn，就是带着对人类这种"学习能力"的期望而诞生的。元学习希望模型获取一种"学会学习"的能力，使其可以在获取已有"知识"的基础上快速学习新的任务，以期像一个从未见过猫咪的人类小朋友一样，让一个猫咪图片分类器迅速拥有分类其他物体的能力。

⚙ 3. XR技术

XR技术具有强大的模拟作战场地功能。埃森哲使用Microsoft HoloLens和游戏引擎Unity创建的混合现实，为军事人员提供了一个交互式地图，显示了地面部队和资源的实时位置和状态数据。通过简单的命令，用户可以要求增援或补给，或通过混合现实界面创建和测试不同的场景。

XR技术还可以增强现场的作战指挥能力。例如，AR眼镜可以在需要的时间和地点提供仪表板和数据可视化——例如在操作基础上。XR还将对训练产生重大影响，允许士兵和飞行员参与高度逼真的战斗模拟。

军事模拟训练的核心技术是扩展现实（XR）。XR包括增强现实（AR）、虚拟现实（VR）和混合现实（MR），可以合并物理和虚拟世界，也可以为用户创建完全身临其境的体验，如图24.5所示。

图24.5 扩展现实（XR）

增强现实（augmented reality，AR），是一种将真实世界信息和虚拟世界信息"无缝"集成的交互体验技术，这种技术的目标是在屏幕上将虚拟的信息模拟叠加到真实世界并进行互动。

虚拟现实（virtual reality，VR）是通过计算机技术模拟出现实中的世界，让人有种身临其境的感觉。同时，虚拟现实具有一切人类所拥有的感知功能，比如听觉、视觉、触觉、味觉、嗅觉等感知系统。最后，VR具有超强的仿真系统，真正实现了人机交互，使人在操作过程中，可以随意操作并且得到环境最真实的反馈。

当前的VR技术最常使用头戴显示器或多投影环境，结合物理环境或道具以生成逼真的图像、声音和其他感觉，模拟用户在虚构环境中的物理存在。使用虚拟现实设备的人能够"环顾"人造世界，在其中移动，并与虚拟形象或虚拟目标进行交互。

混合现实（mixed reality，MR），即MR = VR + AR = 真实世界 + 虚拟世界 + 数字化信息，能让用户同时保持与真实世界和虚拟世界的互动，并根据自身的需要及所处情境调整操作，如图24.6所示。

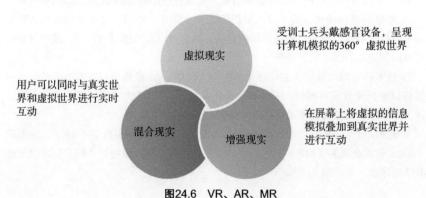

图24.6 VR、AR、MR

AR、VR、MR三者的区别在于，AR是将虚拟的信息模拟叠加到真实世界，让使用者与叠加的虚拟信息交互。VR是将虚拟的信息覆盖掉真实世界，让使用者完全沉浸在虚拟世界中。而MR的关键点就是用户既能与现实世界互动又能和虚拟世界进行互动。如果一切事物都是虚拟的那就是VR的领域了。如果展现出来的虚拟信息只能简单叠加在现实事物上，那就是AR。

⚙ 4. 人工智能安全

目前，网络安全威胁的攻击和复杂性呈几何级增长，在极大程度上制约了作战人员的快速响应甚至先发制人攻击的能力。在真实的战场冲突中，人工智能安全的需求迫在眉睫。2019人工智能顶级会议CVPR发表的论文表明，对抗攻击可以让一个人在摄像头面前几乎隐形；科恩实验室通过研究发现，在路面部署对抗样本干扰后，可导致车辆经过时对车道线做出错误判断，致使车辆驶入反向车道，对抗样本攻击导致真实军事场景的鲁棒性、隐蔽性、实时性、泛化性不足，造成了很大的安全威胁。

（1）对抗样本攻击

早在2015年，IanGoodfellow就提出了对抗攻击的概念。对于样本图片（中国的歼20战斗机图片）只需增加一点点扰动，在人类视觉中干扰图片与原图差别很小，几乎无法看出，但是人工智能深度学习模型却会以99.3%的概率将其错判为其他完全不同的图片（美国战斗机F-22），如图24.7所示。

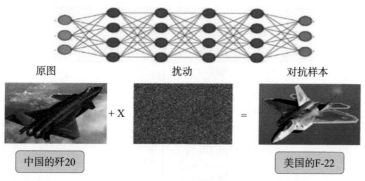

图24.7　对抗样本示例

从图24.7可以看出，叠加在原图输入上的对抗样本会让分类器产生错觉，误将中国歼20战机识别成美国的F-22战机。这在实战中是致命的错误。对抗样本攻击会导致人脸识别、图片识别系统产生错误的分类。

对抗样本是一种通过指定算法进行处理的图片，在原始样本加入部分扰动，使得分类器改变对于原有样本的分类。

（2）鲁棒性

鲁棒是robust的音译，也就是健壮和强壮的意思，表示在异常和危险情况下系统生存的能力。比如说，计算机软件在输入错误、磁盘故障、网络过载或有意攻击情况下，能否不死机、不崩溃，就是该软件的鲁棒性。

（3）AI网络安全解决方案

美海军信息战系统司令部于2019年宣布，海军将举办人工智能应用自主网络安全挑战赛，寻求基于人工智能和机器学习技术的先进网络安全解决方案。挑战赛旨在推动海军探索先进的终端安全产品，通过整合人工智能（AI）和机器学习（ML）模型来检测和挫败恶意软件，将AI和ML纳入网络安全工具包。

⚙ 5. 算力

（1）芯片

人工智能芯片是人工智能发展的基石，是驱动军事装备战斗力提升的关键因素。据统计，在美国国防部研制的新型电子系统（包括导弹制导装置、雷达、战斗机载电子设备等）中，将近80%的非存储器电路都是专用集成电路。军用集成电路指的是在军用领域实现特定功能的电路，可以分为两个层级：第一，芯片/元器件，如CPU（中央处理器）、GPU（图形处理器）、DSP（数字信号处理器）、MCU（微处理器）和FPGA（现场可编程门阵列）等；第二，模块层级，通常属于混合集成电路，以军用芯片为核心和外围元件的二次集成，即在同一基片上将分立的半导体芯片、单片集成电路或微型元件通过膜工艺进行混合组装，这些模块可直接安装于不同的设备和系统中，可独立或协同完成系统所规定的总体工作目标，如图24.8所示。

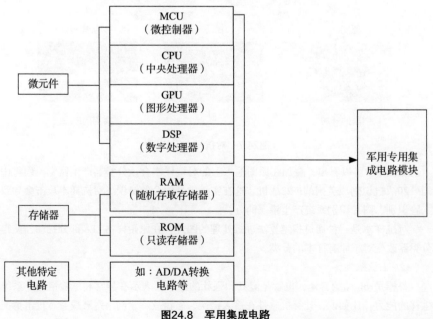

图24.8　军用集成电路

值得注意的是，目前我国军工芯片国产化率尚不足，直接影响了军事装备的战力。

（2）边缘计算

现代战场作战环境复杂多变、数据传输保密要求高，云计算的集中式数据中心存在着数据传输量大、处理链条冗长等缺陷，难以实现对多变战场信息的快速处理和分析。而通过边缘计算的方式，将云计算的计算、存储等能力扩展到网络边缘，提供低时延、高可用和隐私保护的本地计算服务，产生更快的网络服务响应，可以很好地解决中心计算时延长、受网络环境制约等弊端，展现出良好的军事应用前景。

① 边缘计算应用之无人机侦察目标识别　通常，无人机获取的图像通过数据链和无线网络传输到地面控制站，由情报人员进行筛选、判读和标注，获取有用信息。但这种做法无法满足情报处理的实时性要求。另外，传回的视频中包含目标信息的价值内容很少，浪费了大量的战场网络带宽资源。将边缘计算引入无人机侦察目标识别，可较好地解决这一问题：通过在无人机上安装计算芯片，对视频进行实时处理，仅将含有目标信息的关键帧传回地面控制站，减轻网络负担和后方情报处理压力。

② 边缘计算应用之无人运输车自动驾驶　在军事后勤领域，无人运输车能够自主遂行物资装卸、运输投送等任务，减少人员伤亡，提高运输效率和战时后勤保障水平。在行进中，无人运输车需要对行进路线的周围环境进行实时监控，产生的车辆状态数据、道路地形数据等动态数据量庞大，上传云端处理不仅无法满足实时性要求，而且存在数据被窃取和篡改风险。引入边缘计算后，无人运输车在道路行驶中可独立完成终端计算、数据处理和同步等，在复杂环境下实时做出最优驾驶决策，保障行驶安全。

③ 边缘计算应用之重点要害目标防卫　无论是战时还是平时，部队均有大量重点目标需要组织防卫。传统防卫方式是派遣哨兵进行昼夜巡逻，不仅消耗大量人力物力，而且容易遗漏情报。部署具备边缘计算能力的智能摄像头，可自动实现对入侵目标的定位、识别和报警，实现"人防 + 技防"有机融合，有效保障重点要害目标安全。

综上所述，随着军用集成电路、硬件小型化和边缘计算的发展，战场前端具备了更强的计算、分析和协同能力，催生出自主侦察无人机、无人运输车、智能摄像头、智慧弹药等"边缘智能"产品，提升了复杂战场条件下作战平台的自主感知、独立分析能力和边缘自主决策水平，如图24.9所示。

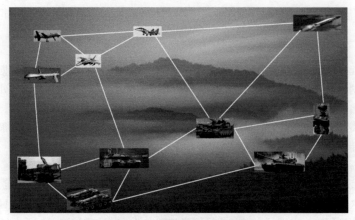

图24.9　智能军事边缘计算

⚙ 6. 传感器

当今，传感器在军事上的应用极为广泛，可以说无时不用、无处不用，大到星体、两弹、飞机、舰船、坦克、火炮等装备系统，小到单兵作战武器；从参战的武器系统到后勤保障；从军事科学试验到军事装备工程；从战场作战到战略、战术指挥；从战争准备、战略决策到战争实施，遍及整个作战系统及战争的全过程。

智能军事的核心技术之一是信息的采集、传输和处理技术，即传感器技术、通信技术和计算机技术。它们构成了智能军事系统的"感官""神经"和"大脑"。传感器能感知被测目标的各种非电量信息并能将其转换成可测量的电信号；简单说传感器是将外界信号转换为电信号的装置。

近十几年来，发生的历次局部战争中使用的高技术武器上都装有多种传感器，在对目标探测、精确制导、电子对抗、通信指挥、故障诊断和自我防护中发挥了重要作用，以下撷取几例加以介绍。

（1）士兵健康监测

未来战争形势复杂多变，战争发起的突然性、战争本身的残酷性以及恶劣的战场环境都将给参战士兵带来严重的生理和心理上的伤害。如何迅速展开对受伤士兵的救治和管理也将成为未来战地应急医疗系统的重中之重。随着可穿戴设备技术越来越成熟，通过实时监测士兵的生理状态、快速准确地确定受伤士兵的身份和伤情等个人详细信息并迅速展开救治的人工智能战场医疗管理系统，取代传统的、落后的战场伤员救治和管理方法，可以最大幅度地提高未来战场伤员治愈率，保障部队的战斗力。

早在2003年，美海军就曾测试了"战术医疗协作系统"（Tactical Medical Coordination System，TacMedCS）。该系统综合应用了RFID技术和卫星通信技术以追踪野战条件下伤残士兵的状态和后送情况。当受伤士兵需要进行治疗时，医生将其

ID、病情、过敏史和既往病史编码输入标签，这些数据随后通过卫星传送到指挥中心。在未来的新测试中，士兵们将被发放基于RFID技术的写有姓名、社会保险号、血型及其他一些重要信息的"军人身份牌"。在模拟训练及未来的实战中，医护人员将从"身份牌"中读取的数据直接写到腕带中并发放给伤员，这样做能够很大程度地节约时间并减少出错概率。

（2）电子战信号处理和信号情报

一个军事目标，无论是动态的还是静态的，无论采取何种伪装或防护，都有可被探测的物理因素，如目标的形状、颜色、速度、振动，目标本身反射或发出的无线电波、红外线、雷达波、音响噪声等。这些物理因素构成了目标的可探测性和可攻击性。军用传感器主要作用之一就是根据这些目标信息，对目标进行精确定位，引导武器系统的战斗部分将其摧毁。

随着现代电子战的需求和发展，传感器技术在军用装备中起到"军力倍增器"的作用。由于与其他类型传感器一样，电子战传感器也会产生许多虚假信号、噪声。为了能够"理解"数据并将其转换为可用于作战行动的信息，美国国防部利用人工智能技术来过滤噪声和分类信号，以减少战士在信号检测方面的"认知负担"。

（3）设备预测性维护

战争不会挑日子，备战没有间歇期。全时待战、随时能战是装备保障等实战化水平的综合体现，打仗在某种意义上讲就是打保障。过去那种单纯依靠定期检查和人的经验来维护设备的方式已无法适应现代战争的需要。因此，通过安装在军事装备内部的各种传感器，对装备各部位（如火控系统、发动机系统）的各类参数连续、并行地进行采集、分析，提醒相关人员即将出现的故障问题，用以保证武器本身处于最佳状态，发挥最大效能。例如美军在布雷德利坦克车上安装传感器，向维护显示器提供稳定的实时数据流，使维护人员和士兵可以随时获取设备健康状况的实时快照以指导维护保养作业。

预测性维护可以在全寿命期内实时监测军事装备是否发生损伤，以及发生在哪里。精细而准确地筹划、建设和运用装备保障资源，以在准确的时间、准确的地点为部队提供准确数量的装备物资和高质量的装备技术保障，使保障适时、适地、适量原则达到尽可能精确的程度，最大限度地减少停机时间并提升装备潜力。

（4）智能微尘系统

将微小的无线传感器大量地装在宣传品、子弹或炮弹壳中，在目标地点撒落下去，形成秘密的监视网络，从而使敌国的军事力量、人员、物资的运动被侦察得一清二楚。美国五角大楼将此项目命名为智能微尘。智能微尘还可以用于防止生化攻击——智能微尘可以通过分析空气中的化学成分来预告生化攻击。

（5）智能结构

智能结构是将传感器、微处理控制系统和驱动元件融合在材料或结构中，使结构不仅像一般材料一样可以承受载荷，还具有感知和处理内外部环境信息的能力。其物理结构能像"变形金刚"一样智能地变形，实现自诊断、自适应、自修复等功能。智能结构在军事应用中具有很大的潜力。目前，主要应用于以下几个方面：一是智能蒙皮。将光纤作为智能传感元件放置于飞机机翼的蒙皮中，或者在武器平台的蒙皮中植入传感元件、驱动元件和微处理控制系统，形成的智能蒙皮可用于预警、隐身和通信。二是结构检测和寿命预测。在材料或结构的关键部位埋置光纤传感器或其阵列，可以对构件内部的应变、温度、裂纹进行实时测量，探测其疲劳和受损伤情况，从而实现对结构进行损伤评估和寿命预测。三是减振降噪。智能结构用于航空、航天系统可以消除系统的有害振动，减轻对电子系统的干扰，提高系统的可靠性。智能结构用于舰艇，可以抑制噪声传播，提高潜艇和军舰的隐身性能。四是环境自适应结构。智能结构制成的自适应机翼，能够实时感知外界环境的变化，并可以驱动机翼弯曲、扭转，从而改变翼型和攻角，以获得最佳的气动特性，降低机翼阻力系数，延长机翼的疲劳寿命。

第二十五章　人工智能改变未来

　　人工智能正在整个人类文明中迅速传播，它有希望改变一切，从教育到医疗，从工业到商业，从生活到军事……但是我们才刚刚开始。

一、人工智能发展现状

⚙ 1. AI技术

　　在模拟大脑工作方式时，人工智能利用了许多不同的子域：

　　机器学习可自动进行分析模型构建，以发现数据中隐藏的见解，而无须进行编程以寻找特定的事物或得出一定的结论。

　　神经网络模仿大脑中相互连接的神经元的阵列，并在各个单元之间中继信息，以找到连接并从数据中获取含义。

　　深度学习利用非常大的神经网络和大量计算能力来查找数据中的复杂模式，以用于图像和语音识别等应用。

　　认知计算是关于创建"自然的，类似于人的交互"，包括使用解释语音并对之做出响应的能力。

　　计算机视觉通过模式识别和深度学习来理解图片和视频的内容，并使机器能够使用实时图像来了解周围的事物。

　　自然语言处理包括分析和理解人类语言并做出响应。

⚙ 2. 工作革命

　　人工智能带来的工作革命的特征是，它不改变我们所做的事，它改变的是我们自己。如果说以前几次技术革命，顶多是人的手、脚等身体器官的延伸和替代，那么这次人工智能则将成为人类自身的替代。在越来越多的领域，人工智能正在快速超越人类。这也意味着，大批的翻译、收银员、助理、保安、司机、交易员、客服、搬运工、操作工、装配工……这些工种都可能在不远的未来，失去自己原来的工作。《未来简史》作者尤瓦尔赫拉利直接豪言："在未来20～30年，有超过50%的工作机会被人工智能取代。"而斯坦福大学教授卡普兰做了一项统计，美国注册在案的720个职业中，将有47%被人工智能取代。在中国，这个比例可能超过70%。

⚙ 3. 5G

　　5G是万物互联的基础，也是人工智能发展的新动力。5G，即第五代移动通信技术。

　　如果说从2G到4G是进步的话，那么4G到5G是一次革命性的质变。这样说是不是有一些夸大5G了？其实不然，2G的频宽是200kHz，3G的是频宽是5MHz，4G的是

20MHz，而5G为1GHz，这是什么概念？就是立等可取。

　　首先，5G的出现史无前例地改变了网络上行流量，使上行速率得到百倍以上的提升。传统网络偏重下行速率，传统终端也主要用于下载数据，5G上行速率的提升再一次改变人类的通信方式，引发了一场终端变革。

　　其次，互联网时代与5G物联网时代的本质区别在于数据传送的方向不同。互联网是一个内容交付网络，本质上是从中心向大众传送内容；而物联网恰恰相反，它由外而内地从边缘引入海量数据。在5G时代，无论是"人的连接"，还是"万物互联"，都将自下而上地产生海量数据。而人工智能通过收集海量数据，从数据中自动识别、学习模式和规则，并代替人工来预测趋势、执行策略。它本质上是自下而上的数据驱动，靠海量数据不断"喂食"来产出最大价值。

　　5G技术的另一项重大突破点是延迟——信号在网络中传播所需的时间。5G信号的延迟仅有1ms，而4G的延迟可达50ms甚至更长。所有的游戏玩家都十分在意网络延迟，因为它严重影响游戏体验，而延迟时间缩短就意味着远程控制的游戏角色响应更快。除此之外，各家电信运营商也已经证明，延迟低，就能更准确地控制无人机，甚至可以通过移动网络连接进行远程手术。

　　再次，5G基站可以处理多达100万个连接，而4G基站则只能处理4000个。这一突破对体育赛事、大型演出等大规模活动的通信具有重要意义，并且可以为物联网的各种应用提供支持。图25.1是人工智能与5G万物互联的详情。

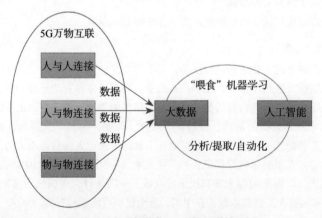

图25.1　人工智能与5G万物互联的关系

　　人工智能赋予机器智慧，5G将使万物互联变成可能。二者相结合将会产生更多的商业应用价值，未来，在车联网、自动驾驶汽车、智能家居、虚拟现实、高清直播、智能制造、智能电网、全息通信等领域大放光芒。

⚙ 4. 边缘计算

尽管5G为人工智能数据的传送速度及质量提供了有效保证，但是在物联网时代，随着智能终端产品的增长，大量数据通过有限的网络连接传输至数据中心进行运算后，再传回设备端，会导致额外的延时并浪费宝贵的带宽。如果没有边缘计算的支持，将会有很多应用可能都无法实现，例如自动驾驶、远程医疗以及智慧城市等。这些智能终端产品或解决方案，都需要做出实时决策的快速分析，不允许超过数毫秒的时延，并对于抖动或时延变化极其敏感。

在边缘处理人工智能工作负载的一个主要优势是，相对于等待来自远程基于云的服务器的查询响应，延迟大大减少。未来的摄像机、机器人和计算机将能够做出改进和更明智的判断，而不是不断地查询远程云服务器并在做出决定之前等待。例如，自动驾驶汽车需要实时决定是左转还是右转，而不是等待服务器做出响应。此外，使用计算机视觉的无人机将通过在设备上使用人工智能来调整自己的飞行路径来提高可靠性。

作为未来社会、经济运行的基础设施的重要组成部分，边缘计算将像助推器一样在其中发挥着巨大的作用。只有边缘计算的成熟、普及，物联网、智慧城市等才有机会加速。

⚙ 5. 6G

6G技术将推动新一代人工智能的应用。据预测，6G将在2030年到来。它将提供更快的速度、更大的容量和更低的延迟。在速度方面，6G会为用户提供更快的下载速度——目前的研究结果是，6G的下载速度可达1Tb/s，并可连接数万亿个物体，而不是数十亿个移动设备。如此大规模的连接、大量数据及超低延迟，都是5G网络无法实现的。

从覆盖范围上看，6G无线网络不再局限于地面，而是将实现地面、卫星和机载网络的无缝连接。从定位精度上看，传统的GPS和蜂窝多点定位精度有限，难以实现室内物品精准部署，6G则足以实现对物联网设备的高精度定位。同时，6G将与人工智能、机器学习深度融合，智能传感、智能定位、智能资源分配、智能接口切换等都将成为现实，智能程度得以大幅度跃升。

⚙ 6. 3D打印

现在，3D打印机正变得越来越强大，也逐步具有对所有材料制造的复杂对象进行打印的能力。传统制造方法在生产汽车内部一些复杂的零部件时，往往费时又费钱。此时3D打印技术就可以大展拳脚了，3D打印出的零部件使用的是非常精细的钢铁或者铝质金属粉末，其颗粒大小不及人类发丝的一半，因此在精度上完胜传统制造技术。

很多汽车制造企业已经开始使用3D打印技术，奥迪汽车公司就曾使用3D金属材料打印机打造出了一辆完整的经典款赛车，这款缩小了一半的3D打印赛车可容纳一名驾驶员。在未来，借助3D技术打印的汽车将会实现量产。

未来，人工智能技术让3D打印实现以机器制造机器。在以往的机器人制造中，工程师总是根据现有的理论和需要达到的既定目标设计出机器人的每一个部分并最终将机器人组装起以测试机器人的性能。而现在的机器人制造，则更像是一个由造物主所控制的智能进化的过程。在计算机模拟的虚拟空间中，工程师可以设定一个机器人所需要达到的目标，比如行进速度、行进里程或在特定的地形下进行行走等参数。然后计算机则会根据可以使用的元件进行虚拟的3D打印。

这些虚拟3D打印的机器人是完全随机的，它们的样子奇形怪状，甚至有些像是自然界中的腔肠动物和蠕虫。计算机会尝试将控制元件和驱动元件放置在机器人不同的位置。然后让这些机器人在虚拟空间中进行竞赛，留下那些在同一组中性能优越的，删去那些性能较差的。然后在性能优越的虚拟机器人中找到共同点制出更能满足原始需求的机器人。

这种改变不仅仅在于3D打印与智能设计的结合那么简单，其意义在于人类第一次将设计、控制和进化的能力赋予了机械，让机器人变成了一种可以进行繁衍的拟态生物。

⚙ 7. 植入式芯片或设备

将来，"人机融合"是未来发展的一个大趋势。2002年，56岁的英国控制论专家凯文·沃维克（Kevin Warwick）率先拿自己的身体做起了实验。在他的安排和指点下，外科医生在牛津拉德克利夫（Radcliffe）医院的手术台上，把诸多微电子芯片的感应器植入到了他的神经系统。按照凯文·沃维克的理论论证，植入芯片后，他的神经系统便会受到外界感应器的调节和控制，而不是完全由他的大脑控制，因此神经系统会变得更加强韧，他能够突破年龄的衰老曲线，做一些年轻人热衷的事情。

在《时代周刊》对他的回访中，人们惊讶地发现，这位控制论专家仍然生龙活虎，通过配套特殊的光学眼镜和身体内的神经芯片相连，他可以获得比常人更高的视觉分辨率。这让我们对"半人半机器"的赛博格（cyborg，又称改造人）充满了期待。

2018年，瑞典有上万人选择了在手掌上植入一种圆柱形微型芯片。在手上虎口处植入之后，很多东西（钥匙、银行卡等）都不用带了，"刷手"就能开智能锁，上车时扫描芯片即可；它还是电子钱包，甚至，取代了健身卡……

未来，可植入式的医疗设备，比如心脏起搏器和植入式人工耳蜗，会逐渐变得更主流化。可植入式的手机将会进入商业化应用。这种手机将能够潜在地追踪用户的健康状况，且结果会更加精确。此外，这种手机也能够允许用户通过脑电波或信号的方式，代替语言来进行交流。

⚙ 8. 脑波交互

人类有两种类型的"文字"：语言文字，非语言文字。语言文字比如电子邮件、短信、信函、聊天等。然而还有其他一些非语言文字，比如我们的脸部表情和肢体语言、语音语调等。除此以外，我们还想到其他一些我们没有来得及使用到的语言信息，比如我们大脑的活动。

脑波交互技术的目标，是让人和机器的关系更加紧密，这项技术在目前已经有了一定的探索，但还没有得到比较广泛的应用。可以说脑波交互技术将会是可穿戴设备产业的终极交互方式，未来，我们借助于脑波交互技术，会构建出人与人之间的一种新的沟通方式——人类直接通过脑波交互读取思维，由此更加准确而深度地解读到"人"们内心深处的真正想法。人与机器的关系，也会发展到极致，会成为"人与人"一样，所有的物体都有"情感"、有"生命"、可以和人交流，使机器由被动接受指令到主动提供服务，由人类单向输入到人机双向交流。

⚙ 9. 数字身份

人工智能时代是一个全面数字化的时代，客观世界数字化后会生成大量的数据。数据已被公认为数字经济的石油，也是人工智能核心的原材料，是新经济的引擎。大量纷杂的数据资产如何有效使用，就成了一个新的课题。数据治理成了一门新兴的研究领域。

数据治理的第一步就是标准化，而标准化的第一步就是要明确数据产生的主体是谁。这个主体就需要一个确定的数字身份，而且不可抵赖、不可篡改，还要求公开透明统一认证，也就是具有共识。理清数字身份是数据治理的第一步。

数字身份就是指将真实身份信息浓缩为数字标识代码，用以连接物理世界的自我和数字世界的自我。物理世界到数字世界的映射过程就是"身份认证"，数据世界大量数据的产生，导致了网络犯罪和数字身份盗用的迅速发展。为了确保映射的安全，也就是认证的安全，可以通过人工智能来确保数据和数字身份的安全。人工智能可以终结单个黑客的统治，因为在软件程序发布之前，就已经能够检测到代码中可能存在的安全漏洞。

目前，人工智能认证仍处于早期阶段，在未来，可以通过智能自适应认证、生物特征认证和智能数据来实施纳秒级响应能力的人工智能认证。

⚙ 10. 眼球追踪

目前我们的人机交互还主要靠的是键盘、鼠标、触摸，这些输入并不直接也不高效。人机互动的发展方向应该是越来越人性化，要能"听"、能"看"，能主动探索和回应需求。

　　眼球追踪就是这样一个让机器人更懂人类的技术。当人的眼睛看向不同方向时，眼部会有细微的变化，这些变化会产生可以提取的特征，计算机可以通过图像捕捉或扫描提取这些特征，从而实时追踪眼睛的变化，预测用户的状态和需求，并进行响应，达到用眼睛控制设备的目的。

　　眼球追踪主要是研究眼球运动信息的获取、建模和模拟。一是根据眼球和眼球周边的特征变化进行跟踪，二是根据虹膜角度变化进行跟踪，三是主动投射红外线等光束到虹膜来提取特征。

　　眼球追踪技术的发展由来已久，应用的场景广泛。在心理学实验中，可以通过人的瞳孔变化来监测一个人是否在说谎；在广告效果监测方面可以通过人眼注视点的移动来判断人的偏好；而到了人机交互方面，眼睛可以取代键盘、鼠标和触屏，一些手机可以在人眼离开时暂停视频播放，也有残障人士通过眼睛打字完成了一本书的写作。

　　未来，眼球追踪技术可以更进一步地从"心灵的窗口"升级优化人机交互体验。

⚙ 11. AI超级计算机

　　2021年，特斯拉发布了AI训练芯片DOJO "D1"。DOJO，取名源自日语里"练武"专用的道场，指冥想或练习武术的地方。顾名思义，DOJO就是特斯拉AI不断精益功夫的道场。

　　D1芯片采用7纳米技术，具有500亿个晶体管，单片FP32可达到算力22.6 TOPS，BF16算力为362 TOPS。

　　特斯拉用"Pure Learning Machine"即纯学习机器来称呼D1芯片。D1芯片不只具备单兵作战能力，还有集团军作战能力。D1芯片之间可以无胶连接，可以在任何主要方向上进行计算和通信，而且相邻的芯片之间延迟也很低，甚至50万个节点都可以连接在一起，形成更大算力的训练阵列。将25个"D1"芯片放在一块训练板上，再集成上排热、电源等一系列模块，最终就可以达到9 petaflops的计算能力，最大36TB/s的I/O带宽。

　　而将3000个特斯拉D1芯片集成排列在120块训练模块上，就组成了最终的DOJO超级计算机——ExaPOD。建成后，它将是世界上最快的超级计算机，它具有超过100万个训练节点，算力达到1.1EFLOP，而且每单位能耗下的性能比当今最强超算高1.3倍，但碳排放仅为1/5。

⚙ 12. 量子计算

　　回首人工智能的发展史，神经网络以及深度学习的发展会不会像以往一样再次陷入低谷？以史为鉴，这个过程可能取决于量子计算的发展。

　　深度学习需要耗费巨大的算力和巨大的数据，机器学习技术的进步有赖于计算能力的提高，量子计算机的计算能力比现有计算机强太多，必然能推动机器学习的发展，这就好比，一个脑子转得很快、更聪明的人比一个反应慢的人处理问题更快更好。

量子计算是一种遵循量子力学规律调控量子信息单元进行计算的新型计算模式，它的处理效率要大大快于传统的通用计算机。2019年，谷歌开发出了53量子比特的量子计算机，只用了约200秒就完成了当时全球最强大的超级计算机大约需要一万年才能完成的任务。

研究发现，人脑计算的工作过程与量子计算的形态相类似。目前已知的最大神经网络与人脑的神经元数量相比，仍然显得非常小，仅不及1%。所以，未来想真正实现人脑神经网络的模拟，需要借助量子计算。

二、人工智能的未来

⚙ 1. 人工智能技术的未来之路

在计算机视觉上，未来的人工智能应更加注重效果的优化，加强计算机视觉在不同场景、问题上的应用。

在语音场景下，当前的语音识别虽然在特定的场景（安静的环境）下，已经能够得到和人类相似的水平。但在噪声情景下仍有挑战，如原场识别、口语、方言等长尾内容。未来需增强计算能力、提高数据量和提升算法等来解决这个问题。

在自然语言处理中，机器的优势在于拥有更多的记忆能力，但欠缺语义理解能力，包括对口语不规范的用语识别和认知等。人说话时，是与物理事件学相联系的，比如一个人说电脑，人们知道这个电脑意味着什么，或者它能够干些什么。而在自然语言里，它仅仅将"电脑"作为一个孤立的词，不会去产生类似的联想，自然语言的联想只是通过在文本上和其他所共现的一些词的联想，并不是物理事件里的联想。所以如果要真的解决自然语言的问题，将来需要去建立从文本到物理事件的一个映射，但目前仍没有很好的解决方法。因此，这是未来着重考虑的一个研究方向。

当下的决策规划系统存在两个问题：第一是不通用，即学习知识的不可迁移性，如用一个方法学了下围棋，不能直接将该方法转移到下象棋中；第二是大量模拟数据。所以它有两个目标，一个是算法的提升，如何解决数据稀少或怎么能够自动产生模拟数据的问题，另一个是自适应能力，当数据变化的时候，它能够去适应变化，而不是能力有所下降。

所有上述的一系列问题，都是未来五年或十年希望得到解决的，如图25.2所示。

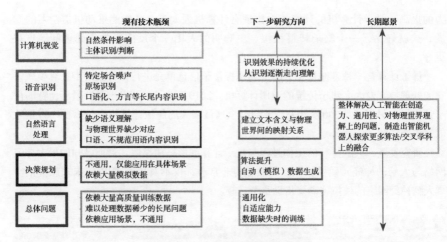

图25.2　人工智能技术的未来之路

✿ 2. 弱人工智能的前进方式

计算机科学家Donald Knuth：人工智能已经在几乎所有需要思考的领域超过了人类，但是在那些人类和其他动物不需要思考就能完成的事情上还差得很远。

弱人工智能目前已经实现了，强人工智能还有很长的一段路要走。那么，目前究竟遇到了哪些困难呢？

第一步：提高计算机的处理速度。要达到强人工智能，首先要提高人工智能系统硬件的运算速度，如果一个人工智能要像人脑一般聪明，TA至少要具备人脑的运算能力。

第二步：让计算机变得更智能。

① 方法一，模拟人脑。回顾历史，在20世纪60～70年代，加拿大神经生理学专家David Hubel（1926～2013）与瑞典生理学家Torsten Wiesel（1924～ ）紧密合作，以实验为基础，搞清楚了大脑视觉系统对外界刺激信号的反应机制，证明了大脑神经皮层的多层次结构，奠定了现代人工智能的仿生学基础。为此，荣获1981年度诺贝尔医学奖。

2006年，加拿大人工智能专家Geoffrey Hinton在《科学》期刊上发表署名文章，指出：深度神经网络（DNN）在系统训练上的难度，可以通过"逐层初始化"（Layer-wisePre-training）来有效克服。从此，开启了深度神经网络（DNN，又叫"深度学习"）的研究与应用的世界浪潮。

在逆向工程人脑的路上，科学界一直在路上，不断模拟着人脑以创造更加复杂的人工神经网络，企图完全模拟人类大脑的工作。目前我们已经能模拟小虫子的大脑了，蚂蚁的大脑也不远了，接着就是老鼠的大脑，相信未来，模拟人类大脑就不是那么不切实际的事情了。

　　② 方法二，向人类以外的生物学习，让现代人工智能走在仿生学的大道上。在人工智能的研究中，除了计算机科学和神经科学，其实还有神经科学以外的仿生学内容，也就是对人类大脑以外的生物有机体结构或行为的模拟。

　　有一种被称为黏菌的微生物，在其觅食的过程中，可以设计出类似于人类城市的交通路网。2008年，日本东京大学的一个实验小组就利用黏菌进行了这样一个实验：他们先把整个东京市以及周边的36个城市的地图，等比例地浓缩进了实验室的培养皿中，在东京附近的那些城市上，放上黏菌爱吃的食物。然后，他们把黏菌放在东京市的位置上。实验人员打开微缩摄像头，拍摄着培养皿。一天多过去了，当实验人员再次打开培养皿的时候，他们发现，一张完整的交通网络刚好把周围的几个城市和中心的东京市连通到了一起，如图25.3所示。

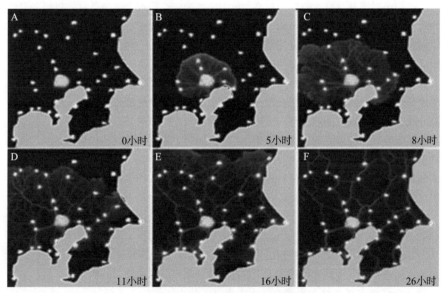

图25.3　黏菌长成的"交通网"

　　在最初的8小时里，黏菌一直都在攻城略地，修建管道网络，触达越来越多的食物点。这个时候的网络又细又密，很像是我们的毛细血管。但是，到了11小时以后，黏菌开始优化这些管道网络了。大量的毛细血管管道消失，少数的管道变粗、变清晰。26小时后，这个网络基本定型。

　　实验人员把这个网络输入到电脑中，计算这个黏菌网络在输运效率等方面的表现。他们发现，这个网络竟然毫不逊色于人类设计的堪称现代运输效率典范的东京交通网络！也就是说，虽然从生物学的角度看，黏菌不属于多细胞动物，没有神经细胞分化，也没有脑，但是其细胞生长对于食物源化学信号的感知和反应已经可以为人工智能的设计提供参考。

在自然界中各种生物群体显现出来的智能近几十年来得到了学者们的广泛关注，学者们通过对简单生物体的群体行为进行模拟，进而提出了群智能算法。其中，模拟蚁群觅食过程的蚁群优化算法是最主要的群智能算法之一。

蚁群算法是一种源于大自然生物世界的新的仿生进化算法，最早由马洛克·多瑞哥（Marco Dorigo）在博士论文工作期间提出，可以为人们解决路径优化的问题提供帮助。简单来讲，比如我们想要解决"一个多面体上的两点，怎么走才最短"这个问题时，我们可以不断地在一个点释放"蚂蚁"，这些"蚂蚁"会在多面体上运动并走到另外一个点。当"蚂蚁"数量足够多时，我们就能得到在特定条件下，某条"蚂蚁"走出的"最优"路线。

我们小时候都观察过蚂蚁，在路上放一小块面包，蚂蚁会过来觅食。蚂蚁来搬食物时，会渐渐地形成一条弯弯曲曲的队伍。路上要是碰到了石头，蚂蚁们就会自动分成两队，绕过这块石头。神奇的是，只要这两条路长度不一样，比较长的那条就会慢慢消失，蚂蚁们总会逐渐集中到比较短的路上去。

好像蚁群总能知道哪条路离食物更近，这对单只蚂蚁来说，是不可能的，其根本原因是蚂蚁在寻找食物时，在其经过的路径上释放一种特殊的分泌物——信息素（也称外激素）。随着时间的推移，该物质会逐渐挥发，后来的蚂蚁选择该路径的概率与当时这条路径上信息素的强度成正比。当一条路径上通过的蚂蚁越来越多时，其留下的信息素也越来越多，后来蚂蚁选择该路径的概率也就越高，从而更增加了该路径上的信息素强度。而强度大的信息素会吸引更多的蚂蚁，从而形成一种正反馈机制。通过这种正反馈机制，蚂蚁最终可以发现最短路径。

蚁群算法已被广泛应用于求解旅行商问题、分配问题、车间作业调度等优化问题。

③ 方法三，让电脑自我进化。研究人员创造了一种新软件，他们借用达尔文进化论"适者生存"等概念构建了人工智能程序，在没有人类输入的情况下，后者也能一代又一代地改进。这个程序在几天内重复了数十年来的人工智能研究。设计者认为，未来有一天TA可能会带来人工智能的新方法。

霍金提示过让电脑自我进化带来的风险："完全人工智能的发展可能意味着人类的终结。它会脱离控制，以越来越快的速度重新设计自己。人类受到缓慢的生物进化的限制，无法与之竞争，并将被人工智能取代。"

⚙ 3. 强人工智能到超人工智能之路

从弱人工智能到强人工智能，还有哪些需要改进和增强的地方呢？

以发展的观点来看，总有一天，我们会造出与人类智能相当的强人工智能电脑。

到了这个时候，人工智能不会停下来，考虑到强人工智能较于人脑的种种优势，人工智能只会在"人类水平"这个阶段上做短暂的停留，然后就会大踏步地向超人类级别的智能走去。

超人工智能超越人类的方面：

硬件上，运算速度以几何级的速度增长；容量和存储空间也迅速提升，从而远远超过人类，并会持续地拉开与人的距离，而且不知疲倦，一直学习，不断优化，具有高可靠性和持续性。

软件上，更具可编辑性、升级性，以及更多的可能性。和人脑不同，电脑软件可以进行更多的升级和修正，并且很容易做测试。另外一个则是集体能力，人类的集体智能是我们统治其他物种的重要原因之一，而电脑在这方面比我们要强得多。一个运行特定程序的人工智能网络能够在全球范围内进行同步，这样一台电脑学到的东西会立刻被其他所有电脑所学得，而电脑集群可以共同执行同一个任务。异见、动力、自利这些人类特质不会出现在电脑上。

⚙ 4. 智能爆炸——强人工智能时代

如果强人工智能时代来临，地球将是一幅怎样的景象呢？

人类统治地球观：人类对于地球的统治教给我们一个道理——智能就是力量。也就是说一个超人工智能，一旦被创造出来，将是地球有史以来最强大的东西，而所有生物，包括人类都只能屈居于其下——而这一切有可能在未来几十年就会发生。当一个超级人工智能出生的时候，对我们来说，就像一个全能的上帝降临地球一般。

递归的自我改进概念：一个运行在特定智能水平的人工智能，有自我改进的机制，当TA完成一次自我进化后，就比原来更加聪明了。我们假设TA进化到了爱因斯坦的水平，继续进行自我进化，因为TA现在具备了爱因斯坦水平的智能，所以这次的进化会比上一次更加容易，效果也更好。第二次进化使TA超越了爱因斯坦，而且接下来TA的进步会更加明显。如此反复，这个强人工智能的智能水平越来越快，直到TA达到了超级人工智能的水平——智能爆炸，也就是加速回报定律的终极体现。

警惕人工智能的原因：现在很多科学家都在提出警惕人工智能，要建立和完善法律法规，目的就是担心未来人类会因此被人工智能所毁灭。那些在我们看来超自然的只属于全能的"上帝"的能力，对于一个超级人工智能来说，可能就像按下一个电灯开关一样那么简单，防止人类衰老、治疗各种不治之症、解决世界饥荒，甚至让人类永生、操纵气候来保护地球未来……这一切都将变得可能，而同样可能的，是地球上所有生命的终结。

⚙ 5. 关于人工智能发展的预测

雷·库兹维尔（Ray Kurzweil）是《时代周刊》的封面人物，比尔·盖茨称赞他为"预测人工智能最准的未来学家"。《财富》杂志称他为"传奇的发明家"，被

《Inc.》杂志称为"托马斯·爱迪生的法定继承人"。2009年，基于他的奇点理论，Google与美国宇航局（NASA）展开合作，开办了一所致力于培养未来科学家的学校——奇点大学，并由他出任校长。

雷·库兹维尔通过追溯历史和科技的发展轨迹以预测未来，其科学预测闻名于世，其中一些已如期出现在我们的世界，例如便携电脑、无线网络、书籍电子化、自动驾驶汽车、谷歌眼镜、VR系统、会谱曲的人工智能等。2010年10月，他发表了一份报告，分析了他在1990年出版的《智能机器的时代》、1999年《机器之心》和2005年《奇点临近》3本书中所做的所有预测。在147次预测中，115次完全正确，12次基本符合，17次部分符合，只有3个结果错误。作为未来学家，其预测准确率达到86%!

表25.1是雷·库兹维尔预测的我们的未来（到2099年）。

表25.1　雷·库兹维尔的预测

时间	预测内容
2025年	无人驾驶的飞行器和汽车将100%由电脑控制 纳米技术快速发展，这将有助于我们理解人类的大脑是如何工作的
2027年	精确的人脑计算机建模将成为可能
2029年	纳米机器将被广泛用于医学 纳米技术利用变得频繁，以至于彻底改变世界经济 纳米机器将能够穿透细胞输入营养、消除浪费，所以传统的饮食过程将变得没有必要
2030年	意识上传将成为可能，人们将能够在互联网中生活，投射身体和虚拟现实 纳米机器人将被植入脑内，直接与脑细胞相互作用 人脑中的纳米机器将有助于提高认知和感觉能力，包括记忆力 人们将能够通过无线网络进行心灵沟通，这将可能改变人的个性和回忆 "人体3.0"将出现，将不会有一个特定的身体形状，人们只要喜欢，就能够改变外表
2040年	非生物智能将超过生物智能数十亿倍 人们将大部分时间都花在虚拟现实上，犹如《黑客帝国》那样 纳米机器将被广泛用于创造任何形状和表面
2045年	人类进行"升级"和"上传"已经成为常态 一台比所有人都聪明十亿倍的计算机可以用1000美元的价格购买 科技奇点将会到来：人工智能将超过人类的智慧，并将成为地球上最聪明的生命形式永远改变人类的历史，人类不会灭绝，因为此时人类和机器之间并没有太大的区别

续表

时间	预测内容
2045～2099年	地球将变成一台巨大的电脑 那些想要保持自然状态的人会住在特别的保留区 人类将不再受光速的限制 人工智能的影响力扩展到整个太阳系，然后是其他星系，恒星、行星和流星将被转化为能够维持生命的结构性物质
2099年	机器将能够构建与行星一样大小的计算机

　　听起来不可思议，不是吗？

　　也许，人工智能的未来，正如霍金所言：人工智能的进化速度可能比人类更快，正在朝着我们可预料和不可预料的方向飞速发展。其终极目标将是不可预测的。

参考文献

[1] 梅子行. 智能风控：原理、算法与工程实践[M]. 北京：机械工业出版社，2020.

[2] IDC. 智能互联——赋能零售新时代[R]. 北京：国际数据公司（IDC），2019.

[3] 徐思彦，杨思磊，贺晓青，等. 2018智慧零售白皮书：零售不死，巨变时代的零售转型工具箱[R]. 北京：腾讯研究院，2018.

[4] 玄讯快消智研中心. AI如何加速数据智能与零售行业深入融合研究白皮书[R]. 广州：玄讯快消智研中心，2020.

[5] 朱岩. 社区服务及其智慧化白皮书2018[M]. 北京：清华大学互联网产业研究院，2018.

[6] 中国电子技术标准化研究院. 智慧家庭标准化白皮书[R]. 北京：工业和信息化部电子工业标准化研究院，2016.

[7] 阿里云IoT事业部. 中国智能家居产业联盟CSHIA，新浪家居. 2019中国智能家居发展白皮书——从智能单品到全屋智能[R]. 杭州：慧博投研资讯，2019.

[8] CSHIA Research. 2020中国智能家居生态发展白皮书——从全屋智能到空间智能化[M]. 北京：物联网报告中心，2020.

[9] 中国移动通信集团有限公司，华为技术有限公司. 5G时代智能安防十大应用场景白皮书[R]. 深圳：中国移动通信集团有限公司与华为技术有限公司，2019.

[10] 佳都科技. 人工智能技术白皮书丨安防篇[R]. 广州：智客纽豪斯，2017.

[11] 中科院自动化所，浙江宇视科技有限公司. 安防+AI 人工智能工程化白皮书[R]. 北京：中科院自动化所，2018.

[12] Python深度学习. Francois Chollet[M]. 北京：人民邮电出版社，2018.

[13] 王永庆. 人工智能原理与方法. 西安：西安交通大学出版社[M]，1998.

[14] 尹朝庆. 人工智能方法与应用. 武汉：华中科技大学出版社，[M]，2007.

[15] 艾瑞咨询. 中国后智能厨房案例研究报告[R]. 上海：艾瑞咨询研究院，2020.

[16] 艾瑞咨询. 中国金融科技行业研究报告究[R]. 上海：艾瑞咨询研究院，2019.

[17] 艾瑞咨询. 中国人工智能＋金融行业研究报告[R]. 上海：艾瑞咨询研究院，2018.

[18] 艾瑞咨询. 2018年中国AI+营销应用落地研究报告[R]. 上海：艾瑞咨询研究院，2018.

[19] 健康界智库. 2019健康界医疗人工智能（AI）创新发展研究报告[R]. 北京：健康界研究院，2019.

[20] 艾瑞咨询. 2018年中国智慧餐饮行业研究报告[R]. 上海：艾瑞咨询研究院，2018.

[21] 36氪研究院. 2020年中国智能客服行业研究报告[R]. 北京：36氪研究院，2020.

[22] 行业研究投资报告. 智能投顾行业深度报告：技术为镐[R]. 福州：兴业证券，2019.

[23] 慧辰资讯. 中国智能投顾市场发展趋势研究报告[R]. 北京：慧辰资讯，2017.

[24] 亿欧智库. 2020年中国智慧医院现状及趋势研究[R]. 北京：亿欧智库，2020.

[25] 艾瑞咨询. 2020年中国AI+医疗行业报告[R]. 上海：艾瑞咨询研究院，2021.

[26] 亿欧智库. 2017人工智能赋能医疗产业研究报告[R]. 北京：亿欧智库，2017.

[27] 36氪研究. "AI+医疗"行业研究报告[R]. 北京：36氪研究院，2019.

[28] 尹沿技. 人工智能专题研究报告：智慧医疗新赛道，AI赋能新场景[R]. 合肥：华安证券. 2021.

[29] 蛋壳研究院. 2017医疗大数据和人工智能产业报告[R]. 重庆：蛋壳研究院，2017.

[30] 健康界智库. 2021中国智能可穿戴设备产业研究报告[R]. 北京：健康界研究院，2021.

[31] 艾媒金融科技产业研究中心. 2019中国移动支付市场研究报告[R]. 广州：艾媒智库，2020.

[32] 中商产业研究院. 2019年生物识别行业市场研究报告[R]. 深圳：中商产业研究院，2019.

[33] 李坤阳. 欢迎成为未来世界的"用户"，36Kr－智慧零售行业研究报告[R]. 北京：36氪研究院，2018.

[34] 爱分析&微盟. 2020智慧零售研究报[R]. 上海：微盟研究院，2021.

[35] 前瞻产业研究院. 2020年中国智慧城市发展研究报告[R]. 深圳：前瞻产业研究院，2020.

[36] 李晓晓. 2020年中国"AI+安防"行业研究报告[R]. 北京：36氪研究院，2020.

[37] 中商产业研究院. 2019智慧政务行业市场前景研究报告[R]. 深圳：中商产业研究院，2019.

[38] 巴曙松. 中国金融科技发展的现状与趋势[J]. 21世纪经济报道，2017-01-20.

[39] 乔海曙，王鹏，谢姗姗. 金融智能化发展：动因、挑战与对策[J]. 南方金融，2017（6）.

[40] 吴烨，叶林. "智能投顾"的本质及规制路径[J]. 法学杂志，2018，39（05）：16-28.

[41] 刘伟. 军事智能化的瓶颈与关键问题研究[J]. 人民论坛·学术前沿，2021（10）：30-34.

[42] 谢伟，陶浩，龚俊斌，等. 海上无人系统集群发展现状及关键技术研究进展[J]. 中国舰船研究，2021，16（01）：7-17-31.

[43] 易楷凡，邵倩，陈敏. 人工智能安全——对抗攻击分析[J]. 计算机科学与应用，2019，9（12）.

[44] 秘桂荣，卢亮. 智能结构——21世纪武器装备的新技术[J]. 现代军事，1999（04）：50-52.

[45] 魏爱鹏，康勇，查浩. 对装备精确保障的思考[J]. 物流科技，2010，33

（04）：70-71.

[46] 邓洲，郭克莎，姚鹏. 全面分析人工智能对制造业的影响[J]. 两化融合咨询服务平台，2018-10-23.

[47] 宋灵青，许林. 人工智能教育应用的逻辑起点与边界[J]. 中国电化教育，2019（6）：14-20.

[48] 李显杰. 与中国分享高价值制造经验（国际派）[N]. 国际金融报，2019-09-23.

[49] 袁振国. 人工智能助推教育回归本源[N]. 文汇报，2018-11-25 .

[50] 杨园园. 浅析美国制造业回流现象[J]. 大经贸，2017（6）.

[51] 高婷婷，郭炯，等. 人工智能教育应用研究综述[J]. 现代教育技术，2019（1）：11-17.

[52] 严晓梅，高博俊，等. 智能技术变革教育的发展趋势[J]. 中国电化教育，2019（7）：31-37.

[53] 刘邦奇，王亚飞 . 智能教育：体系框架、核心技术平台构建与实施策略 [J]. 中国电化教育，2019（10）：23-30.

[54] 智能机器人路径规划及算法研究[J]. 微计算机信息（嵌入式与SOC），2006，22，（11-2）.

[55] 石菲. 人工智能"破译"植物生长"密码"[J]. 中国信息化杂志，2017-08-06.

[56] 查冲平，祝智庭，顾小清. 协作脚本技术及其发展方向研究[J]. 中国电化教育，2011-2.

[57] 机器学习很陌生？你从小学就开始接触了，AI从入门到××，[J]2017-6-14

[58] 邹圣杰. 人工智能在分级阅读中的应用分析[N]神州·下旬刊，2019年第03期.

[59] 徐鑫. 两年股价涨10倍，英伟达用芯片绑架了整个人工智能圈子[N]. AI财经社，2018-01-05.

[60] 杜孟航. 人工智能在智能批改中的应用分析[J]. 科技传播，2019年4期.

[61] 新制造就是给设备联网？不对. 是工业物联网+互联网[N]. 钱江晚报，2018-09-28.

[62] 清华大学联合北京未来芯片技术高精尖创新中心. 人工智能芯片技术白皮书

[R]. 北京：清华大学联合北京未来芯片技术高精尖创新中心，2018.

[63] 中国电子技术标准化研究院. 人工智能标准化白皮书（2018版）[R]. 北京：中国电子技术标准化研究院，2018.

[64] 全国信标委人工智能分委会和上海市人工智能标准化技术委员会. 中国AI+医疗行业研究报告[R]. 上海：全国信标委人工智能分委会和上海市人工智能标准化技术委员会，2018.